日英兵器産業史

武器移転の経済史的研究

奈倉文二
横井勝彦【編著】

日本経済評論社

目次

第4章　日本製鋼所と「軍器独立」

第5章 室蘭の巨砲
――イギリス兵器産業による技術移転と日本製鋼所の発展
一九〇七～二〇〇〇年――……クライヴ・トレビルコック 201

凡　例

1　年号は、史料・文献からの引用をのぞき、西暦を用いた。

2　史料・同時代文献からの引用は、原則として、ひらがな・カタカナは原文どおり、漢字は新字体に改め、適宜句読点・濁点を補った。

3　著者の注記・補記・説明は［　］内に、原語・原綴は（　）内に示した。

4　外国の固有名詞は、原則として現地音のカナ表記をこころがけたが、現在の日本で定着している表記についてはそれを尊重し、現地音カナ表記にしていないものもある。いずれも固有名詞の原綴は巻末索引に示してある。

5　外国の社名・団体名・官職名・その他普通名詞は、本文中で原語を表記しないと理解を妨げるもの以外は、原語・原綴はすべて巻末索引に示してある。

6　漢字表記された固有名詞などの読みで、必ずしも一般に定着しているとは思われないものについては、初出の場所で読み仮名をふってある。

7　本書中の英貨単位は以下のとおりである。

一ポンド（pound sterling）＝二〇シリング（shillings）

一シリング（shilling）＝一二ペンス（pence）

なお、第一次大戦前までの国際金本位制下では、一ポンドはほぼ九・七九円（一円≒二s. 〇・五d.）である。

8 アームストロング社の社名変遷は以下のとおりであるが、本文および注ではとくに必要ない限り「アームストロング社」あるいは"Armstrong & Co. Ltd."と表記する。表および注で簡略に表記する場合は〝A〟の略号を用いることもある。
一八四七年創業時から一八八二年まではW. G. Armstrong & Company、一八八二年にCharles Mitchell & Companyを吸収合併してSir W. G. Armstrong, Mitchell & Company Limitedとなり、C. Mitchellの没後一八九六年にSir W. G. Armstrong & Company Limitedに改称し、一八九七年にはSir Joseph Whitworth & Companyを合併してSir W. G. Armstrong, Whitworth & Company Limitedへ改組された。同社艦船・兵器部門の主要部分は一九二八年にヴィッカーズ社に吸収されて「ヴィッカーズ・アームストロングズ(Vickers-Armstrongs Limited)」となった。

9 ヴィッカーズ社の社名変遷は以下のとおりであるが、本文および注ではとくに必要ない限り「ヴィッカーズ社」あるいは"Vickers Ltd."と表記する。表および注で簡略に表記する場合は〝V〟の略号を用いることもある。
一八六七年にG. Naylorらとのパートナーシップを解き、その債権債務を継承して、Vickers, Sons & Company Limitedとして創立され、一八九七年にNaval Construction & Armaments Company Limitedと、Maxim Nordenfelt Guns & Ammunition Company Limitedをそれぞれ買収して、Vickers, Sons & Maxim Limitedに改組され、Sir Hiram Maximの没後一九一一年にVickers Limitedに改称された。

10 注では「著・編者名(あるいは執筆者名)[刊行年]」をもって文献を表示したが、伝記および日記については書名をそのまま用いた。

11 一次史料に関しては、各章末注で史料名等を説明しているが、頻出する史料名に関しては略号を用いることもある。その際にはその旨注記してある。

序章　武器移転と国際経済史

奈倉文二

1　対象時期と日英関係

本書は日英両国および両国間の兵器産業に関する諸特徴の経済史的解明を試みる。時期的には、一九世紀後半以降第一次世界大戦を経て一九三〇年代までをほぼ対象としている。

言うまでもなく、その間に日英関係は大きな変容を遂げる。

「パックス・ブリタニカ」時代を謳歌した大英帝国は、一九世紀末には絶頂期は過ぎつつあり、ドイツ等との覇権争いが激化しつつあったが、依然世界の帝国植民地体制を牽引する立場にあり、他方日本は、一九世紀後半以降にイギリスをはじめ欧米先進資本主義諸国から近代的諸制度・工業技術・生産物等を輸入しつつ、急速な工業化を推進し、二〇世紀初頭には軍事的政治的自立化とともに、ひとまず資本主義化を達成した。そして、第一次大戦を契機に日本経済は急速に発展したのに対して、「経済大国」イギリスは、戦勝国ながら疲弊し、「衰退」が始まりつつあった。軍事・外交史的にも日英同盟（一九〇二年締結）の「蜜月時代」からワシントン海軍軍縮会議（一九二一・二二年）を経て「疎遠な関係」、さらに三一年「満州事変」以降は「敵対的関係」へと変化する。(1)

日本の工業化・資本主義化は欧米諸列強と対峙しつつ推進されたため、同時に軍事化を伴うものであった。というよりもむしろ、日本政府は、政治的軍事的自立化を企図して、イギリス等からの武器輸入・技術導入を積極的に行いつつ、兵器国産化を遂行し、その過程で関連産業の育成を全面的にバックアップした(「富国強兵」・「殖産興業」)。他方、後述のごとく、イギリス政府は自国の武器輸出や兵器産業の海外進出には直接的にはほとんど関与していないと言われている。もちろん、言うまでもなくイギリスはドイツ等と対抗しつつ、海軍拡張政策を積極的に推進し、「軍事大国」としての地位を維持する政策を推進してきた(他の二カ国をも上回る海軍力の保持政策、いわゆる「二国標準主義」を想起されたい)。では、世界的な海軍拡張時代におけるイギリス兵器産業ないし兵器製造諸企業の海外進出・活動動向はどのように把握されるべきであろうか。

2 「武器移転」概念と国際経済史研究への援用

本書は、日英兵器産業史の諸特徴の解明を「武器移転の経済史」という視点から試みる。

「武器移転」(arms transfer) という用語は、すでに共著者は使用したが、[2] 経済史分野ではそれまで使用されたことはなく、元々は国際政治学や国際関係論分野などで使用されてきた概念である。すなわち、広義には、「国家やその他の国際行為体の領域を越えて、武器や武器技術にかかわる所有権・使用権が移転する諸現象全般を指す包括的な概念」であり、武器輸出・技術移転のみならず、兵器製造ライセンスの供与、兵器の共同開発、さらには軍事システムの移転をも含む広範かつ多面的な概念である。[3]

「武器移転」は多くの場合、第二次大戦後の国際政治を論ずる上で、米ソ等の「軍事大国」側からより後進地域への兵器拡散を対象として、「武器移転」批判あるいは規制の視点から採り上げられてきた。[4] また、「武器移転」用語が一般化する以前からも、内容的には武器輸出・兵器貿易（arms trade）に対する規制（arms control）として、しばしば議論されてきた。(5) たとえば、アメリカからの「第三世界」への兵器輸出にかかわる諸問題が議論され、(6) さらには、一九七〇年代の「第三世界」への軍事技術の移転が兵器供給国の増殖をもたらす最大要素と捉えられ、兵器（通常兵器）拡散と軍縮問題として検討される。(7)

つまり、世界の兵器生産に占める「第三世界」の地位の増大傾向が顕著となったのであるが、(8) そのことは、「武器移転」を単に「軍事大国」・先進経済諸国からの兵器の供給の問題としてのみならず、より後進地域側からも捉え直す必要が示唆される。その場合、二つのタイプに注意しておきたい。第一は、一九五〇年代末・六〇年代初頭の「中印紛争」以降急速な軍事力増強をはかったインドに見られるごとく、産業基盤が未熟であるにもかかわらず、早くから軍需産業主導型の工業開発を強行し、軍部と民間部門の結合を強めた事態とそのうちにひそむ諸問題である。(9) 第二のタイプは、それとはやや性格を異にし、「冷戦」最前線地域として西側先進諸国からの兵器の持続的供給が行われた韓国や台湾などに見られるごとく、当初は兵器の国内生産体制を自前で整備しなければならないような条件はなかったにもかかわらず、その後の展開過程では、重化学工業化、工業の高度化・成熟化と並行し、あるいはその基盤の上に国内兵器生産体制が整備された事例であり、アジアＮＩＥｓにおける「軍事主導産業高度化」の事例として注目される。(10)

こうした第二次大戦後や現代世界の「武器移転」にかかわる諸問題を念頭に置きつつ、歴史的パースペクティヴで捉え直してみる。つまり、第二次大戦後世界の先進経済諸国とより後進地域との関係を世界史的な不均等発展の（あるいは異なる発展段階の）同時存在に基づく緊張関係として捉えることにより、(11)「武器移転」概念を経済史（国際経済史）研究に援用し、活用することができよう。

もちろん、第二次大戦前後の世界史的条件は大きく異なる。本書の対象とする第二次大戦前（とくに一九世紀後半以降一九三〇年代）の世界は先進帝国主義諸列強がそれぞれ植民地・勢力圏を有して対峙する帝国植民地体制の時代であり、新興工業国日本は後発的資本主義国として欧米諸列強に対抗しつつ、日清・日露戦争を経過して軍事的政治的自立を実現して自ら帝国植民地体制を担う一員として割り込んでゆく。つまり、近隣アジア諸地域への「侵略」による「自立」の達成であり、それは、また新たな「紛争」を引き起こす過程であるが、注意をしておく必要があるのは、日本は早くも第一次大戦期頃から武器輸出も開始していることであり[12]、一方的な「武器移転」の「受け入れ」側ではなくなりつつある。とはいえ、第一次大戦前の日本は、全体としてはイギリス等の先進帝国主義諸国（先進経済諸国・「軍事大国」）からの「武器移転」の受け入れ側である。

では、イギリス等からの「武器移転」はどのような特徴を有し、また、日本の工業化・資本主義化と軍事化はどのような関連にあったのか。「武器移転」の「送り手」側と「受けて」側のそれぞれの歴史的諸条件・諸特徴を吟味しながら検討しなければならない。

3 「送り手」側の特徴——イギリス兵器企業と対外進出——

「送り手」側の先進帝国主義諸国側にとって「武器移転」はどのような特徴をもち、どのような意味をもったのか。一九世紀後半以降、とくに世紀末以降の帝国植民地体制と世界的軍拡競争のもとで、多様な武器の市場は拡大するとともに武器輸出は増大し、英米独仏等の兵器諸企業は独占的大企業として急成長した（アームストロング、ヴィッカーズ、デュポン、クルップ、シュネーデル等）。大英帝国の支配と維持にとっては、南アフリカ・インドなどの植民地はもとより、中国・トルコ等の「非公式帝国」に対する武器輸出の増大も「必要」かつ「必然」であった。とすれば、イギリス政府と兵器諸企業との関係をどのように捉えるべきかは重要な課題となるはずである。しかも、通常「武器移転」は送り手側の国家の積極的関与を前提とする。(13) しかしながら、他方で、当時のイギリス政府は兵器産業ないし諸企業の生成・発展や武器輸出などに少なくとも直接的にはほとんど関与していなかった、と言われている。(14) もっとも、直接的な助成策や規制策が採られなかったとしても、兵器産業ないし諸企業の動向や武器輸出に関して、イギリス政府や軍部の政策がまったく無関係ということではあるまい。したがって、「武器移転」に関する歴史的考察としては、この点の再検討が必要となる。

「武器移転」そのものに関する歴史的考察は少ないが、近年の関連研究でいくつか注目される事実も指摘されている。「戦争の世界史」を技術・軍隊組織・社会の三者間の相互関連として社会史的に追究した著作も、一八八四〜一九一四年の期間を「軍事・産業間の相互作用の強化」の年代として捉え、「軍事の産業化」、「経済の政治化」が進行し、「ヨーロッパ自由主義のとりでであった」イギリスでも「軍事・産業複合体」(Military-Industrial Complex) が出現し、重要な役割を果たすと説く。(15) しかし、その内容は、アームストロング社やヴィッカーズ社などの大兵器企業と海軍との関連（とくに人的関係）などを指していて、(16) それを第二次大戦後のアメリカのような軍産複合体と呼ぶのはいささか誇張的表現であることはまぬかれない。それに対して、軍事技術の「段階的諸相」をふまえつつ「武器移転」と生産技術システムとの関連を歴史的に追究した著作では、イギリス政府の兵器諸企業に対する関係は、むしろやや奇異かつ興味深いもので、政府はアームストロング社やヴィッカーズ社などがクルップ社などと国際競争場裡で打ち勝ってゆくことを期待し、武器輸出を放任する形で（フランスとは対照的に）容認・奨励したことを指摘し、さらに、そのことにより兵器産業は他産業よりも輸出依存度が高くなるとともに、技術革新に向き合わざるを得なくなっていたことを強調する。(17)

後者の指摘は、「武器移転の経済史」という視点に基づく日英兵器産業史研究に対しても重要な示唆を与える。すなわち、イギリス兵器産業ないし諸企業の動向を政府との関係においてまずは相対的に自立的なものと捉え、武器輸出等の「武器移転」の諸相を明らかにしつつ、その上でイギリス政府・海軍の戦略との関係を問う、との方法が有効ではなかろうか。

すでに日本における関連研究もそうした方法を採用している。たとえば、一九世紀後半以降（とくに一八九〇年代以降）のアームストロング社を中心とするイギリス兵器諸企業の軍艦建造と対日輸出の増大に関して、第一に財政史的視点から、イギリス政府としても海軍費膨張による財政負担に苦慮していた状況のもとではむしろ好ましいことであり、客観的には、当時の最先端軍事技術を日本に提供する（というコストを支払う）代償として、巨額の実験開発費を日本に負担させることに成功したことを意味するとの見解があり[18]、また、第二に、イギリス海軍からの受注を得る上でも、まずは増大する日本市場は魅力的であり、とくに後発のアームストロング社などはイギリス海軍からの受注を得る上でも、まずは対日軍艦輸出などにより実績を形成して「海軍省リスト」（Admiralty List）に記載されることが重要な意味をもったとの見解[19]、などである。こうした研究動向をふまえ、イギリス兵器産業ないし諸企業は、自国政府・海軍との関係のみならず、日本海軍とはどのような関係にあり、どのような意味をもったかがあらためて問われよう[20]。

また、アームストロング社やヴィッカーズ社などのイギリス兵器諸企業は、軍艦等の武器輸出により海外市場に活路を見いだしていただけでなく、直接的な資本投下による現地子会社や合弁会社の設立による海外活動を展開しつつ、様々な「競争」と「協調」関係に入っていた[21]。対日投資についても、すでに明らかにしたごとく、艦載砲製造等を中心とした日英合弁会社・日本製鋼所の設立（一九〇七年）に際してイギリス兵器企業（アームストロング社とヴィッカーズ社）は五〇％出資しており[22]、また、それに先立って、日露戦争最中（一九〇五年）には火薬（砲用発射薬）製造会社の日本爆発物（株）（のち海軍火薬廠）を日本海軍の要請に応える形で一〇〇％出資（アームストロング社・ノーベル爆薬社・チルワース火薬社）で設立している[23]。イギリス兵器（および火薬）企業は対日投資に当たっては概して協調しながら諸々の調整を試みるが、その過程でイギリス政府・海軍が少なくとも公けに関与した形跡は見られないのに対して、日本側はいずれの場合も政府・海軍が全面的にバックアップしている（政府出資はないが）。もとよりイギリスの海外投資は、製造業の直接投資よりも有価証券投資（portfolio investment）が優勢であり（近年の研究では直接投資の比重も従来より高く見積もられているものの）、製造業がかかわる場合でも、アメリカ型多国籍企業のような本国資本が現地会社を統轄するシステムをほとんど欠如していたと言われる。[24] とすれば、アームストロング社やヴィッカーズ社のような兵器諸企業の海外直接投資に伴う対外活動については、どのような性格として把えられるであろうか。

注意を要するのは当時の軍事・外交上における日英関係の特徴である。イギリス海軍の利害が密接にかかわるような兵器製造分野においてさえ政府の直接的関与は希薄であったとしても、対日活動を円滑に進めてゆく上では日英同盟の存在は重要な意味を持ったであろう。軍事・外交上の同盟関係と兵器諸企業の活動（軍艦建造と対日武器輸出実績等）とは相互促進的であり、[25] どちらが先行したとは一概には言えないが、日本爆発物や日本製鋼所の設立などの対日直接投資の成果は明らかに日英同盟の産物である。そうした意味では、イギリス兵器製造諸企業の対日活動の有り様を、近年の日英同盟の研究動向とかかわらしめて再検討することも求められている。[26]

しかも、イギリス兵器産業ないし諸企業の動向と政府との関係は、第一次大戦後になるとかなり変化が見られる。戦勝国でありながら疲弊したイギリスは、経済的にも技術的にも優位に立ったアメリカや復興するドイツを目の当りにして、大戦前の「自由放任」政策を続ける余裕はなくなりつつあった。政府の非干渉と軍事技術の民生用技術への円滑な移転（並びにそれに基づく一般産業の発展）を強調する「スピン・オフ」論の代表者も、典型例として描き出す事例は主として一九一四年以前のことである。[27] 一九二〇年代以降のイギリス兵器産業ないし諸企業（およびその対外活動）と政府との関係については再検討の余地を残している。[28]

また、自国政府や同盟国のみならず、敵対的関係にある諸国の政府ないし諸企業にも兵器を売り込む製造業者・販売業者の活動が「死の商人」として批判され始めるのが主として一九三〇年代以降であるのはそれなりの意味があろう。新たな軍拡期における「死の商人」の活動が、軍拡の産物であるとともに、国境をも「自由に」越える「死の商人」の活動を一国政府が規制し得なくなる矛盾が表れている。イギリスにおいても、世論に押されて設置された「民間兵器製造および取引に関する王立調査委員会」（通称バンクス委員会、一九三五～三六年）が、民間兵器産業の国有化を提起できないのみならず、むしろ過去の兵器企業の謀略（マリナー・パニック）や贈賄事件（ヴィッカーズ・金剛事件）を結果的に隠蔽する役割を果たし、兵器産業批判をも封じ込める結果をもたらしたことは、その意味で象徴的である。[29][30]

さらに言えば、近年隆盛を見ている新たな「帝国史研究」の潮流[31]（それは冷戦終焉後のアメリカ一国主導下のグローバリゼイション化の情勢と無関係ではない）を視野に、「武器移転」の経済史的考察を模索し、新たな「死の商人」論の構築を試みることは[32]、時代の要請に応えるものと言えよう[33]。

4 「受け手」側の特徴——日本資本主義と「軍器独立」——

一九世紀後半に欧米諸列強と対峙しつつ政治的軍事的自立化をはかった日本は、急速な工業化・資本主義化を推進しつつ、当時の「軍事大国」イギリス等からの「武器移転」（武器輸入、技術導入、資本輸入等）を受け入れるとともに、兵器国産化・「軍器独立」を強力に遂行した。

「軍器独立」という用語は元々当時の海軍関係者などの表現であり[34]、兵器国産化とほぼ同義に用いられる場合が多いが、その内容は、兵器そのものだけでなく関連諸資材（「軍器素材」）の国産化や関連基盤整備を含み、また、技術移転の完了（「技術的独立」）のみならず、資本的関与・支配からの自立（「資本的独立」）をも含んでいる。したがって、ここでは「軍器独立」を兵器および兵器関連分野での「技術的独立」と「資本的独立」を意味するものとして使用する。

こうした理解は必ずしも定着しているわけではないが、日本資本主義確立過程における「軍器独立」論は、従来から論じられて来ている。様々なニュアンスの相違についてはここで紹介している余裕はないが[35]、多くの場合、先進帝国主義諸列強との対峙のもとで、日本資本主義の軍事化・工業化が遂行されたこと[36]、それが日本産業構造の不均衡性（「顛倒的矛盾」、軍事的「顛倒性」）をもたらしたことを強調している点に特徴があると言える[37]。

しかし、その後の諸研究においては軍事工業史や軍事関連産業史の研究が手薄になったこともあってか、「軍器独立」論の重要な構成要素である技術移転（「技術的独立」）の内実は必ずしも詰められているとは言えず、また、「資本的独立」については立ち至った言及はほとんどない（自明の前提とされているのであろうか[38]）。

こうした研究状況のもとで、日本の工業化・資本主義化と軍事化との関連について、あらためて国際比較的検討による特徴検出を試みつつ、再吟味することが重要であろう[39]。外国側の一研究は[40]、日本の「富国強兵」（'Rich Nation, Strong Army'）政策のもとでの工業化路線について、「軍事テクノナショナリズム」（軍事主導型「テクノナショナリズム」）の成功例と高く評価する。そして、日本は「軍事的ケインズ主義」（軍事支出増大・軍事部門への投資増により需要創出・雇用増大・経済成長をはかる政策）をケインズに数十年も先駆けて日露戦争期頃から（しばしば指摘される一九三〇年代前半の高橋財政よりもずっと早く）事実上実践してきた、と指摘する。しかし、第二次大戦後日本をアメリカとの軍事同盟関係のもとで「スピン・オン」する（民生用技術を軍事技術へ転用する）代表例とする見解はともかくとして、戦前日本を「スピン・アウェイ」する（軍事生産が民需経済から徐々に孤立していく）ことなく、うまく「スピン・オフ」したモデルケースとして評価することは果たして妥当であろうか。

むしろ、軍事部門が突出的に拡大して産業構造の不均衡性が生じた事態や、太平洋戦争期の「総力戦」遂行時に民需生産を犠牲にせざるを得ず、日本経済全体として「縮小再生産」に陥った事態を想起する時、アメリカ等の現代軍備・兵器システムにおいて様々な最先端技術が別個にそれぞれ追求された結果、兵器の複雑化・「装飾化」がもたらされた事態を「バロック的兵器廠」(Baroque Arsenal) と呼んで、軍事部門のみならず産業基盤の転換が必要なことを提起した見解が[41]、戦前日本の軍事化・工業化を検討する場合でも示唆的ではなかろうか。

5　本書および各章の課題

以上のような問題関心に基づいて、本書は全体として、一九世紀後半以降一九三〇年代に至るまでの日英兵器産業を「武器移転」の経済史として解明することを課題としている。とりわけイギリス兵器産業ないし諸企業の動向とその対日活動がどのような「武器移転」上の役割を果たし、どのような特徴を有していたのか、また、そうした「武器移転」と日本資本主義の「軍器独立」の課題が具体的にはどのようにかかわっており、日本の工業化・資本主義化とのかかわりではどのような特徴を有したのか、を明らかにしたい。

しかしながら、本書の執筆者は、また、それぞれの関心と方法論に基づいて各章を執筆している。各章それぞれの課題をごく簡潔に記すと以下のごとくである。

第1章（千田）は、呉鎮守府造船部の設立とその発展過程に注目し、日本最大の国有総合兵器工場としての呉海軍工廠（造船部）が成立するプロセスを明らかにする。その過程は日本の「軍器独立」を象徴するものであるが、従来、資料的制約もあって、その技術移転のあり方はほとんど未解明であった。

第2章（鈴木）は、日露戦争前夜の武器市場と取引関係を扱う。イギリス、日本、チリ、アルゼンチン政府、マーチャント・バンク、ヴィッカーズ社間の軍艦売却交渉（チリ戦艦の対日売却問題）の複雑な過程を一次資料を駆使して解明し、イギリス政府の対日「非公式」政策の実際を解明する。

第3章（小野塚）は、ヴィッカーズ社バロウ造船所での巡洋戦艦金剛の建造に際して渡英した日本人技術者・職人に注目して、彼らがその後の日本造船業の技術革新・管理革新にいかに貢献したかを追究する。

以上の三章は、いずれも第一次大戦前における日英間の武器移転・技術移転を多面的実証的に明らかにする。

第4章（奈倉）と第5章（トレビルコック）は、日英合弁企業である日本製鋼所に焦点をあてて武器移転・技術移転の実態を追究している。奈倉は本書においては呉工廠との関係を中心に第一次大戦期までの「軍器独立」上に果たした役割に注目し、トレビルコックはほぼ一世紀に渡る日英間技術移転と民需転換にまで及んでいるが、ともに日本製鋼所の大砲（および原料鋼材）製造技術をアームストロング社、ヴィッカーズ社、呉工廠との関係で解明するとともに、その過程で露呈したイギリス技術者の指導能力上の問題に関しても具体的な議論を展開する。

第6章（山下）、第7章（安部）、第8章（横井）は、対象時期を戦間期に移して、軍縮不況と一九三〇年代後半の再軍備という環境のもとでイギリス兵器企業がどのような経営戦略を展開したかを追究するとともに、日英間の武器移転・技術移転の実態を明らかにする。第6章は、イギリス光学機器製造業の中心企業であったスコットランドのバー・アンド・ストラウド社に注目して、軍縮期における軍民転換の試みや再軍備期におけるイギリス政府による保護政策を紹介する。第7章は、ヴィッカーズ社とアームストロング社を対象として、軍縮不況期における両社の国際的な多角化戦略を比較検討し、両社合併（一九二八年）までの人的構成や財務・合理化策などの経営実態を克明に分析する。最後の第8章は、イギリス航空機産業の対日武器移転・技術移転を扱う。とくに軍縮不況期における当該産業の再編と日本海軍招聘のセンピル航空使節団の活動（一九二一～二三年）に注目して、イギリス海軍・航空機産業・日本海軍の三者間の複雑な思惑の相違を明らかにしつつ、航空部門の武器移転の実態を解明する。

こうした各章の課題がそれぞれ果たされることにより本書全体の課題が達成されることになる。それは様々な色彩と品質の糸が織りなす布のごとく「生産」されるという関係である（その完成度の「検査」は読者諸兄に委ねられているのだが）。

注

（1）Nish [1966], [1972], 細谷［一九八二］、細谷・ニッシュ監修［二〇〇〇〜〇一］全五巻、等。

（2）奈倉・横井・小野塚［二〇〇三］序章（小野塚執筆）。同書サブタイトルも「武器移転の国際経済史」。以下の説明は同書と一部重複する。

（3）川田・大畠［一九九三］五五四頁、志鳥［一九九五］。より具体的には相互作用の属性、移転対象の属性、債務負担の属性という三つの基準に基づいて以下の下位概念が示される。相互作用の属性については、武器援助、武器貿易、ライセンス供与、国際共同開発など。移転対象の属性については、完成武器、部品、軍事物資などのハードウェア（製品）、武器技術、武器生産技術、武器運用技術、汎用技術などのソフトウェア（知識）、さらに近年では軍事要員の派遣、教育・訓練、基地建設、武器体系の維持管理等のサービス（役務）の移転現象も含める。債務負担の属性については、無償援助、有償援助、域外調達、現金決済、信用供与、等価交換など（志鳥［一九九五］八頁）。

（4）「武器移転」は多くの場合、軍事紛争発生の要因ではあるものの、他方では、紛争を抑制する機能をも有する場合もあり、「武器移転」を「良機能」と「悪機能」の二つの性質を兼ね備えた、いわば社会的「両棲類」とみなす見解もある（志鳥［一九九五］九頁）。

（5）SIPRI (Stockholm International Peace Research Institute)［1971］［1975］ほか一連の報告書。

（6）木村［一九七四］、Neuman & Harkavy [1979]、など。

（7）志鳥［一九八〇］、［一九八二］等。

（8）SIPRI [1986].

（9）宮脇［一九七四］。

（10）佐藤（元）［一九九四］。

（11）あるいは「横倒しにされた世界史」（大塚［一九六四］）。

（12）芥川［一九八五〜八八］。

(13)　志鳥［一九九五］ほか。
(14)　Trebilcock [1977] はじめ一連の研究（巻末参照）。本書第五章でも強調。
(15)　McNeill [1982], chap. 8; 'Military-Industrial Interaction, 1884-1914.' 引用は高橋訳［二〇〇二］。
(16)　アームストロング社やヴィッカーズ社に関する研究については、Scott [1962], Trebilcock [1977] のほかに、Dougan [1970], Irving [1975], Davenport-Hines [1979], [1986-a], [1986-b], [1989], Warren [1989], Singleton [1993], Bastable [2004], 高橋［一九六四］、徳江［一九七四］、荒井［一九八一］、安部［一九九〇］、長島［一九九五］、等。
(17)　Krause [1992], pp. 58-61.
(18)　室山［一九八四］三一五～三二二頁。
(19)　小野塚［一九九八］及び奈倉・横井・小野塚［二〇〇三］第一章（小野塚執筆）。
(20)　日本海軍と大英帝国との関係についての外国側の研究のうち、早くはPerry [1966] が概括的な指摘をしているが、近年の日本海軍に関する包括的な研究であるEvans & Peattie [1997] も様々な指摘をしている。そのうち一点のみ摘出しておくと、日露・第一次大戦間の一九〇五～一四年においては、日本海軍は射撃管制（fire control）においてはさほどの進歩を見なかったのだが、その理由は日本の砲撃装置も技術もイギリス海軍とほぼ同様の進展状況にあり、それは両国海軍が同一供給業者（とくにヴィッカーズ社とバー・アンド・ストラウド社）の製品を使用していたからである、と（一五六頁）。
(21)　イギリス兵器諸企業の海外市場における「競争」と「協調」（「秘密協定」も）の同時存在については奈倉［一九九八］も指摘したが（一九～二〇頁、一一八～一一九頁）、小野塚はアームストロング社とヴィッカーズ社の関係をより強い表現で表し（「結託と競争」）、ヴィッカーズ社が巡洋戦艦「金剛」受注に成功した経過を克明に解明した（奈倉・横井・小野塚［二〇〇三］第五章）。

なお、両社の海外投資（イタリア・ロシア等）については、Scott [1962] pp. 83-88, Trebilcock [1977] pp. 93-96, 122-125, 133-134, Trevilcock & Jones [1982], Trebilcock [1990], Warren [1989] pp. 69-85, Davenport-Hines [1986a], [1986b], Davenport-Hines & Jones [1989], Segreto [1985], Goldstein [1980], などを参照のこと。
(22)　奈倉［一九九八］、［二〇〇一］、［二〇〇二］。
(23)　奈倉・横井・小野塚［二〇〇三］第二章第一節（奈倉執筆）。
(24)　イギリス資本のアジア等への海外投資の特徴については、Stopford [1974], Nicholas [1984], Davenport-Hines [1986a], Jones [1986], Davenport-Hines & Jones (eds.) [1989], 安室［一九九一］ほか、第二次大戦前の外国資本の対日投資につい

ては、Yuzawa & Udagawa [1990]、また、イギリスの直接投資再評価についてはDunning [1983] ほか、海外投資に占める比率・各種推計方法については安部［一九八九］、'Free standing company' にもとづく直接投資再評価論（Wilkins [1988]）とそれをめぐる議論についてはNicholas [1991], Corley [1994-a], [1994-b], Jones [1994] などを、それぞれ参照のこと。

イギリス製造業の動向・利害と海外投資との関連をどのように捉えるかについては、いわゆる「自由貿易帝国主義」論や「ジェントルマン資本主義」論ともかかわる重要問題ではあるが、ここでは立ち入る余裕はない（最新の研究動向については秋田［二〇〇四］総論、第一・二章などを参照のこと）。

(25) 日英同盟とイギリス兵器製造会社の動向との関連については、小林［一九八七］、［一九八八］、［一九九四］等を参照されたい。

(26) 細谷・ニッシュ監修［二〇〇〇〜〇一］、とくに第一・二巻「政治・外交Ⅰ・Ⅱ」、第三巻「軍事」を参照。なお、同書第四巻「経済」（杉山・ハンター編）は諸分野での日英関係経済史の解明を企図している（本共著者の鈴木・奈倉も執筆）。
このほか、イギリス側からの日英交流史研究として、Checkland [1986], [1989], Conte-Helm [1989], [1994] などがあり、いずれも人物交流史的側面が強いが、最後者はアームストロング社およびヴィッカーズ社と日本との関係について、具体的事例をあげながら考察している。

(27) Trebilcock の兵器産業に関する一連の業績（巻末）。

(28) Higham [1965], Lyon [1977], Edgerton [1995], etc.

(29) Lewinsohn [1929], Engelbrecht & Hanighen [1934], Davenport [1934]（大江訳［一九三五］）、Noel-Baker [1936], Neumann [1938], etc. その後の「死の商人」論に関する考察については、McCormick [1965]（阿部訳［一九六七］）、Sampson [1977]（大前訳［一九七七］）、Collier [1980], Allfrey [1989], 岡倉［一九五二］、床井［一九八三］、横井［一九九七］など参照。

(30) 奈倉・横井・小野塚［二〇〇三］第六章（横井執筆）。

(31) 秋田［二〇〇三］、［二〇〇四］ほか参照。

(32) 横井［二〇〇四］ほか、一連の業績参照。

(33) 共著者の「スピン・オフ」論、「死の商人」論の理解については、奈倉・横井・小野塚［二〇〇三］序章（小野塚執筆）をも参照のこと。

(34) 「呉ノ造兵廠デ造ラントスル所ノモノハ軍艦用ノ装甲鈑ノ如キ砲楯用鋼鈑並ニ砲身ノ如キモノヲ造リタイノデアリマス、

其他大砲ニ造リマスル所ノ材料又ハ弾丸及魚形水雷、敷設水雷其他諸般ノ鋳物、挙ゲテ海軍兵器ノ総テノ独立ノ基礎ヲ固クスルノミナラズ、国家有事ノ際ニハ之ヲ以テ軍器ノ独立ヲ完ウスルト云フ事ニナルノデアリマス」（傍点—引用者）（一九〇一年三月二〇日、第一五帝国議会貴族院における山本権兵衛海軍大臣の演説、内閣官房局『帝国議会貴族院議事速記録18』〔複製版〕東京大学出版会、一九八〇年）。これと関連して、呉仮設兵器製造所設置（一八九五年）以来呉海軍工廠の中心的人物であった山内万寿治（第一章・第四章参照）が、「兵器独立」の標語を進めて「軍器独立」を唱えだしたとの指摘は（呉市史編纂室［一九六四］二九二頁）興味深い。

(35)　山田［一九三四］、小山［一九四三］、［一九七二］（同書評に対するコメントは小山［一九七四］）。また、佐藤（昌）［一九七五］、［一九九九］第一・二章、大江［一九七六］第四章をも参照。「軍器独立」の用語使用は意外に少なく、山田［一九三四］では一一八頁、小山［一九四三］、［一九七二］でも引用がほとんどで（日本工学会［一九二九］などから）、自ら使用しているのは「兵器独立」の用語の方が多い（小山［一九四三］七四、八四頁等）。「軍器独立」論を含めて、日本軍事工業史研究の問題点については、長谷部［一九八五］、池田［一九九六］を参照のこと。

(36)　Yamamura [1977] は、「富国強兵」政策が工業化・技術発展に果した役割を強調。日本の工業化・資本主義化が軍事化との関連で「政府ないし官主導型」になったことについては多くの論者が認めているが、必ずしもつめられてはいない。いわゆる「上からの資本主義化」論についてもこの点から再検討の要がある。国際比較的には Kemp [1983]（佐藤監修・寺地訳［一九八六］）、Samuels [1994]（奥田訳［一九九七］）など参照。

(37)　石井［一九九一］二二五頁。また、奈倉・横井・小野塚［二〇〇三］序章（小野塚執筆）参照のこと。

長谷部［一九八五］は、明治期陸海軍工廠研究の起点となったものとして山田［一九三四］を高く評価し、その後の軍工廠研究の潮流を三つの視点から整理する。すなわち、「産業構造論的視角」、軍工廠研究の中心に「軍器独立」をおく視角、「労働力陶冶視角」であり、この三つの視角は山田［一九三四］においては本来分かちがたく結びついていたが、その後の研究においては分離して進行したとする。前二者について補足すると、「産業構造論的視角」は、軍工廠の突出的発展が関連民間部門の並行的発展を伴わず、「転倒的矛盾」を顕現させる側面を重視し、「軍器独立」を重視する視角は、兵器の「技術的世界水準凌駕＝自足完了」と「軍器独立」を「技術の確立」に根拠を求める。しかし、「技術の確立」は「基本原料（鉄、石炭）の確保」と「基本技術（工作機械＝旋盤製作）」の達成を促す関係にあり、両者は本来不可分の関係にある。そこで重要なことは、二つの視角（「産業構造論的視角」と「軍器独立」を重視する視角）の相互関連と区別を明らかにしつつ、軍事および軍事関連産業の歴史具体的役割を解明することであろう。

なお、そもそも軍需品（生産部門）が再生産論的には「再生産外消耗」（政府によって購買されて再生産の外に脱落）のため、理論的には奢侈品同様であるとか、「二部門分割」には必ずしも該当しない独自の「第三部門」に属するとかの論争には（守屋［一九五三］二一八〜二三七頁、等）ここでは立ち入らず、軍事および軍事関連産業が果たす歴史具体的役割に注目していることを付記しておく。

（38）日英合弁会社の日本製鋼所やイギリス資本一〇〇％出資の日本爆発物㈱については、言うまでもなく「資本的独立」が重要な意味をもつ（詳しくは、奈倉［一九九八］第四〜五章、奈倉［二〇〇二］、奈倉・横井・小野塚［二〇〇三］第二章）。

（39）前記の佐藤（元）［一九九四］はじめ、ＮＩＥｓ諸地域の工業化（広くは非西洋世界の工業化）と軍事化との関係については、Kemp [1983]（佐藤監修・寺地訳［一九八六］）など参照。

（40）Samuels [1994]（奥田訳［一九九七］）第一・二章。

（41）Kaldor [1981]（芝生・柴田訳［一九八六］）。

第1章　明治中期の官営軍事工場と技術移転
――呉海軍工廠造船部の形成を例として――

千田武志

1　本章の課題

本章の課題は、「軍器独立」をめざしていた日本海軍が明治中期の官営軍事工場において、その目的を実現するためにどのようにして技術移転を推進したかということを、横須賀海軍工廠に約二〇年間おくれて出発しながら国産主力艦を最初に建造した、呉海軍工廠造船部の形成史にそくして考察することにある。具体的には呉鎮守府の設立から同府造船部、呉海軍造船廠、呉海軍工廠造船部にいたる造船施設の整備とそこにおける艦艇の建造について（最初の国産主力艦「筑波」の建造にいたるまで）、六節に分けて記述する。当然のことながら長期間を対象とすることになるが、その際、網羅的にならないよう、第二、三節についてはできるだけこれまで行ってきた研究にゆずり[(1)]、ここでは、今回のテーマに関係の深い第四、五節に重点をおく。なお問題によっては、造船部門だけでは判断できない場合もあり、必要に応じて造兵部門や呉工廠全体に言及することもある。

本節につづく第二節では、明治前期の軍艦整備計画のなかで、呉鎮守府がどのような目的で設立されたのかという点を解明する。残念ながらこれまでは、鎮守府の有している二つの役割――㈠艦船と水兵を配備し海軍区を防備、㈡

艦船を中心とする兵器の製造と修理――のうち(一)のみを対象とするか、(2) (二)をテーマとするものの軍艦整備計画において一八八一（明治一四）年度の国産主義と新造船所建造計画は一八八二年度に否定されたとする研究(3)しかなされてこなかった。これでは現実に存在した鎮守府の設立の必然性は説明できないのであり、本節においては、呉鎮守府は、一八八一年に樹立された二〇年間に六〇隻の艦艇を国内で建造するために日本一の西海造船所を建設するという計画の延長線上に、そこに海軍区の防備という狭義の鎮守府の役割を加えて、両者が統一されたものとして設立されたことを実証する。

第三節においては、第二節において明らかにされた、軍艦国内建造を実現するために日本一の造船所を中心とする兵器造修所と海軍区の防備という役割を担うことを目的に設立されることになった呉鎮守府が、どのような計画のもとでいかにして建設されたかについて記述する。この点については、研究者のなかに政策史を重要視する傾向が強いということもあってか、これまでほとんど学問の対象とされてこなかった。そして唯一取り上げてきた地方史の分野(4)では、海軍省が公表した報告書類を吟味することなく利用して、開庁がおくれたり計画内容が変更していることに疑問をいだくことなく、工事は計画を上回る進捗状況を示したとか、竣工時期のみを記述してきた。呉鎮守府工事では、途中で予算が不足してしまうという大問題が発生、開庁時期の遅延ばかりでなく、主要目的とされた造船所を中心とする兵器造修施設の建設が第二期工事に繰り延べられるなど異変が生じていたのであり、この点の経緯と実態を明らかにしたい。さらに三期工事からなっていたといわれる呉鎮守府の建設の全体計画と、それぞれの計画について、その概要だけでも提示したい。

第四節では、のちに呉鎮守府造船部に合併される小野浜造船所と、その前身の外国人経営の神戸鉄工所について、海軍省の意向を中心に取り上げることにする。両造船所に関しては、一九一一（明治四四）年発行の『日本近世造船史』(5)以来最近にいたるまで研究が積み重ねられ、(6)イギリス人によって設立された神戸鉄工所は日本最初の鉄製汽船二隻を建造したこと、同所は海軍より鉄骨木皮艦を受注したが経営者が自殺し海軍省に買収され小野浜造船所と改称されたことなどが解明されてきた。本節においてはこうした実績のうえに立脚して、これまで軽視されてきた海軍省による軍艦国内建造政策と外国人経営の神戸鉄工所およびその後身の小野浜造船所との関係、両所が呉鎮守府造船部等の技術移転に果した役割について言及する。なお記述に際しては、新たにオーストラリア国立図書館所蔵のウイリアムズコレクション(7)（Harold S. Williams Collection）などを使用することにより、これまで確定しえなかった神戸鉄工所の設立などについて明らかにする。

そして第五節においては、呉鎮守府設立の第一の目的とされながら遅延していた日本一の規模を有する造船所を中心とする兵器製造施設の工事がどのように実施され、その施設を利用して艦艇の建造がいかなる過程をへて推進され、日本一の技術を有すると認められるようになったかという点が主題となる。このうち艦艇の建造については、これまでの造船技術史的研究の成果を利用することができるが、造船施設の建設に関しては、第三節と同様に地方史において海軍省の報告する事実が羅列されているにすぎず、ここでは呉鎮守府の全体計画のなかで、遅延していた第一期工事と第二期工事との関連やその内容と役割についての解明が求められることになる。

ここで巡洋艦「筑波」の建造をもって、呉工廠の技術移転の一応の到達点とすることについて少し説明しておく。周知のように同艦は日本海軍が「軍器独立」をめざして国内で建造した最初の主力艦であるが、先進国の技術に比較すると劣弱な点が少なからずあり、とても技術移転が達成されたとはいえないという反論が予想されるからである。にもかかわらずあえてこうした見解をとるのは、海軍省のめざす主力艦の国内建造という一応の目的がここに達成されたという厳然たる事実を評価してのことである。先進国から後発国への技術移転では、一定のレベルまでの接近は可能であっても、それをのりこえることはきわめて困難であり、それは技術移転をこえたつぎの問題のように考えられる。

2　明治前期の軍艦整備計画と呉鎮守府の設立

(1)　鎮守府設立計画

明治維新政府は、一八七六（明治九）年八月三一日、東海および西海鎮守府を設置することを決定した。翌九月一日に制定された「海軍鎮守府事務章程」第一条によると、鎮守府は艦船と水兵を常備し海軍区を防備することと規定されているだけであり、当時は鎮守府の役割のなかに、艦船等兵器の製造・修理はふくまれていなかったことがわかる。

一八七六年九月一四日、東海鎮守府庁舎が横浜に仮設置された。一方、西海鎮守府については、これまで広島県の深津・沼隈郡長の一八八一年四月の建言のなかにある、三原港は、「遠浅ノ為艦隊ノ泊地タルニ適セザル」[8]という文言を根拠として、それまで有力な候補地となっていたが遠浅のため中止となったと述べられてきた。しかし最近の調査により、一八七九年三月三〇日に海軍省が提出した「西海鎮守府ヲ備後三原旧城へ仮設ス」[9]という届が発見され、当面の間この地に小規模な西海鎮守府を仮設し募兵と訓練などを行い、その間に本格的な鎮守府の候補地の調査を実施することになっていたことが明らかとなった。当時の日本には、大規模な西海鎮守府を必要とする程の艦船がなかったのである。[10]

(2)　軍艦整備計画と西海造船所（鎮守府）設立構想

一八八一（明治一四）年にいたり、軍艦整備計画は具体性をおび、これにともない鎮守府（造船所）設立計画も転機をむかえることになる。同年一二月一〇日に赤松則良主船局長より川村純義海軍卿に軍艦整備に関する建議が提出された(11)。この赤松プランの骨子は、必要艦艇数四〇隻中三二隻を一八八二年度から一八九二年度の一一年間に一六五五万円で建造し、あわせて西海の地に三〇〇万円の費用をかけて六年間に横須賀造船所をしのぐ日本一の規模の新造船所を建設しようというものであった。この必要艦艇四〇隻は、西洋列強に対抗できる艦船を整備することは日本の国力から考えて不可能であり、当分は養成された兵員を活用できる数として考えられた。また三二隻は、横須賀と新造船所で建造されることになっていたが、その比率は前者が一一年間で一四隻なのに対し、後者は七年間で一八隻と、新造船所を中心に計画されている。

赤松主船局長の建議を分析した池田憲隆氏によると、赤松プランの特徴は、「艦船の国産化・自給化路線を明確化し、「軍事上の観点から国内建造拠点を横須賀から新造船所へと移行させる構想(12)」であったという。このうち国産化について赤松は、「経済ノ道ヨリスルモ軍略ノ点ヨリスルモ常ニ補充ヲ要スレハ外国ヨリ購求スルハ得策ニアラズ、必ス内国ニ於テ漸次製造多年ヲ経スシテ全備スル事ヲ欲ス」とその理由をあげ、「故ニ至急西海ニ於テ海軍造船所ヲ新設セラレン事(13)」を要求した。

一方、新造船所の必要性について赤松は、「横須賀ハ防禦安全ナル地ニアラス此所ニ海軍造船所ヲ置カル、ハ平時ニ最モ便宜ナリトスレトモ戦時ハ甚危険ニシテ殆ト用ヲ為スヘカラス(14)」と考えていた。そして新造船所は、「敵ヲ他邦ニ進討スル能ハサルニ於テハ防禦充分行届クヘキ港ニ拠テ砲台水雷ノ助ヲ借リ軍艦商船ヲ保護シ且ツ此港内ニ造船所ヲ置キ敵ノタメ港口ヲ封鎖セラル、モ安全ニ製造修理ニ従事(15)」できる地に建設すべきであるという。

赤松主船局長の建議をうけた川村海軍卿は、一八八一（明治一四）年一二月二〇日、三条実美太政大臣に「朝鮮事変・清国の態度、その他近年暴発した所の諸事件にかんがみて、軍艦製造・造船所建築・船舶会社を保護して海軍の輔翼に充るの議(16)」を提議した。これは一八八二年度以降、毎年三隻ずつ二〇年で六〇隻を総額四〇一四万円を投じて建造し、さらに西海の地に三〇〇万円の費用をかけて五年間に一大造船所を新設したいというものであった。この川村の「明治一四年プラン」に対して室山義正氏は、漸新的で現実的な拡張案となっており、「さらにこのプランが造船所新設案を伴っていることが国産化指向を一層明瞭に示している」(17)と特徴づける。

こうした海軍省の努力にもかかわらず、「紙幣整理にかける松方の決意はかたく、このため海軍拡張案は否定された」(18)。とはいえこれらの案がのちの海軍拡張計画に与えた影響は、決して小さいものではなかったとみるべきである。

一八八二（明治一五）年にいたり、事態は大きく進展した。一一月一五日に川村海軍卿は三条太政大臣に上申書を提出、東洋の状勢が逼迫しているという認識のもと、毎年六隻ずつ八カ年で四八隻を新造、一二隻はしばらく現有艦を使用し、八カ年後に新造するという整備案を提出した(19)（維持費をふくめて七六〇〇万円）。この上申に対しては、一二月二五日、三条太政大臣より諸省卿に対して陸海軍整備の件が伝えられた。もっとも関係の深い松方正義大蔵卿は、予想される酒造煙草等の諸税額七五〇万円を軍備拡張費にあてることにし（そのうち新艦製造費年額三〇〇万円）、そのことを太政大臣に報告した（一二月三〇日に太政大臣より海軍省に内達）。

一八八三（明治一六）年二月二四日、川村海軍卿は、同年度以降毎年認められることになった新艦製造費三〇〇万円に、これまでの新艦製造費三三万円を加えた年額三三三万円、合計二六六四万円を資金として、八年間に三二隻を建造することを稟議し裁可をえた。またこれより先、二月一四日には、造船所建築費三〇〇万円のほか西海鎮守府設立費二四万八〇〇〇円と水雷布設費を要求したが、許可をえることはできなかった。なお新艦建造費について川村は、五月二五日、軍艦整備は急を要するとして一八八五年度までに八隻製造することを目的に新艦製造費繰上支出の議を稟請し、五月二八日に裁可をえた。

室山氏は、「明治一四年案」が目指していた「漸進的整備・国産化重点主義」は、「明治一五年案」で「急速整備と輸入依存主義」に「一八〇度転換」したとし、「一五年案が一四年案と決定的に異っている点は、造船所新設案が切り捨てられていることであろう」[20]と結論づける。確かに「赤松プラン」、「一四年川村プラン」、「一五年川村プラン」を検討すると変化があり、年間製艦計画と国内建造能力、国産と輸入軍艦の比較をしながら、漸進的整備・国産化重点主義から急速整備・輸入依存へと転換したという論理展開には説得力がある。しかしそれをもって、この一年間の変化を一八〇度の転換ときめつけるのはいかがなものだろうか。というのは漸進的整備から急速整備へという変化は年々の国産と輸入軍艦の数値の変動で実証できても、大規模な造船所の建設をともなう国産か輸入かという政策は、その計画から実施、そして実績をあげるまで相当の期間を要する問題だからである。この点については、長期的視野に立って多方面から吟味したあとに結論をだすべきといえよう。

(3)　西海造船所（鎮守府）設立計画等国内製艦政策の推進

「一五年川村プラン」の帰趨が大詰めをむかえていた一八八二（明治一五）年一二月、川村海軍卿より三条太政大臣に上申書が提出された。このなかで川村は、すでに上申中の軍艦整備は横須賀造船所が繁忙のためやむをえず海外に発注せざるをえないが、神戸のアメリカ人（正しくはイギリス人）は身元も確実で正直であり、製造費も横須賀造船所と同額であることが判明したので、同人の製造所も利用したいと主張[21]、後述するように（第四節参照）、それを実現することになる。

一方、造船所（鎮守府）設立計画が否定された一八八三年、肝付兼行少佐一行により、鎮守府候補地の調査が実施された。当時、海軍省は鎮守府を新たに二カ所建設する予定であり、その候補地として、広島湾、大村湾、伊万里湾の調査を命ぜられたという[22]。この三カ所のうち二カ所に鎮守府を設置するとなれば、場所から考えて広島湾（呉湾をふくむと推定）はほぼ決定ずみで、大村湾と伊万里湾が競合していたものと思われる。

特命をうけた肝付少佐一行は、一八八三年二月二日に東京を出発し、二月七日に尾道に到着。ここで用船を雇入れ尾道港の調査を実施するが、港内がせまくて浅く艦船の出入りに不便であり、また平坦地に乏しく、鎮守府の立地に不適当と判断。かくして二月九日、二隻の帆船に乗組員と資材を積んで尾道港を出発、二月一〇日に呉港に到着した(23)。一行は、船上からの実視により即座に西海鎮守府の地は、「此呉湾ヲ除キテ他ニナシト決意(24)」し、そのことを海軍省へ報告、その後は鎮守府建設にさいしての必要な調査を続行する。

一八八四年には、皇族や海軍の首脳部をはじめ、実務者が多数呉の地を訪れた。とくに七月から八月にかけては、有栖川宮威仁親王をはじめ、川村海軍卿、仁礼景範海軍少将、樺山資紀海軍大輔等海軍首脳部が呉を訪問。この視察の結果は、同年一二月、仁礼・樺山両名の意見書として川村海軍卿へ提出された。このなかで両者は、まず理想的な鎮守府の立地論を展開、呉港は一昨年以来の調査の結果、防御面、土地の広さ、交通面において理想であると絶賛、これに対し、江田湾は防御にすぐれているものの交通に難点があり、ただちに呉の用地買収に着手すべきであると述べている(25)。こうした主張に呼応するかのように、海軍は早くも八月一日に三九町四反余（三九・四ヘクタール余）の第一回用地買収の提示をする。

このように理想的鎮守府（造船所）像にもとづく新たな鎮守府候補地の調査が進展するなかで、それを反映した制度上の変化があらわれる。一八八四（明治一七）年一二月一五日に「鎮守府条例」が制定され、同日、東海鎮守府は横浜から横須賀へ移転し横須賀鎮守府と改称した。この条例の第一条によると、鎮守府は艦船を管轄し兵員等を訓練するばかりでなく、造船所を中心とする兵器製造・修理、その他の施設をそなえた一大海軍根拠地と規定されている。艦船と水兵を常備し海軍区を防備するという狭義の役割から兵器造修を加えた広義の役割への変化は、一八八一年以来の防御に適した地に大規模な造船所を建設し、それを防御するために同一の場所に鎮守府を設置すべきであるという新鎮守府（造船所）建設計画の考えを反映したものであった。

(4) 第二海軍区鎮守府の設立

一八八五(明治一八)年三月一八日、川村海軍卿は三条太政大臣に対して、西海鎮守府および造船所設立について、一八八一、一八八三年につづいて三回目の上申をした。このなかで川村は、先の仁礼・樺山の意見書に沿って、呉は港内が浅すぎもせず深すぎもせず、湾の入口が狭すぎもせず広すぎもせず、周囲を山と島に囲まれているため風波もおだやかで、三カ所ある船の出入口は、音戸瀬戸(幅は最狭で一町―約一〇九メートル、長さ六町―約六五四メートル)と早瀬瀬戸(幅二町二〇間―約二五四メートル、長さ六町―約六五四メートル)は非常に狭く、大屋村(現在の呉市天応町)と江田島の間の大屋瀬戸は付近の島に砲台を築くことによって敵艦隊の侵入を防ぐことができ、背後の丘陵とあわせて防御に適し、加えて各種施設を建設するのに必要な用地があり、交通の便も難点といえる程ではなく、このような良港はほかにないと結論づける。ところがこれにつづいて川村は、江田湾の湖水のように波静かな海に注目し、「呉港若クハ江田湾ノ中ヲ鎮守府造船所等設置ノ地ト御決定相成度」(26)とし、呉港の用地買収費一〇万二〇〇〇～一〇万三〇〇〇円を一八八五年度、鎮守府等建築費二四万八〇〇〇円、造船所建築費(前記用地買収費をふくむ)三〇〇万円を一八八五年度から五カ年間において支出することを要望した。

この上申に対し三条太政大臣は、一八八五(明治一八)年四月六日、海軍省内において呉港にするか江田湾にするか再提案するよう指令した。これに応えた直接的資料を発見することができなかったが、一八八六年三月一〇日、海軍省将官会議は五海軍区に五鎮守府をおき、第一番目に呉と佐世保に新鎮守府を開設することを決定し、三月二三日に海軍大臣官房に提出した。

一方、一八八六(明治一九)年四月九日にフランス人のルイ・エミール・ベルタン(Louis Emile Bertin)海軍省顧問が樺山海軍次官らと呉を訪問して呉港と江田湾を調査し、呉港は防御面、港湾の広さ、深さ、広島との連絡に便利であるなど、あらゆる点で造船所の最適地であるのに対し、江田湾は防御面にすぐれているものの島であるため陸上交通に難点があり予備艦の繋泊地とすることが望ましいという意見書を残している。[27]こうした見解は、先の仁礼・樺山の意見書にも通ずるものであり、一八八五年一二月に川村が海軍卿を辞任していたこともあって、海軍省の方針を理論的に支えたものと思われる。なお彼は、宮原・警固屋村の候補地は造船所ばかりでなく、造兵兵器製造所用地としてもすぐれているとみなしている。[28]

すでに述べたように、海軍省は一八八三（明治一六）年度より八カ年間において二六六四万円で三二隻の軍艦を建造する計画を推進中であったが、一八八五年には九二隻の軍艦製造費と鎮守府開設費用として七五五一万四二四二円を要求した。当時これらの経費を経常費において捻出することは不可能であり、そのため一八八六年の最初の閣議において、二一七五万円に減額して特別費として海軍公債を発行し、一八八六、一八八七、一八八八年度の三カ年にわたって支出することになった。[29]

一八八六（明治一九）年四月二二日、「海軍条例」が制定され、全国を五海軍区とし各海軍区の軍港に鎮守府を置くことになった。また同日、鎮守府の部内組織を具体的に規定した「鎮守府官制」が制定された。そして五月四日、第二海軍区鎮守府の位置として安芸国安芸郡呉港、第三海軍区鎮守府の位置として肥前国東彼杵郡佐世保港が決定した（勅命第三九号）。

以上、呉鎮守府は、一八八一（明治一四）年の軍艦整備計画を国内建造という方法で実現するために、日本一の西海造船所を建設するという方針の延長線上に、財政的に一時否定されるなどの紆余曲折はあったものの、そこに海軍区の防備という役割を加えて、両者が統一されたものとして防御に最適な呉港に設立されたことを実証した。以下、こうした役割を担った呉鎮守府の建設がどのように実施されたのか述べることにする。

3　呉鎮守府の建設と開庁

(1)　呉鎮守府建設の開始

すでに述べたように、一八八三（明治一六）年の肝付少佐一行の調査以降、鎮守府建設にむけての実質的調査がすすめられていた。そして一八八五年から一八九一年までに、一四八町歩（約一四八ヘクタール）の用地を買収、二九万三七〇〇円が支払われた。(30)

一八八六年五月三日、鎮守府建築委員が決定、五月一〇日に樺山中将が建築委員長に任命された。またこれまでの調査をもとに東京において造船所等の兵器製造所をふくむ鎮守府と市街地の建設計画が樹立された（図１-１はその概要を示しているものと思われるが、造船施設については五船渠・三船台が計画されているようにみえる）。これらの工事は三期にわけて実施されることになっており、そのうち一期分として、約一六五万円の予算で、一八八六、一八八七、一八八八年度の三年間で、鎮守府関連事務所、兵舎、病院、監獄、造船所、水道などを建設するという計画であった。

一八八六年一〇月、建築委員の所属が決定、第二海軍区鎮守府建築委員として、建築事務管理佐藤鎮雄大佐、土木主任石黒五十二技師（三等）、衛生主任豊住秀堅軍医大監、会計主任安井直則主計大監、造家主任曾根達蔵技師（四等）らが任命され、東京から呉に着任した。なお工事は、海軍省直営と請負でなされたが、請負事業は藤田組と大倉組商会を元請けとしていた（一八八七年三月一七日、両組が合併し日本土木会社設立）。

一八八六年一〇月三〇日、第二海軍区鎮守府の土木工事、一一月七日、建築工事が起工され、一一月二六日に大倉

計画　1886年頃（推定）

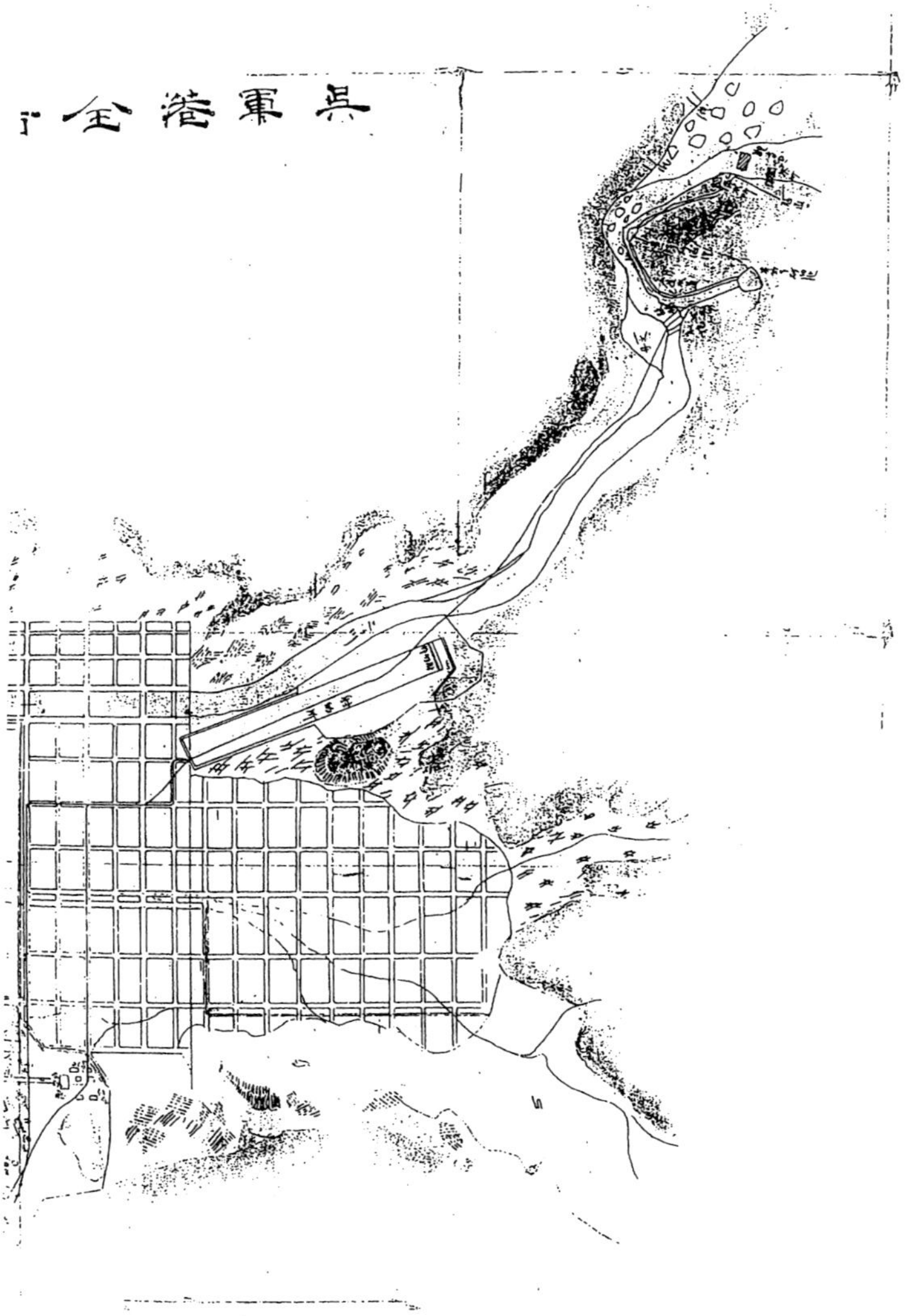

出典：呉市入船山記念館所蔵「呉鎮守府及び市街地設計案（仮題）」1886年。

図1－1　呉鎮守府工事

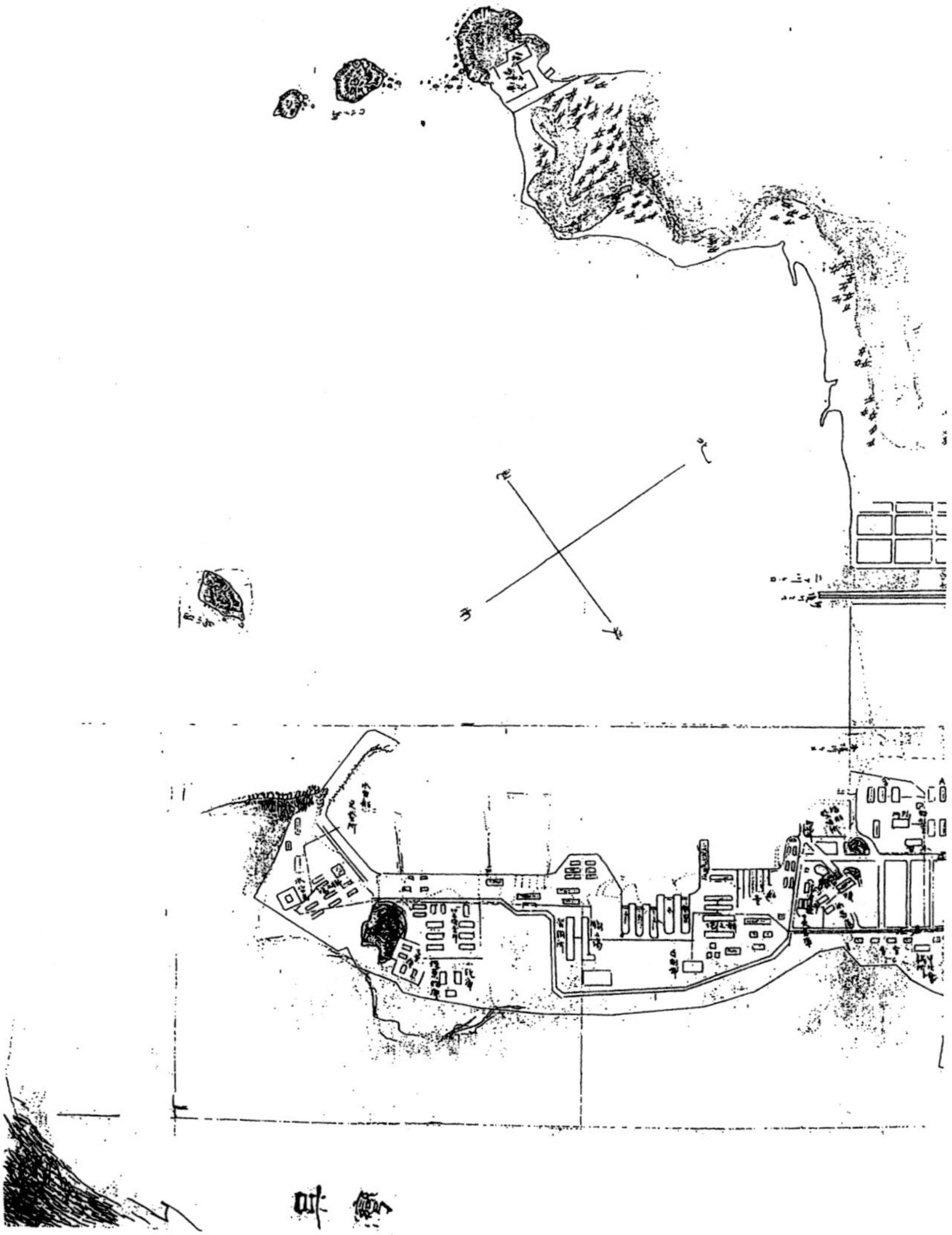

組商会、一二月一七日に藤田組の起工式が行われた。工事開始から三カ月後の一八八七年一月から二月にかけての視察報告によると、この当時は主に土木工事の段階であるが、全五区のうち藤田組の担当の第二工区中の鎮守府、倉庫地等と第四区中の病院、監獄等の用地造成工事は人夫の募集が予想より簡単であったこと、晴天に恵まれたこと、請負人が促成工事を有利とみなしたことにより予想を上回る進捗率を示したが、大倉組の担当した第三区の船渠(ドック)工事は、前記条件は同じであったものの、岩盤が固く遅延をよぎなくされていた。(31)なお一区の砂防工事、二区の下水道工事、四区の濾過地工事等、五区の水道と火薬庫土木工事は、まだほとんど進展していない。一二月になると、土木部門では藤田組請負部分がほぼ完成しているが、造船所、火薬庫、水道が工事途中、建設部門では、軍港司令部、中央倉庫、兵営、病院、監獄等が工事途中となっている。(32)

呉鎮守府の工事には、一日あたり一万八〇〇〇名から一万九〇〇〇名の建設労働者が従事した。彼等のなかには藤田・大倉組に関係の深い技術者もいたが、大部分は農閑期を利用した出稼農民で、「人夫小屋」に宿泊し工事現場にかよったのである。この「人夫小屋」は、一家屋に何百人もの建設労働者が同居し、一人あたり面積も筵二枚に三名平均と狭く、窓も小さく床も低い非衛生的な建物であった。また工事は非常に危険をともなうものであり、一八八七(明治二〇)年九月三日の新聞によると、工事開始より五四名の死者がでたという。(33)このような労働条件下で、彼らは午前八時から午後五時まで働いて一日平均八銭の賃金をえていたと述べられているが、(34)賃金については一定していなかったようである。決して恵まれた労働環境とはいえないが、出稼農民にとって現金収入は大きな魅力に思えたのである。なお当時の工事は人力にたよることが多かったが、土砂等の運搬にトロッコ、基礎工事に杭打器械が使用されている。

(2) 工事計画の変更

すでに述べたように、呉鎮守府工事は三期にわけて実施されることになっており、そのうちの一期の予算は一六五万八三七九円とされ、三カ年にわけて支出することになっていた。ところが工事が予想以上にすすんだという理由で、一八八六（明治一九）年度に四八万七六二三円の予算に対し五三万八三四二円、一八八七年度に五五万七八八七円の予算に対し八八万四三三四円を支出し、一八八八年度予算として二八万六七〇三円しか残らないという事態となった。(35)

こうした状況を打開するため、呉鎮守府建築委員は予算の追加を求めたが、許可をえることができなかった。このまま、「従来之計画ニ放任シ施工スルトキハ鎮守府完備セシメントスルモ莫大ノ不足ヲ成シ……本府開庁無覚束次第ニ立至」ることを恐れた真木長義呉鎮守府建築委員長は、一八八八（明治二一）年三月六日、「速ニ施工ノ方針ヲ改定(36)」することとした。計画の変更は九項におよんでいるが、要約すると、土木関係の造船部、練兵場、堡壁築造、新川掘鑿、下水道工事を未着手ないし中止し、また建設中の建造物もレンガ造を木造にするなどできるだけ簡易なものにし、節約した資金で鎮守府開庁までに必要な最小限の工事を実施しようというものであった。呉鎮守府建設第一期工事は、生命線といえる造船部工事の大部分を第二期工事に延期するなど、杜撰な計画と工程管理により大きな変更を求められたのである。なおこの真木の改定案は、第九項の計画の実施にさいして、再度、許可を受けることを条件に、翌年三月七日に許可された。

(3)　呉鎮守府工事の完成と開庁

呉鎮守府第一期工事において一八九〇（明治二三）年三月までに竣工した建物については、「造家工事落成調」によってほぼ確認できる。これによると、建物は全部で一〇九棟、四二五四坪（約一万四〇三八平方メートル）となり、その建設費は三二万八一八円に達した。ただしこれは、門、柵、避雷柱、厠、番兵小屋、湯呑所などを加えた数であり、仮に一棟三〇坪（約九九平方メートル）以上に限定すると、表1－1のように三三棟となる。(37)なお鎮守府本営が

表1－1　呉鎮守府主要建物工事調査

	名称	構造	起工	竣工	面積（坪）	費用（円）
軍港司令部	軍港司令部	レンガ石造2階建	明治20. 2. 6	明治22. 3. 31	135	24,720
	文庫事務所	レンガ石造2階建	22. 7. 9	22. 3. 15	38	4,116
中央倉庫	甲中央倉庫	レンガ石造2階建	19. 11. 10	22. 3. 16	153	16,719
	乙中央倉庫	レンガ石造2階建	19. 11. 10	22. 3. 16	153	17,239
	丙中央倉庫	レンガ石造2階建	19. 11. 10	22. 3. 16	153	17,285
石炭庫	石炭庫（2棟）	木造平屋建	20. 5. 24	20. 7. 27	150	2,986
	石炭庫（2棟）	木造平屋建	21. 5. 11	21. 7. 14	75	932
武庫	弾庫（2棟連接建）	レンガ石造2階建	21. 6. 22	22. 1. 9	278	10,315
	小銃庫	レンガ石造2階建	21. 8. 12	21. 12. 20	102	4,050
	弾薬包庫	レンガ石造2階建	21. 7. 10	21. 11. 6	50	2,056
火薬庫	火薬庫（2棟）	レンガ石造2階建	21. 6. 18	21. 12. 2	100	4,772
兵営	本営	レンガ石造2階建	19. 11. 7	22. 2. 28	126	24,027
	甲号兵舎	基礎	19. 12. 23	21. 5. 31	327	5,515
	乙号兵舎	レンガ石造2階建	20. 2. 5	22. 3. 20	323	40,808
	丙号兵舎	レンガ石造2階建	20. 2. 13	22. 3. 31	323	37,006
	乙号兵舎廊下・厠	木造平屋建	21. 10. 30	22. 1. 20	60	1,491
	丙号兵舎廊下・厠	木造平屋建	21. 10. 30	22. 1. 20	60	1,491
	賄所・付卸家	レンガ石造2階建	20. 7. 7	22. 2. 28	287	18,442
	食器洗場（2棟）	木造平屋建	21. 11. 8	21. 12. 24	40	520
	雛形室木工長掌砲長等	レンガ石造2階建	21. 8. 10	22. 1. 28	76	6,394
病院	病室	レンガ石造2階建	20. 5. 20	22. 3. 25	153	25,362
	伝染病室	木造平屋建	21. 7. 5	21. 10. 31	97	2,931
	賄所	レンガ石造平屋建	21. 10. 7	22. 2. 3	45	2,374
	看護手看病夫兵舎	木造平屋建	21. 10. 23	22. 2. 20	41	1,440
	各室渡廊下	木造平屋建	21. 12. 19	22. 3. 2	121	733
監獄	監舎	レンガ石造平屋建	20. 4. 5	22. 3. 20	82	10,865
	禁錮室・付卸家	レンガ石造平屋建	20. 5. 3	22. 3. 20	43	5,400
	病室	レンガ石造平屋建	20. 5. 12	22. 3. 20	60	7,998
	監獄署	木造平屋建	21. 11. 27	22. 3. 10	102	3,256

出典：「造家工事落成調」（防衛研究所図書館所蔵「明治二十五年度呉鎮守府工事竣工報告」巻一）。

ないのは、土木工事のみで中止となったためであり、軍港司令部の建物が使用された。

縮小の対象とされたレンガ建造物は、それでも全体で三一棟（火薬庫は二棟とみなす）、門や塀をのぞくと二一棟を数える。予算難にともなう変更があったとはいえ、すでにその時までに起工したものもあり、この段階では、「威厳や美的側面が重要視される」軍港司令部（のち鎮守府庁舎として使用）や、兵営の本営という管理部門と、兵舎、倉庫、火薬庫、賄所、監獄など、「もっとも火災を防止しなければならない建物」(38)の大部分はレンガ建造物となっている。ところが一八八九年度起工の建造物は、浄水設備と病室以外は、威厳を要請される軍法会議（所）や軍政会議（所）（のちの呉鎮守府司令長官官舎）も木造であった。

残された工事のうち、軍法会議（所）は一八八九年六月一七日に起工し、同年一二月二九日に竣工、病室は一八八九年四月一六日に起工し、一八九〇年二月一四日に竣工、軍政会議（所）は一八八九年五月三一日に起工し、一八九〇年二月に竣工した。また水道工事は、一八八八年一月に起工し、一八九〇年三月に浄水設備などを完成、同年四月より給水を開始した。

呉と佐世保鎮守府は、当初、一八八九年四月一日に開庁することになっていた。ところが開庁は同年七月一日、開庁式は翌一八九〇年四月二一日まで延期された。その理由は公表されていないが、鎮守府工事の遅延が影響したことは、すでに述べたとおりである。

これまで呉鎮守府の役割と位置づけについては、伊藤博文関係文書の「鎮守府配置ノ理由及目的」において五鎮守府を比較して、「実ニ安全無比ノ地」という特性をいかした「帝国海軍第一ノ製造所」(39)と規定されてきた。まさに明確な指適であり、その後の歴史はそれが正当なことを実証しているが、問題はこの資料は、五鎮守府体制の決定以降、それもかなり遅い時期（『日本海軍史』(40)では一八九六年と推定）に作成されており、呉鎮守府の設立にかかわる政策決定過程における同鎮守府の目的を規定したものと考えるには無理があることである。

この「帝国海軍第一ノ製造所」という規定は、呉鎮守府の設立過程のなかでどのように具体化してきたのだろうか。このことについてまずその起点については、一八八一（明治一四）年の赤松・川村の軍艦国内建造計画実現のために、横須賀に加え横須賀より防御や機密保持にすぐれた地に日本一の規模の西海造船所を立地するという構想に求められよう。この構想は、一八八三年にいたり予算的裏づけをえることに失敗したものの計画自体はすすめられ、やがて立地のすぐれた地に造船所と鎮守府を一体とした海軍の一大根拠地を設立するという考えに発展し、理想の地として呉港が選定されたのであった。

造船所の最適地とされた呉は、一八八六（明治一九）年四月のベルタンの調査の結果、造船所の最適地であるばかりでなく、大砲・水雷等の造兵兵器製造所用地としてもすぐれていることが判明。呉が将来、造船と造兵施設を有する日本最大の兵器製造所の適地であることが示唆されることになる。こうした考えは、のちの伊藤の「帝国海軍第一ノ製造所」につらなるものであるが、呉鎮守府第一期工事において日本一の造船施設の建設をめざしながら第二期工事に繰り延べられたように、大きな変更をよぎなくされたのであった。以下、こうしたなかで、軍艦国内建造方針はどのような経緯をたどったのか、のちに呉鎮守府造船部に併合されることになる小野浜造船所とその前身の神戸鉄工所の分析を通じてみることにする。

4　呉海軍工廠（造船部）の技術移転に果たした神戸鉄工所・小野浜造船所の役割

(1)　神戸鉄工所の設立と発展

呉鎮守府は、将来、造船所を中心とする日本一の兵器製造所になるものと位置づけられていた。それにもかかわらず一八八九（明治二二）年七月一日の開庁当時、鎮守府工事が大幅な変更をよぎなくされたため、造船部と兵器部の施設はほとんどみるべきものがなかった。こうした状態を打開するため、同年度より兵器造修関係施設の建設が開始されるのであるが、その間、呉鎮守府造船部の代役を担ったのは、小野浜造船所であった。

小野浜造船所は、神戸小野浜に設立された神戸鉄工所に端を発している。神戸鉄工所の設立については多くの資料が明言をさけているなかで、鈴木淳氏は、「ヴァルカン鉄工所を工部省に引き渡したR・ハーガンは生田鉄工所を引き継ぐが、……〔明治―引用者〕八年に神戸鉄工所（Kobe Iron Works）と名称を変え……ディレクトリによれば、彼〔E・C・キルビー―引用者〕は一〇年にR・ハーガン、J・テイラーとの共同経営者として神戸鉄工所に参加し、一三年までにキルビー商会単独の所有とした」[41]と述べている。これに対して洲脇一郎氏は、一八七八（明治一一）年の『コマーシャルレポート』[42]にもとづいて、神戸鉄工所は一八七三（明治六）年に創業されたという[43]（資料についてはのちに引用する）。

このように最も基本的な神戸鉄工所の創立時期と経営形態についてことなった見解が示されるが、ウイリアムズコレクションには、この点を解明する決め手となる次のような文書が残されている[44]。

一八七三年五月一七日、神戸鉄工所契約成立。資本持ち分をエドワード・チャールズ・キルビーが六分の四、ロバート・ハーガンとジョン・テイラーが六分の一ずつとし、機械製造修理、鋳造、鍛造および造船（船大工）を営むパートナーシップを設立し、商号は神戸鉄工所会社とする。契約期間は七年半、資本金は二万ドルである。

文書に題名がないなど不明な点も残るが、内容から考えて信頼度の高い資料と判断できる。神戸鉄工所は一八七三（明治六）年五月一七日に全資本の三分の二をE・C・キルビー（Edward Charles Kirby 正しい発音はカービーであるが、彼は日本でキルビーと称していた）、残りの三分の一をハーガン（R. Huggan）とテイラー（J. Taylor）が出資するパートナーシップとして創立されたのであった。一八七九年以降、神戸鉄工所を単独所有したE・C・キルビーは、甥のアルフレッド・キルビー（Alfred Kirby）を技術部門の監督にむかえ香港上海銀行から五万メキシコドルを借用して設備投資するなど経営基盤を強化・拡大した。そして一八八三年に、「約四五〇トン、最低一二ノットの速度で三〇〇人の乗客と貨物を運搬(45)」できる琵琶湖用鉄製汽船（長浜―大津間の鉄道連絡船）を二隻完成させたことにより注目を集めた。これは日本最初の鉄製汽船であり、九〇馬力のエンジン一台も神戸鉄工所で製造されたこともあって（もう一台はイギリスから輸入）、同所の技術力は高い評価を受けることになる。

神戸鉄工所を所有するキルビー商会のキルビーは、鉄船の製造能力を高める一方、一八八二（明治一五）年二月四日、海軍艦艇造修の入札への参加を求める書簡を川村純義海軍卿に送った。この時の書簡は一般の広告と同一視され、無視された形となった。しかし、「職工等ニ余力職業トスル諸般ノ工業ヲ教授スルノ方法ヲ設ケリ又余ハ鉄艦製造ノ技術ヲ日本ニ弘メントスル其先鞭ヲ着ケタル者ニシテ目今二千噸以上ノ鉄艦及ヒ機関等ヲ全ク製造落成セン事ヲ定約セラル可キ地位ニ在リ(46)」としたため九月二八日の書簡は、川村海軍卿の注目するところとなった。当時、川村は、壬午事変に対応するために急速に軍艦を整備する必要を痛感していたときであり、従来からの軍艦国内建造方針を貫くためにも、すべて輸入にたよることなく、いくらかでも国内で建造できることが望ましいと考えていた。

このE・C・キルビーの書簡に興味をいだいた川村海軍卿は、一八八二（明治一五）年一一月二日、赤松則良主船局長に調査・研究を命じた。これを受けた海軍省（主船局）は、一一月四日、横須賀造船所で建造する鉄骨木皮軍艦「葛城」と同一の仕様を神戸鉄工所に提示し、費用・期限等を問い合わせた。これに対しE・C・キルビーは、一一月一五日、「竣工迠ノ時日ハ二十ヶ月ヲ要ス代価目録ニ随ツテ製造スル時ハ銀貨三十八万五千五百円(47)」と回答した。その後数回の交渉により、横須賀造船所と同一条件で建造できることを確認した赤松は、一二月四日、川村にこの調査結果を報告するとともに、現在は横須賀造船所において建造するだけの予算しかないが、もし予算増加が認められれば、「其際右キルビー社へ製造方ヲ御注文相成ル方海外ヨリ輸入ヲ減シ職工ヲ養成スルノ一端トモ相成ルト存候(48)」と上申した。

新艦建造費三〇〇万円が内定したことを知った川村海軍卿は、一八八二年一二月一八日、松方大蔵卿に対し、三〇

○万円のうちよりドイツのキール港にある二艦の購入費一二八万七三六○円の残額一七一万二六四○円中の約六○万円で軍艦一隻を神戸鉄工所に発注したいので、その三分の一の二○万円を前金として一八八三年一月に支払うことについての承諾を求め、許可をえている。[49] そして二月二日、川村は、三条太政大臣に対し、上記案を提示し、二月一二日に許可をえた。その際川村は、横須賀造船所は、「頗ル忙劇ニシテ一時数隻ノ軍艦製造ハ難相成不得已海外ノ造船会社ニ製造セシメサルヲ得ス」[50]と可能な限り軍艦の国内建造を目指していると述べている。また国内（神戸鉄工所）において軍艦を建造することの有利な点として、「職工役夫等多ク内国人ヲ使用シ其材料モ亦多ク内国産ヲ需要致候為メ間接ニ於テ内国人ノ技術ヲ進マシメ且輸入品ヲ省キ其費金モ亦多ク内国に留リ其直接ノ益ニ至テハ落成ノ節遠洋運送スルノ費用ナク又海上保険料ヲ要セス其製造之際ニ当リテモ亦直チニ当省ヨリ監督者ヲ派シ終始充分監督セシムルノ便アリ」[51]とその理由をあげている。

ここで注目すべき点は、国内（神戸鉄工所）で軍艦を建造する利点としてあげている四点（国内職工の雇用、国内材料の利用、回航費および保険料不要、監督に便利）のうち、理論的支柱ともいえる国内職工と国内材料の利用が前掲のE・C・キルビーの書簡にすでに記されていたということである。こうした事実を勘案すると、この四点の海軍省の主張は、主たる論拠をE・C・キルビーに依拠していたともいえる。ただしこうした川村海軍卿の意向に沿った書簡をE・C・キルビーが書くためには、海軍卿に近い人物からの情報提供や指南があったのではと推測される。

一八八三（明治一六）年二月二三日、海軍省とE・C・キルビーとの間で鉄骨木皮軍艦一隻を銀貨三九万九○○○円（銀貨一円に対し通貨一円五○銭）で建造するという契約が締結された。この契約書によると、㈠軍艦の性能は、排水量―一一七二トン、速力―試運転時一三ノット、㈡建造期限は、同年二月より翌年九月までの二○カ月間で一カ月遅延するごとに請負代価の一％を削減すること、㈢契約金の銀貨三九万九○○○円は六万五○○○円ずつ六回に分割して支払うこと、㈣建造中の軍艦および会社の設備、貯蔵物品を前金の抵当とすることという内容になっている。[52]

なおこの契約内容は、神戸鉄工所に対して「かなり厳しい条件を課していた」(53)との見解もある。

活動が制限されている外国人経営の神戸鉄工所は、鉄骨木皮軍艦を建造することで自らの存在基盤を確立し発展をはかろうとし、厳しい契約条件を受け入れたものと考えられる。これに対して海軍省は、長期的には兵器のすべてを国産化しようという目的のもと、短期的にも一定の質と量がかなえられるならできるだけ国産化(「軍器独立」)を目指すこととし、その一手段として外国人経営の民間造船所を利用して技術移転を試みようとし、国内職工利用などのメリットもあり、まだ実績の乏しい神戸鉄工所へ危険をおかして軍艦を発注したのであった。すでに述べたように、一八八三年二月から、海軍省は財政的には認められなかったにもかかわらず西海鎮守府(造船所)の候補地の調査を実施しており、可能な限り軍艦を国内で建造しようという方針はゆるぎないものとして堅持されていたものと考えられる。

一八八三年二月二三日、神戸鉄工所において「大和」の建造が開始された。三月には赤松主船局長が視察するなど(54)海軍省も力を注いだが、一〇月になると、イギリス鉄鋼労働者のストライキにより輸入品の到着が遅れ、神戸鉄工所より竣工期限の二カ月半の延長を求められるなど(55)、工事は遅延する。

一八八三年一二月九日、E・C・キルビーは、横浜で自殺した。新聞は自殺の原因についてはふれていないが、香港上海銀行に対し二五万五〇〇〇ドルの負債を抱えていたこと、一八七四年、一八七九年と大きな火災にあい財産を失うなかで一八八二年に横浜の不動産を売却したことなどを伝えている(56)。神戸鉄工所は、A・キルビーを技術的指導者に迎え、香港上海銀行からの資金援助をえて急速に事業を拡大したが、利益を超えた投資が資金上の不安をもたらし、それに気がついたE・C・キルビーが資産の整理をはじめたものの追いつかず、自殺に追い込まれたと推測される。

(2)　海軍省による神戸鉄工所の買収

E・C・キルビーの死後も、神戸鉄工所は「大和」や民間の船舶、機械等の造修で発展をつづけていた。しかし事業が拡大するにつれ、香港上海銀行は神戸鉄工所の金融関係が心配になった。そして「大和」の建造を発注していた日本政府に全施設を買収することをすすめるとともに、神戸鉄工所にそれを受容することを強いた。[57]

こうしたなかで赤松主船局長は、一八八三（明治一六）年一二月二一日、川村海軍卿に対して、神戸鉄工所は経営危機に陥っており、香港上海銀行からの借入金約二六万ドル（正確には二五万五〇〇〇ドル）の抵当となっていることを報告した。そして今後の方策として、（一）軍艦建造に要した実費と納付すべき金額との差額を支払い、軍艦、関連機械等を引き取るのが順当であるが、この際、（二）借金を引き受け工場を官有にしたいと上申した。[58]

赤松は軍艦国内建造を主張してきた人物であり、多年の念願の一つである軍艦整備予算が認められても、神戸鉄工所が廃業してしまえば年四艦のうち一艦しか国内（横須賀造船所）で建造できず、「甚タ遺憾ノ次第[59]」と考えた。そこで赤松は、廃業によって、「銕艦ヲ製造スヘキ諸器械」と「熟練ノ職工[60]」が散逸することを防ごうとした。さらに彼の構想のなかでは、「其器械職工ハ追テ西海某所ニ設置セラルヘキ造船所ノ核[61]」にするという将来にむけての位置づけがなされていた。すでに述べたように、海軍省は西海造船所計画への予算が否決された一八八三年二月に呉港の調査を実施し、最も防御にすぐれているとして西海鎮守府並びに造船所の地に内定しているが、この点は赤松の軍艦整備計画が、「基本的に防禦的発想に基づくもの[62]」であるということとも関連していたものと思われる。

こうした赤松案に対しては、海軍省内においても当初の契約時の調査不足を指摘するとともに、現実問題としては前記二案のうち第一案を選択すべきであるという意見があった。なおその根拠は、「対手者ハ外人ナリ[63]」という、外国人への不信感からきていた。

相反する意見がだされたなかで川村海軍卿は、神戸鉄工所を買収し官有にする決意を固め、一八八四（明治一七）年一月七日、三条太政大臣あてに上申した。このなかで川村は、「此際『キルビー』旧所有ノ製造場諸機械等ヲ購入シ大和艦ヲ始メ他ノ新艦ヲモ同所ニ於テ致製造候ハヽ、其落成モ速ニシテ大和艦ヲ横須賀造船所ヘ転送スヘキ冗費ヲモ省キ将タ海外ヨリ購入スヘキ軍艦ノ数ヲモ減スル而已ナラス其諸機械職工等ハ皆ナ他日西海エ建設スヘキ造船所ノ需要ニ供スヘク」(64)と、赤松とほぼ同様の考えを述べている。なお銀行が神戸鉄工所への貸金額と同額で日本政府に会社を売却しようとしたことに対して、当時の経営者のＡ・キルビーは、「香港上海銀行は、価値以下の値段で日本政府に売ることをしいた」(65)という不満をもっていたという。

一八八四年一月一七日、川村海軍卿の上申は三条太政大臣によって受理され、一月二二日に海軍省と香港上海銀行との間で、「大和」関係を除くすべての物件を銀貨二二万三五〇〇円をもって購入する契約が締結された。これによると、代金は契約直後に二万三五〇〇円、残りは三カ年の年賦（毎年、六万六六六六円支払い、利子一カ年六朱）で支払うことになっている。(66)

神戸鉄工所が海軍省によって買収されたことは、「大和」の建造の遅れを心配したというさしせまった理由にとどまらず、「軍器独立」の一端を担う軍艦整備をできるだけ国内建造で実現しようという方針を、外国人経営企業の買収による技術移転という方法を通じて実現させようとしたことを意味する。また注目すべき点は、買収する神戸鉄工所の機械と職工が、一八八二年度予算で否定され未だ正式決定されていない西海造船所に引き継がれるという海軍省案が太政大臣によって認められたことである。政府としても西海造船所は同年度は財政上予算を計上できなかったものの、近い将来建設すべきものと考えていたと解釈できるだろう。一八八三年二月に西海造船所建設予算が却下されたとほぼ時を同じくして西海造船所（西海鎮守府）候補地の調査が実施され海軍省内で呉港に内定したこと、そして同時期に「大和」の神戸鉄工所への発注が決定したこと、さらに神戸鉄工所の買収と将来の西海造船所への引き継ぎ

表1－2　小野浜造船所の施設・従業員（1884年）

	機械		工夫・職工・人夫		年間	1日当たり
	数（台）	蒸気馬力	のべ人員	1人当たり平均日給（厘）	労働日数	平均労働時間
船台鉄工係	40	—	68,220	298	282	9：30
銅工係	5	—	1,721	917	277	9：05
錬鉄係	22	—	10,872	379	279	9：15
模型係	6	—	9,672	422	279	9：10
製罐係	9	12	21,524	370	280	9：15
鋳造係	11	—	17,531	354	278	9：10
旋盤係	35	40	14,460	351	279	9：10
船具係	4	—	8,717	304	278	9：05
製図係	—	—	698	505	277	9：10
船台木工係	—	—	40,659	323	282	9：30
組立係	—	—	19,231	377	279	9：10
計（平均）	132	52	213,305	418	279	9：13

出典：『海軍省第10年報』1884年、149頁。
　注：—は該当するものが存在しないことを示す。

が認められたことを考えると、一度造船所予算が否定されたことをもって、国産化重点主義を一八〇度転換したとはいえないだろう。

(3)　小野浜造船所の経営状況

これ以降、海軍省によって買収された小野浜造船所の組織、施設・従業員、生産活動等について記述する。

まず組織を見ると、一八八四（明治一七）年二月二五日をもって神戸鉄工所は海軍省へ移管され、主船局の管轄となり、小野浜造船所と改称された。一八八六年七月一日に艦政局の管理下に入った小野浜造船所は、一八九〇年三月一〇日、呉鎮守府（一八八九年七月一日開庁）の組織下におかれることになり、呉鎮守府造船部小野浜分工場と改称された(67)。その後、一八九三年五月二〇日に呉鎮守府造船支部、そして一八九五年六月一日に、同月一〇日をもって「呉鎮守府造船支部ハ造船工事ノ都合ニ依リ之ヲ廃止シ其器具器械等ヲ呉へ移ス(68)」という指令が出された。

つぎに施設・従業員について記すると、E・C・キルビーの死亡当時の土地や器械・器具、従業員は、小野浜造船所に引き継がれた表1－2によると、一一係に一三二台の機械が設置（五二馬

表1－3　横須賀造船所・小野浜造船所の従業員

（単位：人・銭）

		事務職員	技術官および職工			職工等1日平均給料
			技術官		職工	
1884年	横須賀	185	(2)	216	2,478	28.6
	小野浜	49	(16)	76	1,080	41.8
1885	横須賀	209	(2)	91	3,080	30.5
	小野浜	64	(8)	18	1,015	29.6
1886	横須賀		(2)	2,322		31.1
	小野浜		(5)	945		31.9
1887	横須賀		(1)	2,428		30.5
	小野浜		(1)	712		33.6
1888	横須賀			2,336		31.0
	小野浜			664		33.2
1889	横須賀		(2)	808,512		
	小野浜		(1)	222,072		

出典：『海軍省年報』各年。

注：1）職工等には、工夫、職工、人夫等がふくまれる。試みに1884年の内訳をみると、工夫―100名、職工―656名、人夫―324名である。

2）（　）内の数字は、外国人である。

3）1889年の職工数はのべ人数であり、1日平均にすると小野浜は733名となる。

力）、そこでのべ二一万三三〇五名の現場労働者が、年間二七九日（一八八四年二月以降一二月までと推定）、平均日給四一銭八厘、平均労働時間九時間一三分という条件で働いていたことがわかる。(69) ちなみに同時期の横須賀造船所は、船台・船渠（ドック）をふくむ二三係、従業員のべ七一万八〇九一名とほぼ三倍を記録しているが、労働環境となると平均日給二八銭六厘、労働時間一二時間三分となっており、小野浜造船所の方がはるかに好条件であった。しかし翌一八八五（明治一八）年には横須賀の三〇銭五厘に対し小野浜の二九銭六厘と逆転した。(70) そしてこれ以降の推移については、ほぼ同水準となる。

従業員については、一八八三（明治一六）年一二月のE・C・キルビーの死亡にさいしての追悼文を掲載した英字新聞に約八〇〇名と記されているが、(71) 表1－3のように、一八八四年には一〇八〇名へと急増。しかし一八八五年に一〇一五名、一八八六年に九四五名へと減少、その後は六〇〇から七〇〇名台を維持している。なお一八八四年の従業員の急増は、E・C・キルビーの死後A・キルビーのもとで拡大をつづけたことを裏づけるものであり、海軍省に移管後はしだいに人員整理が断行されたと考えられる。

外国人技術者については、一八八四（明治一七）年一月二二日の契約において、香港上海銀行が処理し、海軍省は

表1－4　小野浜造船所建造軍艦

艦種	艦名	起工	進水	竣工	排水量（トン）	長さ（m）	幅（m）	馬力	速力（ノット）	質
スループ	大和	1883. 2. 23	1885. 5. 1	1887. 11. 16	1,500.0	61.26	10.67	1,137	10.90	鉄骨木皮
砲艦	摩耶	1885. 6. 29	1886. 8. 18	1888. 1. 20	621.5	47.00	8.20	950	11.00	鉄
帆船練習艦	満珠	1886. 8. 31	1887. 8. 18	1888. 6. 13	877.0	47.50	10.50			木
帆船練習艦	干珠	1886. 9. 5	1887. 8. 18	1888. 6. 13	877.0	47.50	10.50			木
砲艦	赤城	1886. 7. 20	1888. 8. 7	1890. 8. 20	621.5	47.00	8.20	950	10.25	鋼
砲艦	大島	1889. 8. 29	1891. 10. 14	1892. 3. 31	630.0	53.65	8.00	1,200	13.00	鋼

出典：福田一郎『写真日本軍艦史』今日の話題社、1983年、57、59、60、61、64、71頁。

「一切関係セサルモノ」[72]と規定されていた。しかし実際には、当時は外国人ぬきでこれまでの技術水準を維持することは不可能であり、「当省於テ施業上最モ必要ノ者二付……雇入方目下詮議」[73]することとし、その間一〇名のイギリス人、一名のイギリス人帰化人、五名の中国人を臨時的に雇用することにした（一八八四年二月八日に太政官より許可）。そして二月二三日にふたたび上申し、三月五日には、一七名について雇用契約を結ぶ許可をえている[74]。なおその後は外国人を減少させ、一八八七年当初は五名のみとなり、三月一七日には清国人一名だけとなった[75]。

小野浜造船所は海軍省の工事ばかりでなく、神戸鉄工所時代の民間工事をも引き継いだが、紙数の関係で、表1－4により軍艦の建造に限定し、その概要をみると、この造船所で建造された軍艦は六艦となっている。このうち「大和」については推進器が外輪からスクリューへ、船体が木造から鉄骨木皮へと変化するなど、「機帆船国産化の到達点」という評価がくだされているが、それ以降の軍艦も「摩耶」が「国産初の鉄製帆装砲艦」、「赤城」が「国産初の全鋼製艦」としての栄誉をえるなど、小野浜造船所は、「木から鉄・鋼への転換の過程で先行した」[76]のであった。この間、横須賀造船所では「大和」の同型艦の「葛城」、元官営の石川島造船所では「摩耶」の二番艦の「鳥海」を建造するなど一部では技術の同時進行もみられるが、全体としては小野浜造船所の技術的有利は動かしがたい。フランス人技師の指導を受けながら巨額の資金を投じてきた横須賀造船所に対し、鉄鋼化という一面ではあるが、イギリス人経営企業を引き継いだ小野浜造船所が短期間のうちに追いつき追いこしたことは驚くべきことといえよう。なお同表によると、軍艦の建造は一八八三（明治一八）年から一八八八、一八八九年頃までに集中しているが、その頃になると、すでに述べたように、ほぼ日本人の技術でそれを実現しえたのであった。

一八九〇（明治二三）年頃から小野浜造船所においては、水雷艇の建造が主力となっていた。小野浜造船所において多くの水雷艇が建造されるようになったのは、一八八六年五月一一日に提出されたベルタンの意見が大きく影響していた。ベルタンは三景艦等の建造の推進者として知られるが、ヨーロッパにおいて水雷艇の改造がすすみ作戦上その重要性が高まりつつあることを考えて、近い将来、日本においても水雷艇が重要視される時代が訪れることを確信し、この水雷艇の建造は良質の材料と高度に熟練した職工を必要としており、小野浜造船所が適していると建言したのであった。

ベルタンは、「同所ノ位置ハ大工業ヲ起コスノ目的ヲ以テ之ヲ拡張スル事能ハザルナリ然レトモ之レニ反シテ其位置並ニ広袤ハ共ニ善ク多数ノ小船ヲ構造スルニ適セリ同所ノ職工等ハ既ニ善ク機及ヒ鉄製船殻ノ製造ニ慣レ且ツ英人ノ指揮監督ヲ受ケ[77]」ており、水雷艇建造に最適であるとみなした。なお建造に際しては、一部をヨーロッパにおいて製造して神戸で組立て、残りは神戸において製造・組立てをすることを助言する。

その後水雷艇の研究を続けた海軍省は、一八九〇年にフランスのシュネーデル社のル・クルゾー鋳造所に排水量五三トン、速力二〇ノットの三等水雷艇を注文しこれを第五号と命名、船殻および機関をフランス人技師と組長の指導のもとで日本人が行うという方法で組立てた。ついで同社より、同型の六号から九号の四隻を購入、この船殻の組立てと機関の製造をすべて日本人の手によって一八九二年までに実施した。そして一八九三年にいたり、排水量を五三トン、速力二〇ノットの水雷艇をフランスのノルマン社に発注（第一五号）、排水量八二トン、速力二四ノットの水雷艇二隻（第二二号、第二三号）をドイツのシヒャウ社から購入し、組立てた。[78]なお小野浜造船所において建造された水雷艇は二一隻にのぼる。

ここでもう一点考えておかなければならいのは、外国の先進的技術の導入が可能となった国際的条件である。この点の研究は多くないが、イギリス兵器産業の歴史に造詣の深いクライヴ・トレビルコック（Clive Trebilcock）氏によると、イギリスでは兵器産業も自主的発展をとげ、自由主義経済体制のもとでは、兵器産業といえども政府の統制を受けることもなく、また支援の対象ともならなかったといわれている。[79]先進国イギリスの兵器会社は、平和時に国内外における売り込みに熾烈な競争を展開していたのである。[80]

小野浜造船所の経営分析の最後に、収支状況をみることにする。といっても『海軍省年報』の形式の変化により一八八三（明治一六）年度（途中から官営に移管）から一八八九年度に限定されるのであるが、まず表1－5により概観すると、収入不明の一八八七年をのぞき、収入の多い一八八四、一八八六年ばかりでなく、その他も毎年益金を記録する。紙数の関係で表示できないが収入の内訳を分析すると、不明な数値が多くて断定できないものの、収入の主力を占めている艦船および機械の製作費がしだいに減少することになる。支出に目を転ずると、職工費を中心とする人件費、作業費や機械費という間接費を中心に収入に対して減少傾向を示している。小野浜造船所が常に利益を計上できた背景には、収入の増加以上に経費の節約、とくに外国人技術者や民間船建造中止による職工等の解雇などによる人件費の圧縮が大きく貢献していたものと思われる。また少額の建築費で生産活動を継続できたことも、一つの要因といえよう。なおこのことから敷衍して考えると、神戸鉄工所の破綻の原因は、高額の賃金と設備投資に

表1－5　小野浜造船所の営業収支

（単位：円）

年度	営業資本	収入	支出	益金
1883	264,823	144,939	112,913	32,025
1884	65,270	481,340	409,289	72,110
1885	65,270	298,657	260,811	37,847
1886	65,270	515,332	370,924	144,408
1887	—	—	394,743	—
1888	—	328,979	308,999	19,980
1889	165,056	282,162	278,661	3,501

出典：『海軍省年報』各年。
注：円未満四捨五入。

あったことが明らかとなる。

日清戦争中の一九九四（明治二七）年一一月二五日、小野浜造船所の建物、器械等の呉鎮守府造船部への移転費八万四四四五二円が認められた。[81] こうして準備が整えられ、日清戦争後の一八九五年六月一〇日、小野浜造船所は廃止され、設備・従業員はすべて呉鎮守府造船部に属することになった。こうして移った従業員は、呉鎮守府造船部、呉海軍造船廠、呉海軍工廠造船部の発展につくすことになる。これ以降、日本海軍第一の造船所という役割を与えられながら延期されていた呉鎮守府造船部の工事についてみることにする。

5 呉海軍工廠造船部の形成と展開

(1) 呉鎮守府開庁後の造船施設の整備

一八八九（明治二二）年七月一日に開庁した呉鎮守府は、日本一の造船所を中心とする日本海軍第一の兵器製造所となる役割を担っていたにもかかわらず、造船部と兵器部にはほとんどみるべき施設はなかった。造船部等（兵器部は兵器の補修と保管を主任務としており小規模）の工事については、すでに述べたように、呉鎮守府の第一期工事の一環に組み込まれていたが、予算不足となり一八八七年度以降計画の変更をよぎなくされ、第二期工事に延期されたことによる。

呉鎮守府造船部工事の再開後の計画については、『海軍省明治二十二年度報告』（明治一八九〇年発行）と一八九〇（明治二三）年四月二一日の呉鎮守府開庁式における明治天皇への奏上において、その概略を知ることができる。前者から関係部分を引用すると、次のようになる。[82]

……本府〔呉鎮守府―引用者〕開庁以降ノ建築ハ専ラ造船部ノ構成ニ係レリ抑々本建築ハ二十二年度ヨリ二十九年度ニ至ル八箇年間ヲ継続シテ落成ヲ期スルノ計画ニシテ之ニ対スル予算額ハ無慮弐百拾六万四千五拾五円余ナリ今之ヲ細別スレハ土工九箇所此予算額百八万七百七拾五円余造家二十棟此予算額三拾五万五千弐拾壱円余造船ニ関スル器具機械此予算額七拾弐万八千弐百五拾八円余トス以上ノ予算ヲ以テ竣工ヲ告ルニ至レハ二船渠三船台ヲ有シ他ノ構造モ亦皆之ニ称フ而シテ大約一万噸許ノ甲鉄及鋼鉄巡洋艦等ハ容易ニ製造シ得ヘキ予図ナリキ

……

これによると八カ年間に二一六万四〇五五円の費用で二船渠（ドック）・三船台という大規模な造船所を整備し、一万トン級の甲鉄および鋼鉄巡洋艦を建造することをめざしていたことがわかる。なお奏上の方もほとんど内容は同じであるが、「二十五年度ニ至レハ已ニ艦船ヲ修覆シ新艦ヲ製造スル事ヲ得ベシ」(83)という一文が加えられている。

これまでの研究ではどちらかの資料をもって工事再開後の計画の概要とみなし、あとはこれにそって各施設がどのように建設されたかという結果のみが記述されてきた。しかしながらそれでは、先の呉鎮守府第一期工事で延期された造船部工事計画の内容と再開時期、そして第一期工事と第二期工事の関係を明らかにすることは不可能である。

この点については、一八八九（明治二二）年五月二〇日に西郷従道海軍大臣より中牟田倉之助呉鎮守府司令長官にあてた、造船部工事の概要（図面）と再開を指令した資料が残されている。(84)これによって、造船部工事の再開は同年五月二〇日に許可されたこと、工場の位置は、図１-２のように、ほぼ中央に船渠（ドック）、その両側に工場、そして図面左側（北東）に船台、右側（南西）に水雷艇船台と格納庫となっていたことがわかる。このうち水雷艇関係施設については、一八八八年三月八日に四万〇七四五円（このうち二万八七四五円～一一万四九八一フランはフラン

図1－2　呉鎮守府造船部工事計画（1889年5月4日）

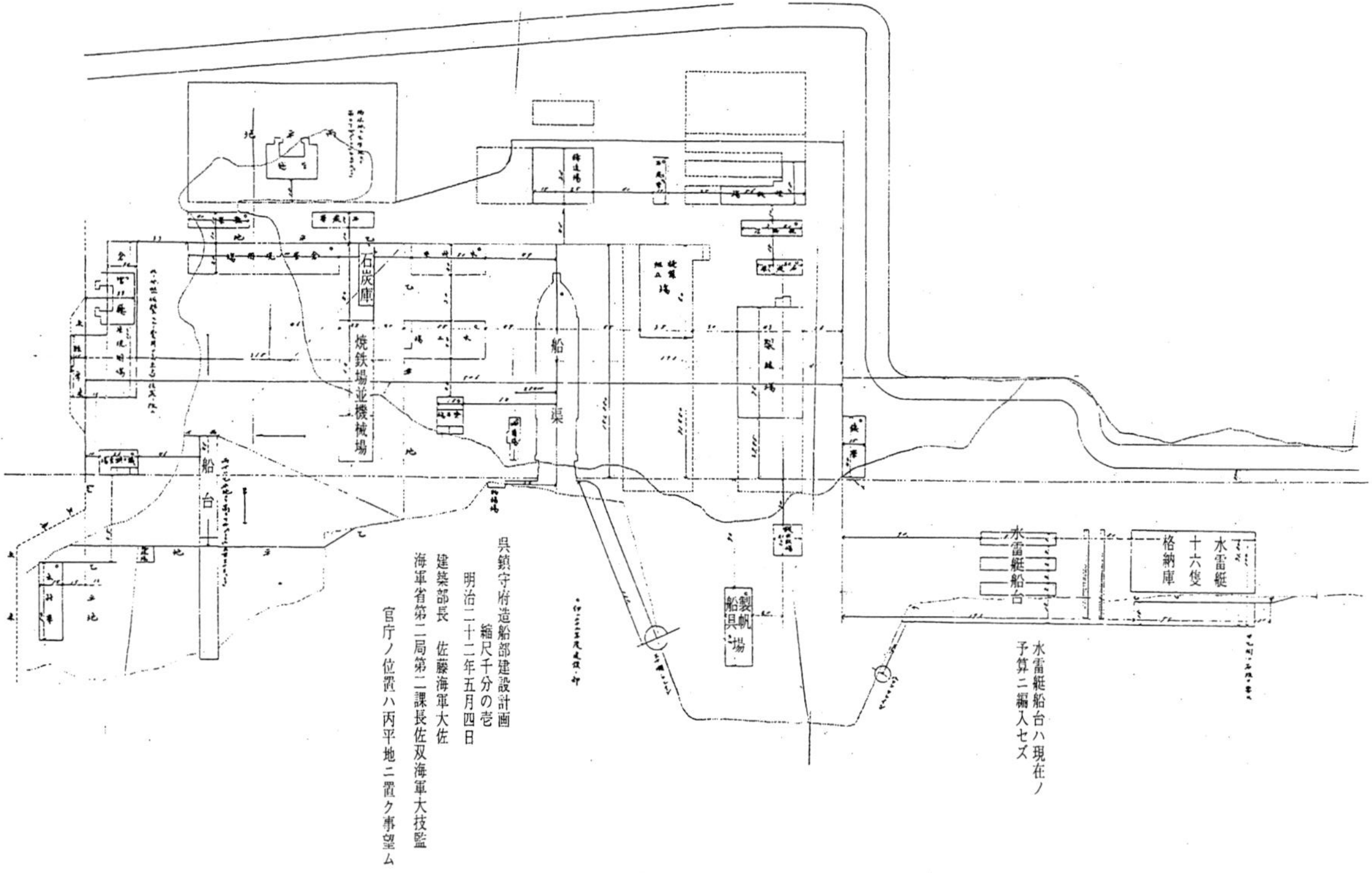

出典：防衛研究所所蔵「明治十九年乃至廿二年呉佐世保両鎮守府設立書１」1886年起。

スより水雷車床、鉄道などの輸入費）の予算が決定したものといえる。[85] こうした点から、一八八六年に樹立されたと思われる造船部の当初計画は、ほぼ図1－2から水雷関係施設をのぞいたものだったと推測できる。

このような推論が成立するとした場合、一八八九（明治二二）年五月二〇日に許可された一船渠・一船台に代表される造船部建設計画（図1－2）が、いつどのような形で前述の二船渠・三船台に象徴される計画（図1－3）にふくまれるようになったのかということが問題となる。この点を解明するため当時の資料を追うと、まず同年六月五日に三〇トンクレーンを五〇トンクレーンに変更、ついで七月一〇日には呉鎮守府司令長官より海軍大臣に、製帆船具場、石炭庫、撓鉄場並びに機械場の位置の変更を上申し[86]、七月一七日に許可をえている。問題はその上申書に添付された図面に、大規模な変化――二船渠・三船台構想が明示されていることである。いうまでもなくこれこそ、八カ年――二一六万円余計画の図面の一部（中枢部分）であることがわかる。

ここで一連の呉鎮守府造船部の建設計画の推移を整理すると、次のようになる。まず一八八六（明治一九）年度から一八八八年度までの計画として、図1－2から水雷艇関係施設をのぞいた一船渠・一船台計画が樹立され工事が行われたが、一八八八年三月をもって中止された。同じ時期、水雷艇関係施設が加えられることになり、一八八九年五月二〇日に前計画にそれを加えた計画（図1－2）が実施されることになった。ところがその後（一八八九年五月二〇日から七月一〇日の間）、二船渠・三船台を中心とする八カ年――二一六万円余の第一期工事をふくむ第二期工事に対する許可がえられたのであった。

それではこの第二期工事計画は、当初から二船渠・三船台規模だったのだろうか。この点に関して一八九〇（明治二三）年一二月一二日の衆議院予算委員会において政府委員は、「元呉ニハ三ツ造ル積リデス然シ此ノ金デハ造レマセヌガ、計画ハ三ツノ積リデアリマシタ[87]」と三船渠の構想が二船渠に変更になったと述べている。また呉鎮守府の位置づけについて、次にみるように、当時も海軍第一の造船所と考えられていることを明言する。[88]

工事計画（1889年７月10日）

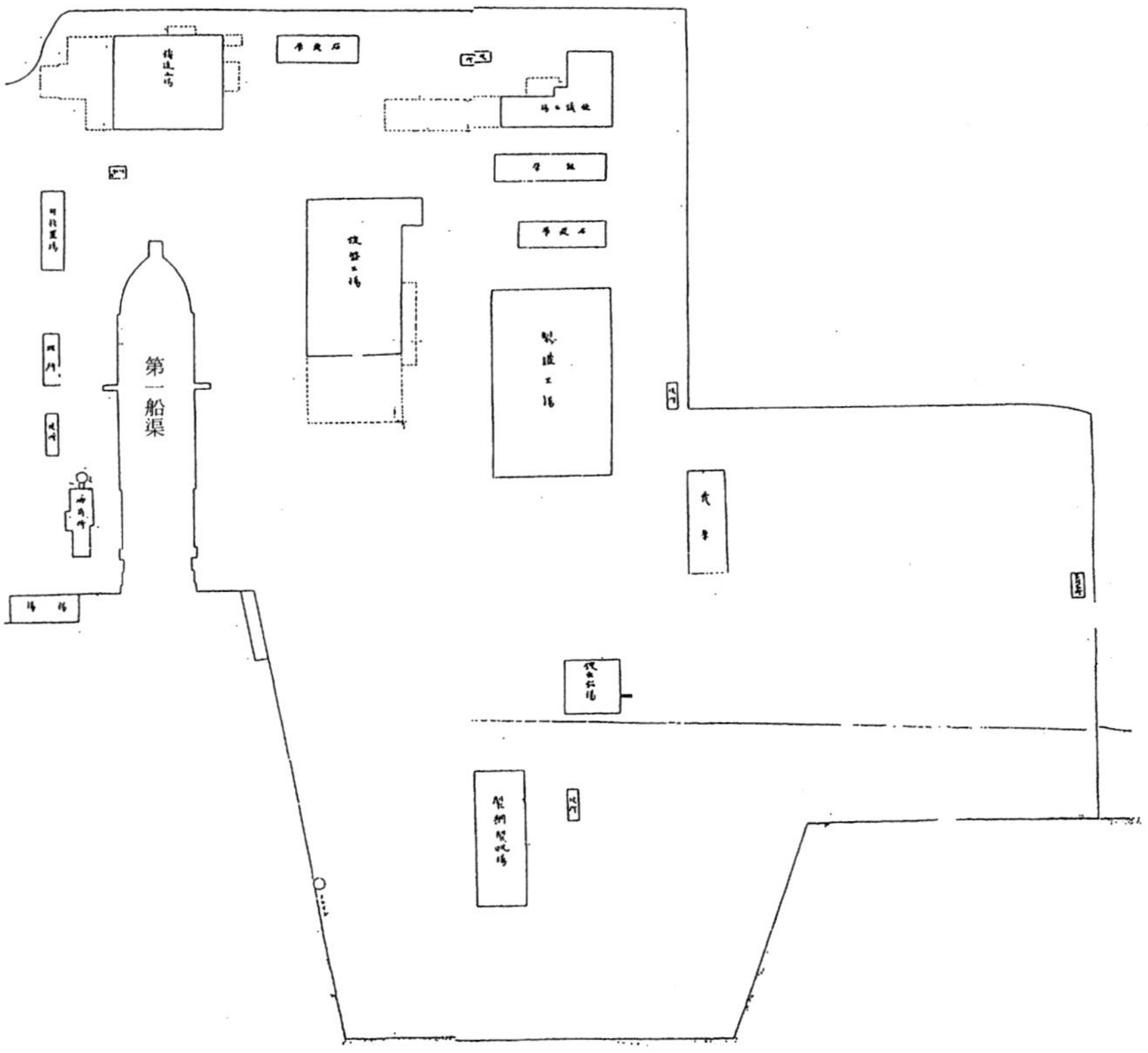

出典：図１－２に同じ。
注：この図面は後年（1893年）に呉鎮守府監督部より取寄せたものであると注記されている。

図1－3　呉鎮守府造船部

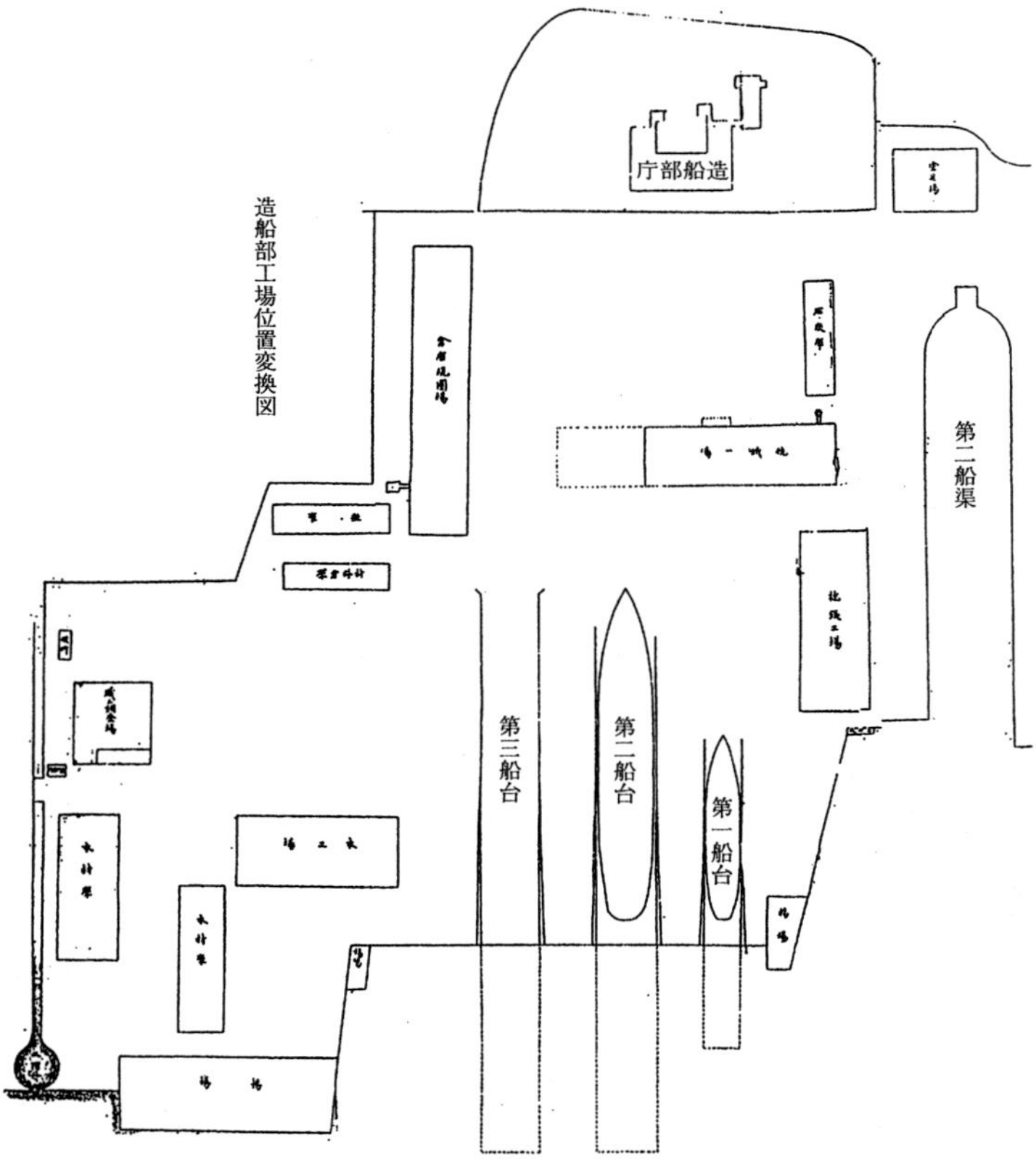

ソレハ急ニハいきマセヌケレドモ、前途ノ希望ハ呉ノ造船所ト云フモノハ日本第一ニナル会議（ママ）ニナッテ居リマス、なぜ呉ノ造船所ヲ第一等ニスルト云フト彼処ハ地形ガ宜シウ御座リマス、戦時ニ大変都合ガ宜イ、どうモ横須賀ハ平時ニハ都合ガ宜シウ御座リマスケレドモ、戦時ニ彼処ヲ安全ニ湊ノ防禦ヲシテ戦争中彼処デ安全ニ船ヲ修理シ、且船ヲ造リ出スト云フヤウナコトハ余程金ヲ掛ケマセヌト防御ニたまりマセヌ、呉ハ天然ノ地形ヲ存シテ居リマシテ戦時トテモ防禦ニ大変宜シイ処デ御座リマスカラシテ、戦時ノ為ニ造船所ヲ拵ヘルニハ、日本第一等ハ呉ニ限ルト海軍デハ極ッテ居リマス、最モ急ナ訳ニハいきマセヌガ、規模ヲ初カラ立テ、彼処ニ手ヲ着ケタノデ御座リマス

海軍省は一八八一（明治一四）年の軍艦国内建造計画を実現するために西日本の防御にすぐれた地に日本一の規模を有する造船所を建設するという構想の延長上に、一八八六年に大規模な造船所をふくむ呉鎮守府建設計画を樹立し、計画の変更をよぎなくされながらも、一貫してそれを実現しようとしていたのであった。この政府委員の説明によると、一八八一年の赤松プランは海軍省において既定の事実として踏襲されていることは明らかである。

それでは呉の当初の造船所計画はどのようなものだったのであろうか。これについては、先の図1－1がヒントを与えてくれるのであるが、これによると、一八八六年段階において、五船渠・三船台構想をもっていたものと推測される。これが海軍第一の造船所の規模であり、時間をかけて実現しようとしたのであった。なおこの五船渠・三船台構想は、一九三一（昭和六）年五月八日に第四船渠が完成したことによって実現することになる（ちなみにそれ以降船渠は建造されなかった）。

ところで一八八九（明治二二）年五月一一日の船渠掘鑿に始まる造船部再開工事（土木部門）は、七月一日に船渠

前部石材彫刻およびドレイン石材彫刻、七月一五日に倉庫現図場掘鑿、八月一三日に船渠基礎構成等、一〇月一二日に船渠接続海中締切と続いた。一方、造家部門も六月二七日の鉄庫と乙木材庫を手始めに、七月一一日の石炭庫、七月一五日の塗具場、八月一〇日の造船部庁、八月二〇日の職工調査場、八月二五日の石炭庫、九月一九日の甲雑庫および乙雑庫、一〇月二日の甲木材庫、一〇月七日の倉庫現図場、一〇月三一日の木工場工事とあいついで実施された。

この後も多くの工事が行われ、予定の一八九六（明治二九）年度までに、一八九一年四月一一日の第一船渠をはじめ、一八九二年三月三日に第一船台と造船工場、一八九三年九月二一日に船具工場、一八九五年九月に造船仕上場、一八九六年三月七日に船渠工場を竣工した。この間、一八九二年七月二三日には、造船部工場を製図、機械製罐、造船・錬鉄・船具・船渠工場と鋳物場にわけているが、このことによって第一船渠、第一船台の完成とあわせて、前述の明治天皇への奏上のとおり、当時海軍が所有していた艦艇の修理と小型船の建造が可能となるような施設の整備がなされたものと思われる。

これ以降の主な施設としては、一八九七（明治三〇）年八月に造船部庁、同年一一月に船渠工場および器具庫、一八九八年一二月一四日に第二船渠（開渠式）、一九〇〇年八月に造船工場鍛冶場、一九〇四年三月に造船工場機械場、同年一一月二五日に第三船台、一九〇六年三月二〇日に第二船台が竣工している。当初、計画されていた二船渠・三船台の建設は大幅に遅れながらも達成されたことがわかる。[89]

(2)　生産活動の状況

すでに述べたように、呉鎮守府造船部の工事は、まず第一期工事にふくまれながら第二期工事に延期された一船渠（ドック）・一船台中心の工事の完成を目指すことになっていた。その結果、一八九一（明治二四）年度に呉鎮守府造船部において、「天龍」以下一〇隻の修理がなされ、一八九二年三月当時、水雷艇二隻が艤装中ないし組立中と報告されている。(90)これ以降、水雷艇の建造と艦艇の修理が拡大することになる。

朝鮮における東学党の乱をめぐる日本と清国の緊張が高まるなかで、一八九四（明治二七）年六月三日、呉鎮守府造船部に対し、特別任務出動艦船の至急工事開始が命じられた。当時、諸設備は整備されつつあったが、「宮古」（一八九四年五月二六日起工）の建造中ということで人手不足が深刻化し、労働者の募集、労働時間の延長、公休日出業、徹夜工事が続けられ、九月下旬までに軍艦「比叡」、「厳島」、「海門」、第七、九、一二、一三、一六、一七水雷艇、特設徴傭船「山城丸」、「相模丸」などの出動艦船の工事を完成した。(91)

一八九四（明治二七）年七月に豊島沖海戦となり、八月一日に宣戦を布告、九月一七日には有名な黄海海戦があり、激戦の末、軍隊の訓練度、新兵器の装備にまさる日本海軍が勝利、日本の優勢を決定的なものとした。この時の戦闘において、軍艦「松島」「比叡」「西京丸」が破損、呉鎮守府造船部において修繕を行うことになり工事が錯綜した。このため、一〇月には横須賀鎮守府造船部より五三〇名の応援をえ、一八九五年二月にいたり小野浜造船所より一三八名の転籍者を受け入れ、さらに職工募集を実施し任務を果たした。(92)

この間、呉鎮守府造船部において修理を受けた損傷艦は、先の三艦に加え、「大島」、「橋立」、「浪速」、「高千穂」、「厳島」、「八重山」、「千代田」、「金剛」と捕獲艦の「済遠」、「平遠」、「広丙」などで、いずれも最小時間で応急修理を完了、日本海軍の勝利に貢献した。横須賀鎮守府造船部が戦地から遠く離れていたこと、本来こうした時に中核となるべき役割を担っていた佐世保鎮守府造船部が施設が未整備だったことにより、一船渠・一船台が完成し日本海軍の所有する艦艇の修理と小型艦艇の建造能力を有することになった呉鎮守府造船部は、水道施設が完備されていたこともあって、損傷艦の修理において中心的役割を果たしたのであった。(93)はからずも日清戦争において、「帝国海軍第一ノ製造所」としての能力が認められ、戦後の拡張が本格化することになる。

一八九七（明治三〇）年一〇月八日、呉鎮守府造船部は呉海軍造船廠と改称、これまでの造船部長のもと計画科長、製造科長の二科長制から造船廠長のもと、造船科長、造機科長、会計課長、材料庫主管、軍医長へと組織が拡充された。この呉海軍造船廠において、一〇月二七日、呉における最初の軍艦「宮古」（一八〇〇排水トン）が進水、一八九九年三月三一日に竣工した。

その後、呉海軍造船廠は、一九〇二（明治三五）年一二月一五日に巡洋艦「対島」（三一二〇排水トン）を進水（一九〇一年一〇月一日起工、一九〇四年二月一四日竣工）、また一九〇三年三月一四日には砲艦「宇治」（六二〇排水トン）を進水（一九〇二年九月一日起工、一九〇三年八月一一日竣工）するなど、しだいに艦艇建造経験を重ねることになる。

一九〇三（明治三六）年一一月一〇日、造船と造兵事業の統一を図る目的で、呉海軍造船廠と呉海軍造兵廠は呉海軍工廠に統一され、初代呉海軍工廠長に山内万寿治少将が就任した。なお当時の呉工廠の組織は、造兵部、製鋼部、造船部、造機部、会計部、需品庫からなっている。

日露戦争においても呉工廠は、新造中の軍艦「対馬」および「雲雀」以下五隻の水雷艇工事とともに、戦時応急工事としての船舶の改装、修理に忙しい日々を強いられた。とくに一九〇四（明治三七）年の「初頭ヨリ愈々時局切迫シ仮装巡洋艦其他ノ徴傭船舶兵装、艤装ノ為入港スルモノ相踵キ到底普通ノ手段ヲ以テ急速完成ノ見込ナキニヨリ職員並ニ職工ノ大部分ヲ長時間ノ残業ヲ命シ或ハ徹夜ヲ継続シ上下孜々トシテ努メタルト雖職工ノ手不足ヲ如何トモスル能ハス私立造船所ノ利用或ハ臨時傭職工等ヲシテ本年六月頃迄ニ大部分ヲ竣工就役スルヲ得タ」[94]と述べられている。この間、五月二一日には工事請負加給法（時間割）を導入、能率の向上を実現した。なお一九〇三年一〇月より一九〇四年六月まで施行した主要工事は、①新造が軍艦一隻、一等水雷艇五隻、雑船・端舟八隻、②修理が戦闘艦四隻、一等巡洋艦五隻、二、三等巡洋艦一二隻、砲艦七隻、通報艦一隻、水雷艇五九隻、海防艦四隻、特設船舶三隻、雑船等八八隻、③特設船舶艤装が給糧・炭・水船七隻、水雷母艦五隻、病院船一隻、仮装巡洋艦二隻、工作船一隻、仮装砲艦一二隻、閉塞船一六隻、その他一〇隻であった(95)。

これ以降も日露戦争にともなう損傷艦の修理、新造船の急造の命令がくだされた。こころみに終戦までに起工した艦艇をあげると、巡洋艦の「筑波」(一九〇五年一月一四日起工)と「生駒」(一九〇五年三月一五日起工)、駆逐艦の「吹雪」(一九〇四年九月二九日起工)、「霰」(一九〇四年一〇月二九日起工)、「潮」(一九〇五年四月一二日起工)、「子ノ日」(一九〇五年六月二五日起工)となっており、主力艦をふくむ艦艇の補強工事が呉工廠を中心になされていたことがわかる。

このうち日本最初の装甲鈑を装備した「筑波」と姉妹艦の「生駒」(いずれも一万三七五〇排水トン)は、日露戦争時の六大戦艦(いずれも海外で建造)のなかで失われた「初瀬」と「八島」にかわる代艦が交戦状態にあるため他国に注文することができないため、国内で急造しなければならないという国家的使命を帯びて建造されることになったものであった。一九〇五(明治三八)年一月一四日に起工した「筑波」は同年一二月二六日に進水、予定どおり起工から二年後の一九〇七年一月一四日に竣工、ほぼ二カ月後の一九〇五年三月一五日に起工した「生駒」は、一九〇六年四月九日に進水、一九〇八年三月二四日に竣工した(予定より六カ月遅延)。こうして日本海軍最初の主力艦が建造されたのであるが、日露戦争とその後の軍備拡充にともなう繁忙期に短期間にそれを達成したことが認められ、以後、横須賀工廠とともに日本の建艦技術をリードするようになった。しかも「筑波」には、呉工廠製一二インチの最初の国産主砲が積み込まれていた。ただし装甲鈑は外国製を使用している。

ここで問題となるのは、なぜこれら画期的な軍艦を二隻とも横須賀工廠ではなく呉工廠で建造したのかという点である。それまで両者の関係は、「後れて出来た呉は横須賀に教えを受くる事一再ならず先輩であり師匠で……夫れ迄に作った軍艦の数としましても呉は迚も横須賀とは比較にならぬ(96)」状態であった。それにもかかわらず画期的な二艦が呉工廠で建造されたことについては明確な理由は示されていないが、先に引用した一八九〇（明治二三）年一二月一二日の衆議院予算委員会における政府委員の、呉は防御がかたく戦時中といえども艦艇の造修が可能であり、それゆえ海軍第一の造船所の所在地とするという説明が示唆を与えてくれよう。また当時の呉工廠は造船部門の劣勢をはるかにしのぐ国内唯一の造兵部門を有し短期間に安全に兵器の搭載が可能であり、総合力で横須賀を上まわったという点も考えられる。戦時期においては外国からの兵器の調達が難しいことが多く、まさに「軍器独立」が求められるが、それに最適の海軍工廠は、戦時といえども攻撃される心配がなく、造船施設とともに製鋼、兵器などの施設が完備しつつあった呉工廠であったといえよう。

(3)　労働環境の推移

最後に、呉鎮守府開庁後の従業員の状況を示すことにする。なおその際、呉工廠の全体像を理解する一助として、造兵部門、小野浜造船所の労働者についてもふれることにする。

まず表１－６により一八九〇（明治二三）年から「筑波」建造時の一九〇六年までの推移をたどる。これをみると、開庁以来二〇〇〇名をこえることのなかった従業員数が、日清戦争時の一八九四年に二五〇四名、翌一八九五年に三三四二名となり、その後も造船部の拡張、仮呉兵器製造所の設立などがつづき増加の一途をたどり、一九〇一年に一万名台を突破、一九〇六年には二万三〇一六名となった。この間、一八九五年までは造船関係職工が圧倒的多数を占めていたが、一八九六年に仮呉兵器製造所が設立されたこともあって造兵関係職工が急増し、一八九九年に両者がほぼ拮抗し、一九〇〇年以降は造兵関係職工が造船関係職工を上回るという、ほかではみられない特徴を示す（ちなみに一九〇二年当時の横須賀の従業員は六五五一名で、そのうち造船廠五五五四名、造兵廠九九七名）。

ここで呉工廠の技術者・職工の系譜をたどることにする。造船関係は、小野浜造船所と横須賀造船所が供給源とな

表1－6　呉海軍工廠の従業員と労働条件

（単位：人、円、日）

年		役員	職工		1カ年度給料総額		職工1日平均1人の給料	就業日数
			人員	1カ年延人員	役員	職工		
1890	呉鎮守府造船部	5	48		2,331	5,057	0.35	
	同 小野浜分工場	6	791		2,650	81,992	0.35	
1891	呉鎮守府造船部	9	226		3,587	22,651	0.29	
	同 小野浜分工場	11	1,170		4,871	117,873	0.34	
	呉鎮守府兵器部	2	37		190	4,495	0.40	
1892	呉鎮守府造船部	15	719		5,575	54,108	0.25	
	同 小野浜分工場	10	1,108		4,440	118,873	0.35	
	呉鎮守府兵器部	2	47		600	6,303	0.42	
1893	呉鎮守府造船部	18	837	301,320	7,604	86,845	0.29	360
	同 造船支部	9	801	238,698	4,270	91,815	0.38	298
	呉鎮守府兵器工場	2	74	24,124	550	8,369	0.35	326
1894	呉鎮守府造船部	18	1,492	537,120	7,387	158,305	0.29	360
	同 造船支部	9	865	283,720	3,882	111,251	0.39	328
	呉鎮守府兵器工場	2	118	39,884	600	14,757	0.37	338
1895	呉鎮守府造船部	21	2,433	875,880	8,264	276,013	0.32	360
	同 造船支部	8	728	65,520	885	27,277	0.42	90
	呉鎮守府兵器工場	3	149	54,385	900	17,739	0.33	365
1896	呉鎮守府造船部	27	2,893	1,041,636	9,803	353,558	0.34	360
	呉鎮守府兵器工場	3	205	68,276	1,232	26,024	0.38	333
	仮呉兵器製造所	11	682	220,130	3,611	98,091	0.45	323
1897	呉海軍造船廠	44	2,729	982,453	22,969	362,560	0.37	360
	呉海軍造兵廠	13	1,769	559,090	5,714	242,495	0.43	316
1898	呉海軍造船廠	48	3,016	1,085,891	28,266	463,656	0.43	360
	呉海軍造兵廠	21	2,635	793,274	5,529	364,064	0.46	301
1899	呉海軍造船廠	51	3,205	1,153,723	32,081	527,764	0.46	360
	呉海軍造兵廠	39	3,178	962,935	15,758	461,825	0.48	303
1900	呉海軍造船廠	59	3,850	1,385,907	36,389	676,751	0.49	360
	呉海軍造兵廠	42	5,312	1,668,008	19,829	828,438	0.50	314
1901	呉海軍造船廠	66	4,358	1,390,054	39,919	731,532	0.53	319
	呉海軍造兵廠	48	6,609	2,035,548	22,208	1,040,700	0.51	308
1902	呉海軍造船廠	70	5,745	1,809,764	43,549	1,002,545	0.55	315
	呉海軍造兵廠	55	6,633	2,361,300	25,301	1,289,182	0.55	356
1903	呉工廠造船部 呉工廠造機部	43	4,884	1,713,617	23,593	1,049,832	0.61	345
	呉工廠造兵部	39	6,095	2,099,192	19,470	1,312,856	0.63	345
	呉工廠製鋼部	10	1,908	650,071	5,170	352,497	0.54	345
1906	呉工廠造船部 呉工廠造機部	51	8,893	2,956,846	36,381	1,900,836	0.64	354
	呉工廠造兵部	41	9,729	3,350,638	28,302	2,359,380	0.70	325
	呉工廠製鋼部	15	4,287	2,026,882	12,760	1,280,040	0.63	320

出典：『日本帝国統計年鑑』各年。

注：合計が一致しないものがあるが、誤りの箇所が特定できないのでそのままにした。

った。そのうち施設の多くが呉の造船所に移行したということから考えて、「或る意味に於て呉の造船所の前身」[97]といえる小野浜造船所は鉄工本位の小型艦艇の建造にすぐれており、呉の造船部の鋼鉄製小型艦艇技術のもとを築いた。これに対して横須賀造船所には、広島、塩飽（香川県）出身の船大工がたくさん勤務しており、これらの人たちの多くが郷里に近いということで呉の造船部への転勤に応じたという。こうして呉には小型艦艇鉄工にすぐれた小野浜出身者と大型大工に秀でた横須賀出身者が集まり、鉄木工本位ができあがったのであった。なお初期においては、両者の間には対立意識が強かったが、純粋の呉育ちが成長するにしたがって融和していったという。

一方、造兵関係の施術者、職工の供給源は、東京の海軍造兵廠であった。一八九六（明治二九）年四月一日の仮呉兵器製造所の設立にさいしては、海軍造兵廠より一部工場を移転するとともに大量の技術者と職工の移動がなされている。

6　おわりに

これまで「軍器独立」を目指す日本海軍が艦艇の国産化をどのようにして実現していったのかという点について、呉工廠造船部の形成過程に焦点をしぼり、五節に分けて記述してきた。その際横須賀工廠より約二〇年間遅れて出発した呉工廠が短期間のうちに日本一の技術を擁することができたのはなぜか、また横須賀など先行していた兵器造修工場と呉工廠の技術移転にはどのような相違があるかという点も考慮の対象とされた。

第一節の課題を受けて第二節においては、呉鎮守府の設立過程にさかのぼって、同鎮守府の役割を明らかにすることを目標として論をすすめた。その結果、呉鎮守府は、一八八一（明治一四）年の国産による軍艦整備構想（二〇年間に六〇隻の軍艦を保有）を実現するために防御に最適な地に新たに大規模な西海造船所を建設するという海軍省の計画の延長線上に、一度、予算が否決されるという困難にあいながら、その同じ時期に候補地の調査を実施するなど計画を推進し、鎮守府機能と、将来の日本海軍の中心的造船所として、一八八六年五月四日に設立されたことが解明された。また海軍省顧問ベルタンの、呉港は造船所としてはもちろん造兵兵器工場としてもすぐれているとの見解をよりどころとして、来るべき日には造船・造兵部門をそなえた日本一の兵器製造所となることを嘱望されていたとの推論をも展開した。

つぎの第三節においては前節で明らかになった呉鎮守府の役割を現実のものとするため、どのような計画のもとで工事がすすめられたかについて記述した。そのさい注目すべきことは、今回、海軍は一八八六（明治一九）年の時点で市街地をふくむ呉軍港建設計画を樹立し、そのうち兵器製造施設をふくむ呉鎮守府建設を三期にわけて実施することとしていたこと、このうち造船施設にかんしては当初の全体計画は五船渠（ドック）・三船台であり、そのうち第一期工事として一船渠・一船台を完成させることになっていたという点が明らかになったことである。なお第一期工事は同年一〇月に三カ年――一六五万八三七九円の予算で開始されたが、一八八七年度にいたり予算不足が深刻化し、最も重要視された造船所を中心とする兵器造修施設は第二期工事に延期されたこと、また第一期工事としてなされたもののあるものは安価なものに変更、他のものは中止となり、工期も当初の一八八九年三月三一日に竣工し、四月一日に開庁する予定が七月一日の開庁、一九〇〇年四月二一日の開庁式へと遅延した。

第四節では、少し視点を変えて、呉鎮守府造船部工事が遅延するなかで、軍艦国産化の方針を担った、呉工廠の前身の一つともいえる神戸鉄工所と小野浜造船所を対象とした。その研究を通じて、海軍省は、軍艦をできるだけ国内において建造することによって国内の職工教育の推進などのために神戸鉄工所に「大和」を発注したこと、同所の買収は、熟練工と設備は、将来、西海造船所（のち呉鎮守府造船部）に移転するというプランのもとで実施されたこと、小野浜造船所は黒字経営をつづけながら、日本人を中心とした技術者、職工によって、横須賀造船所などをさしおいて、日本の鉄骨木皮艦、鉄製艦、鋼製艦の建造において先導的な役割を果たすとともに水雷艇の建造に先鞭をつけるなど、呉鎮守府造船部の稼働が遅れるなかで海軍の目指した軍艦国内建造策に貢献したことなどが判明した。さらに呉鎮守府造船部への従業員、施設の移転を通じて、同部の技術力を向上させる原動力となったことにも言及した。

最後の第五節においては、軍艦の国産化において主要造船所と位置づけられながら遅延していた造船施設工事と、そこにおける生産活動、労働環境について記述した。このうち造船施設工事に関しては、第一期工事計画は一船渠（ドック）・一船台を中心とするものであったこと、一八八九（明治二二）年五月一一日に開始された第二期工事は単に第一期工事の再開ではなく、八カ年間に二一六万円の費用で二船渠・三船台をふくむ施設を整備し、完成後は一万トン級の甲鉄艦を建造できるようにするという当初の第一期、二期工事をふくんだものであったことが判明した（ただし明治二五年度までに当初の第一期工事にあたる部分を終了し当時の海軍の所有する艦艇の修理と小型船の建造を可能とする）。またこの段階においても海軍省は、呉鎮守府を軍艦国産化を担ううえでの第一の造船所と位置づけていたことを論証した。防御にすぐれているというのがその理由とされるが、防御は戦時期に最も重要視される問題であり、このことが当時横須賀工廠に比較して造船技術がすぐれたとは思われない呉工廠において、日本最初の装甲艦で一万三七五〇排水トンの巡洋艦「筑波」とその姉妹艦の「生駒」が建造されることになった最大の原因と考えられる。加えて単に造船部門の能力だけではなく、日本唯一の造兵部門をふくむ総合力をそなえていたという点も、他の工廠にみられない強味を有していた。戦時期においては、できるだけ短時間に大砲をはじめとする兵器を装備することが至上命題とされており、その点からも同一敷地内に造兵部門を擁する呉工廠が重要視されたものと思われる。なお呉工廠の技術は、鉄工本位の小型艦艇の建造にすぐれた力量を有していた小野浜造船所の従業員と、大型木工に秀でた横須賀出身者が融合して鉄木工本位の技術が形成されたことが解明されたのであった。

一八八一（明治一四）年に発表された「軍器独立」の一端を担う軍艦国産化を実現するための日本一の西海造船所

構想は、途中、予算が否決されたり、工事が遅延するなどの障害にはばまれながらも、日露戦争前後の繁忙期に日本最初の主力艦の「筑波」と「生駒」を短期間に建造したことにより実現した。横須賀工廠に約二〇年間遅れて出発しながら呉工廠の技術が短期間のうちに日本一と認められるようになったのは、呉の地が防御に最適であるなど最高の立地条件をそなえていることを確認した海軍がそこに日本一の造船所を建造することを決定し、どのような困難な時にもその基本方針を変更することなく、ねばり強く段階的にそれを実現していったことが最大の理由といえよう。また前身工場である小野浜造船所や横須賀造船所において外国人技術者から伝えれらた技術をもった従業員の移転がスムーズにすすめられたことや、他にみられない日本唯一の造兵部門を有しており、造船部門との総合力において他の工廠に比較してぬきんでた存在であったことも考えられる。

ここで、呉工廠の形成史における技術移転の特徴についてふれておく。その際まず考えられるのは、呉の場合、創設期においても直接に外国人からではなく、神戸鉄工所・小野浜造船所や横須賀造船所において外国人などにより技術を修得した日本人から技術を伝授することができたという点があげられる。またイギリスの技術的影響をより強く受けている小野浜造船所の人脈を主流としつつ、フランス人技師の指導をえた横須賀造船所の技師・職工も受け入れるなど複数の技術を融合しつつ、新たな課題が発生したさいイギリスを中心とする技術者から指導を受けたという特徴もみられる。

以上、これまでの記述を通じて、最初に提示された問題に対し、ほぼ応えることができたように思われる。これは多年にわたる事態の推移を追うことによって可能となったのであるが、一方でこのことが、紙幅の関係もあって、具体的な資料による実証を制限することになった。その点については、ぜひこれまでに発刊した論文で補っていただきたい。なお未だまとまった研究がなされていない第五節にあたる部分については、早急に論文としてまとめるつもりである。

注

(1) 千田［二〇〇二a］および［二〇〇二b］参照。
(2) こうした傾向は、海軍大臣官房［一九三九］や海軍歴史保存会［一九九五］など、軍事史研究者に多くみられる。
(3) このような見解は、室山［一九八四］に代表される。
(4) 呉市史編纂室［一九六四］六六～七六頁および広島県［一九八〇］六一六～六一八頁等参照。
(5) 造船協会編［一九一一］二八〇～二八二、五九一～五九二、七六五～七六六、九三七～九三九頁。
(6) 最近の研究としては、洲脇［一九九三］九八～一一一頁および鈴木［一九九六］六一～六五頁がある。
(7) Harold S. Williams Collection は、長年日本に滞在し、日本で活躍した外国人や日本の社会や文化の研究をし続けたウイリアムズ（一八九八～一九八七）が収集した資料である。現在、National Library of Australia（以下、NLAと略す）に所蔵されている。同コレクションの所在については桃山学院年史委員会の西口忠氏、名古屋女子大学の升本匡彦氏、神戸市立博物館の田井玲子氏、資料収集にあたってはオーストラリア戦争記念館の豪日調査プロジェクト（軍事史部門）上級調査員の田村恵子氏の協力をえた。なお千田［二〇〇四］にはこれらの資料も使用した。
(8) 海軍大臣官房［一九三九］二頁。
(9) 「西海鎮守府ヲ備後三原旧城へ仮設ス」一八七九年三月三〇日（国立公文書館所蔵「太政類典　自明治十一年至明治十二年　第四拾八巻」）。
(10) 海軍歴史保存会［一九九五］一八四頁。なお三原に仮設置された鎮守府が実際に活動したか否かについては、さらなる調査が必要とされる。
(11) 主船局長赤松則良より海軍卿川村純義宛て「至急西部ニ造船所一ヶ所増設セラレンヲ要スル建議」一八八一年一二月一〇日（防衛研究所図書館所蔵「川村伯爵ヨリ還納書類　五　製艦」）。
(12) 池田［二〇〇一］四五頁。
(13) 前掲「至急西部ニ造船所一ヶ所増設セラレンヲ要スル建議」。
(14) 同前。
(15) 同前。

(16) 田村［一九四四］一二〇頁。
(17) 室山［一九八四］一一四頁。
(18) 室山［一九八四］一一五頁。
(19) 海軍卿川村純義より太政大臣三条実美宛て「軍艦製造ノ儀ニ付再度上申」一八八二年一一月一五日（前掲「川村伯爵ヨリ還納書類五　製艦」）。
(20) 室山［一九八四］一二〇頁。
(21) 海軍卿川村純義より太政大臣三条実美宛て「案神戸港在留米国人『キルビー』ノ造船場ニ軍艦製造ヲ命セラレ度義ニ付上申」一八八二年一二月（前掲「川村伯爵ヨリ還納書類五　製艦」）。
(22) 水路部［一九一六a］三八四〜三八五頁。これまで西海鎮守府の候補地は、一八八三年二月の広島県吉名から山口県由宇までの測量の結果にもとづいて決定したと述べられてきたが、実際には肝付少佐は海軍省首脳部より鎮守府候補地調査の特命を受けて、尾道から呉へ直行していたのである。
(23) 海軍少佐肝付兼行より海軍少将柳楢悦宛て「明治十六年西行出測復命書」（水路部［一九一六b］二六五〜二七三頁）。呉港の測量に使用された船について、呉市史編纂室［一九六四］は、「第二丁卯であった」（三〇頁）とし、その後、この説が踏襲されてきたが、実際には民間よりの雇入れ船であったことがわかる。なおこの点を最初に指摘したのは、実成憲二［一九九八］においてである。
(24) 同前、二七四頁。
(25) 軍事部長仁礼景範、海軍大輔樺山資紀より海軍卿川村純義宛て「西海鎮守府及艦隊屯集場ヲ設置スヘキ意見書」一八八四年一二月（国立国会図書館所蔵「樺山資紀文書」）。
(26) 海軍卿川村純義より太政大臣三条実美宛て「西海ニ設置セラルヘキ鎮守府并造船所建築費別途御下付ノ義ニ付第三回ノ上申」一八八五年三月一八日（国立公文書館所蔵「明治十八年公文別録　陸軍省海軍省」）。
(27) ベルタン（桜井三等技師訳）「呉湾ニ創設スル造船所ノ場所ニ関スル意見」一八八六年五月六日（防衛研究所図書館所蔵「公文雑輯　職官　巻一」）。
(28) ベルタン（桜井三等技師訳）「千八百八十六年四月中査究セル海軍軍用地ノ総体ニ関スル意見」一八八六年五月一〇日（防衛研究所図書館所蔵「明治十九年公文雑輯　職官　巻一」）。
(29) 海軍大臣官房［一九二二］一三〜一五頁。

(30)　呉市［一九二四］二七～二八頁。
(31)　鎮守府建築委員・海軍大佐本宿宅命「呉佐世保実況視察ノ件」一八八七年二月（防衛研究所図書館所蔵「明治十九年乃至廿二年呉佐世保両鎮守府設立書二」一八八六年起）。
(32)　『海軍省第十三年報』一八八八年、一四八頁。
(33)　『芸備日報』一八八七年九月三日。
(34)　佐々木［一九三七］七頁。
(35)　前掲『海軍省第十三年報』一四五頁。
(36)　呉鎮守府建築委員長真木長義より海軍大臣西郷従道宛て「呉鎮守府建築費第二期予算之義ニ付伺」一八八八年三月六日（前掲「明治十九年乃至廿二年呉佐世保両鎮守府設立書二」）。
(37)　「造家工事落成調」（防衛研究所図書館所蔵「明治二十五年度呉鎮守府工事竣工報告　巻二」）。
(38)　呉レンガ建造物研究会［一九九三］一〇四頁。
(39)　「鎮守府配置ノ理由及目的」（伊藤編［一九三五］一四頁）。
(40)　海軍歴史保存会［一九九五］二八七頁。
(41)　鈴木［一九九六］六一頁。
(42)　*Commercial Report by Her Majesty's Consuls in Japan for the year*, 1878, Presented to both Houses of Parliament by Command of Her Majesty, London, August 1879.
(43)　洲脇［一九九三］一〇〇頁。
(44)　Agreement dated 17 May, 1873 (Harold S. Williams Collection, NLA-6681/1/77).
(45)　洲脇［一九九三］一〇一頁。
(46)　E・C・キルビーより海軍卿川村純義宛て「書簡」一八八二年九月二八日（防衛研究所図書館所蔵「公文備考別輯　新艦製造部葛城艦大和艦」）。
(47)　E・C・キルビーより海軍卿川村純義宛て「皇国鉄骨木皮軍艦」一八八二年一一月二五日（同前）。
(48)　主船局長赤松則良より海軍卿川村純義宛て「艦船製造方キルビー社へ御注文ノ義上申」一八八二年一二月四日（同前）。
(49)　海軍卿川村純義より大蔵卿松方正義宛て「御照会（仮題）」一八八二年一二月二八日（同前）。
(50)　海軍卿川村純義より太政大臣三条実美宛て「神戸在留英国人キルビーニ製艦為致度儀ニ付伺」一八八三年二月一日（同

前）。

(51) 同前。

(52) 「海軍卿ノ命ヲ以テ海軍省主船局長タル海軍少将赤松則良ハ蒸気軍艦壹艘ノ製造ヲ注文シ神戸ニ居留シ船舶製造所所有者タル英国人イ、シー、キルビーハ其製造艤装ヲ請負スルニ付双方ニ於テ左ノ条款ヲ条約ス」一八八三年二月二三日（同前）。

(53) 池田憲隆［二〇〇二］二四頁。なお当時の海軍の軍拡については、同論文が詳しい。

(54) *The Hiogo News*, March 28, 1883（神戸市文書館所蔵）。

(55) E・C・キルビーより主船局長赤松則良宛て「書簡」一八八三年一〇月四日（前掲「公文備考別輯　新艦製造部葛城艦大和艦」）。

(56) *The Japan Gazette*, December 28, 1883（横浜開港資料館所蔵）。

(57) Harold S. Williams［一九七九］(Harold S. Williams Collection, NLA-MS 6681/1/79).

(58) 主船局長赤松より海軍卿川村宛て「神戸港キルビー社所有造船場ノ義ニ付見込上申」一八八三年一二月二一日（前掲「公文備考別輯　新艦製造部葛城艦大和艦」）。くわしくは千田［二〇〇四］参照。

(59) 同前。

(60) 同前。

(61) 同前。

(62) 大沢［二〇〇一］五三頁。

(63) 「別紙主船局上申大和艦請負人キルビー氏死去ニ付右処分見込ノ義ハ何分ノ御評決ヲ仰キ候也」一八八三年一二月二二日（前掲「公文備考別輯　新艦製造部葛城艦大和艦」）。

(64) 海軍卿川村純義より太政大臣三条実美宛て「神戸港小野浜ニアル英国人『イ、シー、キルビー』氏旧所有製造所諸機械其他買入方伺」一八八四年一月七日（国立公文書館所蔵「明治十七年公文録海軍省一月二月全」）。

(65) Harold S. Williams, 'E. C. Kirby' (unpublished, Harold S. Williams Collection, NLA-MS 668/1/79).

(66) 「兵庫県下神戸港小野浜英国人イ、シー、キルビー氏旧所有現今香港上海銀行ノ所有タル諸機械家屋物品等該銀行ヨリ海軍省へ買受クルニ付双方ニ於テ左ノ条款ヲ定約ス」一八八四年一月二二日（国立公文書館所蔵「明治十七年公文録　海軍省三月四月全」）。

(67) 「海軍省告示」一八九〇年三月一〇日（国立公文書館所蔵「公文類聚第十四編　明治廿三年巻之二十三」）。

(68)「呉鎮守府造船支部条例廃止ノ件」一八九五年六月一日（国立公文書館所蔵「公文類聚第十九編　明治廿八年巻七」）。
(69)『海軍省第一〇年報』一八八四年、一四九頁。
(70)『海軍省第十一年報（明治十八年）』一八八七年、一六一～一六三頁。
(71) *The Japan Gazette*, December 28, 1883（横浜開港資料館所蔵）。なおほぼ同様の記事は、同日付の *The Hiogo News* にもみられる。
(72) 前掲の一八八四年一月二二日付の香港上海銀行との契約書による。
(73) 海軍卿川村純義より太政大臣三条実美宛て「小野浜製造所へ英国人雇入度伺」一八八四年一月二九日（防衛研究所図書館所蔵「明治十七年普号通覧正編一月分壹」）。
(74) 海軍卿川村純義より太政大臣三条実美宛て「小野浜海軍造船所へ外国人雇入度上請」一八八四年二月二三日（同前）。氏名については、千田［二〇〇四］に掲載している。
(75)『海軍省第十三年報』一八八八年、一〇二～一〇三頁。
(76) 小野塚［二〇〇三］二三頁。
(77) ベルタン「神戸造船所ニ於テ新ニ水雷艇製造ノ業ヲ起スベキ意見」一八八六年四月一九日（国立公文書館所蔵「明治十九年公文雑輯　職官　巻一」）。
(78) 工学会［一九二五］七二～七三頁。
(79) Clive Trebilcock, "The British Armaments Industry, the British State Technology Transfer and the Japanese Market 1850–1929" 2002 (unpublished).
(80) 直接的な例とはいえないが、こうした状況は、Directors Annual Report and Balance Sheets of Vickers Sons Co, Limited 1867–1917（ケンブリッジ大学図書館所蔵）等においてもしばしばみられる。
(81)「呉鎮守府造船支部諸建物其他物件移転ニ要スル増資ノ件（仮題）」一九〇四年一一月二二日（国立公文書館所蔵「公文類聚第十八編　明治廿七年巻二十七」）。
(82)『海軍省明治二十二年度報告』明治二三年、五五頁。
(83) 防衛研究所図書館所蔵「明治二十三年公文備考　官職儀制検閲　巻二」。
(84) 海軍大臣西郷従道より呉鎮守府司令長官中牟田倉之助宛て「其府造船部計画別紙図面之通決定候条右ニ拠リ建築方取計フベシ」一八八九年五月二〇日（防衛研究所図書館所蔵「明治十九年乃至廿二年呉佐世保両鎮守府設立書　二」一八八六年

起)。

(85) 海軍大臣西郷従道より呉鎮守府建築委員長真木長義宛て「呉鎮守府造船部ニ設置スヘキ水雷艇引揚台及鉄道ノ代価并其据付費之予算但海岸埋立費ハ除ク」一八八八年三月八日(同前)。

(86) 呉鎮守府司令長官中牟田倉之助より海軍大臣西郷従道宛て「造船部工場等位置変換之義ニ付上申」一八八九年七月一〇日(同前)。

(87) 「衆議院予算委員会速記録」第三号(第五科)一八九〇年一二月一二日(『帝国議会衆議院委員会議録』明治篇、一八九〇年、二二頁)。

(88) 同前、二二~二三頁。

(89) 呉海軍工廠〔一九二五〕一〇~一八頁。

(90) 『海軍省明治二十四年度報告』一八九二年、二、一一頁。

(91) 呉海軍造船廠〔一八九八〕四五頁、呉海軍工廠〔一九二五〕八頁。

(92) 呉海軍工廠〔一九二五〕九頁。

(93) 造船協会編、二八二頁。

(94) 呉海軍工廠〔一九二五〕一五頁。

(95) 同前、一六頁。

(96) 八木〔一九五七〕四七頁。

(97) 同前、一六頁。

第2章　日露戦争前夜の武器取引とマーチャント・バンク

鈴木　俊夫

1　はじめに

チリとアルゼンティン政府間で海軍力制限協定が一九〇三年に締結されると、両国政府がヨーロッパに発注していた軍艦が不必要となり、国際武器市場で販売に供されることになった。南アメリカに和平の機運が訪れたのであった。だが逆に、この時期の極東においては日本とロシア間の対立が深刻化して、事態は戦争勃発前夜の様相を呈していた。一九〇三年に起きたイギリス建造のチリ戦艦の売却は、チリ政府を巻き込んでイギリス、日本、ロシア間の大きな外交問題へと発展した。これはチリ戦艦をイギリス政府自らが買収することで一応の決着をみたが、この延長線上に位置する問題となったのが、アームストロング社（Sir W. G. Armstrong Whitworth & Co.）との合弁会社であるイタリア・ジェノアの造船所で建造された、アルゼンティン政府発注の装甲巡洋艦が日露戦争勃発直前に日本に斡旋売却され、回送された一件である。このような英系兵器会社の建造による軍艦売却をめぐる事件は、一九〇二年に締結された日英同盟の極東における有効性を検証する試金石となった。日本政府は、極東においてロシアに軍事的に対抗するうえで日英同盟を背景にしたイギリス政府の日本に対する直接の支援と援助が不可欠と考え、当然にもそれを期待した。だがイギリス政府は、あくまで日英同盟の規定を遵守して中立政策を堅持し、ロシアとの間に敵対的な関係が発生することを極力回避したかったのであった。このような中立的な外交政策が、イギリスの国益にふさわしいと考えたからにほかならない。チリ戦艦の買収とその後のアルゼンティン装甲巡洋艦の売却斡旋こそは、多面的な外交関係を慎重に考慮したイギリス政府による苦渋の選択の結果であったと思われる。

チリ戦艦の売却問題に関しては、日露戦争史研究の第一人者であるニッシュ（Ian Nish）によるかなり詳細な研究がある。(1) ニッシュは、イギリス政府がチリ戦艦を買収した理由として、イギリス製の最新鋭戦艦がロシアの手に落ちることを嫌忌したことと、「バルファ内閣による日本に対する同情の意思表示」をあげる。また、タウル（Philip Towle）もニッシュの見解を踏襲して、主要な考察の対象をその後の日本政府によるアルゼンティン装甲巡洋艦の買収と回送に論点を発展させている。(2) これらの研究は、イギリス公文書館（Public Record Office — National Archives）所蔵の外務省史料や海軍省史料のようなイギリス側の資料に典拠をおいているところに特徴がある。ただしイギリス側の資料といっても、チリ戦艦やアルゼンティン装甲巡洋艦の売却交渉の窓口となったロンドンの有力マーチャント・バンクであるアントニィ・ギブズ商会（Antony Gibbs & Co. —以下ギブズ商会と略記）の文書、そして政策決定者となったバルファ首相（Arthur James Balfour）や海軍大臣のセルボン卿（2nd Earl of Selborne）の文書などは利用されていない。また、この問題に関する日本側の最も詳細な考究となる外務省調査部編纂の『日英外交史』は、逆にもっぱら日本政府の外交文書からのみ記述されている。(3)

複数国を巻き込んだ複雑な外交交渉過程を解明するためには、関係する当事者の資料をできうる限り収集し対照して、複雑な事実経過に迫る努力を払うことが不可欠となる。利用資料の面で、チリ戦艦とアルゼンティン装甲巡洋艦の売却交渉をめぐる先行研究は、はなはだ不十分であると言わねばならない。本章では、日英両国の未利用の資料をもちいながら、武器移転をになった取引主体であるマーチャント・バンクの商人機能に着目することで、日露戦争前夜の軍艦売却問題に新たな視点を投じようと考えている。

2　日露戦争前後の国際武器市場

(1)　国際武器市場における余剰武器

二〇世紀初頭に至りロシアの南下政策と日本の大陸進出政策は、朝鮮・満州の権益をめぐり激しく衝突するところとなり、極東において日露間の戦争が不可避の情勢となった。[4] ここに、開戦に備えた両国の武器需要が生じた。他方で、軍事的な対立が遠のき武器が不要となった地域も存在した。南アメリカのチリとアルゼンティンである。一九世紀末以来、両国間には国境紛争が絶えず、お互いを敵視する政策を取り軍備の拡張に励んでいた。だが一九〇二年に至り、両国間に和平の機運がもちあがった。仲裁条約の締結および今後五年間の海軍力増強の制限を定めた協定が、一九〇二年五月二八日にサンチャゴで調印された。[5] さらに一九〇三年一月九日にチリとアルゼンティン間で条約が調印され、現在ヨーロッパで建造中の軍艦の売却が決められた。[6]

売却される軍艦は、具体的にはアルゼンティン政府がイタリアのアンサルド・アームストロング造船所（Società Anonima Italiano Gio. Ansaldo Armstrong & Co.）で建造中の二隻の装甲巡洋艦、チリ政府がイギリスのアームストロング社およびヴィッカーズ社（Vickers Sons & Maxim Co.）で建造中の各一隻の戦艦であった。[7] こうして極東における日露間の戦争勃発を間近に控えた一九〇三年初頭には、チリ政府とアルゼンティン政府がヨーロッパの造船会社に発注し建造中の四隻の軍艦は、購買主を求めて国際武器市場を徘徊する運命にあった。

(2) マーチャント・バンクと武器市場

一九世紀にはロンドン金融市場の「礎石」とまで称された有力金融業であるマーチャント・バンクの業務内容を画一的に論じることはできないが[8]、多くは商人と金融業者を兼業していたと考えることができよう。実際、著名なマーチャント・バンクであるN・M・ロスチャイルド商会（N. M. Rothschild & Sons Co.）なども、ロンドンで金融業務に乗り出す前にはマンチェスターで繊維製品を取り扱う商人であった[9]。歴史的に見れば、マーチャント・バンクは取り扱う業務のなかに商人機能を備えていたのである。武器取引でマーチャント・バンクのような商人が果たす役割は、商品を供給する側と需要する側を仲介して取引を成立させて一定のコミッションを取得する仲買人（ブローカー）機能である。武器という商品は、はなはだ高価であり供給者（兵器製造会社）と需要者（政府）も限定されることから、この商品を取り扱う専門業者となる武器取引商人の機能はきわめて重要となる[10]。

その際大事なことは、供給者と需要者を探し出す市場情報の役割である。この点、マーチャント・バンクはユダヤ人としての人種・宗教上の共通な基盤にもとづき、あるいは取引のうえで長年培ってきた信用と名声に立脚するコリスポンデント網を世界中に張り巡らしていた。このコリスポンデントのネットワークこそが、武器取引の際に商談を成立させる有力な手段となったのである[11]。逆説的に言えば、このようなビジネス上のネットワークを保持していない商人は、国際市場における武器取引の商談を成立させることなどは覚束なかったのである。

マーチャント・バンクは代理店として特定国との取引に深く関与し、取引をおおむね独占した。日本とベアリング商会（Baring Brothers & Co.）、ブラジルとN・M・ロスチャイルド商会といった取引関係である。実際、特定国と特定のマーチャント・バンクにおける恒常的な取引関係がロンドン金融市場で多くの外債発行を成功させる大きな要因となった[12]。特定の政府や関係者との取引チャネルが形成され、これが武器取引事業への参入に際しても大いに役立ったと思われる。ギブズ商会がチリ戦艦売却の代理店を引き受けた理由も、これまでのチリとの取引関係に基礎をおくものであった。すでに一九世紀以来、同商会はチリの特産品である硝石事業に直接投資を行い、販売に従事していた。[13] ただしチリ政府の外債発行に関しては、もっぱら〔ロンドン〕シティ銀行（City Bank）とN・M・ロスチャイルド商会が関与しており、ギブズ商会の役割は大きいものではなかった。[14] このチリ戦艦の売却をめぐる、その他のマーチャント・バンクの関与に関しては、N・M・ロスチャイルド商会があげられる。スペイン海軍の軍備拡張計画に呼応して、ギブズ商会はこのビジネスをN・M・ロスチャイルド商会に持ち込もうとパートナーの間で協議したが、その結果については審らかになっていない。[15]

(3)　武器取引商人の活動

a　武器商会グロートシュテイック商会

ギブズ商会が国際武器市場で緊密な取引関係をもったベルリンの武器取引商会が、グロートシュテイック商会（Georg Grotstück）であった。同商会をギブズ商会は、「いくつかの大規模な〔武器取引の〕契約を外国政府と締結した」と、過去の実績から有力な武器取引業者とみていた。[16] チリ戦艦売却のビジネス情報をイギリスの消息筋から入手すると、早速一九〇三年三月にグロートシュテイック商会は、取引関係にあるヨーロッパの政府への売り込みの可能性をギブズ商会に打診している。[17] また売却交渉の局面が最高潮に達する同年一〇月末には、後述するようにグロートシュテイック商会は、ベルリンにおけるロシア政府やドイツ政府に対する売り込みにやっきとなった模様である。[18]

日露開戦とともに、グロートシュテイック商会は艦船を外国政府に売り込むアームストロング社の代理人に就任した。このコミッションは、販売金額の五％であった。ギブズ商会に対する書簡から、[19]「武器取引の専門家」を自負するグロートシュテイック商会が外国政府に対する軍艦販売において「革新」的な方法を考案していたことが窺われる。

外国政府に対する軍艦販売の困難が、予算等の措置にもとづく代金支払の確保にあることを看取した同商会は、巨大な資本をもつ大兵器会社から組織されるシンジケートを利用した武器取引をギブズ商会に提案している。このシンジケートは別会社（a discrete company）として設立され、業務の一切をグロートシュテイック商会が司るというものであった。実際、軍艦販売の際に問題となるのは、常に資金であった。通常は買い取る軍艦の代金が武器商人一社のみでは到底負担しきれないほど高額であったため、数社を協同させて負担するシンジケート方式が導入された。このようにみてくると、シンジケート形式を導入した軍艦販売方法への進化過程は、外債の市場における販売方法のそれに酷似することが判明する。[20] グロートシュテイック商会が支払方法として現金ばかりではなく軍艦購入先政府の公債（state shares）による武器代金の受け取りを認めている点も注目される。[21] グロートシュテイック商会は、金融市場が逼迫し各国政府にとって資金調達が困難な時期であった一八九九年に、この種のシンジケートを実際に組織して、アームストロング社から軍艦を買い取り、トルコ、ギリシャ、スペイン政府などに売却しようと行動したのであった。武器取引商人は特定政府と建造会社との間を仲買人＝ブローカー的に仲介して、販売上のコミッションを獲得するだけでは十分な利益を確保できないため、ディーラー的な自己取引として実際に艦船を買い取り、その後に売却先を模索するという業務方法の改革を目指した。開戦を控えた日露両国の軍艦購入を確信していたギブズ商会は、アルゼンティン政府がイタリアに発注した装甲巡洋艦リヴァダヴィア（Rivadavia――春日）とモレノ（Moreno――日進）を買い取っている。後述のごとく、この両艦は一九〇三年一二月に日本政府に売却された。

b　その他の武器取引商人の活動

日露戦争中に交戦国に対する武器販売としてイギリス外務省が最も注意を払った武器取引業者の一つに、ニューヨークのチャールズ・フリント（Charles Ranlett Flint）の経営するフリント商会（Flint & Co.）があった。同商会のロシアに対する武器売り込み活動には、目覚しいものがあった。期日は不詳であるがフリントの自伝によれば、彼がロシア大蔵省（Wischnegradsky）と海軍省（Captain Brousiloff）の代表者にパリで面会した折に、チリ政府やアルゼンティン政府の軍艦を買収して日本の手に渡ることを阻止するようにロシア政府から依頼されたのであった。このときロシア政府は、フリントのためにパリのM・M・ロッチルド商会（M. M. de Rothschild Frères）に一億五〇〇〇万フラン（五九三万七五〇〇ポンド）の信用状を開設したのである。後述するように、この資金が一九〇三年末のチリ戦艦買収交渉で値を吊り上げる際に大いに役立つことになる。[22] 戦争中の武器取引の難しさについて、フリントは「軍艦を私人に売るわけにはいかないし、交戦国に売却すれば〔武器売却国に対する〕開戦理由となるので、中立国の政府に軍艦の購入者となってもらうことが必要である」と語っている。[23]

開戦まもない一九〇四年三月に、『タイムズ』紙はサンチャゴ発として、フリント商会がチリ海軍の戦艦キャプテン・プラット（Captain Prat）と装甲巡洋艦チャカブコ（Chacabuco）を交戦国には転売しないという条件で取得したと報じたが、[24] その信憑性には疑わしいものがあった。五月に入るとイギリス外務省は、フリント商会がアームストロング社で一八九六年に建造された七〇〇〇トンの巡洋艦エスメラルダ（Esmeralda――後述する一八九五年に日本に転売され和泉となるエスメラルダの後継艦[25]）と前出の四五〇〇トンのチャカブコをフリント商会がチリ政府から買収する交渉を行っているという情報を入手した。同商会が売却先を明らかにしないため交渉は難航したと伝えられている。[26] だがイギリス政府（海軍大臣のセルボン卿）には、いち早くギブズ商会のパートナーで、当時シティ選出の保守党庶民院議員のアルバン・ギブズ（Alban G. H. Gibbs）[27] から、チリ政府の交渉当事者から入手した情報として伝達されていた。[28] さらに、フリント商会のチリの代理人レオポルディナ（Count Leopoldina）が、ドイツの商会の仲介により、中立国であるトルコ政府から「善意の（bona fide）」軍艦買収の申し入れがなされているという報告が外務大臣ランズダウン卿（5th Marquess of Lansdowne）のもとに届いたが、ロシアへの転売の疑惑を否定しきれなかったのである。(29) 結局、武器取引商人が画策して、チリ海軍籍の軍艦を買収してロシアに売却する交渉は妥結をみることがなかった。また、日本企業のなかにも、ペルシアに中立宣言させてアルゼンティン政府の軍艦を購入させ、それを日本政府に転売しようと考えメキシコ駐在のペルシア領事に接近するものが現れた。(30)

チリ海軍軍艦の買収が再び話題に上がるのは、一九〇四年一一月であった。『タイムズ』紙は、フリント商会が五〇万ポンドでチリ海軍軍艦の売却交渉を進めていることを報道した。これには、戦争が終結するまでロシアや日本に対しては購入した武器を売却しない旨が付言されていた。(31) まもなくフリントがチャールズ・ランレット（Charles Ranlett）の変名とロシア政府発行のパスポート（フリントはアメリカの市民権をもつ）でサンクト・ペテルブルグを訪問しており、その目的がトルコ政府やギリシャ政府に南アメリカの政府所有の軍艦を購入させ、その後それをロシアに転売させようと目論んでいることがイギリス外務省により察知された。(32) 武器取引商人は、無関係な第三国、すなわち前出のトルコやギリシャのような国を経由して交戦国に武器を売り渡さなければならなかった。実際一二月には、この目的でフリントはコンスタンチノープルやアテネを訪問している。(33) 一九〇五年に入ってもロシアに軍艦を売り込もうというフリント商会の活動は目立つが、(34) 軍艦の供給者となるチリとアルゼンティンの両政府も日露戦争に対する中立宣言を遵守して交戦中の両国に武器を売却しない方針を確約したため、事実上営業活動ができなくなったと思われる。(35)

一九〇五年三月にフリント商会のスターン（Winfield S. Stern）の訪問がサンチャゴで話題に上がった。同氏は、日清戦争中の一八九五年にチリ海軍の巡洋艦エスメラルダ〔先代〕をエクアドル経由で日本に売却した実績を有していた。(36) このアームストロング社建造の巡洋艦はエクアドル政府を経て日本政府に転売され、日本海軍においては和泉として就役した。(37) チリ政府からエクアドル政府への売却価格は二二万ポンドで、ロンドンのマーチャント・バンクのJ・S・モルガン商会（J. S. Morgan & Co. ——のちのモルガン・グレンフェル商会）からN・M・ロスチャイルド商会のチリ政府の口座にこの金額が支払われたことが確認されている。(38) 取引仲介の窓口となったアメリカ商事会社（American Trading Co.）と日本政府との間の計算書によると、日本政府が支払った総額は三一万五五六二ポンドであり、その内訳が軍艦代金二七万五〇〇〇ポンド、コミッション一万三七五〇ポンド（五％）、保険料五五〇〇ポンド（二％）、エクアドル国旗使用料六二二五ポンド、回送費一万五〇八八ポンドとなっている。(39) 表面上は手数料が五％となっているが、軍艦代金二七万五〇〇〇ポンドと実際にチリ政府に軍艦代金として支払われた金額二二万ポンドの差額五万五〇〇〇ポンドの支払い先が不明である。また、仲介国となったエクアドルへ六二二五ポンドもの国旗使用料が支払われているのも注目される点となる。ちなみに、後述する一九〇三年のチリ戦艦の売却の折には、コミッション込みで一六〇万ポンドの購買価格に対して仲介のギブズ商会に三万ポンドのコミッションが予定されていた（二％弱の率）。また、同年アルゼンティン政府から買収した装甲巡洋艦リヴァダヴィアとモレノの場合には、価格が一五〇万ポンドで三万ポンドのコミッションがギブズ商会に支払われているから、(40) やはりコミッションは二％の率となる。一八九五年のエスメラルダ購入の際に支払ったコミッション水準の法外さが窺える。事実、春日と日進の買収をめぐる衆議院予算委員会の審議において山本権兵衛海軍大臣は、「中ニ悪イ商人ガ這入ル、悪イ奴デ金ヲ儲ケヤウト云フ商人ガ、世界中ニ多イモノデアル」と武器取引商人の取得するコミッションの問題点を述べている。(41)

アームストロング社の代理店であるジャーディン・マセソン商会（Jardine Matheson & Co.）の下で日本への武器売り込みに奔走するのが、デンマーク海軍出身のバルタサー・ミュンター（Balthasar Munter）であったが、代理人として活動した時期が一八八七年から九七年末までであり、日露戦争時には日本を離れていた。(42) また、ヴィッカーズ社の南アメリカへの武器売り込みの代理人として名を馳せる武器商人ザハロフ（Basil Zaharoff）は、このチリ政府軍艦の売り込みには直接には関与していなかった模様である。(43)

ギブズ商会と武器取引の交渉関係をもったリヴァプールのスチュワート商会（C. M. Stewart）は蒸気船の建造、

購買、売却などの交渉代理店の役割を果したが、日露戦争中に同商会は取引船舶の様式と価格を直接に書簡に記して、武器取引商人に売り込んでいる。たとえば、排水量七七〇〇トンの装甲巡洋艦が一二〇万ポンド、一七〇トンの水雷艇が六四万ポンド、といったごとくである。(44)イギリスで建造中のチリ政府軍艦の売り込みを含めて、日露戦争時のギブズ商会の交信録中に現れるその他の武器取引商人には、ジェノアのベルナルド（James W. Bernard）、ハンブルグのフライタス商会（A. C. de Freitas & Co.）、ロシアと取引関係をもっていたモルガン・ギルブランド商会（Morgan, Gellibrand & Co.）、リヴァプールの船舶仲買人であるモス商会（H. E. Moss & Co.）、船舶用石炭輸出会社のハル・ブライス社（Hull Blyth & Co.）がいる。とくに最後の会社は、石炭の販売で外国政府と取引関係があった。(45)

武器市場に見られた競争は、武器取引商人間に限られるものではなかった。国間の競争があった。一九〇三年に衆議院において海軍拡張計画への予算支出が承認された折、駐日アメリカ合衆国公使のウイルソン（Huntington Wilson）は、日本海軍がアメリカに艦船の建造を発注するように駐アメリカ日本公使の高平小五郎に圧力を加えるべく国務省長官に進言している。ウイルソンは、日本海軍がイギリス式の軍事訓練を導入していることや日英同盟の存在から、日本海軍の艦船の発注がとかくイギリスに有利になるように行われており、アメリカは満足な受注シェアを得るに至っていないという印象を抱いており、自らの務めがアメリカの兵器会社に対する日本海軍の発注を確保するところにあると考えていた。(46)

さらに、イギリスの兵器会社による日本政府に対する売り込み競争にも激しいものが見られた。日露開戦前の一九〇三年一二月にイギリス外務大臣ランズダウン卿は、アームストロング社の取締役であるノーブル（Andrew Noble）から遺憾の意を表す書簡を受け取った。(47)これは日本海軍の軍艦発注に際して、イギリス政府が同社の最大の競争相手であるヴィッカーズ社をもっぱら偏愛して、日本海軍からの受注を助けたというのであった。この件に関して駐日イギリス公使マクドナルド（C. M. MacDonald）は、両社のうちどちらの会社が優れているとイギリス政府が考えているのかと日本政府から質問を受けたとき、「両社ともに同等に優れている」、「イギリス政府の関心はイギリスの会社が受注を手にするかどうかという点にあり、両社のうちどちらの会社が落札するのかというところにはない」と弁明している。再入札の結果ヴィッカーズ社が落札した理由は、その応札価格が低かったからであった。[48]この一件は、当時の日本にみられたイギリス大手の兵器会社間の熾烈な武器受注競争を示して余りある。このときヴィッカーズ社が受注したのは、排水量一万五九五〇トンの戦艦香取であったと思われるが、その後アームストロング社にも姉妹艦の戦艦鹿島が発注されている。[49]

3　チリ戦艦売却の経緯

(1)　チリ政府の戦艦売却情報

ロイター電によれば、一九〇三年二月初頭にチリ政府はチリ海軍用に建造中の戦艦を他国政府に売却する意向を正式に表明した。[50]ニューヨークからの情報として、ドイツ政府がキャプテン・プラット、エスメラルダそしてヨーロッパで建造中の戦艦の買収をチリ政府に申し入れたという内容の記事が、『タイムズ』紙上に掲載された。[51]またその後六月一日に至ると、チリ国会は軍艦の売上金を公債償還に当てる旨の決議を行っている。[52]

イギリス政府はこの軍艦売却情報に接すると、直ちに外交上の行動を起した。二月六日に外務次官のサンダーソン（T. H. Sanderson）は駐イギリス日本公使林董と面会して、チリ政府がイギリスで建造中の戦艦の処分に関して「私立会社」〔チリ政府代理店のギブズ商会のことと思われる〕より取引の承認を求められているが、同戦艦をロシアが入手することは「日本の国益にあらざるべし」。日本自らこれを購入してはどうかというイギリス海軍省の内密の助言を伝えた。日本政府としては、ロシア海軍の拡張を未然に防止する目的としてこのチリ戦艦を買い取ることは得策ではあるが、この戦艦買収を第三期海軍拡張計画に含めるためには、財政支出に関して帝国議会の同意が必要なことから難行が予想された(53)。実際は、これより先二月三日にギブズ商会は戦艦売却を直接にロンドンの日本公使館に持ち込んでいたが、日本側は、海軍拡張費に割く財源難から買収の提案を拒絶していた(54)。また同じ頃、ギブズ商会はロンドンのロシア総領事館とドイツ海軍武官府にも接触して同艦を売り込んでいるが、両者ともに購入の意図がない旨を返答している(55)。

チリ政府がアームストロング社とヴィッカーズ社で建造中の戦艦の売り込みを日本政府に最初の持ち込んだのは、アメリカ合衆国国務次官の紹介状を携え、駐アメリカ日本公使である高平小五郎の下を訪れた、ニューヨークのグレース商会（William R. Grace & Co.）(56)の代表ホワイト〔原語不明〕なる人物であった(57)。これは一九〇二年一一月のことである。チリ政府が正式決定を下す前に、武器取引商人たちは取引情報を入手して、いち早く行動を起こすのが常であった。極東で大規模な商取引を行っていたアメリカ商事会社も、この武器取引を駐ロシア日本公使の栗野慎一郎に持ち込んできたが(58)、日本政府が購入を拒絶したため交渉は進展をみることがなく、ロンドンにおけるギブズ商会との政府次元での交渉に委ねられることになった。

こうしたなかで、ランズダウン外相はギブズ商会のパートナーであるアルバン・ギブズに面会して、この問題を折衝した(59)。すでに海軍大臣のセルボン卿がギブズ商会に書簡を差し出していたが、同商会はイギリス外務省の態度を、「ロシアやドイツそしてイギリス政府が好ましからざると考える国に対してわれわれが〔軍艦を〕売却することをやめさせようとチリに圧力をかけようとしている」と危惧した。そして、「イギリス〔政府〕は売却しないように貴国に圧力をかけるものと思われる。これに対して次のように返答されることを強く希望する。すなわち、売却を考えている軍艦はチリ政府の手中にはなく、すでにギブズ商会のもとにあると。このように対応することで貴国は外交的な混乱に巻き込まれることを免れ得よう。今後イギリス〔政府〕が同艦を買取することを希望するかもしれないが、これは有利な販売を行う絶好の機会になると思われる」という電報をチリ政府宛てに打電することを考慮した(60)。ランズダウン外相は、チリ政府の軍艦売却ビジネスを行うにあたりギブズ商会が求めた、イギリス政府の公的な「承認」を与えることがなかった(61)。

チリ政府が支払う二隻の戦艦の建造費は、二一〇万八〇〇〇ポンドに一%のコミッションを加えたものであった。一九〇三年三月時点では、数カ月以内に売却先が見出されない場合には一八〇万ポンド程度へ価格を引き下げることは、やむをえないとギブズ商会は考えていた(62)。これが、六月末から八月頃になると、一五〇万ポンドまで値引きされたのである。ただしサンチャゴ駐在のイギリス公使は、「チリは大きな自己犠牲をはらってまで処分しようとはしない」という情報を得ていた(63)。

すでに三月二日に開催された庶民院の審議においてチリ政府発注の戦艦の処置について、議会が関心を示していた。キングズ・リン選挙区選出の保守党議員ボゥルズ（Gibson Bowles）が質問に立ち、「この二艦がイギリス海軍のいかなる艦船よりもはるかに優れているのではないのか」と述べ暗にイギリス海軍による同艦の買収を示唆したが、バルファ首相はイギリスが購入するにはふさわしくないという海軍省の公式見解を答弁するにとどまった(64)。

(2)　チリ戦艦の建造様式

チリ政府は、アルゼンティンとの国境紛争に備えて海軍力の増強をはかり、一九〇二年三月、アームストロング社に巡洋艦を発注した(65)。受注後アームストロング社は、これを「七三三番のチリ戦艦（Chilian Battleship [733]）」としてエルスイック造船所の船渠で建造に入った(66)。建造は順調に進行して、一九〇三年一月一三日に進水し、艦名がコンスティテュシオン（Constitucion）と命名されたが(67)、後述するように、同年末にはイギリス政府に売却されてスイフトシュア（Swiftsure）としてイギリス海軍籍の戦艦となる。[68] コンスティテュシオンの基準排水量は一万一八〇〇トン、速力一九ノット、乗組員数八〇〇人であった。主な砲装は、二連装の一〇インチ主砲四門が前甲板と後甲板に、七・五インチ副砲一四門が主甲板中央の両舷に配備されていた。また船体は七インチと三インチの装甲板で覆われていた。[69] このコンスティテュシオンの設計は、イギリス海軍の造艦技師長（Chief Constructor of the Navy）もつとめたリード（E. J. Reed）があたった。彼は、これまでトルコ、日本、ドイツ、ブラジルそしてチリと数多くの外国海軍艦船の設計を手がけた実績があり、一八七八年には海軍省の招待で日本を訪問している。[70]

コンスティテュシオンの姉妹艦が、一九〇二年一月にヴィッカーズ社に発注され、同社のバロウ造船所の船渠において建造が開始された。[71] このリベルタド（Libertad）はコンスティテュシオンと同等の様式であったが、基準排水量が一万一九八五トンあり、ヴィッカーズ社が製造・試験した七インチの装甲板が利用されているところに特徴があった。[72] のちに同艦はイギリス海軍のトライアム（Triumph）となる。

海軍情報部長（Director of Naval Intelligence）の要職にあったバッテンバーグ（Prince Louis Alexander of Battenberg 後の Louis Alexander Mountbattenn）は一九〇三年四月の時点で、このコンスティテュシオンとリベルタドの性能に対して高い評価を与えていた。[73] 彼によれば、このチリ戦艦の強みは一四門の七・五インチ副砲とそれを覆う七インチの装甲にあるとしている。弱点として、船体の防御装甲の不十分さ、艦尾部分が長く防御が不備なこと、全体的に軽度に建造されていること、以上を指摘する。[74] 総合的に見れば、このチリ戦艦はイギリス海軍のオーシャン級の戦艦よりも優れており、価格の面でも有利であった。したがって、海軍拡張計画の際にはイギリス海軍が構想する新式戦艦の戦列に加えるのにふさわしいと思われた。バッテンバーグは海軍大臣のセルボン卿に、「これは二つの組み合わせのなかから選択する行動である。われわれはイギリス海軍自ら戦艦を建造するという現在の意図を追及すべきであるが、安価さという観点からは（われわれの構想している二隻の戦艦〔の建造費〕が二五〇万ポンド要するのに対して、チリ戦艦は二隻で一五〇万ポンドである)、必要な財源が確保されるのであれば、……われわれはチリ戦艦を購入すべきであると考える」という見解を表明した(75)。

4　日本政府の買収交渉過程

(1)　日本政府とギブズ商会の交渉

イギリス海軍省の情報部長がチリ戦艦のイギリス海軍による購入を考慮しつつも、一九〇三年の夏を迎えるとイギリス政府は、この両艦の日本への売り込みを本格的に開始するようになった。七月三日に至ると、当のバッテンバーグ自身がロンドン駐在の日本海軍武官玉利親賢大佐に、一六〇万ポンドのチリ戦艦の価格が「お買い得」という日本政府に宛てた買収を勧誘する書簡を差し出した(76)。これに対して日本政府は、直ちに七月六日に山本権兵衛海軍大臣の購入を拒絶する返事を伝えた。理由は、主砲の規格が日本海軍の希望するものと異なるところにあった(77)。チリ戦艦の主砲の規格（一〇インチ砲）はヴィッカーズ社により開発された最新様式であったが(78)、日本海軍が当時導入していた戦艦の標準兵装であったアームストロング社製の長砲身の一二インチ砲とは異なっていた(79)。ところが八月末を迎えると外交交渉の局面が変化して、日本政府はこの両戦艦を購入することに方針を変え、イギリス政府とイギリス海軍省へ買収交渉への援助を依頼した(80)。

日本とギブズ商会との交渉が本格化するのは、一〇月に入ってからである。一〇月一九日にマクドナルド駐日イギリス公使は、玉利武官が日本の海軍省にチリ戦艦の買収を進言するものの、日本政府の財政難で閣議で論議されるに至っていないとイギリス外務省に報告した。これに対して外務次官のキャンベル（F. Campbell）は、「このことがイギリス政府による援助の契機となるのかは、私には判らない。もしこの件で日本を援助するのであれば、［イギリスが］日本人を戦争へと駆り立てていると見られることは確実であろう」と外交通信録の裏面に記している。(81) セルボン卿の仲介で一〇月二六日に玉利武官は、ギブズ商会と仲介コミッションを含めて一六〇万ポンドを超えない販売価格で、チリ戦艦を購入する具体的な交渉に入った。セルボン卿はアルバン・ギブズ宛てに日本政府が一定金額以上の支払いには応じられないこと、さらに支払いは分割払いを希望していることを伝えた。(82) またギブズ商会のコミッションは三万ポンド（一・八七五％）が予定された。(83) 交渉は順調に進行して四〇万ポンドを現金で支払い、残りの一二〇万ポンドが日本政府の短期証券（Treasury bills）の形でチリ政府に渡され、四カ月の間隔をおいて四〇万ポンドずつ三回に別けて分割払いされることが決まった。(84)

だが、順調に進行していた日本政府の交渉にも暗雲がかげるようになった。一〇月末に至り、チリ政府は日露間の軍事的な緊張の高まりにつけ込むかのように、戦艦の販売価格を一六〇万ポンドから一七五万ポンドに引き上げた。さらに交渉期限を一九〇三年末から戦艦の竣工期日（一九〇四年二月二六日予定）まで延期することを通知してきた。(85) これは、明らかにいっそう高価格で戦艦を購入する新たな販売先を模索しようと意図するものであった。これに対してギブズ商会は、同商会が戦艦をチリ政府から買い取ったわけではないし販売主のチリ政府を拘束できない以上、ギブズ商会が確実な購買主を見つけ出すことがこの商談を成立させる先決条件になると考えていた。(86)

(2) ロシア政府による応札

かねてから日本政府は、ロシア政府がこのチリ戦艦の売却交渉に応札するのではないかと危惧していた。現に、この可能性は現実のものとなりつつあった。(87) ギブズ商会のコレスポンデント先であるベルリンの武器商会グロートシュテイック商会は、一〇月中旬にチリ戦艦の購買主が現れたことを知らせ、実際に検分が可能かどうか問い合わせてきた。この新購買主の名称はギブズ商会のパートナーにも厳しく秘匿されたが、後述するようにロシア政府であったと思われる。ギブズ商会は、この新購買主を歓迎しなかったがビジネスを継続する必要性を認めた。さらにイギリス政府が新購買主〔ロシア〕に戦艦を売り渡すことを認めないのではないかとも懸念した。[88]

こうして、先に述べた日本政府の一六〇万ポンドによるチリ戦艦の買収交渉は頓挫した。山本海軍大臣は、一九〇三年一〇月二一日に戦艦二隻の緊急購入と海軍第三期拡張に属する戦艦一隻の建造繰り上げ計画を閣議に提出していたが[89]、帝国議会では海軍拡張案に対する強い反対が見られた。[90]議会における予算請求手続きが難航することを理由に、一一月二〇日に日本政府はチリ戦艦買収交渉の断念を決断した。[91]同日この決定は直ちにロンドンの玉利武官宛てに打電されているが、正式には一二月一日までギブズ商会には伝えられなかった。[92]次に見るように、ロシアの応札という日本政府がかねてより恐れていた事態が発生し、一一月末に戦艦買収交渉の局面が最高潮に達したからである。

日本政府が交渉中断を決意したとき、一一月二三日にベルリンのチリ公使館宛てに現金による戦艦買収の申し入れがあり、その価格はチリ政府が十分受け入れられるものであるという情報がイギリス外務省にもたらされた。[93]キャンベル外務次官は、他に有利な申し出がなければこの買収申し出がチリ政府により受諾されるであろうというロンドン駐在のチリ公使から得た情報を林公使に伝え、チリ政府の受諾が二五日晩まで延期されることも知らせた。キャンベルは、「われわれは、日本人を援助できるあらゆることを行った。もし日本人がチリ戦艦を入手できないのであれば、それは彼ら自身の過失である」と記している。[94]チリ政府筋からの情報としてギブズ商会が林公使に伝えたロシア政府の提示した条件とは、二戦艦の価格を一八〇万ポンドで購入するというものであった。これにチリの仲介業者に二・五%（四万五〇〇〇ポンド）、ギブズ商会に三万ポンドのコミッションを支払う必要があったから、チリ戦艦購入のためには、総額一八七万五〇〇〇ポンドを分割払いではなく現金で支払うことが必要であった。日本政府がこの金額を用意すれば、ロシアに優先して二隻のチリ戦艦を取得することができた。しかし、林公使が日本政府から許可されていた購入価格の上限は、コミッションを含めて僅か一六〇万ポンドにすぎなかった。ここに至り、イギリス外務省は「日本政府が『お金がないので』、ロシアに対抗して高値を付けることが出来ない」事情を明確に察知したのである。[95]ロシア政府が高値で応札することができた理由は、前述したように、武器取引のためにパリのM・M・ロッチルド商会に一億五〇〇〇万フラン（五九三万七五〇〇ポンド）の信用状を開設し、資金的な裏づけを得ていたからである。日露戦争期にロシア政府に対する活発な武器売り込み活動に従事したニューヨークのフリント商会のチャールズ・フリントが、この事実を告白している。[96]だが、これに林公使の情勢判断の甘さも加わったように思われる。一一月二六日の小村寿太郎外相宛ての電文によれば、林はロシア政府の応札という事態を明確に察知することができず、これを売却価格引き上げのためにチリ政府が弄した策略と考えていた節がみられるからである。[97]

チリ戦艦がロシアに売却されることを極力避けようとするイギリス外務省は、ロシア政府との契約妥結を延期させることに努力を傾注する一方で、一一月二七日に駐日公使マクドナルドに対して日本政府に事態の重大性を認識させ、再度購入を促すよう訓令した。[98]またロンドンでは、外務次官のサンダーソンが林公使と接触して、日本政府が応札できる価格の上限がコミッションを除くと一五五万ポンド程度にすぎないことを改めて確認した。[99]

サンクト・ペテルブルグ駐在のイギリス海軍武官からの情報として、チリ戦艦の砲装がロシア海軍の標準のものと異なり春まで改修ができないことから、ロシア海軍省が購入に反対しているという情報が寄せられた。ロシア政府によるチリ戦艦買収の応札は、あくまで日本による購入を阻止するところに狙いがあったと思われる。[100]こうしたイギリス政府による種々の働きかけにもかかわらず、小村外相は一一月二八日にチリ戦艦の買収を断念したことをマクドナルド公使に正式に伝えた。[101]かくして、緊張が高まりつつある極東情勢において、ロシアと日本との軍事的対立を十分に考慮したイギリス政府が、このチリ戦艦売却問題にいかなる対応を取るのかが大きな関心事となった。

5 イギリス政府のチリ戦艦売却への対応

(1) イギリス政府の日露開戦への対応

バルファ首相は、日露開戦の際には「われわれは日本が踏み潰されるのを見過ごすわけにはいかない」と考えてはいたが[102]、日本に対してロシアに加えて第三国の参戦がない限りイギリスは参戦の義務を負わないという、日英同盟の規定にもとづいて行動する中立政策を取った。バルファは言う、「日英同盟の文言ないし精神においては、直接に関係をもたない争いにイギリスが参戦を求められることはない。われわれは、『事態を静観すること』を求められるだけである」と[103]。この立場は、外務大臣のランズダウン卿や大蔵大臣のオースティン・チェンバレン（J. Austen Chamberlain）も同調するところであった。実際、チェンバレンは「何をなすかは、日本人自らに決めさよう。〔ロシアに対して日本と〕共同戦線を張ることから身を守るために最善のことだけを約束することにしよう」とまで述べている[104]。他方で海軍大臣のセルボン卿は、極東では海上戦力はロシアより日本の方がはるかに優勢と考えていたが、戦争が長期化するのであれば地中海のロシア艦隊が極東に増援される事態を懸念して、「わが国は日本がロシアに粉砕されることを見過ごすわけにはいかない」とやや積極的に日本の擁護を主張していた[105]。

(2) イギリス政府と兵器産業間のコネクション

海軍大臣のセルボン卿とギブズ商会のパートナーで、当時シティ選出の庶民院議員でもあったアルバン・ギブズは、チリ戦艦の売却問題で密着して行動していた。日本政府の動向が海軍大臣のセルボン卿からアルバン・ギブズに逐一伝声されていたことは、すでに言及した。チリ戦艦の売却問題がロシアの応札により最高潮を迎える一九〇三年一一月末に至ると、彼らの談合の度合いはますます深まっていった。両者は毎日のように、セルボン卿の自宅や海軍省で面会を重ね、情報を収集し協議を行っているが、残念なことにそのとき話し合われた内容は明らかにはならない[106]。彼らにアームストロング社の取締役ノーブルが加わり事態が推移していった。すでにノーブルは、この問題で林日本公使に直接に接触していた[107]。

おそらくアルバン・ギブズが記したと思われる一一月二八日の日付のある断片的な文書から、彼らの間で話し合われた内容の一端が明らかになる[108]。一一月二五日に彼らの目前でイギリス外務省から入手したこれまでのチリ戦艦売却交渉の経緯を記したメモが読み上げられたり、ノーブルが秘匿されていた応札先がロシア政府であり、提示されている金額が一八七万五〇〇〇ポンドであることを暴露した。翌二六日にノーブルの息子（John Noble か Saxton Noble のことか不明）が接触してきて、イギリス政府が日本に新事態に対して応札するように促したことが知らされた。しかし日本政府がこれに何らの対応もみせなかったことに対して、「イギリス政府にとって事態は深刻である」と交渉の局面を大いに危惧した。実際、関係者はこのようなビジネスの状態に大いに不満を抱き、この取引から手を引くことまで考えていた。

(3)　イギリス政府によるチリ戦艦買収

こうして一二月二日に至り、イギリス海軍省は一八七万五〇〇〇ポンドの価格で問題のチリ戦艦を買収することを決定し、代金が海軍手形の形でギブズ商会に支払われた[109]。この当時ギブズ商会は、アルバン・ギブズとヴィカリィ・ギブズ（Vicary Gibbs）の両パートナーが庶民院議員をつとめていた。このため、ギブズ商会はイギリス政府と契約の当事者となることができず、新たにオルドナム商会（Lord Aldenham & Co.）が設立されチリ戦艦の売買当事者となった[110]。

コンスティテュシオンはイギリス海軍ではスイフトシュアと、リベルタドはトライアムと改めて艦名が命名されて、イギリス海軍艦籍に編入された。両艦は、イギリス海軍の艦隊基準に適合するものではなかった。イギリス海軍の長い歴史のなかでも、直接の監督下にない外国海軍用に設計・建造された艦船の保有は、この両艦が最初であった。とくに七・五インチ副砲の速射能力、航海中の安定性そして速力や石炭消費量などの技術的な問題が、『タイムズ』紙上で話題に上がった[111]。

日露戦争前夜、有力兵器産業代表者をも巻き込んだ外交的な混乱の最中、イギリス政府が最終的にチリ戦艦の買収を決断した意図は那辺に存したのであろうか。この政策決定の過程を示す直接の資料は残されてはいないが、買収決定直後の一二月三日に外務大臣のランズダウン卿がマクドナルド駐日公使宛てに発した極秘電報は、イギリス政府によるチリ戦艦買収の事情を次のように伝えている。「買収の目的はイギリス海軍の拡張計画を達成することと同時に、われわれの同盟国に不利に作用するように海軍力の均衡が攪乱されることを防止するところにある。日本政府に対する説明に際しては、慎重に言葉が選ばれるべきである。もし日本が、とくに満州における条約上の権利を放棄させられるような不当な圧迫をロシアから蒙っているのであれば、イギリスは日本の軍事力が増強されることを望む。しかし他方で、チリ戦艦を買収したイギリスの行動が不当な要求をつきつける日本の対露開戦論者を鼓舞したのであれば、遺憾に思う。日本政府に対していかなる説明を行う場合にも、貴下はこの二つの観点を考慮されたい」というものであった[112]。

ロンドン駐在の林公使は、この問題で一二月四日にランズダウン外相に面会した。林公使が小村外相に報告した電文によれば、ランズダウン外相のチリ軍艦を取得した意図の説明は上述したものとほぼ同一であったが、イギリスで建造した戦艦をロシアに入手させたくなかったことがいっそう明瞭に窺われる。ランズダウン外相は、「イギリス政府はロシア政府がチリ戦艦を買い取るものと確信していた。また、イギリス政府は戦艦がロシアの手に渡ることを快く思っていなかった。……イギリスの意図は、チリ政府の軍艦がロシアの手に落ち、日本に対するロシアの海軍力をいちじるしく優勢にすることを阻止するところにあったが、この行為がすでに〔反ロシアとして〕高揚している日本の国民感情をさらに惹起することになってはならないし、ロシアに対立している日本を支援するイギリスの直接的な意思表示と取られてはならない」と注意を喚起した。(113)

(4) イギリス政府による買収の意図

右で引用したランズダウン外相の見解から、日露間の海軍力の均衡を維持することを表向きの理由にあげながらも、イギリス政府によるチリ戦艦買収の狙いが、あくまでイギリスの軍事技術の粋を尽くして建造された新鋭戦艦のロシアへの売却を阻止するところにあったことは明らかであろう。

ところでイギリス政府にとっては、戦艦二隻の一八七万五〇〇〇ポンドという価格は、きわめて魅力的であった。両艦の建造には二一〇万八〇〇〇ポンドの費用を要していたからであった。(114)海軍省の計画にもとづいて新たに戦艦を建造するとすれば、一隻当たりの費用が一五〇万ポンドを下らず、期間も二～三年を要すると見積もられていた。(115)すでに述べたように、三月二日に開催された庶民院の審議においてバルファ首相はチリ戦艦をイギリスが買収することを一旦は拒否したが、その後日本政府がこれを買い取らなかった事態を考慮すれば、二隻で二〇〇ポンド弱の価格に値引きされた戦艦を購入することは、今やイギリス政府にとって得策になったと思われる。実際、バッテンバーグ海軍情報部長は予算が許すのであればその購入を勧めていた。また海軍統制官（Controller of the Navy）であったメイ（W. H. May）も、海軍省の立場からチリ戦艦の買収を歓迎して、「それらは優秀な艦船である」と述べている。(116)

当然のことではあるが、チリ戦艦買収のために追加予算の支出が必要となり、これは大蔵大臣のチェンバレンにとって財政を逼迫させる要因となった。彼は海軍大臣のセルボン卿に対して、「〔さらに〕一〇〇万ポンドばかり値引きできないか」と冗談めいた問い合わせまで行っているのである[117]。大蔵事務次官（Joint Permanent Secretary）のハミルトン（E. W. Hamilton）は両戦艦を一旦ギブズ商会に引き取ってもらい、利子付の代金を三〜四年間の分割払いで支払うことまで考慮していたのである[118]。

(5)　日本政府の転売要請

日本政府がイギリス政府の買収したチリ戦艦を転売してくれるように要請するという情報は、一九〇三年一二月四日にマクドナルド駐日公使から外務大臣のランズダウン卿宛てに打電されていた。マクドナルド公使は、これが「正当性をもたない」と論評している[119]。また日本海軍省は、玉利武官を通じてアルバート・ヴィッカーズ（Albert Vickers）にイギリス政府が購入したチリ戦艦二隻を日本政府に転売斡旋してくれるよう依頼していた[120]。アルバート・ヴィッカーズは、直ちにこれを海軍大臣のセルボン卿に伝えたが、「今や遅すぎる。イギリスがこの二隻の戦艦を日本に売却することはできない」という返答がもたらされた[121]。

ロシア政府に対して先取買取権をもっていたのにもかかわらず、日本政府が買収を断念せざるをえなかった理由は、先に見たように資金難にあった。ところが一九〇三年一二月一〇日に召集された第一九回帝国議会は、勅語に対する奉答文が原因で翌一一日に衆議院が解散され、貴族院も停会を命ぜられた。一九〇四年度予算が不成立となるとともに、軍事費支出に対する議会の反発もやんだ。政府は勅令を公布して、議会の制約を受けることなく軍事費の予算外支出を認める措置を取った[122]。こうして日本政府は、改めてチリ戦艦買収の財源を得るところとなり、イギリス海軍の手中にあった戦艦の転売交渉に乗り出した。

一二月一七日にロンドン駐在の林公使はランズダウン外相を訪問して、日本政府の財政事情を説明するとともに、イギリス政府に売却されたチリ戦艦を日本政府が改めて買収したい旨を伝えた。老練な政治家からみれば、この林の対応は「子供じみた無垢な様子」と形容されるものであった。これに対してランズダウン外相は、直ちに戦艦の転売を拒否した。「イギリスによるチリ戦艦の買収が正当であるという立場に立てば、今われわれがこの戦艦を手放すことは、起きつつある危機に備えて日本の海軍力を増強することを望んでいるという見方以外には、われわれの買収行動を説明できなくなる。日本にチリ戦艦を転売することは、われわれの側がロシアに対して公然と宣戦布告を行ったものとみなされる」と、ランズダウン外相は考えた。(123) 同外相は、この席上イタリアで建造中のアルゼンティン政府の装甲巡洋艦が売却先を求めており、先のチリ戦艦よりも性能が劣るものの「強力で有用な」軍艦である旨を示唆した。(124)

駐サンクト・ペテルブルグ駐在のイギリス公使ハーディング（Charles Hardinge）も、チリ戦艦の日本への転売をロシアに対する「敵対行為」とみなされると危惧した。(125) ランズダウン外相の暗号形式の手紙を解読するキーをようやく手にした大蔵大臣のチェンバレンは、日本へのチリ戦艦の転売に反対するランズダウン外相の見解に賛意を示して、日本への転売を「ロシアに対する著しく敵意のある行為」と考えた。さらには「日本人は何と馬鹿げたことをするものだ」と冷笑し、「人間というのは、行ってよいときには行わずに、行ってわるいときに行おうとするものだ」という格言まで持ち出す有様であった。(126)

このようにして、日本政府がイギリス政府に要請したチリ戦艦の転売要請は即座にイギリス政府により拒絶され、(127) 日本政府はイタリアのジェノア所在のアームストロング社との合弁会社アンサルド・アームストロング造船所からアルゼンティン政府発注のリヴァダヴィアとモレノという七〇〇〇トン級の装甲巡洋艦の獲得交渉へと乗り出すことになる。

6　アルゼンティン政府の装甲巡洋艦売却と回送

(1)　アルゼンティン政府の装甲巡洋艦売却交渉

前述のごとく一九〇三年一二月一七日にランズダウン外相は、ジェノアのアンサルド・アームストロング造船所で建造中のアルゼンティン政府発注の装甲巡洋艦リヴァダヴィアとモレノの売却情報を林公使に伝えていた。これに先立ち、一二月一〇日にチリ戦艦の売却交渉の際にロシア政府の代理店をつとめた商会が、イタリアで建造中のアルゼンティン装甲巡洋艦の買い取りを申し出たことが伝えられていた。[128] すでに一九〇三年六月にアームストロング社は三六万ポンドでアンソルド社の過半数の株式を買収して経営権を取得していた。[129] 両艦は、本来ミトラ（Mitra）とローカ（Roca）としてイタリア海軍用に建造されたものであったが、チリとの紛争が勃発するにいたり、アルゼンティン政府が購入するところとなったのである。これは、イタリア海軍のジュゼッペ・ガリバルディ（Giuseppe Garibaldi）級巡洋艦の最終様式とみることができた。リヴァダヴィアとモレノの様式は、標準排水量が七六九八トン（モレノは七六二八トン）、砲装は八インチ主砲四門（モレノは長距離射程能力をもつ一〇インチ砲一門と八インチ砲二門）と六インチ砲一四門であり、船体の装甲板の厚さは六インチであった。装甲板は日本海軍の第二艦隊所属の八雲級の一等装甲巡洋艦の七インチよりは劣るものの、八インチの主砲四門は同等であり、船体の三分の二が装甲板で覆われていたところにリヴァダヴィアとモレノの特徴がみられた。[130]『タイムズ』紙の両艦に対する総合的な評価は高く、「攻撃面および防御面の性能が合致しており、兵装もきわめて新式である。排水量に比して、両艦は強力な艦船となっている」というものであった。[131]

両装甲巡洋艦の売却代理店となったのは、やはりギブズ商会であった。同商会は、売却先を確実に確保できると考えたのか、仲介ではなく買い取りとしてこの両艦を手中に収めていた。[132] 一二月一〇日に早速、ギブズ商会はベルリンのグロートシュテイック商会にこの商談をもちかけている。同商会を、対ロシア政府向けの窓口と考えていたと思われるが、図面や詳細な情報が直ちに要求された。グロートシュテイック商会が注意を払ったのは、艦砲の形式であった。もしアームストロング社製の砲装であった場合には、この形式の火砲がロシア海軍には配備されていないため、売り込みに難があると同商会はギブズ商会に伝えている。[133] イギリス外務省は、チリ戦艦売却の際のロシアの代理店が、このアルゼンティン装甲巡洋艦の売却に関係していることに注意を払っていた。[134] またギブズ商会は、アダモリ（Adamoli）なる人物にもこの装甲巡洋艦のビジネスを売り込み、本国政府と連絡を取ってくれるよう接触している。[135]

林公使から報告を受けた日本政府は、一二月二三日にリヴァダヴィアとモレノの二隻の装甲巡洋艦の買収を決定し、仮契約を締結するように林公使に訓令した。一五三万ポンドの代金（艦船代金一五〇万ポンド、ギブズ商会の二%のコミッション三万ポンド）を現金で支払うという条件は、海軍駐在武官の玉利親賢から伝達されていた。[136] 玉利は一二月二四日にギブズ商会と交渉して、仮契約を締結した。ギブズ商会は他の国との売却交渉を打ち切った模様である。日本政府は、契約により一二月二八日まで証拠金として一〇%、すなわち一五万三〇〇〇ポンドを支払う必要があったが、これは横浜正金銀行ロンドン支店の小切手により支払われた。[137] 残額の支払いについては、大蔵大臣により横浜正金銀行ロンドン支店に支払いに必要な手続きを取るように指示が出され、また海軍大臣も帝国造船造兵監督事務所の管理官竹内十次郎宛てに代金を送金した。[138] 一二月三〇日に正式契約が調印されて、アルゼンティン政府への支払いは、指定されたユニオン・オブ・ロンドン・アンド・スミス銀行、パーズ銀行、ロンドン・ジョイント・ストック銀行の口座に振り込まれた。[139] 海軍元帥のカー（Lord Walter Talbot Kerr）を通じて海軍大臣のセルボン卿に、アルゼンティン装甲巡洋艦二隻が日本政府により買収されたことが報告されている。[140]

(2) 日本への軍艦回送問題

日本海軍は、リヴァダヴィアとモレノの両艦を地中海のジェノアから、日露開戦をまじかに控えた極東水域まで、スエズ運河を経由して遠路はるばると回送しなければならなかった。一二月二九日付のロイズ保険協会（Lloyd's of London）の情報は、開戦にともなう禁輸措置を避けるために両艦が一刻も早くイタリアの領海を離れる必要があると報じている。(141) 回送中の拿捕を含めたリスクに対して、購入価格相当の七五万ポンドの海上保険が一艦当たりに契約されていた。(142) 日本側では、一九〇四年一月一日にリヴァダヴィアを春日、モレノを日進と命名することが発表された。(143) 回送を請け負う士官と水夫は、アンソルド・アームストロング造船所の親会社であるアームストロング社が手配した。両艦には、日本の商船旗が掲げられ予定であった。(144) 一九〇四年一月六日午前一一時に、乗組員となる高級船員と一二〇名の水夫がロンドン・ヴィクトリア駅からジェノアに向けて出発した。これらの乗組員の大部分はイギリス国籍保有者の水夫であったが、海軍退役者や予備役者を含んでいた。彼らは、ロンドンの船員組合の登録所を通じて募集されていた。船長に予定された二人の高級船員ペインター（H. H. Paynter）とリー（J. F. Lea）は、イギリス海軍の退役士官であった。水夫の報酬は一カ月当たり五ポンドで、日露間に戦争勃発の折には一〇ポンドに引き上げられる契約になっていた。ドーヴァーに着いた一団はしきりに帽子を振りながら、口々に「日本万歳！　国王万歳！」などと叫んでいたと、『タイムズ』紙は臨場感あふれる筆致で伝えている。(145)

玉利駐在武官は、山本権兵衛海軍大臣の要望として、「二隻の日本巡洋艦に対して、可能なあらゆる便宜を授与されん」ことをイギリス海軍省に懇請した。だが通常の時期とは異なり日露間に戦争の可能性が高まった時期であるから、当然にもイギリス海軍省は回送に対して日露開戦時への対応を慎重に考慮していた。回送中の巡洋艦が日本に到着する前に戦争が勃発した際には、「目的地に到着する前には、これらの船舶が軍艦として就役しているとはみなせないという観点から、国際法上認められる原則が適用されねばならない」と考えた。[146] イギリス政府は日露戦争に対しては中立を堅持する立場から対応しようとした。回送中の二隻の船舶は軍艦とはみなされないものであったが、日本の商船旗のもとイギリス人船長の指揮する、多くのイギリス人を含む乗組員が航海していた。この点が問題であった。中立宣言が発されたとしても、中立国は中立性を歪めるような行為は避けるべきであった。[147] 二人の船長は予備役としてイギリス海軍への任官権を保有していたが、イギリス海軍省は起こりうる誤解を避けるために任官権を放棄していた。[148] 要するに両船長をイギリス海軍の予備役名簿から除外して、まったくの「私人」扱いとしたのであった。この点をセルボン卿は、問題になっている士官は現役ではないと、中立規定に抵触しない旨を主張した。[149] これに対して、回送を担当したアームストロング社は、「わが社は、純粋なビジネスとして日本の船舶の回送を請け負っただけである。仮にロシアの船舶を建造したとしても、喜んでその船舶を回送したことでしょう」と述べている。[150]

一九〇四年一月七日に日進と春日の両艦は、一四人の日本海軍士官とイタリア駐在武官の手にアルゼンティン政府から正式に引き渡された。この夕刻、先にイギリスを出発した一二〇人の乗組員がイタリアに到着した。[151] アームストロング社のイギリス外務省への回答から日進と春日の回航に従事した乗組員の数と国籍が明らかになるが、これを紹介すると次のようになる。日進は総員二三二人（イギリス国籍六〇人、イタリア国籍一三二人、アラブ系四〇人）、春日は二三〇人（イギリス国籍五五人、イタリア国籍一三四人、アラブ系四〇人、バルバドス出身一人）であった。[152] 見られるようにイタリア国籍が最多数を占め、国際的な混成乗組員であった。

こうして一九〇四年一月九日午前四時三〇分、二人のイギリス人船長の指揮のもとに日進と春日の両艦はジェノアを出航して、スエズへと向かった。『タイムズ』紙は、このとき両艦には日本の軍艦旗が掲げられていたと報じている。[153] 船舶の船籍を示すものとして、艦船旗は重要となる。実際、駐英ロシア大使ベンケンドルフ伯爵（Count Benckendorff）は、ジェノア出航時に日進と春日がイギリスの艦船旗を掲げていたとランズダウン外相に抗議するが、同外相は通常の日本の商船旗を掲揚していたと答えている。[154] 先の『タイムズ』紙の情報とは異なるが、イギリス外務省は次のような事実を明らかにした。出航前日にジェノアのイギリス領事館に対して日進と春日の二隻の装甲巡洋艦をイギリス籍の船舶として登録し、航海中イギリス商船旗を掲げたい旨の申請があったが、これは領事により拒絶された。この結果、両艦は夜明け前の漆黒の中、日本の商船旗を掲げてジェノアを出帆したというのである。[155] 艦船旗の問題がしきりに論議を呼んだのは、日本がアルゼンティンから購入した日進と春日の日本への回航に対して、イギリスが自国の国旗による保護と回航要員の斡旋を行ったことが中立国の規定を犯すものであると、ロシアのマスコミが批判したからであった。[156] さらにイタリアの新聞が、日進と春日の二艦がイギリス地中海艦隊の九隻の巡洋艦にともなわれて出航したと報じたことが加わったが、いずれも根拠のあるものではなかった。[157] 実際、ロイター通信は、この種の外国新聞の報道をいずれも「根拠を欠いている」と批判している。[158]『タイムズ』紙は、ジェノア駐在のイギリス領事に照会して、一月九日早朝四時三〇分の出航時には暗闇のため艦船旗が掲揚されることがなかったこと、軍艦の掲げる長旗ではなかったが日の出とともに日本船籍を示す艦船旗が掲揚されたこと、そしてポートサイド到着時に九隻のイギリス軍艦に護衛されていたことはまったく根拠がないこと、以上を確認して報道した。[159] かくして、ロシアのジャーナリズムも、今次のアルゼンティン装甲巡洋艦の売却と回送問題で、イギリスがなんら国際法に違反していないことを認めるに至ったのである。[160]

二隻の装甲巡洋艦は一月一三日に春日が、[161] 一四日に日進がポートサイドに到着し、同日に春日はスエズに向かった。[162] 当然にも地中海では行く手をさえぎるかのごとく立ち振舞う、巡洋艦アウロラやドミトリー・ドンスコイを中心とするロシア黒海艦隊に遭遇した。[163] 回航責任者のボイル（Boyle）中佐は、後の歓迎式典の挨拶において、「スエズ海峡にて我二巡洋艦を要撃せん為めに特に東洋に派遣せられたりとの風説高かりし露国艦隊を通り越すは是亦心配の一なりき且つ其以後再び之と遭遇せざらん為め當初作製したりし針路を全く変更すべき必要を感じたりしなり」と述懐している。[164] こうして両艦は地中海からスエズ運河を経て紅海へと出て、一月一九日に春日と日進はアデンのペリム島に到着した。[165] この行動は、さながら「地中海のロシア艦隊からすたこら逃げ回る」ものであった。[166]

こうして、日進と春日がインド洋からコロンボを経てシンガポールに到着したのは二月二日であった。[167] 日露間の国交断絶に符節を合わせるかのように、二月六日に日進と春日の両艦はシンガポールを出港し、寄港地なしで一路横須賀を目指した。[168] 朝野を挙げた日本国民の歓喜の渦なかに、二隻の装甲巡洋艦が無事横須賀に到着したのは二月一六日のことであった。[169] 二月六日に日露間の国交断絶があり、二月一〇日に日本はロシアに宣戦布告を行い、日露戦争はすでに始まっていた。軍事的に見て、日本海軍が日進と春日という強力な二隻の装甲巡洋艦を戦列に加えた意義は大であった。『タイムズ』紙は言う、「ロシアは引き続き極東で戦力を増大しつつあった。もし日本が日進と春日を入手できなかったら、日本の戦力はロシアより劣ったものになっていたに違いなかった[170]」と。また、二艦の日本への売却や回送に、イギリス政府は中立国規定に抵触する寸前の便益を供与したと思われるが、これは日本寄りの外交政策がチリ戦艦売却問題のようには、直接的な形で露呈しなかったからであろうと考えられる。このときは、対ロシア海上戦力で劣勢におちいると思われた日本海軍を援助することが、イギリスにとって当然の国益となったのである。

7 おわりに

日露戦争開戦直前の軍艦売却問題でイギリス政府の取った外交的な対応をどのように理解すべきであろうか？ イギリス政府の日露戦争への対応は、個人やその所属する組織がおかれた立場により複雑多岐であったと思われる。イギリス政府は、日露戦争に対して直接的な日本支援という首尾一貫した政策を貫くことはなかったように思われる。日英同盟の規定にしたがった中立政策を堅持するなかで、そこから自国にとって最も有利な国益を引き出そうとするのが、日露戦争に対するイギリス政府の基本的な外交姿勢であったと考えられる。イギリス政府が日露戦争に対してあくまで中立政策を追求したことは、留意されねばならない点である。バルファ首相やチェンバレン蔵相は、「いかなる事態に陥ろうとも、単に文言ばかりではなく精神において、イギリスは日英同盟の義務に忠実であるべき」との立場を堅持した。(171)

上述した観点からチリ戦艦とアルゼンティン装甲巡洋艦の売却問題を検討してみると、イギリス政府がチリ戦艦を買収した行為を、イギリスが極東においてロシアに対抗しようとする日本を積極的に支援したものであると一面的にみなすことは到底できない。外務大臣のランズダウン卿がたびたび留意した、チリ戦艦買収というイギリス政府の行為が日本の対ロシア強硬派を鼓舞するものとなってはならないという見方である。イギリス外務省のこのような対応は、日本政府がイギリス政府に要請したチリ戦艦の転売問題でいっそう明確な形で現れた。もしイギリス政府があくまで日本政府を支援する意図をもっていたのであれば、日本の転売要請に応じたであろう。イギリス政府の対応はそうではなく、アルゼンティン政府がイタリアに発注した装甲巡洋艦を斡旋するにとどまった。

日本政府は、極東におけるロシアとの戦争にイギリス政府が当然のごとく直接的な形で支援してくれるものと確信していた。この理解の浅薄さが明らかになるのは、外務省編纂の『小村外交史』の次の意味深長な記述である。「故にイギリス政府は終始我が立場を諒とし、その国論は翕然好意を我が国に寄せた。殊に同国政府は、日英同盟協約の精神に依存し問題を日露両国間に限局しょうと欲する我が希望に顧み、終始超然たる態度を厳守して渝らなかったと共に、時には有益な情報を我が参考に伏した。露国政府がチリ戦艦の買収を企てた際、イギリス政府が突如機先を制してこれを買収したが如き、その動機の如何は問わす、我が国民はこれをもって日本に対する誠意の発現としてイギリスに感謝したのである」。(172)「その動機の如何は問わす」と断ってはいるが、日本人の多くはチリ戦艦を買い取ったイギリス政府の意図を日本に対する支援と単純に誤解したのであった。先に見たように、ランズダウン外相が「日本政府に対していかなる説明を行う場合にも、貴下はこの二つの観点を考慮されたい」と留意したごとく、後半部分の「軍艦を買収したイギリスの行動が不当な要求を求める日本の開戦論者を鼓舞したのであれば遺憾に思う」という部分が、マクドナルド駐日イギリス公使から日本政府に十分に伝達されていなかったと思われる。実際、外務省外交史料館に保存されている「イギリス公使より外務大臣に回付したる『ランズダウン』侯来電（千九百三年一二月四日付）訳文」には、後半部分が見事に欠落しているのである。(173)

日露戦争時に見られたイギリス政府の中立政策は、日本政府の外債発行交渉で経験されたイギリス政府の対応とも軌を一にするものであった。林公使の度重なる懇請にもかかわらず、イギリス政府が日本政府の外債の発行を斡旋したり、その支払いを保証することはなかった。(174) ロンドンの老舗マーチャント・バンクであるベアリング商会の当主（2nd Lord Revelstoke）は、「日本人がわれわれの同盟者であるという事実にもかかわらず、当地の最高位の人々の問では多かれ少なかれ中立的な態度を維持した方が賢明であるという風潮がうかがわれる」ことを考慮して、日本政府の日露戦時外債発行交渉からの撤退を決意するのである。(175) これに先立ち同商会はランズダウン外相と接触して、ベアリング商会が日本政府戦時外債を取り扱うことがイギリス政府になんらかの不都合をもたらすか否か問うたのであった。これに対してランズダウン外相は、「イギリス政府が反対するビジネスが存在するとは思わないが、日本政府の外債発行を公的に承認するわけにはいかない。われわれは、そのことに何ら関係をもたなかったと言えるのみである」と伝えた。(176) イギリス政府は日露戦争中の日本の外債発行に対しては、私的なビジネスに対する不干渉主義に徹するという「非公式（informal）政策」で対応しようとした。これは、前述したように、チリ戦艦売却時にギブズ商会がイギリス政府に取引の公的な「承認」を求めた際にランズダウン外相が取った態度と同じものであった。

チリ戦艦の売却問題も、イギリス政府は当初は裏面から斡旋して日本政府に軍艦を購入させて「非公式」に処理しようとしたと思われる。だが資金難から日本政府が買収できないことになり、戦艦がロシアの手中にむざむざ落ちる事態となった。当時の最先端兵器にあたる戦艦のような重要武器類の取引＝移転は、英帝国の軍事戦略上からして最大の重要性を帯びていた。このため、不本意ながらイギリス政府はその取引に干渉し、自ら買い取りに踏み切ったと思われる。これは、第一次世界大戦前の時期においても外交上重大性をもった外債発行にイギリス政府が干渉したことと符合する事態となる。[177] 海軍元帥のカーがいみじくも語るように、「われわれは最善を尽くした」のであった。[178] これに対してイタリアで建造されたアルゼンティン政府装甲巡洋艦の売却斡旋の場合には、イギリス政府が直接の当事者となることはなかった。軍艦回送は、親会社であるアームストロング社が日本政府から私的に請け負ったものであり、イギリス政府は直接的な関係をもたなかった。イギリス海軍の出先機関が随所でこの日本への軍艦回送に対して好意的な対応を示したことは事実としなければならないが、イギリス政府の対応は、徹頭徹尾私的な取引には関係をもたないという「非公式政策」にもとづくものであったと言える。

注

（1）Nish [1966] p. 273.
（2）Towle [1980] pp. 44-45. なお、この論文の入手にあたり、著者のタウル教授および明治大学商学部横井勝彦教授のお手をわずらわせた。感謝の意を表したい。
（3）『日英外交史　上』六〇七～六二二頁。
（4）さしあたり Nish [1966] chapter 12-13 を参照。
（5）PRO, FO 46/667, Memorandum.
（6）*The Times*, 12 January 1903.
（7）PRO, FO 46/667, Memorandum.
（8）Suzuki [1994] p. 44.
（9）Ferguson [1998] chapter 1; Chapman [1977] p. 13.

（10）取引費用の観点から潜在的な買手と売手が出会う場所を作る専門業者の発生を論じたものとして、Stigler [1968] p. 176（神谷・余語訳二二五頁）があげられる。手形という金融商品の売買に従事した専門業者であるビル・ブローカーの歴史的な発生過程については、鈴木［一九九八］二六～三〇頁で分析されている。

（11）Suzuki [1994] p. 42.

（12）*Ibid.*, pp. 74 & 82：鈴木［二〇〇二］八一～九〇頁。Cottrell [1975] p. 30.

（13）Antony Gibbs & Sons Limited [1958] pp. 86–98.

（14）Suzuki [1994] appendix A.

（15）Guildhall Library, MS 11,040/4, Antony Gibbs & Co. Papers, Cokayne to Herbert, 20 June 1903.

（16）Guildhall Library, MS 11,139, Antony Gibbs & Co. Papers, Grotstück to Gibbs, 13 March 1903.

（17）Ibid. 3 March 1903.

（18）Guildhall Library, MS 11,040/5, Cokayne to Herbert, 14 October 1903.

（19）Guildhall Library, MS 11,139, Letters from Georg Grotstück, 5 March 1904.

（20）この点、興味をもたれる方はSuzuki [1994] pp. 25–31の記述を対比されたい。

（21）日露開戦時の日本海軍の、いわゆる「六・六艦隊」の建造資金の一部は日清戦争の賠償金に求められたが、清国政府は、この賠償資金をヨーロッパで外債を発行することで調達した。金融業者と投資家が介入しているため、あくまで迂回的ではあるが、資金源泉的に把握すれば「六・六艦隊」を建造したイギリスの造船会社は、清国政府の公債の手取り金を受け取っているようなものとなる。清国政府の日清戦争賠償公債発行については、鈴木［一九九二］一七九～二〇〇頁を参照。

（22）Flint [1923] pp. 201–202.

（23）Ibid., pp. 202–203.

（24）*The Times*, 24 March 1904.

（25）Ibid., 13 April 1896.

（26）FO 46/667, M. Durand to Lansdowne, 18 May 1904. この種の情報が信憑性を欠くのは常套である。たとえば『タイムズ』紙は、一〇三万ポンドで交渉が妥結したとまで報じている（12 May 1904）。

（27）*The Times*, 11 May 1936-Obituary (Lord Aldenham-Alan G. H. Gibbs).

（28）PRO, FO 46/667, Alban Gibbs to Selborne, 16 May 1904.

(29) Ibid., Grahame to Lansdowne, 16 June 1904.
(30) Ibid., FO 46/667, Grant Duff to FO, 5 November 1904.
(31) *The Times*, 4 October 1904.
(32) PRO, FO 46/667, Hardinge to Lansdowne, 29 November 1904; Lansdowne to Elliot, 17 December 1904; Flint, *op. cit.*, pp. 213-215.
(33) PRO, FO 46/667, Hardinge to Lansdowne, 29 November 1903; Elliot to Lansdowne, 19 December 1904.
(34) *The Times*, 4 May 1905.
(35) PRO, FO 46/667, Harford to Lansdowne, 13 March 1905.
(36) Ibid.
(37) *Conway's All the World's Fighting Ships* [1979] p. 411.
(38) *The Times*, 26 February 1895.
(39) 外務省外交史料館、5-1-8-1-4、各国軍艦建造並ニ購入方交渉雑件（智・亜）、明治二七年八月チリ軍艦——ニューヨーク亜米利加貿易商会計算書；D. W. Steevens to Saigo Tsugumichi & Inoue Kaoru, 22 February 1895.
(40) Guildhall Library, MS 11,139, Antony Gibbs & Co. Papers, Gibbs to Japanese Minister, 24 December 1903.
(41) 『帝国議会衆議院委員会議録』第二八巻一九九頁（明治三七年一二月一二日）。
(42) ミュンターの日本における武器売り込み活動の詳細については、長島［一九九五］が記述している。
(43) Allfrey [1989] p. 82.
(44) Guildhall Library, MS 11,139, Antony Gibbs & Co. Papers, C.M Stewart to Gibbs, 17 November 1904,
(45) Ibid., Antony Gibbs & Co. Papers, Hull Blyth to Gibbs, 25 March 1903; Morgan, Gellibrand to Gibbs, 27 July 1903; Bernard to Gibbs, 19 May 1904; A.C. de Freitas to Gibbs, 21 May 1904; H.E. Moss, 29 June 1904.
(46) U. S. National Archives, General Records of the Department of State (RG 59), M133-Reel 77, Huntington Wilson to John Kay, 10 June 1903.
(47) PRO, FO 46/575, Noble to Lansdowne, 21 December 1903.
(48) Ibid., MacDonald to Lansdowne, 23 December 1903; Lansdowne to Noble, 23 December 1903.
(49) *The Times*, 4 July & 22 March 1905.

(50) *Ibid.*, 7 February 1903.
(51) *Ibid.*, 2 February 1903.
(52) *Ibid.*, 2 June 1903.
(53) 外務省外交史料館、5－1－8－1－4、各国軍艦建造並ニ購入方交渉雑件（智・亜）、林から小村へ、一九〇三年二月六日。
(54) Guildhall Library, MS 11,139, Antony Gibbs & Co. Papers, G. Ukita to Alban Gibbs, 3 February 1903.
(55) Ibid., Consulat Général de Russien en Grande Bretagne to Gibbs, 3 February 1903; German Naval Attache to Gibbs, 5 March 1903.
(56) 後述する武器取引商人C・R・フリントは一八七二年にこの商社に参加して、南米との取引に従事することになる（Flint [1923] pp. 8-10; *American National Biography* [New York: Oxford University Press, 1999]）。また、安部・壽永・山口［二〇〇二］二四九頁も参照。
(57) 外務省外交史料館、5－1－8－1－4各国軍艦建造並ニ購入方交渉雑件　智・亜、高平から小村へ、一九〇二年一一月一日。
(58) 同上、栗野から小村へ、一九〇三年六月一〇日。
(59) Guildhall Library, MS 11,139, Antony Gibbs & Co. Papers, Sanderson to Alban, 9 February 1903.
(60) Ibid., Vicary to Herbert, 8 February 1903.
(61) Ibid., Sanderson to Alban, 18 February 1903.
(62) Guildhall Library, MS 11,140/4, Antony Gibbs & Co. Papers, Herbert to Frank, 6 March 1903.
(63) FO 46/667, Lowther to Lansdowne, 20 August 1903.
(64) *The Parliamentary Debates [House of Commons]* [1903] vol. 118, pp. 1119-20.
(65) Sir W. G. Armstrong Whitworth & Co., Board and Committee Minutes, 19 March 1902〔TWS 130/1266〕. なおアームストロング社の取締役会議事録（複写版）の閲覧にあたり、東京大学大学院経済学研究科小野塚知二教授のお世話になった。ここに記して感謝申し上げる。
(66) Ibid., 23 July 1902.
(67) Ibid., 21 January 1903.

(68) Ibid., 21 January 1904.
(69) *The Times*, 13 January 1903.
(70) *Dictionary of National Biography* (Edward James Reed).『タイムズ』紙がこの両艦の設計をリードが助言したと報道したのに対して（16 December 1903）、リードは自ら設計を行った旨を強調する（17 December 1903）。
(71) Board Minutes, 31 January 1902〔VA 1363〕. なお、ケンブリッジ大学図書館に保管されているヴィッカーズ社経営文書の利用に関して、奈倉文二独協大学経済学部教授から御教示を得た。ここに記して感謝申し上げる。
(72) *The Times*, 15 January and 12 February 1903.
(73) スイフトシュアとトライアムの実戦への参加は、第一次世界大戦中の一九一五年のダーダネルス海峡作戦にみられた。このとき両艦は、新鋭戦艦への援護射撃を行ったのであった（Marder［1965］p. 246）。
(74) イギリス海軍が両艦を購入した一九〇三年一二月時点での『タイムズ』紙の記事がこれを裏づけている。強力な火砲やその防御にもかかわらず、このチリ戦艦は「一等級」の戦艦ではない。一等級の戦艦に比して船体の装甲が劣っていたからである（*The Times*, 16 December 1903）。
(75) Bodleian Library, 2nd Earl of Selborne Papers, Box 38, Battenberg to Selborne, 11 April 1903.
(76) 外務省外交史料館、5－1－8－1－4、各国軍艦建造並ニ購入方交渉雑件（智・亜）、林から小村へ、一九〇三年七月三日。
(77) 同上、小村から林へ、一九〇三年七月六日。
(78) *The Times*, 4 December 1903.
(79) 日露戦争時の日本海軍の戦艦の主砲は、アームストロング社製長砲身の四〇口径三〇センチ（一二インチ）砲に統一して砲装されていた（黛［一九七七］一〇二頁、大江［一九九九］一七三～一七四頁）。
(80) 外務省外交史料館、5－1－8－1－4、各国軍艦建造並ニ購入方交渉雑件（智・亜）、小村から林へ、一九〇三年八月二八日。
(81) PRO, FO 46/667, MacDonald to FO, 19 October 1903.
(82) Guildhall Library, MS 11,040/5 Antony Gibbs & Co. Papers, Herbert to Alban, 26 October 1903; Selborne to Alban, 27 October 1903.
(83) Guildhall Library, MS 11,139 Antony Gibbs & Co. Papers, Hayashi to Gibbs, 3 November 1903.

(84) Guildhall Library, MS 11,040/5 Antony Gibbs & Co. Papers, Gibbs to Tamari, 27 October 1903.
(85) 外務省外交史料館、5－1－8－1－4、各国軍艦建造並ニ購入方交渉雑件（智・亜）、林から小村へ、一九〇三年一〇月三一日および一一月一三日。
(86) Guildhall Library, MS 11,040/5 Antony Gibbs & Co. Papers, Herbert to Alban, 31 October 1903.
(87) Ibid., Cockayne to Herbert, 14 October 1903.
(88) PRO, FO 46/667, Memo (Mr Campbell), 6 November 1903.
(89) 『海軍軍備沿革』一〇〇～一〇三頁。
(90) 「予算委員会会議録　第五回（明治三十六年五月二十九日）」、『帝国議会衆議院委員会議録』二四巻四八～五〇頁。
(91) 外務省外交史料館、5－1－8－1－4、各国軍艦建造並ニ購入方交渉雑件（智・亜）、覚書（山本から小村へ）、一九〇三年一一月二〇日。
(92) Guildhall Library, MS 11,139, Antony Gibbs & Co. Papers, Komura to Tamari, 20 November 1903; Tamari to Gibbs, 1 December 1903.
(93) PRO, FO 46/667, Translation, 25 November 1903.
(94) Ibid., Campbell Memo, 25 November 1903.
(95) 外務省外交史料館、5－1－8－1－4、各国軍艦建造並ニ購入方交渉雑件（智・亜）、林から小村へ、一九〇三年一一月二五日。ただしキャンベルのメモによると、林が伝えたロシアの購買価格はコミッション込みで一八七万二〇〇〇ポンドとなっている（FO 46/667, Campbell, 25 November 1903）。
(96) Flint [1923] p. 202.
(97) 外務省外交史料館、5－1－8－1－4、各国軍艦建造並ニ購入方交渉雑件（智・亜）、林から小村へ、一九〇三年一一月二六日。
(98) PRO, FO 46/667, FO to MacDonald, 27 November 1903.
(99) Ibid., Sanderson, 27 September 1903.
(100) Ibid., Spring-rice to FO, 28 November 1903.
(101) Ibid., MacDonald to FO, 28 November 1903.
(102) Bodleian Library, 2nd Earl of Selborne Papers, Box 34, Balfour to Selborne, 30 October 1903.

(103) British Library, Add. Ms. 49,728, Balfour Papers, Balfour to Selborne, 23 December 1903.
(104) Ibid., Lansdowne to Balfour, 29 December 1903; Chamberlain to Lansdowne, 30 December 1903.
(105) Ibid., Selborne to Lansdowne, 21 December 1903.
(106) Guildhall Library, MS 11,139 Antony Gibbs & Co. Papers, Selborne to Alban, 27, 28, 29 & 30 November 1903.
(107) PRO, FO 46/667, Sanderson, 27 November 1903.
(108) Guildhall Library, MS 11,139, Antony Gibbs & Co. Papers, 28 November 1903.
(109) Ibid., Admiralty to Gibbs, 2 & 23 December 1903.
(110) Antony Gibbs & Sons Limited [1958] pp. 35-36.
(111) *The Times*, 7 (J. O. Hopkins) & 16 December 1903.
(112) PRO, FO 46/667, no.63, Landsdowne to MacDonald, 3 December 1903. また、返電である no. 177, MacDonald to Lansdowne, 6 December 1903 も参照されたい。
(113) 外務省外交史料館、5-1-8-1-4、各国軍艦建造並ニ購入方交渉雑件（智・亜）、林から小村へ、一九〇三年一二月四日。
(114) Guildhall Library, MS 11,040/4, Antony Gibbs & Co. Papers, Herbert to Frank, 6 March 1903.
(115) *The Times*, 4 December 1903.
(116) British Library, Add. Ms. 49,710, Balfour Papers, May to J. A. Fisher, 3 January 1904.
(117) Bodleian Library, 2nd Earl of Selborne Papers, Box 34, Chamberlain to Selborne, 30 October 1903.
(118) PRO, T168/62, E. W. Hamilton Papers, Purchase of Chilian War Ships, 2 December 1903.
(119) PRO, FO 46/667, MacDonald to Lansdowne, 4 December 1903.
(120) 国立国会図書館憲政資料室、斎藤実関係文書、25-1-(2)、林公使から小村へ、一九〇三年一二月三日。
(121) Bodleian Library, 2nd Earl of Selborne Papers, Box 37, Selborne to V. W. Baddeley, 20 December 1903.
(122) 『海軍軍備沿革』一〇二〜一〇四頁。
(123) British Library, Add. Ms. 49,728, Balfour Papers, Lansdowne to Balfour, 17 December 1903.
(124) PRO, FO 46/667, Foreign Office, 18 December 1903.
(125) PRO, FO 800/163, Hardinge to F. Bertie, 18 December 1903.

(126) British Library, Add. Ms. 49,728, Balfour Papers, Chamberlain to Lansdowne, no date.
(127) 外務省外交史料館、5-1-8-1-4、各国軍艦建造並ニ購入方交渉雑件（智・亜）、林から小村へ、一九〇三年一二月一八日。
(128) PRO, FO 46/667, Lowther to FO, 10 December 1903.
(129) Sir W. G. Armstrong Whitworth & Co., Sub-Committee Minutes, 17 June 1903 [TWS 130/1266]. アームストロング社のイタリアへの直接投資全般については、Kenneth Warren [1989] chapter 16で言及されている。
(130) *Conway's All the World's Fighting Ships* [1979] p. 226.
(131) *The Times*, 31 December 1903.
(132) PRO, FO 46/667, Consul General Keene to FO, 1 January 1904; *The Times*, 29 December 1903.
(133) Guildhall Library, MS 11,139, Antony Gibbs & Co. Papers, Letters from Georg Grotstück, 10, 22 & 24 December 1903.
(134) PRO, FO 46/667, Lowther to FO, 10 December 1903.
(135) Guildhall Library, MS 11,139, Antony Gibbs & Co. Papers, Gibbs to Adamoli, 11 December 1903.
(136) 外務省外交史料館、5-1-8-1-4、各国軍艦建造並ニ購入方交渉雑件（智・亜）、小村から林へ、一九〇三年一二月二三日。同時に日本政府は、ジェノアの名誉領事に連絡を取り、アルゼンティン装甲巡洋艦の売却情報を確認している（栗野から小村へ、一九〇三年一二月二〇日）。日付不詳であるが、斎藤実海軍次官の下にも、山本久顕なる者が接触して、アンサルド社の代理人として日本に派遣されているイタリア海軍大佐による売り込みの情報を持ち込んでいた（国会図書館憲政資料室、斎藤実関係文書、27-9）。
(137) Guildhall Library, MS 11,139, Antony Gibbs & Co. Papers, 31-32A & 37A.
(138) 外務省外交史料館、5-1-8-1-4、各国軍艦建造並ニ購入方交渉雑件（智・亜）、小村から林へ、一九〇三年一二月二七日。ついでながら竹内主計少監は、日露戦争最中の一九〇四年一一月に莫大な額の公金拐帯で行方不明になる人物である。この点、高橋是清の英文日記には、一一月二六日に竹内が横浜正金銀行ロンドン支店から全現金を引き出して行方不明になったことと、山川勇木支店長を叱責したことが記されている。当時、高橋は日本銀行副総裁であったが、外債発行交渉のために日本政府特派財務委員として欧米に派遣されていた（国立国会図書館憲政資料室、高橋是清文書、135 Diary——ちなみに、藤村欣市朗訳は竹内十次郎を正金支店会計掛としているがまったくの誤りである——藤村欣市朗［一九九二］二五九頁参照。同訳書はストック・ブローカーとビル・ブローカーを混同するなど、多くの初歩的な誤謬を犯しているので利用の際には注意が必要である）。カナダに逃亡した竹内の生涯については、佐木隆三［一九八〇］が追跡しているが、武器取引に付随するコミッションの重要性の指摘をのぞけば資料的には見るべきものはない。

(139) Guildhall Library, MS 11,139, Antony Gibbs & Co. Papers, 42A-47A.

(140) Bodleian Library, 2nd Earl of Selborne Papers, Box 35, Kerr to Selborne, 11 April 1903.

(141) *The Times*, 30 December 1903.

(142) *Ibid.*, 17 February 1904.

(143) 国立国会図書館憲政資料室、斎藤実文書、R278－33、日記（明治三七年一月一日）。

(144) *The Times*, 1 January 1904.

(145) *Ibid.*, 7 January 1904.

(146) PRO, ADM1/7772, Tamari to MacGregor, 1 January 1904.

(147) Ibid., C. I. Thomas, 7 January 1904.

(148) PRO, FO 181/808, Lansdowne, 13 January 1904.

(149) *The Times*, 3 March 1904.

(150) PRO, FO 181/808, E. N. Lloyd to Stuart Nicholson, 2 February 1904.

(151) *The Times*, 8 January 1904.

(152) PRO, FO 181/808, E. N. Lloyd to Stuart Nicholson, 2 February 1904.

(153) *The Times*, 11 January 1904.

(154) PRO, FO 181/808, Lansdowne, 13 January 1904.

(155) ADM1/7772, Lansdowne to C. Scott, 14 January 1904.

(156) *The Times*, 12 January 1904.

(157) PRO, FO 181/808, Macgregor to FO, 18 January 1904.

(158) *The Times*, 15 January 1904.

(159) *Ibid.*, 18 January 1904.

(160) *Ibid.*, 25 January 1904.

(161) *Ibid.*, 14 January 1904.

(162) *Ibid.*, 15 January 1904.
(163) *Ibid.*, 14 January 1904.
(164) 『春日日進回航員歓迎会誌』［一九〇四］一五七頁。
(165) *The Times*, 20 January 1904.
(166) *Ibid.*, 23 January 1904.
(167) *Ibid.*, 3 February 1904.
(168) *Ibid.*, 8 February 1904.
(169) *Ibid.*, 17 February 1904. 回送船舶の船長にはペインター（春日）とリー（日進）が、回航の責任者としてアームストロング社を代表してボイル退役海軍中佐が回航委員長に就任した。なお、日本側の乗組員の中には春日に乗り込んだ鈴木貫太郎海軍中佐がいる。三名のイギリス側の高級船員は二月二三日に海軍省に山本権兵衛大臣を表敬訪問し、同日明治天皇にも拝謁し、勲四等旭日章の勲章を授与されている（『春日日進回航員歓迎会誌』［一九〇四］一三九～一四二頁：国立国会図書館憲政資料室、斎藤実文書、R278－33、日記［明治三七年二月二三日］；*The Times*, 24 February 1904）。
(170) *The Times*, 26 March 1904.
(171) British Library, Add. Ms. 49,728, Balfour Papers, Balfour to Lansdowne, 12 December 1903.
(172) 『小村外交史』［一九六六］三六五～三六六頁。
(173) 外務省外交史料館、5－1－8－1－4、各国軍艦建造並ニ購入方交渉雑件（智・亜）。
(174) Suzuki [1994] pp. 84–88.
(175) Baring Brothers Archives, PF303, 4 March 1904. この論点に関しては、Suzuki [1994] pp. 91–92を参照されたい。
(176) British Library, Add. Ms. 49,728, Balfour Papers, Lord Lansdowne to A. Balfour, 21 February 1904.
(177) 鈴木［一九九九］三三～三六頁。
(178) Bodleian Library, 2nd Earl of Selborne Papers, Box 35, Kerr to Selborne, 30 November 1903.

本章は、〔東北大学〕『研究年報経済学』第六五巻四号（二〇〇四年三月）一～一四頁に掲載した「日露戦争前夜の戦艦売却交渉――マーチャント・バンクの武器取引」執筆の際に、紙数制限のため削除した部分を加筆し再構成したものである。

第3章　日英間武器移転の技術的側面——金剛建造期の意味——

小野塚知二

1　はじめに

戦前期日本の艦艇建造業へのイギリスからの技術的影響[1]の過程は一八六〇年代から第一次大戦期、さらにその後にまで及ぶが、本章はそのすべてを満遍なく見るのではなく、一九一〇年代前半（第一次大戦直前期）の日本人技師および職工の海外研修に注目する。本章の基本的な問いは、日露戦争後一九〇〇年代後半の日本は主力艦八隻[2]を相次いで建造し、その技術と技能を獲得していた[3]にもかかわらず、一九一一〜一三年の金剛(II)[4]建造期に多数の技術者と職工をイギリスに派遣して、何を学ばせようとしたのかということである。

筆者はかつて、これら日露戦争後の国産主力艦八隻を失敗と評したことがある。[5]その根拠は、これら八隻の計画の元になった用兵思想や設計思想が守旧的で、主力艦の進化方向を読み切れなかったところにある。それはひとことで言うなら、前ド級からド級・超ド級への変化であり、高速化と主砲攻撃力の強化を主要な内容としている。国産主力艦八隻はいずれの点でも竣工時にすでに陳腐化しており、ド級・超ド級期にあいかわらず前ド級艦を生み出し続けたことになる。[6]この失敗の原因が計画・設計の側にあることは明瞭で、[7]建造・製造の側に直接的な責任はない。

むしろ、最初の国産主力艦筑波をわずか二年間で完成させた呉工廠はものを造る技術と技能という点では、日露戦争期から直後にかけて、すでに相当の水準に達していたと見てよい(8)。他の国産艦も、設計変更や日露戦争戦利艦・故障艦の改修で工事の遅延があったとはいえ、いずれも、海に浮き、航走し、砲弾を発射し、乗組員が居住できる船であった。つまり、日本は設計さえ与えられれば、実用に耐える装甲巨艦を建造する力を示したのである。また、日露戦争後には技術者と職工も完全に国内で、外国人の手を借りることなく、養成できるようになっていた(9)。

むろん、日本海軍はこれらの国産主力艦に満足できなかったから、それらの何隻かがまだ建造中であったにもかかわらず、一九一〇年になってイギリスに最新の超ド級艦を発注することにした。ヴィッカーズ社と交わした契約には、一隻の建造と引き渡しだけでなく、同型艦を国内建造するために図面一式の提供も含まれていた。さらに、それに加えて、造船監督官、同嘱託、同助手などの名目を駆使して、日本海軍は海軍工廠と民間造船所から多数の者を金剛(II)建造期のイギリスに派遣して研修させた。諸種の図面は用意されているのだから、あとは資材さえ整えば（これも国産できないものはヴィッカーズ社から供給されることになっていた）、同型艦を建造する能力・経験・実績を当時の日本の艦艇建造業は有していたはずである。

それにもかかわらず、日本海軍はかつてないほど多数の技術者と、さらにこのときは多数の職工も派遣して何を学ばせようとしたのか、また、実際に彼らは何を調査・観察してきたのか、こうした問いが本章の課題である。以下、第二節では、主に三菱長崎造船所の技術者・職工の海外研修に注目して、一九一〇年代前半が海外からの技術・技能習得においてきわめて重要な時期であったことを示す。第三節は、そうした技術者・職工の出張報告書を手がかりに、習得内容や技術的影響の特徴について考察し、ほぼ同時代までのイギリスにおける技術者の関心事との関係あるいは同時代性を推測する。第四節は、製品に対象化された物的側面のうち、電気・電信・電話技術に注目して、一九一〇年代前半が決定的に大きな意味を有したことを、若干の史料を用いて確認し、この時期が日本海軍の大艦巨砲主義を固定化させたことを示唆する。

2　技術者・職工の海外研修

(1)　傭外国人の意味

本節は、技術的影響の人的な回路について、おもに三菱長崎造船所を対象にして概観することから、一九一〇年代前半の意味を考察する。技術的影響の人的な回路として重要なのは、日本人の海外研修による習得と、傭外国人からの日本での習得の二つである。

幕末以来の横須賀工廠や、石川島、小野浜などと同様に、長崎においても、造船・造機の基盤を形成する際に、技術・技能面で主体となったのは傭外国人であった。このように、工場の建設、機械・設備の据え付けの段階から、工場の現場について豊富な知識と経験を有する者を、その産業の先進国から招聘して配置するのは、古くから広く採られてきた方法である。一八世紀末以降、大陸ヨーロッパ諸国がイギリスの職人を引き抜いて工場建設と立ち上げに当たらせたのも、一九世紀後半の日本が欧米諸国から多数の技術者・職工を招聘したのも、現在、先進国が生産拠点を外に移転する際にやはり多数の技術者・熟練労働者を数年以上の長期にわたって移転先に派遣するのも、すべて同質の事例である。二世紀を超えて同じ方法が採用され続けているのは、それが生産基盤形成の初発の段階で、最も合理的な方法だからであろう。したがって、こうした傭外国人の配置状況――人数や招聘期間だけでなく、招聘を必要とした事情――の変化を分析することにより、生産基盤が、人的な面で、どのように移転先に定着したのかを計ることができるだろう。以下、三菱長崎造船所の傭外国人に即して、その点を検討してみよう。

表３－１　長崎造船所の傭外国人（1884～1916年）

氏名	役職	前任地	期間	退職理由
J. F. Calder	支配人	大阪鉄工所より招聘	1884～92	病没
D. Crowe	造罐係、のち船渠長	横浜三菱製鉄所技士	1884～1910	老齢、終身年金、帰国
W. H. Devine	横文書記	横浜三菱製鉄所勘定方	1884～99	病没
J. Hill	造罐係	横浜三菱製鉄所技士	1884～1900	病没
J. G. Mansbridge	潜水綱具製帆係	創業時入社	1884～1912	
D. Robertson	機械製作係	創業時入社	1884～97	
J. H. Wilson	機械製作方、機関士	横浜三菱製鉄所技士	1884～1915	
J. Hutchson	造船係	？	1885～90	
J. Dainty	鋳物係	？	1887～1905	老齢
F. Krebs	事務管理役	本社より転任	1887～88?	帰国
F. Wingel	機械製作係	グラスゴウより招聘	1887～94	
J. G. Reed	造船製図係	グラスゴウより招聘	1887～91	
J. S. Clark	造船顧問	英国にて傭入	1896～1908	
J. J. Shaw	汽罐製図長		1900～08	
J. Thomas	鋳鋼職	英国にて傭入	1904～05	鋳鋼所創設後帰国
R. Flicker	瓦斯発生職	英国にて傭入	1904～05	鋳鋼所創設後帰国
S. Pringle	保証機関士	パースンズ社	1907～08	契約満了帰国
A. Morris	機械技師	デニー社	1907～09	試験水槽竣工後解雇帰国
M. J. Kelso	機械技師	ケルゾー社	1907～08	試験水槽竣工後解雇帰国
R. Atkinson	保証機関士	パースンズ社	1908～08	解傭帰国
H. Hall	支配人	パースンズ社より派遣	1908～08	帰国
W. Armstrong	保証機関士	パースンズ社	1908～09	解任帰国
G. Rodger	起重機建設監督技士	マザウェルブリッジ社	1909～09	建設後解傭、帰国

出典：三菱合資会社長崎造船所『年報』明治31～大正７年度、三菱造船株式会社長崎造船所職工課［1928］。

(2)　長崎造船所の傭外国人

長崎造船所の場合、三菱に貸し渡された一八八四年時点で、七名の外国人（いずれもイギリス国籍）が在任し、以後これを含めて二三名が長崎造船所の傭外国人として働いていた（表３－１参照）。一八八〇年代に雇い入れられた者は一二名であるが、八名は一九世紀のうちに退職している。長崎造船所は創業後しばらく小蒸気艇と小型（総トン数二〇〇〇トン未満）の貨客船しか建造していなかったが、一八九八年には立神丸（二六九二総トン）と常陸丸（六一七二総トン）を竣工させ、外洋商船の建造業者として認められることとなった。いずれも、当時の標準的な貨客船である。ことに、常陸丸は、設計・材料ともにイギリスよりの輸入であったとはいえ、検査のためロイド船級協会より派遣されたロバートスンの検査に不服を唱え、同協会検査長助役スタンブリによる再検査の結果、合格を勝ち取ったことは、長崎造船所の建造技術水準の証明となった。(10) この二隻の竣工までには、支配人（J・F・コールダー）(11) のほかに、造船係（J・ハッチスン）、造船製図係（J・G・リード）、機械製作係（D・ロバートスン、F・ウィンゲル）、造罐係（J・ヒル）など、長崎造船所のおもだった部門を統べていた傭外国人がすべて退職しているから、上述の観点からは、一八九〇年代後半を長崎における造船・造機面での人的基盤の確立の重要な画期と考えることができる。

一八八〇年代に雇い入れた傭外国人のうち、二〇世紀まで残った者が四名いる。D・クロウは船渠長（ドックマスター）として、同所のますます大型化する造船工事の現場を統括的に監督する立場にあったし、J・G・マンスブリッジはサルベージや綱具・製帆という特殊技能ゆえに残ったと考えられる。また、J・H・ウィルスンは二〇世紀にはいると同所製タービンの保証機関士として新造船処女航海に搭乗する役目を負ったため、第一次大戦中まで三〇年以上の長きにわたって長崎に勤務したのであった。日本人機関士は品質保証という点ではまだ高い信頼を獲得することができず、外国人機関士の関与を発注者に示さなければならなかったのである。J・デンティは造船所各職場の中で最も技能を客観化しがたい鋳物工場の職長として、やはり遅くまで必要とされた。

すなわち、長崎造船所は一八九〇年代後半には上記四名の役割を除けば、技術的に自立したと見なすことが可能で、技術的自立の第一段階が終了したとすることができよう。

一八九〇年代後半以降に雇い入れた外国人一一名のうち八名は鋳鋼所創設、船型試験水槽設置、大型起重機建設、パーソンズ社より供給された舶用タービンの試験・処女航海のために、それぞれ数カ月から一年ほどの短期間のみ契約された臨時傭であった。残り三名のうちH・ホールはパーソンズ社が自主的に、やはり短期間派遣した技師で、正確には傭外国人ではない。

これら九名を除くと、一八九〇年代後半以降に採用された外国人のうち、長い間必要とされたのは、造船顧問のJ・S・クラークと汽罐製図長のJ・J・ショーの二名だけである。J・S・クラークは、「欧州航路向けにわが国で建造された大型船第一船」たる常陸丸建造のために三菱合資会社が英国から招聘した造船技術者である。[12] ただし、彼は従来の傭外国人のように機械、造罐、鋳物、製帆と各分野に専門化した技術者ではなく、大型客船建造の実地に総合的な助言を与える顧問技術者（consulting engineer）であった。クラーク招聘の際、長崎造船所技士であった塩田泰介は「外国人が無くても行けるといふ事を強く主張して居た」が、クラークには「実権は委ねない、助言者として傭ふといふ事になっ」たと回想している。[13] 一八九〇年代後半の長崎造船所は、造船各分野の基本的な技術・技能はほぼ習得し、信頼性の高い貨客船など、より高度な製品を実現するための総合的な技を必要とした時期にあったと考えられる。あるいは、保証機関士のウィルスンと同様に、船級検定合格のために外国人技師の関与をアピールする必要性も作用していたとも考えられるであろう。汽罐製図長のJ・J・ショーはタービン機製造に必要な、三次曲面などの高等製図技能の持ち主として雇用されたのであった。

(3) 海外出張

前項から、一八九〇年代後半を傭外国人からの自立過程と考えることができるが、まさにこの時期に技術者・職工の海外派遣が始まる。自社工場とは異なる設備・機械を備え、異なる状況にある外国の工場を視察して、それを自己の技術・技能のステップ・アップの参考にできる程度に、日本人技術者・職工は充分な知識と経験を積んでいたのである。

長崎造船所からは、一八九六年五月には丸田秀実技士が、同年一〇月には三木正夫技士が、それぞれ造船業視察を目的としてイギリスへ派遣されている。以後、『創業百年の長崎造船所』によると三菱合資会社時代（一八八四〜一九一七年）に、一二二名が海外へ出張したことになっているが、同書および長崎造船所『年報』から氏名・期間・出張先・目的等を確認できる延べ人数は八七名である。(14) 一九一八〜二三年の出張者も含めて整理したのが表3－2である。

一八九〇年代後半に長崎造船所にはわずか五〇名ほどの技士しか在籍していなかったが(15)、そのうちから、延べ一一名を海外研修に出しており、傭外国人からの自立過程における習得方法が日本人の海外研修に重点を移行しつつあることが明らかに示されている。出張先は研修・視察の場合、圧倒的にイギリスであり、往路ないし帰路にアメリカあるいはドイツ・フランスなどに立ち寄っての視察が組み込まれた場合もあった。しかし、一九〇〇年代にはいると研修・視察目的の海外出張数は減少し、殊に一九〇六年からの五年間に研修目的で出張した技師はわずかに一名にすぎない。こうして、技術的影響の人的な回路は、顧問技術者クラークと、特殊目的のために短期間招聘された臨時傭外国人にほぼ限定されてしまう。むろん、このほかに、当時の技術誌や、提携企業からもたらされる技術情報は活用されたはずだが、長崎造船所がこの時期に、ほぼ独力で天洋丸クラス(16)三隻の大型高速客船を完成させたことの意味は大きく、当時の商船建造の世界水準に追いついたと見て差し支えなかろう。

常陸丸を建造した一八九〇年代後半から天洋丸クラスの一九〇〇年代後半への飛躍は以下のとおりである。常陸丸は当時の標準的な貨客船だが、定期客船航路の第一線に就航できる水準の船ではなかったのに対し、天洋丸は当

表3－2　長崎造船所からの海外出張（1896〜1923年）

期間	研修・視察等		保証搭乗 工事監督	交渉・ 商談等	合計	技士総数に対する比率1)
	技師等	職工				
1896〜1900	11	0	0	0	11	20.9%
1901〜05	9	2	0	0	11	9.8%
1906〜10	1	0	3	6	10	0.7%
1911〜13	28	7	2	1	38	17.8%
1914〜17	10	7	0	0	17	4.4%
1918〜23	24	0	0	5	29	c. 4.2%

出典：三菱合資会社長崎造船所『年報』明治31〜大正7年度、三菱造船株式会社長崎造船所職工課［1928］、三菱造船株式会社［1957］。

注：1）技士総数に対する比率は、長崎造船所使用人数の期間内平均値に対する技士等の研修目的出張者数の比率を算出した。本章注（15）も参照されたい。

時の巡洋艦にも匹敵する高速性を備えた純客船で、世界の第一線（東洋汽船のサンフランシスコ航路）に通用する船であった。むろん、客室艤装の点では外国企業に依存せざるをえなかったが、日本製客船として始めて東洋趣味を盛り込むなど、独自の機軸への足がかりとなった。しかも、常陸丸が設計をイギリスに依頼したのに対し、天洋丸は長崎造船所の独自設計であった。また、三菱長崎造船所は一九〇八年には櫻丸用の九〇〇〇馬力タービン機の、一九一〇年には大型駆逐艦用の二万七〇〇〇馬力タービン機の製造に成功した。こうして、一八九〇年代後半に自立の第一段階を終了した三菱長崎造船所はその一〇年後には商船建造の世界水準に到達し、自立の第二段階も終了したということができよう。

ところが、金剛(II)建造期の一九一一～一三年には、長崎からの海外出張者は、再び顕著に増加している。とくに、一九〇〇年代後半の海外出張目的がほとんど、試験航海の保証搭乗、工事監督、交渉・商談等であり、研修・視察目的がわずか一名にすぎなかったの比べ、一九一一～一三年に研修・視察目的の出張が再び激増していることは注目に値する。技士総数に対する研修目的出張者数の比率も、一八九〇年代後半に約二割[17]、一九〇〇年代前半に一割、一九〇〇年代後半はほとんどゼロへ急落したのだが、金剛(II)建造期は再び二割近くにまで増加している。さらに、この時期には職工（のうち小頭、組長などの現場監督者層）の海外研修の行われていることも注目に値する。

一般論として、外国人職工を現場監督者として招聘するより、日本人職工を派遣する方が費用面で有利なことは言うまでもない。さらに、外国人は退職まで日本で働き続ける保証はないが、日本人職工なら退職まで、ことによると退職後も嘱託、顧問などの資格で、安定的・継続的に、海外において見聞し修得した知識と経験を現場に活かすことができると期待されるだろうから、現場の技能向上のためにも、日本人職工派遣の方が望ましい。それにもかかわらず、職工の海外研修がなされてこなかった理由の一つは、語学の壁にあったと思われる。長崎造船所は、一八九九年に三菱工業予備学校を設立し、「役員及諸職ノ子弟」に座学を与える制度を整えた。「同校校長ハ当所々長荘田平五郎氏是ヲ兼ネ、教師十名ノ大半亦当所役員之ニ任ジ、入学資格ハ之ヲ尋常小学校卒業程度、修業年限ハ之ヲ五カ年ト定メ」[18]たから、企業立の中等技術教育機関であったと見て差し支えない。そこで一〇代半ばの少年たちに、英語、数学、機械学等が教育されただけでなく[19]、在職中の職工の教育機関としても当初から設計されていた。すなわち、三菱工業予備学校綱要第四条では卒業生向けの夜間講義が設けられることとされ、第五条では「本校ノ課程を履修セザル職工修業生ニハ特ニ一科若クハ、二、三科ヲ選ンデ就学シ、又夜間ノ教科ヲ受クルコトヲ許ス」とされ、さらに、第六条では卒業生、職工修業生ではなくても「三菱造船所職工ニシテ高等ナル学科ノ講義ヲ聴カントスルモノ多数ニ上ルトキハ特ニ夜間ノ講筵ヲ開ク」とある。長崎造船所ではこれ以前にも、以後にも、こうした企業の公式教育制度とは別に、技士層を教師とする英語、数学等の勉強会が行われていた。また一九一三年当時の長崎造船所勤怠係取扱の書類はすべて、"A. Form"と総称され、その中には"A. Form 11 Leave Granted"や"A. Form20 (b) Increase Wage Card"のように英文書式も七種類含まれていた[20]。こうしたことから、一九一〇年代前半の長崎造船所職工の間ではある程度の英語を読み書きする能力をもつ者が少なからず形成されていたと考えることができよう。こうした背景が、金剛建造期の職工派遣を可能にした条件だったのである。

ところで、一九一一～一三年の三年間に研修目的で出張した技士層二八名のうち、一五名までが金剛(Ⅱ)の造船監督を帝国海軍から嘱託されていた。このほかに、玉井喬介技士も当初は同じ監督業務を嘱託されて出発しているし、江崎一郎副長心得の一九一一年と一三年の二度の出張は、長崎造船所で建造予定の同型艦霧島用の「『パーソンス・タービン』研究旁英国造船業視察」[21]を目的としたもので、どちらも金剛(Ⅱ)関連の出張と見なしてよい。出張先も、塩田所長のヨーロッパ諸国造船業視察を除けば、完全にイギリスに限定されている。職工の出張先について史料的な裏づけは得られていないが、大半は、やはり金剛・霧島関係でイギリスへ派遣されたと見て大過ないであろう。

一九一四～一七年の時期と一九一八～二三年の時期は、戦時および戦後の造船不況期に当たるが、海外出張数は一八九六～一九一〇年に比べてむしろ増加しているし、第一次大戦中にも職工の海外出張は継続している。ただし、技士総数に占める出張者比率は一八九〇年代後半および一九一一～一三年（金剛建造期）のいずれと比べても、はるかに低下している。

以上より、長崎造船所の技術者・職工を回路としたイギリスからの技術的影響は一八九〇年代後半と一九一一～一三年（すなわち金剛(Ⅱ)建造期）に集中していることが確認できよう。しかも、この二番目の時期の海外出張者は、第一次大戦期ブームで新設された造船所へ引き抜かれて創業期から重要な役割を果たした。

表３－３　長崎造船所退職・雇い入れ状況（1915～18年）

	依願退職		その他退職		雇い入れ		年度末在籍数	
	職員	職工	職員	職工	職員	職工	職員	職工
1915年	1	1,131	115	366	151	2,576	937	9,788
1916年	72	1,639	79	1,148	243	5,684	1,027	12,685
1917年	78	2,761	268	1,837	404	6,456	1,113	14,543
1918年	16	2,793	96	3,541	213	5,591	1,294	13,800

出典：三菱合資長崎造船所『年報』大正４～７各年。

たとえば、金剛(Ⅱ)建造期のヴィッカーズ社バロウ造船所へ長崎から派遣された最初の三人の技士の一人小野暢三（出張期間は一九一一年二月～一二年六月）は、一九一六年三月に長崎造船所を退職後ただちに横浜の浅野造船所の新設に参加し、一九一九年にはその取締役に昇進している。浅野に引き抜かれたのである。あるいは、平田保三技士は一九一二年一一月にバロウへ向け出発し、艤装工程を研修した後、金剛(Ⅱ)に乗艦して一九一三年一一月に帰国し、長崎造船所鉄工係主任（造船部門技士層第二位）の地位を占めたが、やはり一九一六年末退職して、兵庫県相生町（当時）の播磨造船所の創設に関与している。平田は当初、播磨の技師長、一九一七年には播磨造船工場の支配人を務め、同年中に長崎造船所から造船・造機部門の一四人の技士を播磨へ引き抜いた。この中にも渡瀬正麿のように一九一一～一三年海外研修組が含まれていた。これら長崎退職技士が播磨造船所の創業時の技術スタッフの六割を占めた。浅野、播磨など第一次大戦期の新設造船所の人的基礎のうちでは、金剛建造期の出張技術者が無視しえない比重を占めているといえよう。[22]

さらに、彼らの配下にいた職工層も多数が新設造船所に移籍したと見ることができる。長崎造船所の第一次大戦期の退職状況を示すなら表3－3のとおりである。長崎造船所『年報』では、他企業へ引き抜かれた者の数を確定することはできないが、退職者は「依願退職」と「その他退職」に二分類されている。「その他退職」とは、老齢・病気・けが・死亡等による退職と、勤務成績不良による解雇など、造船所側から見ても退職させるべき事由の明瞭な退職を表しているのに対し、「依願退職」とは、造船所側からは退職させるべき者ではないが、本人の願いによる退職者であって、他企業に引き抜かれた者の数を趨勢としては「依願退職」から知ることができるだろう。この表からは、一九一五～一七年にはその他退職をはるかに上回る依願退職者のいたことがわかる。

表3－4　神戸川崎造船所からの海外出張（1896～1923年）

期間	研修・視察等		保証搭乗 工事監督	交渉・ 商談等	合計	技士総数に対する比率[1)]
	技師等	職工				
1896～1900	2	0	0	0	2	約3％
1901～05	6	0	1	12	19	約4％
1906～10	10	0	9	13	32	約3％
1911～13	36	25	15	9	85	約5％
1914～17	33	16	14	7	70	約3％
1918～23	21	21	3	9	54	約1％

出典：川崎重工業株式会社［1959］。
注：1）同書382～383頁に掲載された1896, 1905, 07, 09, 13, 16, 19年の職員数から各期の平均職員数を推計し、それに対する技士等の研修目的出張者数の比率を表した。

神戸川崎造船所も、長崎造船所よりやや遅れてはいるが、ほぼ同様の自立の過程を歩んできた。すなわち一八九九年には揚子江用の浅喫水貨客船大元丸（一六九四総トン）を、一九〇九年には日本郵船欧州航路貨客船の三島丸・宮崎丸二隻（各八五〇〇総トン）を竣工させている[23]し、一九一一年には戦艦および巡洋艦用に相次いで二万馬力を超えるタービン機を製造しており、一九〇〇年代後半には民間造船所として一通り何でも建造できる水準に達していたのである。ところが、この川崎造船所も一九一〇年代前半に多数の技術者・職工をイギリスへ派遣して研修させている（表3－4参照）。

金剛(II)建造期の重要性は神戸の川崎造船所の海外出張についても指摘することができる。長崎造船所ほど明瞭な変化は検出しえなかったが、やはり一九一一～一三年の研修目的の出張は高い比率を示しており、職工の海外研修も含めるなら、この時期（および一九一四～一七年の時期）の重要性は、三菱長崎造船所の場合と同様に、さらに高いと考えても差し支えないだろう。

3 技術的影響の諸相——管理・組織問題と金剛(II)後の独自開発能力——

(1) 検討課題と史料

本節では、金剛(II)建造期の一九一〇年代にイギリスに派遣された技術者と職工の報告書類を素材にして、彼らがいかなる目的を帯びて、何を研修してきたのかを明らかにしよう。

前節で概観したように、三菱長崎造船所、神戸川崎造船所ともに、一九〇〇年代後半には民間造船所としてほぼ世界の水準に到達し、ひととおり何でも製造できる態勢を整えていた。しかし、どちらの造船所も一九一一〜一三年に多数の技術者と職工をイギリスに派遣して研修させている。金剛(II)の同型艦霧島や榛名の建造に先立って、民間造船所としては軍艦建造の技術・技能習得が必要であったという説明はわかりやすいのだが、日本海軍は艦艇建造に経験のない民間造船所に最新艦の建造を委ねたわけではなかった。両造船所はすでに日露戦争期から水雷艇・砲艦・駆逐艦などの建造実績を多数有し、さらに日露戦争後は、主力艦建造に忙殺された横須賀・呉の両工廠に代わって、排水量一〇〇〇〜五〇〇〇トン程度の中規模艦の建造に当たっていたのである。それらの中規模艦は必ずしも技術的に容易な、あるいは遅れた艦ではなく、その中には一九〇八年に長崎で竣工した通報艦最上のように日本最初のタービン機搭載艦や、一九一二年に佐世保、長崎、神戸で相次いで完成した筑摩型の三隻のように舷側にも装甲を施した高速巡洋艦（いずれも二万馬力級タービン機を搭載）が含まれていたし、筑摩型のタービン機も両社で製造された。つまり、日露戦後の長崎と神戸の艦艇建造実績は、日露戦争期までの、装甲艦もタービン機も未経験であった横須賀や呉の実績を明らかに凌駕していたのである。霧島・榛名を建造するために三菱長崎造船所と神戸川崎造船所はともに、船台の拡張やガントリー・クレーンの設置などの対応に迫られはしたが、それ以外の点で明瞭な技術的飛躍があったとはどちらの社史も述べていない(24)。

日露戦争後、ともかくも装甲巨艦の建造を経験した横須賀と呉の両工廠にとって、建造面での技術的な飛躍はさらに小さかったであろう。だが、海軍からも金剛(II)建造期に多数の者がイギリスに派遣されている。しかも、この時期には海軍も民間造船所と同様に多くの職工をイギリスへ派遣して研修させている。たとえば、金剛(II)の起工直後の一九一一年一月二〇日には艦政本部長松本和の提案で海軍大臣から、横須賀、呉、佐世保、舞鶴の各鎮守府司令長官宛てに、「職工外国派遣ノ件」につき訓令が発せられている。それによると、横須賀には造船職工一名、造機職工三名、造兵職工一名を、呉には造船一、造機三、造兵八、佐世保と舞鶴には造船各一を選出任命し、二月一〇日までに東京に集合させるよう求めている。その後も横須賀と呉に対しては追加の職工派遣の訓令が何回か出されており、職工の海外研修はこの時期の重要な特徴となっている(25)。

では、その時期に日本人技術者と職工は、イギリスで何を学んできたのであろうか。金剛(II)型は、確かに、計画当時、世界最強・最高速の主力艦であったから、こうした最新型の船を国内建造するには、技術者・職工ともに、イギリスにおいて最新の建造技術・技能を修得しなくてはならなかったのだという説明は、これまたわかりやすい。この点を完全に否定する必要はないが、しかし、一般論として次のようなことは確認しておかなくてはならない。すなわち、ある船やその装備品が最新型であるからといって、その建造にもまったく新奇な技術と技能を要するとは限らないということである。船体について例を示すなら、建造方法は、主要構造の材質とその接合方法で決まる。したがって、木製艦から鉄骨木皮艦へ、そこから、さらに全鉄製艦、全鋼製艦、装甲艦へと、それぞれ建造上の新たな技術・技能を修得しなければならない。日本は鉄製・鋼製艦とその鋲接構造は一九一〇年の時点ですでに三〇年に及ぶ経験を有し、装甲艦も日露戦争後、海軍工廠、民間造船所の双方で経験を積んでいた。そのほかにも軍艦製造に必要なさまざまな技術があるが、日本は金剛(II)同型艦の国内建造に着手するまでには、それらをひととおり獲得していた。第一節でも述べたように、日露戦争後の国産主力艦八隻は、用兵・設計思想の面では失敗であるが、浮き、航走し、砲弾を発射し、乗組員が居住できる巨艦を竣工させえたのであるから、建造の技術・技能の面で不足があったわけではない。しかも、金剛(II)同型艦国内建造の場合、設計図ほか現場で用いる詳細図面まですべて輸入され、横須賀工廠、川崎造船所、長崎造船所に提供されたのだから、(26) やや乱暴にいうなら、資材と労働力さえ用意されたならば、大過なく建造できたはずである。

むろん金剛(II)型に、さまざまに新しい要素が盛り込まれていたのは事実である。すなわち、一四インチ砲、背負式砲塔（super imposed turrets）、高出力タービン機、諸種の電気艤装である。このうち、一四インチ砲の採用に当たっては国産可能性が重要な判断材料となったのであるが、(27) 実際に多くの失敗と苦労をともなった国産化過程については本書第四章および第五章で述べられている。また、電気技術の意味については本章第四節で概観するので、本節では、その他の諸点についてさまざまな出張報告書を用いながら、当時の出張者たちがいかなる目的で何を習得しようとしたのかを検討する。

従来、この時期にイギリスに出張した技術者・職工の出張報告書や研修記録の存在はあまり知られておらず、研究に用いられたものは、三菱長崎造船所史料館蔵の「横山孝三報告書」以外になかった。(28) 本節では、そのほかに発見された諸種の出張・研修記録も含めて、全部で六点、総計千頁弱の報告書を用いて、派遣された日本人技術者・職工が、具体的に何を見聞して、何を本国に報告し、持ち帰ったのかを再構成する。それらを建造工程に関するものと、設計・計算に関するものとに大別して、考察することにしよう。言うまでもなく、諸図面を提供されて金剛(II)の同型艦を国内建造するのだから、金剛(II)の実際の建造工程を調査・観察することの必要性はとりあえず頷けるが、設計・計算方法の習得は同型艦建造にとっては相当に遠回りの研修目的と考えられるからである。

(2)　海軍技手工藤幸吉の滞英研修

海軍技手工藤幸吉は呉工廠の造船部に所属していた、現場の下級技術者で、元来の職種は造船鉄工、より詳細には鋲打工であった。彼の報告書「毘社工事見学報告」[29]は一三〇頁に及ぶ大部のもので、以下の六部から構成されている。すなわち、一．毘社鋲鋲工事ノ概要、二．毘社ニ於ケル水圧試験方法、三．毘社ニ於ケル撓鉄作業ニ就テ、四．毘社ニ於ケル汽罐燃料トシテノ鉋屑ノ使用装置、五．毘社ニ於ケル通風筒其他防塵鋼網製造方法、六．毘社鋼板運搬用連鎖、の六部である。内容的には鋲鋲工事、鋲鋲箇所の水密性をチェックするための水圧試験、および鋼板を曲面状にたわめる撓鉄作業の三点、すなわち、造船職場の基本的な作業に関することがら（一～三）が報告書の大半を占め、四～六の三部は補助的な内容と見て差し支えない。

鋲鋲工事に関する報告を見ると、現場で鋲打ちを担当する鋲鋲団の構成が、手打ち、空気打ち、水圧打ちの三種類の鋲鋲方法に即して描写され、続いて、それぞれの具体的な鋲鋲方法、鋲のつぶし方や、ほど一基当たりの鋲打ち数等々について、観察結果を記した文章とともに見取り図が随所に添えられえいる。[30]個々の項目について呉工廠の実態との異同を述べて締め括るという報告方法が採用されているため、一九一〇年代前半のヴィッカーズ社バロウ造船所と呉工廠造船部の双方における造船鉄工の作業実態を知りうる格好の史料となっている。

工藤は二つを比較することから、それぞれの作業実態を相対化しているのだが、多くの点でバロウでの鋲打ち関連の作業は呉のそれと「大差ナシ」か「当［呉工廠造船］部ノモノト同一」であり、バロウで用いられている鋲打機やさまざまな道具もほとんどは熟知したもので、新しい方法に触れた驚きは示されていない。たとえば、圧搾空気式鋲打機について、「毘社建造中ノ艦船ハ沢山アレドモ『ニューマチック』『リベッチング』ハ其中ノ或『パーセント』ノミニシテ其他ハ全部手鉸鋲法ヲ応用セリ」といった具合である。呉工廠ですでに、筑波、生駒、伊吹、安芸、摂津など多数の大型艦の船殻工事に従事してきた工藤にとって、鉸鋲工事そのものの具体的な作業方法やその技術的な内容については、とくにあらためて習得すべきことがなかったことを、この報告書は物語っている。

工藤の筆は、そうしたことがらに混じって、現場の監督方法、鋲打ち結果の調査、鋲穴不良の場合の残工事慣行など労務管理・能率管理の諸点にも及んでいる。たとえば、一日当たりの鉸鋲数について、以下のように観察していた。「毘社ニ於ケル鋲打工ハ我國ノ夫レノ毎日平均ニ同ジ様ナル鋲数ヲ打上ルコトヲナサズ。即チ一日熱心ニ鉸鋲スレバ其翌日ハ大部分ヲ捻締方ニ費シ、其ノ余分ノ時間ヲ以テ鉸鋲ス。従テ一日置キニ沢山ノ鋲ヲ打上ル事トナルヲ以テ総平均ヲ取レバ中々澤山ノ鉸鋲数トハナルモノニ非ズ。同熱心ニ鉸鋲スル日ニハ一ホド二百本ヨリ三百本位マデモ打上ルコトアレドモ其ノ翌日ニハ又殆ンド鉸鋲スルコトナシト云フガ如キ事モアリ。金剛ニ於ケル手打鉸鋲数ヲ実際目撃セシ所ニヨレバ次ノ如シ（第二表）」。工藤はこのように、実際の作業進捗の慣行の相違に留意して、微細な調査を行ったが、そこには現場を知悉した下級管理者の目の確かさが如実に表現されている。現場を知っているがゆえに、彼は直ちにイギリス式の方が優れているといった結論に飛びつくわけではなく、叙述は概して冷静である。バロウと呉の相違を語る彼の関心は、呉の造船部における能率向上に連接していた。

工藤は、鋲穴不良の残工事調査については以下のように、いささか呆れ気味に描いている。呉では孔明工の鋲穴工事が多少不良でも、鋲打工が手持ち工具で穴を広げたりして鉸鋲を進めてしまうのだが、バロウでは「鋲穴ノ悪シキモノハ鋲打［工は］決シテ鉸鋲セズ、其ノ穴ノ良好ナルモノヨリ鉸鋲シ行ク。而シテ不良ノ穴ハ穴『ナホシ』専門ノモノ是レヲ手直シテ鋲打工ニ通告スレバ再ビ帰来シテ此穴ニ鉸鋲ス。［中略］自ラ直スコトナク只鉸鋲ヲ以テ専門トナス。従テ残穴ノ多キ事、実ニ甚ダシトイフ」。これは、各職種の職域が厳格に守られなければならないという、イギリスの造船機械産業に典型的に見られた慣行ゆえの現象で、一方では不良工事の責任の所在が明確になるという利点もあるのだが、この鋲穴問題についてのイギリスの慣行を、工藤は作業の進捗を阻むものと考えていた。

工藤の労務管理面での関心は、工事をいかに効率的かつ簡便に進めるかという点にあったから、鋲打ち残工事と水圧試験との関係については、上の事例とは逆にイギリスの慣行を高く評価している。呉では鋲打ち工事の水密性を水圧試験係が検査し、打ち残しや不完全な鋲打ちの箇所が発見されると、そこを担当した鋲鋲団にやり直させる。それでもなお不完全な場合、結局、水張りの組長が部下を使って、その工事を完成させる。その後、水張り組長は自らその箇所を検査し、なお水漏れが発見されるなら、やはり自ら填隙（コーキング）等の方法で完成させるため、検査が先に進みにくく、残工事処理が遅れがちになる。これに対してバロウでは、残工事調査専門の検査組長が不完全箇所を調べ、その箇所を担当した鋲鋲団の組長に残工事完成を命ずる。工事後再び検査組長が調べてから、水張り組長に水圧試験の実施を指示する。試験で不完全箇所が発見されると、それぞれに「コーキング」あるいは「インゼクション［充填材注入］」と印を付け、担当鋲鋲団にやり直させる。その間水張り係は別の箇所の水圧試験に従事している。残工事完了後、検査組長が検分して、再び水張り掛が登場して水圧試験を行う。つまり、「水張ノ係リハ水張専門ニテ施行シツツアルニヨリ比較的少人数ニテ工事モ進捗セルヲ以テ大イニ便利ナリ」と、ここでは、職域の明瞭に分離したイギリスの慣行の利点を認めている。

彼が、労務管理面のほかに、バロウと呉との相違に注意を向けているのは、補助工具や周辺機器等の設備であり、それに関連する作業環境や労働安全衛生の問題である。たとえば、当盤《あてばん》、馬、鋲頭押さえとその釣金具、鋼板運搬用鍵付連鎖、山形材角度開閉作業のジグや、山形材湾曲用のピン、薄板折曲器、鋼網製造機など、造船鉄工の用いる諸種の工具・機器にも彼の調査は及んでおり、殊に、当盤や鋲頭押さえ・釣金具については呉のものよりもはるかに優れているとの評価を下している。また、報告書第一部末尾では、「艦内ニ電灯施行方」について、ヴィッカーズ社バロウ造船所では、艦内深部工事に電灯を用いることが可能になっていることを紹介し、呉と比較しながら「当工廠ニハ如斯設備ナキ為メ艦内暗黒ニテ殊ニ危険ナリ。為メニ蝋燭ノ費消多ク従テ工事困難ナリト思考ス」と述べて、作業環境に関しても先進例を正当に評価し、日本の現状の改善方向を模索していたのであった。(31)

このように工藤はさまざまな観察と考察を行い、彼の知見と経験は明らかに拡大しているのだが、その報告書からは、バロウでの実地研修をしなければ金剛(II)の同型艦を建造できないような新しい技術や方法を習得した形跡はない。呉で長い経験を有する工藤にとって、鋼材を用いて装甲艦を建造する技はひととおりすべて手の内に修めていたのであって、彼の関心は、能率や作業環境を向上させるための微細で多様な改善点に向けられていた。

(3) 八木彬男および松本孝次の滞英研修

八木彬男も、当時、呉工廠造船部の技手であった。呉で生まれ育った八木は広島師範学校へ入学するが中退して、呉鎮守府造船部に見習い職工として雇われた。造船現場の仕事を数年間経験した後、横須賀の海軍造船工練習所で学び、一九〇二年にこれを卒業し、翌年技手に任官し、主に甲造船担当の係員として呉工廠の国産艦建造に携わってきた。(33) 前項の工藤幸吉が鋲打ちの現場を文字通り叩き上げて技手に抜擢されたのに対し、八木は技手養成教育を受けた人物で、一九一六年には技師にまで昇進している。松本孝次は一九〇七年に東京帝国大学工学部造船学科を卒業したのち、(34) 三菱長崎造船所に造船技師役場詰の傭使として就職した。一九〇九年一二月には技士に昇進し、一二年には「造船事業研究ノ為メ英国出張ヲ命ゼラレ、［中略］五月七日ロンドンニ著セルガ、出発前我ガ海軍省ヨリ造船監督事務ヲ嘱託サレ居リシヲ以テ同月十一日バロー市ニ移リ、ビッカース社ニテ建造中ノ我ガ巡洋戦艦金剛ノ工事監督ニ任ジ傍ラ造船業ノ研究ヲナシ」た。金剛(II)建造期には、このように造船監督嘱託の身分で民間企業の技術者が多数、イギリスへ派遣された。松本の研修開始時期は、金剛(II)の進水（一九一二年五月一八日）に合わせて定められたもの思われ、進水後の砲塔基部工事を調査した。

先に見たように、長崎三菱造船所もかなりの艦艇建造実績を積んでいたとはいえ、主砲塔を有するような主力艦の建造経験はなかったから、長崎の技術者にとって研修の一つの重点はここにあったであろう。二〇代後半の民間技士松本に対して、三〇代前半で砲塔工事に豊富な経験を有する八木が、いわばチューターの役割をしながら、共同で実地調査を行うことにより、松本の研修成果を高めたものと推測されよう。八木と松本の連名で作成された砲塔工事に関する報告書は[35]、工藤幸吉技手の鉸鋲工事報告書と同様に、呉工廠での作業実態と比較しながら筆を進めているが、内容は工藤のものよりはるかに簡便で、八木にとって目新しいものがほとんどなかったことをうかがわせる。

戦艦の主砲塔基部は、円筒状の装甲砲郭（barbette）とその内側の円筒状水密隔壁（ring bulkhead）から成る。装甲砲郭は厚い装甲板で形成された巨大な円筒で、きわめて堅牢な構造物ではあるが、その役目は砲塔基部と給弾装置・弾火薬庫を防御することにあり、上部の砲塔旋回部（砲身、砲架などを備え、装甲板で覆われた構造物、turret）を支持する役目は負わない。装甲砲郭は被弾を前提にしているから、被弾すれば発生した変形や亀裂ゆえに、上部の砲塔旋回部を支持し、それを円滑に旋回させる役割を果たせなくなる。それゆえ、砲塔旋回部は、装甲砲郭の内側にある円筒状水密隔壁が支持することになる。円筒状水密隔壁の上部に平坦なローラー受け（roller path）が形成されており、砲塔旋回部のローラーがこの上を転がることで旋回する仕組みである。

八木・松本報告書によると、呉工廠の砲塔工事との相違点は以下の三点に整理されている。第一に、正確に円筒状水密隔壁を作製し、その上部に正確に水平なローラー受けを据え付けるための基軸として、工事中は中心点上に垂直軸を仮設するのだが、呉ではそれに「細長キ木柱」を用いるため「材料ノ伸縮、狂ヒ等」が多い。これに対して、バロウでは「精密ニ仕上ゲラレタル」鋼製の軸を確固不動の方法で中心点上に設置するため、工事の正確性がはるかに高まる。第二に、日本の海軍工廠では円筒状水密隔壁とローラー受けの作製までを造船部が担当し、以後ローラー受けの仕上げ（ローラー受け表面を平滑化する平削り作業）は造兵部が担当するというように、一連の工程が分割されているのに対し、バロウでは仕上げまですべて造船部が担当している。それゆえ第三に、バロウでは鋼製の垂直軸は仕上げ工事完了まで取り外されず、「砲塔取附及鋑鋲中ハ寸法及形状checkノ用ヲナスト共ニ、仕上時期ニ移リテハplaining《ママ》 machine［平削り盤（planing machine）］ノ軸ヲナスタメ、仕上ヲ始ムルニ当リ更ニplaining《ママ》 machineノ据付位置ニツキ改メテ砲塔心及Ring Bulkheadナドニ対スル関係」を再び計測決定する必要がないため、仕上げ工程に入って中心位置がずれてしまうおそれがない。

これも技術的な問題には違いないが、まったく新しい要素技術を学んだというよりは、工程分割のあり方あるいは軍艦建造に関わる組織問題、有り体に言えば、造兵部が造船部の仕上げたローラー受けを信用して受容するか否かの問題である。こうした相違は実地に調査してはじめて判明することではあるが、バロウ造船所のやり方でなければ砲塔ができないという決定的なことがらではない。

(4) 芝野政一および岡村博の滞英研修

芝野政一も八木彬男と同年に海軍造船工練習所を卒業して技手に任官し、おもに甲鉄および諸管を担当してきた。彼ものちに技師に昇進している。岡村の当時の身分は造船製図工手である。工手とは職工の最上級身分であるが、製図工は全体として別格の扱いを受けており、職工中のエリートであった。芝野の主務は造船所での建造作業であり、岡村のそれは設計・製図・計算である。この両系統に属する者が共同で一つの調査を行い、報告書[36]を作成しているのであるが、その主題は、イギリス海軍巡洋戦艦プリンセス・ロイアル（ライオン型の二番艦）の諸管装置であった。プリンセス・ロイアルは金剛(Ⅱ)の参考艦ではあるが、別物であって細部の相違は大きく、その諸管を調査研究しても、金剛(Ⅱ)同型艦の建造には直接的には役立たない。つまり、工藤幸吉や八木彬男の報告書にも現れていたことだが、ここでも、建造作業に携わる者が、それも最末端の現場技術者が、同型艦建造にとって必須とはいえないことがらを調査しているのである。

一見したところ迂遠、無駄とも見える性格は、本章が扱ったどの報告書にも通ずるのだが、設計系統の者だけでなく、製造系統の者の調査報告にもこの性格が現れているのは、この時期の滞英研修の目的が、同型艦建造という当面の目的を超えたところに設定されていたことを推測させる。

この報告書は本文八〇頁のほかに、さまざまな図面が付されており、その内容は、甲板排水、便所汚水、厨房浴室等の一般排水、船底排水および注水系統（消火および甲板洗浄用水を含む）、清水供給系統、海水供給系統、蒸気暖房・蒸気温水器・電気暖房、燃料油配管、換気系統、火薬冷却、冷蔵庫用鹹水系統の一一部に分かれていて、汽罐から煙突にいたる排気配管と汽罐・機関間の蒸気配管を除くあらゆる配管と附属機器を網羅している。特徴的なのは以下の二点である。第一に、一九一一年時点のプリンセス・ロイアルの諸管だけでなく、一九〇九年時点のイギリス戦艦ヴァンガードやブラジル戦艦サン・パウロ、さらに、今後諸管工事の始まる金剛(Ⅱ)とも比較しながら、わずか数年の間に諸管の構成、材質、設計思想などがどのように変化しているのかを描いている。第二に、管だけでなく、便器、洗面台、風呂桶はいうにおよばず、揚水機・排水機、温水器、暖房機、二酸化炭素冷却器、冷蔵庫、送風機など諸種の附属装置類（その多くは電気機器）についても、その製造企業、性能要目などを詳細に調査して、優劣まで比較している。[37]

こうした内容を満載したこの報告書は、金剛(Ⅱ)同型艦の建造に資するために書かれたというよりは、それ以後の独自設計の際に参照基軸を与える目的で作成されていると考えてよいだろう。

(5)　製図工手岡村博および梶原國太郎の滞英研修

海軍製図工手岡村博および梶原國太郎の報告書は、いずれも一九一一年一一月一〇日付で、在英造船監督官野中季雄から、同造船造兵監督官兼在英大使館付き武官の井出謙治を経由して、艦政本部長松本和宛に提出されている。

岡村、梶原ともに身分的には民間企業の製図工に当たり、その職務は、各部の詳細図・製造図などを作製し、また各部の重量・容積・強度などを計算することである。設計技師の頭の中にあるイメージに、図面・計算書など具体的な形を与え、実際の製造現場に提供するのが彼らの役割である。その報告書の記載内容から、充分な英語力と数学・力学・材料等の知識を有することが確認できる。身分からして高等教育修了者ではないと考えられ、中学校、各地の工手学校あるいは徒弟学校等を終了後に、海軍見習職工教習所で製図手教育を受けた人物であろうと推測される。[38]

岡村博の提出した報告書は「ヴィカース会社製造砲塔概要報告」[39]と題するもので、図面三葉と手書き一六枚から成る。「砲塔」とはいっても、砲を備えて旋回する砲塔旋回部（turret）についての記載は一切なく、内容的にはすべて砲塔基部だけに限定されている。全体は四部に分けられるが、そのうち最初の三部は、それぞれイギリス巡洋戦艦プリンセス・ロイアル、ブラジル戦艦サン・パウロ、イギリス戦艦ヴァンガードの砲塔基部の構造に関するものである。

本節(3)で述べたように、装甲砲郭は充分に重い構造物であるが、その内側の円筒状水密隔壁は、それに比べるなら非常に薄い鋼板の構造物で、決して頑丈なものではない。ところが、それが砲塔旋回部の巨大な重量（金剛(II)では一基約七二〇トン[40]、四基で金剛(II)の基準排水量の一割強を占める）を支持し、しかも主砲発射時の主砲の後退力や振動を吸収しなければならない。つまり、華奢な構造で、垂直方向の巨大重量と水平方向の衝撃力に耐えうる巧みな設計の求められる部分なのである。岡村の報告書では、上記三種類の戦艦・巡洋戦艦の砲塔基部構造について、板厚、寸法、主甲板・防御甲板などとの位置関係、鋲止めの場所等々について、詳細な図面と記述により解説されている。興味深いのは、そのうち、とくに防撓板（stiffener）の板厚・寸法、取り付け位置、取り付け間隔についてとくに詳細に記載されていることである。言うまでもなく、円筒状水密隔壁の華奢な構造が巨大な荷重と衝撃とで変形・挫屈するのを防ぐために防撓板を施すのだから、一三・五インチ砲、一四インチ砲など巨砲を装備する場合には、それが砲塔基部構造の設計上の重要なポイントとなるのである。

ところで、日本海軍はすでに日露戦争後の八隻の国産主力艦で、主砲塔工事にも十分な経験を積んでいたはずであるが、なぜ、ここであらためて砲塔の設計・計算方法を習得させなければならなかったのであろうか。これら八隻の砲塔と、ド級から超ド級にいたる主力艦の砲塔との決定的な相違は、後者が背負い式となっていることである。たとえば、金剛(II)の場合、二番砲塔は一番砲塔より数メートル高く設えられていて、一番砲塔の頭越しに同方向に砲撃できるようになっている。低い一番砲塔が高い二番砲塔を背負っているかのように見えるため背負い式砲塔と呼ばれるようになった。この場合、高い位置にある砲塔も、低い砲塔と同様に、最下甲板や船倉甲板の砲弾庫・火薬庫から給弾されるから、高い砲塔の円筒状水密隔壁は、通常の上甲板上にある低い砲塔よりかなり背の高いものにならざるをえず、華奢な構造で巨大な重量と衝撃力に耐えるのはより困難となる。

むろん金剛の同型艦建造なら提供された図面通りに造ればよいのだが、金剛以後の独自設計艦を見越した場合に、日本がこれまで経験したことのない高い砲塔の設計能力を獲得しなければならなかったのである。ここにも、出張者の研究課題の迂遠な性格が明瞭に表れている。その意味で、後述の長崎造船所の松本がやはり設計技師として、金剛以後を見越した調査を実施していたのと軌を一にしており、民間企業と海軍とを問わず、金剛建造期の出張者のうち設計側の技術者には、将来の独自開発能力を習得することが一般的に課せられていたと判断できよう。

梶原國太郎の報告書は「六吋砲『ガンサッポート』ニ関スル報告」[41]で、調査対象が岡村の主砲基部構造に対して、副砲の六インチ砲の砲座支持構造である点が異なるのみで、基本的に同一の関心・目的のもとに調べられ、報告書もまとめられていると判断しうる。

この両者の報告書から読みとれる、もう一つの興味深い点は、製図工が艦船の重要な構造物の設計と強度計算の能力を習得しようとしていると見受けられることである。どちらの報告書も、同時代までにヴィッカーズ社が手掛けた艦船の砲の下部構造を詳細に紹介した後、最後に、構造の強度計算についてヴィッカーズ社設計部門で行われている計算方法を調査しているのである。いずれも、現在のように微積分を用いた精緻な計算ではなく、砲塔重量と発射時衝撃が、砲塔基部にどのように分散するかについて、ヴィッカーズ社で用いられてきた経験的な計算式を紹介し、いくつかの具体的な艦艇について、具体的な数値計算例を示したものである。おそらく、当時の艦艇設計者が行っていた標準的な強度計算手法であったと推測される。こうして、砲塔基部の構造と強度計算について研修した二人の製図工手は、帰国後は砲塔基部の詳細設計の能力を有する者と見なされたであろう。日本海軍の艦政本部において、各部の詳細設計・強度計算などを誰が行っていたのか知りうる史料を発見していないが、この二人の報告書からは、当時の艦政本部は、製図工に将来の独自設計艦の重要な部分の設計・計算能力の習得を期待していたであろうということがわかるのである。

(6) 横山孝三の滞英研修

横山孝三は一九〇七年に東京帝国大学工科大学を卒業し、長崎造船所に就職し、機関設計技師役場詰の傭使となった。一九〇九年七月二九日には、機関設計課の技士に昇任した。[42] 一九一一年末に造船業研究のため英国出張を命ぜられ、一九一二年「一月七日オレル号ニテ当地発西比利亜経由渡英ノ途ニ上リ、同月二一日ロンドンニ到著シタルガ出発前我海軍省ヨリ造船監督事務ヲ嘱託サレ居リシヲ以テ直ニバロー市ニ移リビッカース社ニテ建造中ノ我巡洋戦艦金剛ノ工事監督事務ヲ採リ傍ラ斯業」を研究した。[43] 横山は金剛の竣工（一九一三年八月一六日）までバロウにとどまり、八月一八日にロンドンを発ち、同月三一日に帰着した。

その後、一九一六年一二月二四日には、おそらくは戦艦日向の機関据付工事に関連して、工事機関設計課から機関

表3－5　横山孝三報告書の内容

タービン	設計（衝動・反動混成式、外筒の精密製造）	60枚
	試験（低圧、高圧各段別蒸気試験成績）	47枚
	製造（タービン各部、バランシング、口径測定、作業所要時間等）	48枚
	船体への取り付け角・位置	8枚
	輸送（卯号巡洋艦用タービンの輸送船への積み込み方法）	22枚
ボイラー	附属品・補機（自動注水機、附属品重量など）	81枚
	水管（試験後不良による取り替え、検査方法など）	3枚
	他艦用の主復水器（トルコ軍艦、ブラジル軍艦）	2枚
部品等発注票の写し（バルブ、チューブ、その他）		45枚
その他	見学記（クライド河岸造船重機産業）	33枚
	製図部トレーサー募集方法	3枚
	毘社造機製図部職務分担表	1枚

工場支配人役場艦船艤装係へ転属させられたが、一九一七年五月二四日には再び機関設計課軍艦係へ戻されており[44]、その後も基本的に機関設計技術者としての職業経歴を歩んだ人物である。ところで、霧島の建造はヴィッカーズ社からもたらされる図面をもとになされることとなっていたから、造船所や工場の現場の技術者・職工が、一番艦金剛(Ⅱ)の建造・製造の現場を実見する意味はわかりやすいが、設計技師であった横山をわざわざヴィッカーズ社のバロウ造船所に派遣して研修させなければならない理由は自明ではない。「横山報告書」それ自体が、当時の大量出張に、短期的な無駄、言い換えれば将来の技術向上のための迂遠な投資が含まれていたことを如実に物語るのである。

報告書は一九一二年四月六日（長崎受け取り日付）から、一一月九日付発信（受け取りは一一月二〇日）までの約八カ月間のものを含み、通し番号は五〇四まで付けられている（ただし、現存しないものがある）。彼の出張の全期間を網羅するわけではなく、この半年間に発信された報告がすべて包含されている保証もない。なお、この報告書は在英造船監督官を通じて海軍省へ提出されたものでなく、直接、長崎造船所宛に提出されている点で注目される。

その内容を、主題別に整理すると、表3－5のようになる。

ここからただちに、現存する報告書のうち過半がタービン関係の報告であることが確認できる。彼の専門は造機であるから、このことに特に注目すべき点はないが、注意を要するのは設計に関する報告が六〇枚に及ぶことである。むろん横山は造機設計の技術者であるから、これも一見すると当然のことである。だが、彼がバロウで実見したタービンは長崎造船所で製造される霧島用のものとまったく同一であって、設計に関するこうした研究は、金剛(II)同型艦の建造という観点からはやはり迂遠な主題であると言わざるをえない。しかも、タービン設計に関する研究主題は、反動式・衝動式混成タービン設計と、タービン外筒（ケーシング）の精密製造を可能にする設計とに限定されていた。すでによく知られているように、三菱のタービン技術は「初めパーソンス社の純リアクション［反動］式から出発し、しだいにインパルス［衝動］式との混成タービンへと発展していった」[45]のだが、かかる意味での混成の最初が三菱にとっては霧島用のタービンであった。それは「高圧第一段をカーチス段［衝動式］とした混成パーソンス・タービンであ」った。この時期の横山技士は、第一次大戦後も海軍艦艇用タービンの標準形式となる混成式の基本を、カーチス衝動式をいかにパーソンス式に組み込むかという観点から研究したのであって、彼の機関設計面での研修内容は、「造船監督事務嘱託」という名目から考えれば、まったく迂遠なことであった。

しかし、この迂遠な研修内容は重大な意味を有していたのである。艦艇の大型・高速化は機関の大型化をもたらすが、タービン機の場合、加減速時の主軸の捻れや、高速運転時あるいは特定回転数での共振による主軸のたわみなどの程度も大きくならざるをえない。またタービン翼（動作流体からエネルギーを受け取る羽根の部分で、主軸に放射状に植え込まれる）も同様に、運転中には巨大な力を受けてたわみ、変形、振動を経験する。こうした捻れ・たわみを考慮して、タービン翼先端とタービン外筒内面とが接触しないよう間隙を設定しなければならないが、それが大きすぎれば蒸気消費量が増加し、出力は上がらなくなる。それゆえ、主軸の取り付け方法とともに、タービン外筒を精密に製造するための設計方法が重要となるのである。低圧部で直径五メートルに達する外筒は、鋳造品の接合により構成されたが、その製造方法はヴィッカーズ社から日本へ金剛の契約にともなって供与されたのだから、その設計方法を研究した横山の研修は、明瞭に金剛(II)型用タービン機の先を見越してなされたものであった。これらは、自主技術のための参照基軸の獲得という意味をもったと考えられよう。

実際に横山が長崎造船所入所後に携わったタービン機は、春洋丸形の一万九〇〇〇馬力のパースンズ直結タービンと、駆逐艦海風や二等巡洋艦矢矧に搭載された二万馬力級のパースンズ直結タービンだけであった。ところが、霧島用のタービンは七万八〇〇〇馬力と一挙に従来経験してきた出力の四倍に高出力化し、それにともなって使用蒸気圧力も従来の一七〇psi（約一二気圧）程度から二二〇psi（約一五・五気圧）へと格段に高圧化した。こうした巨大タービン機でも、商船用ならば運転条件は巡航時を念頭において設計すれば大過なかったが、軍艦用の場合、巡航出力と最大出力とでは五ないし一〇倍の開きがあり、それだけの差をできる限り短時間に巡航出力から最大出力へ加速し、また逆に最大出力からアイドリングにまで減速するといった急激な出力変動を常態とする運転条件が設計に課せられるのであった。こうした急加減速時にも、最大出力時にも等しく、安定的に運転できる巨大タービンが、霧島以降にも必要となることは明らかであって、そのために満たさなければならなかった一つの重要な課題が外筒設計だったのである。

横山報告書の内容で、タービン関係に次いで多いのがボイラーであるのも一見当然のように考えられるが、以下の点を考慮すると奇妙なことである。まず第一に、金剛(II)に搭載されたのはヤロウ式（艦本イ号式と同様）水管ボイラーであったが、霧島は同型艦とはいえ、水胴下部の管板まで曲面にした艦本ロ号式水管ボイラーであったから、金剛(II)のボイラーを研究しても長崎造船所には直接利することろはなかった。第二に、残された報告書にはボイラー本体（水胴）に関するものがほとんど含まれていない。機関の設計・製造においてボイラー本体の亀裂による漏水・漏気や爆発は最も大きな問題点であったが、この点はほとんど研究された形跡がない。ここで、横山がボイラー本体について報告書を記さなかった理由は、第一の点にあるとみて差し支えない。霧島に採用された艦本ロ号式は水胴全体が円筒形となっていたため、円筒曲面と平面の切り替え部に応力疲労から亀裂が発生する危険性は金剛(II)のヤロウ式よりはるかに低かったのである。[46] こうして、横山の研究関心は他の面へ向かうことができたのであるが、ボイラー関係で最大のテーマはマンフォード・アンソニ式特許自動注水機であった。戦闘時に大量の蒸気を消費する高速艦にとって、ボイラーが常に最高の圧力で蒸気を供給し続けることは決定的に重要な要件であるが、戦闘時にボイラーへの給水を人的に制御・管理する不利を回避するための技術が自動注水機であった。これはボイラーの要素技術の一つにすぎないが、それまで長崎で製造された最大のタービンの四倍の出力を、[47] 常にしかも臨機に保証するためには、絶対に必要な技術でもあった。このほかに横山が研究したのは、附属品重量、水管の検査と取り替え、外国軍艦向けの復水器などであったが、いずれも将来の自主技術のための参照基軸となったものと考えられる。

このほか、注目すべきなのは、製図部トレーサー（写図工）募集方法や造機製図部職務分担表である。機関の設計・製造に直接関わる主題から、製図室労働者の選任・配置等まで研究対象としており、管理問題への関心が示されている。また、タービン製造に関する報告中にも作業所要時間に関するものが含まれており、工程を時間概念で管理しようとする発想を示している。通し番号五〇三および五〇四の表は、ローター（タービン軸車）各部の作業内容と必要工作機械、必要人員数と職種、実所要時間が一覧できるように整理されている。こうした管理問題への多様な関心は、同時代までのイギリス機械技術者の関心を鮮明に反映していると考えられるが、これらの点についてはすでに収集済みの史料[48]も用いた今後の研究に譲らざるをえない。

以上を整理するなら、横山孝三が金剛(II)建造期のヴィッカーズ社バロウ造船所で習得したのは、大型艦艇用タービン機の要素技術、自主的な開発・設計のための参照基軸、モノの製造にとどまらない管理・配置・人事等の技の三点であった。

(7) 小　括

本節は、以上六点の出張報告書を検討してきた。その半数は設計側のものであり、また多数派遣された職工が何を調査習得したかを充分に明らかにできたわけでもなく、利用しえた報告書に基づく事例研究としての偏りや制約は免れていない。しかし、そこから次のようなことを確認することは可能であろう。まず第一に、金剛(II)同型艦建造にとって絶対不可欠な技術・技能・経験を習得することがこの時期の研修・調査の主たる目的ではない。それらはすでに基本的なところではこの時期までに獲得済みだったのである。研修の主目的は、特に設計側にとっては、金剛(II)以後の独自開発能力の涵養であった。第二に、特に、製造側の技術者たちは、管理、組織、能率、作業環境など、それまでの日本では本格的に考察されたことのない手法と発想をこの研修で習得した。

イギリスへ派遣するには大きな費用が必要であり、海軍工廠、民間造船所ともに優秀な人材を選んで派遣したと考えられるから、その点でも短期的な損失は無視しえない。それだけの犠牲を払っても、これほど多数の技術者・職工を長期にわたって派遣しなければならないと考えた真の意図を示す文書は発見しえていないが、以上の考察から、この時期の出張が次のような効果をもっていたということができるだろう。すなわち、一方では、造船監督官の特権を活用して金剛(II)以外の船のさまざまな図面・データ・情報を獲得し、また他方では、同型艦建造のための研修という名目の下に、バロウ造船所にとっては明らかに迷惑でしかないほど多数の者を派遣して、現場でしか獲得できないさまざまな経験を積ませることによって、金剛(II)以後の設計と建造両面での広範な人的な基盤を確立させたのである。

4 電気・電信・電話技術

金剛(II)は日本海軍に、独力では到達しえなかった最新の設計・用兵思想を与え、前ド級から一足飛びに超ド級へと飛躍させた。金剛(II)建造期にイギリスへ派遣された技術者・職工は前節でも瞥見したように、さまざまな技能と経験を獲得したと考えられる。これに加えて、従来から金剛(II)で注目されてきたのは電気関係の技術である。「派遣された各人は、建造状況を詳細にメモし、そのつど公用便で図面と一緒に日本へ伝達し、国産同型艦建造に役立てたことはもちろんである。とくに、日本で立ち後れていた艦内電気艤装工事の技術を学び得たことは大きな収穫となった」のである。(49)

実際に、金剛および霧島の竣工後一九一六年になって、京都帝国大学教授たちは総長を通じて、金剛型の電気艤装について、発電所・発電機、蓄電池の使用目的、電動発電機、配電線路、電動機、電灯、探照灯、無線電信、電話交換、および電気信号の一〇項目にわたって施設要項を照会している。(50) このことは、当時の電気工学研究者にとっても、金剛型の電気艤装が最新の要素を多く含んでいたことを物語っている。

(1) 前ド級期の電気艤装

電気関係技術の飛躍的進歩は、このように金剛(II)購入と同型三艦国産の成果の一つと考えられるのだが、残念ながら、日本海軍軍艦の電気艤装について正確に知りうる史料は非常に限られている。ただ、日露戦後、主力艦国産化に乗り出した成果である薩摩型、河内型、筑波型および伊吹型の八隻を除けば、(51) 金剛(II)までの日本海軍戦艦はすべてイギリス製であり、イギリス海軍向け戦艦を参考にして設計されている。(52) したがって、参考艦（type ship）の仕様詳細書あるいは契約書を調べれば、日本向け同級艦の電気艤装についても大凡の見当を付けることはできる。ここでは、日本海軍が前ド級期の最後にイギリスへ発注した香取・鹿島（一九〇四～〇六年建造）の参考艦とされるエドワード七世の電気艤装を、金剛(II)型の参考艦ライオン（プリンセス・ロイアルと同型）の電気艤装と比較することにしよう。

軍用艦艇への電気艤装は一九世紀末に無線電信機[53]や対水雷艇戦用の探照灯などから始まり[54]、日本も輸入艦三笠や香取で当時の標準的なものを装備していた。二〇世紀初頭のエドワード七世型になると、その電気艤装は、排水ポンプ、重量物の上げ下ろし用のホイスト（揚弾機、揚炭機、揚灰機など）、艦内各部のベルやゴングなどの音声指示器、送風機、若干の電話、艦内照明、および電線・配電盤・発電器などに拡張していた。とはいえ、艦内の主要な通信手段はあいかわらず伝声管であって、艦内電信（有線電気式のほかに、機械式のもの mechanical telegraph もあった）と艦内電話は補助手段にすぎなかった[55]。

日露戦後、主力艦国産化に乗り出した日本海軍が、電気艤装の面で、イギリスよりも積極的であったことを示す証拠は残されていないから、イギリス製の香取・鹿島はもとより、薩摩型、河内(II)型のいずれも[56]、エドワード七世型を電気艤装の点で超えることはなかったと考えて差し支えなかろう。

(2)　超ド級期の電気艤装

超ド級期の電気艤装は、前ド級期のそれに比して格段に進歩し、また拡張している。それは、とくに、弾薬冷却、艦内通信、暖房・換気の三点で著しかった。まず、第一の弾薬冷却だが、これは前ド級からの戦術の変化にかかわる。副砲を廃止し、主砲を多数配備したド級以降の戦艦・巡洋戦艦は、遠距離から、短時間に、できる限り多くの主砲弾を投射して、敵艦隊に打撃を与えるという基本戦術にしたがって設計された。限られた砲撃機会にできるだけ多くの砲弾を打ち出すための要点は、砲の多数配備と、射撃間隔の短さであった。金剛(II)型は射撃間隔を短くできる自由装填型の給弾機構を採用していたが、射撃間隔が短くなれば砲尾は常に熱い状態で、砲弾・火薬（発射薬）を装填しなければならず、砲塔内での暴発や砲身内での腔発の危険性が高まる。それゆえ冷却が必要になるが、一四インチ砲になると砲尾・砲身の熱容量は巨大で、しかも表面積（＝放熱量）に対する比率も飛躍的に大きくなり、ますます冷めにくいものになっていた。そこで、従来のような「注水洗浄」や濡れ雑巾での尾栓払拭では、短時間に充分な冷却効果を上げることができず、氷が用いられるようになった。また、黒色火薬や褐色火薬と異なり、ド級期以降の標準的な発射薬となったコルダイトは、高温時には液状化するなど取り扱いが難しく、火薬庫には冷蔵設備が必要であった。芝野と岡本が仕様書を調査したイギリス戦艦ヴァンガードには、J・E・ホール社製の冷蔵設備が据え付けられ、火薬庫は常に摂氏二八度以下に保たれていた[57]。これら製氷器、火薬冷却器、冷蔵庫、および巨大な電気消費に耐える発電機は超ド級期に登場した新たな電気艤装であり、金剛(Ⅱ)の参考艦ライオン型では、前ド級のエドワード七世型と異なり、仕様詳細書に新たに「第五部：発電器、製氷器、火薬冷却器」[58]が別刷り分冊として独立させられるほどに、この点の装備の重要性が増したのである。

第二の艦内通信面での変化は、主たる手段が電話に変化したことである。従来の艦内通信補助手段としては二点間を直結する磁石電話であったのが、交換機を介した電話システムが艦内に構成され、艦内のどこからでも随意の場所に連絡し、通話することができた[59]。こうした通信手段は、大型艦の運用にとって不可欠であっただけでなく、多数主砲を統一的に管制するためにも副次的な一環を成した。むろん火器管制装置そのものにも電気技術が用いられていた。金剛(Ⅱ)の場合、主管制装置は、距離指示器、苗頭指示器などから成るヴィッカーズ製の「指針追随」計器（"Follow the Pointer" Instrument）で、副管制装置は、単相交流五〇ボルトを用いたジーメンス製の精緻な機器であった。後者は、号令苗頭発信器、同受信器、変距発信器、同受信器、号令苗頭距離修正発信器、同受信器などで構成されていて、司令塔から各砲への戦闘中の基本的な指示は、この装置のみでも伝達可能であった[60]。

第三の暖房は、前ド級期には電気式は皆無で火燃式か蒸気式に限られ、火災防止や蒸気節約の観点から荒天時・戦闘時の暖房は制約されていたが、超ド級ではそうした制約が緩くなり、乗組員の快適性は向上した。換気も、艦が大型化し、しかも多数の砲塔・司令塔・煙突などの艦上構造物に甲板が覆われるようになると、艦内最奥部・最深部まで自然送風で換気するのは困難になり、強制換気システムが必要となったのである。さらに、ライオン型では「艦内に礼拝堂、図書室、映写室、洗濯室等が設けられ居住性改善が考慮され」(61)、食肉等の保管に冷蔵庫が用いられたのだが、これらも暖房・換気システムの進歩と軌を一にした設計思想である。金剛(II)の日本への回航に搭乗した川畑彌一郎も、「先づ艦内の広いのと、諸設備の完全しているのには、たしかに驚いた」と述懐している。(62)

(3)　小括——大艦巨砲主義への道——

金剛(II)型の導入によって、日本海軍は超ド級時代に追いつき、その後の自主的な開発・設計で、世界最高水準の攻撃力を有する戦艦群を配備しえたのであるが、その嚆矢となった扶桑(II)型や伊勢型は金剛(II)型の戦艦版ともいうべきもので、(63)ヴィッカーズ社の技術的影響を色濃く帯びていた。同社は最新艦の技術を売り渡すことによって、イギリス民間造船業の日本向け戦艦輸出に幕を引いたのであった。金剛(II)のあと、砲、機関・汽罐、艦型、装甲などの点で自主的な技術革新を追求した日本では、扶桑(II)と伊勢を経て、長門型で確立した強力主砲と高速性を兼ね備えた戦艦の設計思想が固定化され、それは、中止された加賀・土佐、天城(II)型四隻、紀伊型計画の四隻から大和(II)・武蔵(III)に至るまで、日本海軍の用兵と設計を呪縛し続けた。

金剛(II)は、日本海軍のその後の方向を決めただけでなく、電気・電子・通信面でも大きな影響を与えた。金剛(II)型の導入によって、わずか三〜八年前に獲得した香取・鹿島や薩摩型、河内型に比して別物といって差し支えないほどに、電気関係の装備は発達し、拡張したのである。この面でも金剛(II)は、当時の世界最高水準を日本海軍に保証したのである。しかし、ここにも落とし穴があった。金剛(II)を通じて獲得した電気技術は日本海軍にとっては副産物にすぎない。労せずして当時の最高水準の電気技術を獲得したのだが、意識的に追求して苦労して得た結果ではなかったがゆえに、その後、電気技術の革新は日本海軍にとって、およそ重点課題として意識されることはなかった。実際に、金剛(II)建造期に電気関係の装備を製造したイギリスやドイツの諸企業に、日本海軍が意識的に技術者・職工を大量に派遣して研修させた証拠は残されていない。ヴィッカーズ社を通じて提供されたものを座して受容しただけだったのである。

金剛(II)の同型艦国内建造が始まった一九一二年には築地の海軍造兵廠に電気部が設置され、電気技術の自主開発の方向をいったんは示したものの、艦艇と主要兵器の国産化がほぼ完了し、最新技術の実物輸入という経路が細くなった第一次大戦期以降、電気・電子関係の技術革新は等閑視される傾向にあった。(64) 一九一〇年代初頭に進歩した電気関係の水準は第一次大戦を通じて変わらず、戦後の軍縮期には実艦の廃棄と計画艦の中止により、電気・電子技術は長く陽の目を見ることがなかった。この点ではその後も金剛(II)の水準が墨守されるだけで、艦外(殊に、航空機や、基地・司令部との)通信手段や、新たな電子装備(電波探知機、近接信管)の面での弱点に連接し、日本海軍の戦術と戦略の全体を、管制・通信・索敵・情報(いわゆるC3I)などの点で制約することになった。すなわち、大艦巨砲主義の陥穽は、金剛(II)の獲得とともに待ちかまえていたのである。

5 むすびにかえて

以上、本章が明らかにしえたことを、簡単に再確認しておこう。第一に、二〇世紀初頭までに日本の造船業は自立しつつあり、一九一〇年代前半の金剛(II)建造期の何点かの出張報告書を見る限りでは、この時期のイギリス研修は、主力艦建造のための基本的な技術と技能という点では、特別に大きな意味はもたなかった。建造・製造という点では、大出力タービン機、背負い式砲塔、一四インチ砲など、超ド級艦を成り立たせた要素技術を習得することがこの時期の日本の課題であった[(65)]。第二に、この時期にイギリスから受けた技術的影響は、超ド級の設計思想と、関連する要素技術だけでなく、将来の自主的な開発・設計の基盤となる設計技能と経験にまで及んでおり、大艦巨砲主義の道を積極的に指し示す役割を果たした。第三に、金剛(II)型は電気艤装の点でも、日本にとって格段の進歩をもたらしたが、それは同時に、その後の電気・電子技術の遅滞の遠因ともなり、日本海軍の大艦巨砲主義の弱点を用意する結果ともなった。第四に、管理、組織、能率、作業環境などにかかわる諸点でも、当時派遣された者たちは、新奇な経験を、イギリス造船兵器産業の技術者・労働者たちと同時代的に共有した[(66)]。

つまり、一九〇〇年代に艦艇建造の基本的な技術・技能を確立していた日本に、その後の方向を与える効果を、金剛(II)期のイギリス研修はもったのである。こうした効果が、扶桑(II)型、伊勢型、長門型と立て続けに金剛(II)以後の主力艦を開発・設計・建造しえたことに遺憾なく発揮されたと見るべきか、それとも、管理、組織、標準化などに関する新しい考え方は、第一次大戦中の繁忙を極める状況においても、大戦後の大幅に縮小せざるをえなかった状況においても実践されず、効果は発揮されなかったと見るべきかについては、今後の研究課題としたい。

注

(1)　日本の艦艇建造業、殊に三菱長崎造船所に注目して、イギリスから日本への技術的影響を論じた研究として、すでに、Fukasaku [1992]、松本［一九九五］の二作がある。前者は長崎造船所に注目した近代日本産業発展史の趣が強く、新たな論点は乏しいが、長崎造船所史料館に所蔵された文書を用いた研究として注目される。後者、殊にその第二部の四つの章は、科学技術移転の構造や受け入れ側（帝国海軍、長崎造船所）の行動様式を解明した労作であるが、時間軸に沿った移転の変化のありさまを描くことは目的としていない。いずれも、金剛(II)のイギリスへの発注および同型艦の国内建造の意味を考察するという小稿の関心にただちに応えるものではないが、最も関係が深く、参考になった先行研究である。小稿はどちらに対しても、より微細な事例研究という性格を有するであろう。

（2）戦艦薩摩型二隻、戦艦河内型二隻、装甲巡洋艦筑波型二隻、装甲巡洋艦伊吹型二隻。このうち筑波が最も早く、一九〇五年一月に起工し、ちょうど二年後に竣工した。薩摩の起工も一九〇五年だが竣工までに五年を要した。河内型が最後で、一九〇九年に起工し、一九一二年に竣工だから、本章の扱う金剛(Ⅱ)建造期の前半に重なる。

（3）技術と技能の定義は困難だが、ここでは、以下のような理解を示すことでとりあえずは論を進めることができるだろう。すなわち、「技術」とはものを造る過程・方法の客体化・物象化された側面を、つまり、道具・機械とその物的システムを意味し、「技能」とはものを造る過程・方法の主体的・人的な側面を表現する。つまり、この理解は、日本の技術論論争史における「客観的法則性の意識的適用説」より、「生産手段体系説」に近いところにある。後者は、戦前の唯物論研究会の議論において、技術の人的側面を「体系」の語に含意させたが、小稿の用語法では、それを技能と呼ぶ。したがって、技術と技能はワンセットの概念で——道具・機械とその物的システムは人的側面と結合してはじめて現実の生産システムとなるので——ある。この意味での技術にのみ注目しても、生産過程・方法の全体像に迫ることはできず、道具・機械とその物的システムを操り、またそれに規定された人間（生産過程・方法の人間的基礎と人的制約条件）を併せて認識しなければならない。しかし、まさに人間的基礎に注目するために、「技術と技能」の外延は明瞭に確定しえないほどに広がる。それは閉じた概念ではない。「生産手段体系説」論者はかかる外延の不確定性という難点を自覚していなかったし、逆に「意識的適用説」は「技術＝生産手段体系」とはその人間的基礎を包含しえないという通俗的な解釈の盲点を、衝いたことになる。なお、小稿の意味での「技術」の「移転」を論ずることはさまざまに可能だが、上述のように道具・機械とその物的システムの移転だけを論じても大した意味は主張できない。いわゆる「技術移転」論の関心事たる「技術と技能」のセットはほとんど移転しえないために、小稿はその語を用いず、技術的影響関係と表現する。

（4）艦名のあとの「(Ⅱ)」は同名艦の第二代であることを示す。

（5）小野塚［一九九八］、奈倉・横井・小野塚［二〇〇三］第一章第三節参照。

（6）ド級・超ド級への転換は海軍先進国イギリスにおいてなかば突発的に始まったのであって、他国、殊に日本のように主力艦国産化に乗り出したばかりの新興海軍国にとって、そうした外在的・偶発的な変化への追随が遅れても無理はないとの考え方もありうるが、筆者は、この主力艦の進化方向（高速化と主砲攻撃力の強化）は一九〇五年時点の日本海軍には充分予見可能であったと考える。第一に、高速化に先鞭を付けたイタリア戦艦レジーナ・マルゲリータは一八九八年に計画され、一九〇四年初頭にはすでに竣工していた。第二に、主砲攻撃力の強化という発想はすでに一九〇三～〇四年にはイタリアや日本でも唱えられていた。第三に、高速性（艦隊全体の機動力）と主砲火力の集中とは日露戦争で日本海軍が実証した戦訓であり、世界の海軍関係者に注目され、イギリスのドレッドノート計画具体化の引き金となったが、日本海軍はこれを国産化期に活かせなかった。第四に、これらさまざまな要因を背景にして成立したドレッドノート計画を日本海軍は一九〇五年時点で駐英武官を通じて知りうる立場にあったが、日本海軍はその意味するところを主力艦国産に反映させなかった。このように主力艦の進化方向に乗り遅れたのは、しかし、その国産化方針と深く関係している。船体・機関・武装のいずれも国産化に固執した当時の日本にはド級・超ド級への転換に急速に追随することはきわめて困難であった（殊に大出力タービン機と大口径砲の国産）。のちに金剛(Ⅱ)となる装甲巡洋艦の計画においても、英米が一三・五インチ砲、一四インチ砲を採用したことを知りながら、いったんは一二インチ砲装備案を決定し、入札間際になって一四インチ砲装備に転換した醜態も、その国産化可能性の判断に左右されたものであった。つまり、用兵・設計思想の守旧性と主力艦国産化方針とは総合的に判断せねばならず、国産化に固執すれば最新の用兵・設計思想を実現するのは難しく、逆にいささか陳腐化した計画だからこそ、比較的容易に主力艦を国産しえたのである。小野塚［一九九八］と奈倉・横井・小野塚［二〇〇三］は前者の観点から日露戦争後の国産主力艦八隻を失敗と評し、本章は後者の観点から、ともかくも国産に成功したという実績を重視するが、この二つは両立する評価である。

(7) 用兵・設計思想の古さのほかに、これら初期の国産主力艦は、復原力が過大でローリング（横揺れ）が激しすぎ、砲撃に支障があった（『財部彪日記』海軍次官時代下、八五頁、永村［一九八二］）。復原力が小さいと、横風・横波の際に転覆の危険性が高まるが、これを恐れるあまり復原力を大きくする（傾斜時の浮心と重心の間隔が大きくなるような船体横断面形状にする）と、軍艦として致命的なこうした弱点が発生する。これは言うまでもなく、当時の日本海軍が、重武装・重装甲を施すため重心が高くなりがちな主力艦の設計に経験が不足していたことに起因する。

(8) 山田［一九三四］は、日露戦争後の国産主力艦、なかんづく薩摩（竣工した一九一〇年当時、世界最大艦であった）の建造をもって「軍器独立」が達成されたとする。世界に伍する軍器を独立に生産できるようになるという意味では、この時期は用兵・設計思想の守旧性ゆえに「軍器独立」はいまだ達成していないが、重工業の確立という意味ではこの時期に画期性を見ることは可能であろう。「軍器独立」をめぐる研究については、長谷部［一九八五］を参照されたい。

(9) 「幕府時代ヨリ明治時代ニ至ル我国一般造船教育ノ概況」、横須賀海軍工廠［一九三七］所収附録一。

(10) 三菱造船株式会社長崎造船所職工課［一九二八］、六三～六四頁。常陸丸の建造とロイド登籍拒否事件については中西

［二〇〇三］三二一～三三八頁参照。

(11) コールダーについては、中野裕子「長崎居留地二十五番館にゆかりの人J・F・コールダー」『明治村だより』Vol. 11. 春号、一九九八年、八～一二頁参照。

(12) 日本郵船株式会社総務部弘報室編『七つの海で一世紀』一九八五年、一二二頁参照。

(13)『塩田泰介氏自叙伝』其の六、四～五頁、昭和一二年七月三〇日口述筆記、三菱重工業株式会社長崎造船所史料館所蔵。

(14) 一二二名と八七名の差は海外での工事・新造船引き渡しなどに従事した職工が表3-2で用いたどの史料にも記載されていないことに起因すると思われる。なお、Fukasaku [1992] も八七名としているが、副長心得の加藤知道が一九一〇年に砲艦受注のため清国に二度出張しているのをカウントせず、逆に三菱神戸造船所に移った伊藤久米蔵副長の一九一七年の英仏出張をカウントしているためである。

(15) 長崎造船所関係の諸史料や社史のいずれにも、技師・技士・技士補の数は明示されていない。一九一〇年までの同所職員諸身分は、使用人、傭使（大学出身者は月給傭使、高商・専門学校出身者は日給傭使）、傭外国人・臨時傭外国人の三種類に区分される。大卒技術者は傭使として入所し、通常数年後に、技士補ないし技士へ昇進し、使用人身分となる。使用人のうちには少数の事務系管理者が含まれていたと考えられるが、『年報』各年に記載された使用人の数を代用して技師・技士・技士補の総数と見なすことに。なお、一九一一年以降、使用人には工師、書記、取締の三身分が新たに加わるが、やはり技士層の人数は使用人数で代替した。

(16) 一万三四五四総トン、最高速力二〇・六ノット、一九〇五年六月起工、一九〇七年七月進水、一九〇八年四月竣工。同型の地洋丸、春洋丸の竣工はそれぞれ、一九〇八年一一月と一九一一年八月であった。

(17) 一八九〇年代後半に技士の五人に一人が五年間のうちに一度は海外研修したことになり、一九一一～一三年の三年間は、技士の五人に一人弱が一度は海外研修する頻度であった。研修の期間はほとんどが半年から一年以上に及ぶから、造船所の日常業務へ及ぶ支障を避けるために技士数は多めに確保されていたと考えなければならないし、この二つの時期の海外研修頻度は現在の日本の大学・研究機関よりはるかに高いであろう。

(18) 三菱長崎造船所職工課［一九一六］、五四頁。なお、三菱工業予備学校については中西［二〇〇三］七三〇～七四九頁が詳しい。

(19) 三菱長崎造船所職工課［一九一六］、五六頁。

(20)［三菱合資］本社庶務部調査課［一九一四］、一八～三七頁。

(21) 三菱合資長崎造船所『年報』明治四四年、五四頁。大正二年、八四頁も参照。
(22) 三菱合資長崎造船所『年報』明治四四〜大正七年、『播磨造船所五〇年史』一九六〇年、二四〜二五頁を参照したほか、三菱重工業株式会社長崎造船所史料館特別嘱託の松本孝氏から多くの教示を得た。相生のペーロン（小舟の競漕）は、元来長崎の漁民・町民の間で行われていた競技であったのが、播磨への大量の職工移住にともなって、移植されたと言われている。
(23) これら二隻は賀茂丸型の五番・六番船で、一〜四番船は一九〇八〜〇九年に長崎造船所で竣工した。
(24) 三菱造船株式会社長崎造船所職工課［一九二八］、一九六〜一九七頁、三菱造船株式会社［一九五七］、三七頁、川崎重工業株式会社［一九五九］、七一〜七二頁参照。
(25) 「職工外国派遣ノ件」一九一一年一月二〇日、同三月一八日、同三月二四日、『公文備考』明治四四年人事六止。
(26) 「卯号装甲巡洋艦製造ノ件」艦本機密第六六号、横工廠長宛、一九一一年三月八日、『公文備考』大正三年艦船一軍艦比叡建造一件。
(27) 奈倉・横井・小野塚［二〇〇三］第五章、二一七、二二二、二三〇頁参照。
(28) 松本［一九九五］が、三菱重工業株式会社長崎造船所史料館に残された『横山孝三英国ビッカース等報告書　明治45年以後』を用いたのが唯一の例外で、パースンズ式とカーティス式の二系列の舶用蒸気タービンの技術移転に関して考察を進めている。
(29) 海軍技手工藤幸吉「毘社工事見学報告」［平賀文書四〇三八］。なお、ここで「毘社」とはヴィッカーズ社の漢字表記である。
(30) ほど（火床）とは鋲を赤熱するために用いる簡便な可搬石炭炉で、鋲打ち作業を行う数人の組（鋲鋲団）ごとに一基を使用し、鋲打ち現場の近くに置いた。
(31) 工藤幸吉のこうした調査が、金剛(II)同型艦の国内建造にいかなる意味で必要であったのか、あるいはそこに活かされたのかについて、ここでは確定できない。同型艦三隻はそれぞれ横須賀、神戸、長崎で建造され、呉では建造されなかったから、直接的な効果はなかったとも思われるが、帰国後の工藤は、戦艦扶桑や長門の建造に際しては、造船部掛員として、鋲打ち工事全般を統括する任務に就いており（呉海軍工廠［一九八一］所収の「呉海軍工廠建造各艦工事担任歴代高等官及判任官名簿」（一九三〇年八木彬男執筆）による）、扶桑以後の作業に活かされた可能性はある。
(32) ここでは、呉の「甲造船」とは、船殻工事担当を意味し、艤装工事担当の「乙造船」と区別されている。甲・乙の区別の発生とその変遷については、八木彬男［一九五七］、二九〜三〇、三九頁参照。なお、八木は、技手任官直後に係員として携わった砲艦宇治では製図を担当していたし、日露戦争後の安芸では甲鉄・諸管の担当であったから、船殼工事にとどまらない幅広い知識と経験を有する技手であった。

(33) 八木の経歴については、八木彬男［一九五七］、［一九五八］、呉海軍工廠［一九八二］、海軍技手養成所［一九一九］を参照。なお、造船工練習所への志願条件は、年齢満二一〜三〇歳、海軍造船職工としての継続在職満三年以上、品行方正、身体検査・学術試験合格であった。

(34) 鈴木淳［二〇〇二］参照。

(35) 造船監督助手八木彬男・同嘱託松本孝次「金剛砲塔組立並ニ仕上ニ就テ（軍艦金剛砲塔組立並ニ仕上ニ関スル毘社 Practice）」［平賀文書二一三五］。

(36) 造船監督助手芝野政一・造船製図工手岡村博「英艦『プリンセス・ローヤル』諸管装置ニ関スル報告」、一九一二年三月二〇日、野中季雄造船監督官宛、［平賀文書四〇七四］。

(37) これらの四艦はいずれもヴィッカーズ社バロウ造船所で建造されており、図面や仕様書が日本人にも閲覧可能な状態で残されていたものと思われる。

(38) 製図手見習は、中等教育を終えた、一八歳以上二五歳以下の者から採用され、一四〜二〇銭の日給が与えられた。年齢の下限上限ともに他の職種より高く、日給額も優遇されていた。横須賀海軍工廠［一九三七］、一〇、七八頁。

(39) 「在英造船製図工手岡村博提出ヴィカース会社製造砲塔概要報告（明治44年11月10日）」［平賀文書四〇七八］。

(40) Hodges [1981], p. 69, および［平賀文書二〇二六］を参照した。

(41) 「在英造船製図工手梶原國太郎提出六吋砲『ガンサッポート』ニ関スル報告（明治四四年一一月一〇日）」平賀文書［四〇七八］。

(42) 三菱合資長崎造船所『年報』明治四三年、六一頁。

(43) 三菱合資長崎造船所『年報』大正元年、八〇〜八一頁。

(44) 三菱合資長崎造船所『年報』大正五年、八七頁、同大正六年、六五頁。

(45) 三菱造船株式会社［一九五七］六〇〜六三頁。

(46) 同上書七九頁。

(47) 天洋丸クラスのパーソンス式タービンが一万九〇〇〇馬力、「霧島」用は公称六万四〇〇〇馬力、実出力は七万八〇〇〇馬力であった。

(48) *Transactions of the Barrow and District Association of Engineers*, Vols. I-VI (1908-16) に掲載された Factory Cost Keeping, Payment for Labour, Training of Engineering Apprentice 等々に関する論文、ヴィッカーズ社バロウ造船所の組織改革のための所内調査文書 (Cambridge University Library, VA 600, 1115) など。

(49) 岡田幸和「日本初の超弩級金剛型の誕生」『金剛型戦艦』(『歴史群像』太平洋戦史シリーズ第二一巻) 学研、一九九九年、七八頁。

(50) 「金剛及霧島電気装置ニ関シ京都帝大総長ヨリ紹介ノ件」一九一六年、『公文備考』大正五年艦船一五止。なお、海軍次官宛照会が同年四月二二日に対して、回答は五月一六日と早かった。ただし、無線電信と電気信号の二項目については回答されなかった。

(51) 装甲巡洋艦筑波の建造期間が最も早く、日露戦争中の一九〇五年一月一四日起工、ちょうど二年後の一九〇七年一月竣工で、同じく伊吹が一九〇七〜〇九年、戦艦薩摩の建造は一九〇五年に始まったものの長引いて竣工は一九一〇年、同型艦安芸が一九〇六〜一一年、河内(II)と同型艦摂津(II)が一九〇九〜一二年である。

(52) 室山 [一九八四] は、帝国海軍向け戦艦をイギリス海軍向け戦艦の同型艦と見なす (三一九〜三二四頁) が、それは不正確な認識である。イギリス海軍向け戦艦の設計はイギリス海軍省建造官が担当し、日本向けのそれはアームストロング社など民間造船企業の設計技師が担当しており、図面の流用はありえない。日本向け戦艦の設計者は、多くの場合、自社が手掛けたことのあるイギリス向け同級艦を参考にして、それに用兵側の要求を容れ、さらに自社の得意とする新技術・新機軸を盛り込んで、外国海軍向けの基本設計を行った。小野塚 [一九九八] 一五八〜一六一頁参照。

(53) 石井 [一九九四] 第二章-三-1参照。

(54) 一八七〇年代に実用化し、フランスとドイツが大量に配備した水雷艇は、夜陰や海霧に紛れて接近するため、装甲艦にとっても大きな脅威となったが、これを発見、補足、撃退するために探照灯は艦艇の必須装備となった。水雷艇の戦術的価値については奈倉・横井・小野塚 [二〇〇三] 二六〜二七頁参照。

(55) *Specification for building Steel Twin-Screw First-Class Battleships, of the "King Edward VII" Class, to be named "Britania", "Hibernia", "Africa"*, March 1904, c. 206-241, pp. 110-129. なお、イギリス製艦艇の契約書・仕様詳細書は、Plans and Photo Section of the National Maritime Museum, Woolwich に所蔵されているものを参照した。

(56) 信頼性の高い電線、絶縁材、発電器、配電盤、スイッチ・遮断機等々の基礎的資材の供給能力に制約されて、一九〇〇年代後半の国産艦の電気艤装が「エドワード七世」型より後退していた可能性すらあろう。

(57) 芝野政一・岡村博「英艦『プリンセス・ローヤル』諸管装置ニ関スル報告」、一九一二年三月二〇日、六九～七四頁、［平賀文書四〇七四］。

(58) Contract for the Hull and Machinery of His Majesty's Ship "Princess Royal", Second Schedule, *E. Specification Part V, Electric Generators and Refrigerating Ice-Making and Magazine Cooling Machinery*, October 1909. この第五部だけで全三四七節、九〇頁に及ぶ詳細な仕様書となっている。

(59) Contract for the Hull and Machinery of His Majesty's Ship "Princess Royal", Second Schedule, *A. Specification Part I, Hull*, c. 234.

(60) Vickers Limited, "Armament for the Imperial Japanese Battlecruiser 'Kongo'", [1913], National Maritime Museum Manuscript Department (Greenwich), 623. 94, VIC, B9212, pp. 131–162.

(61) 岡田［一九九九］七五頁。

(62) 川畑・粥川［一九一三］、一三四頁。

(63) Conway's [1985] p. 229. 一九一〇年春から秋にかけて検討された新型戦艦案Ａ四七～五六以降、扶桑の原案Ａ六四にいたる過程に、日本海軍はヴィッカーズ社から金剛の設計書・計算書を入手し、多数の技師を同社へ出張させて、超ド級戦艦の基本概念をヴィッカーズ社技術陣から習得した。

(64) 石井［一九九四］は、一九一二年に「東京築地の海軍造兵廠内に電機部が新設され、［中略］優秀な技術者が次々と加わって技術開発に従事した」にもかかわらず、「日露戦争の勝利に酔った日本陸海軍の上層部は［電気・電子面の］新兵器開発の重要性をしだいに忘れ去っていき、両大戦間期にはそうした傾向がいちだんと強まっていった」と指摘する（一三〇頁）。日露戦争の勝利が新兵器開発の重要性を直ちに忘れさせたというよりは、金剛(II)で労せずして最新の電気技術の成果を獲得してしまったことがその直接的な原因であろう。日本海軍は、主力艦の高速化・攻撃力強化（＝大艦巨砲主義）を重点的に追求し、その延長上に海軍航空兵力（砲弾・魚雷輸送手段としての航空機）の充実を付随的に追求したが、おそらく一九四一／四二年頃まで電気・電子技術の重要性を真剣には自覚せず、通信や索敵の点で大きな弱点を抱えたままで第二次大戦に突入した。

(65) 戦艦主砲およびそのための鋼塊製造について、小稿は論じえなかったが、呉海軍工廠が一九一〇年代前半までに自立（一四インチ砲の自製）を果たした。日本製鋼所は一九一一～一二年に技術者をイギリスに派遣し、またイギリスから招聘した技術者の下で一四インチ砲製造の努力を続けるが、一九一四〜一五年の失敗を経て、第一次大戦中にほぼ自立した考えられよう。本書第四章、第五章参照。ここでも、一九一〇年代前半の技術者・職工の海外研修は大きな役割を果たしている。

(66)　この点でも、小稿は論じえなかったが、呉海軍工廠の伍堂卓雄、秦千代吉らによるリミット・ゲージの導入など、大量生産の基盤である互換性部品と簡易な計測方法の研究は、戦間期の民間企業にも大きな影響を与えている。彼らも二〇世紀初頭の外国の技術者たちの実践と議論を日本に導入した人物であった。こうした管理革新と標準化の実践がイギリスで、アメリカと比しても遅くない時期に、なされていた具体的な相は従来ほとんど明らかにされていない。それは、これらの事例が重要でないからではなく、イギリスの企業経営を「管理の不在」と多品種少量生産とで特徴づけてきた歴史認識の――それ自体は直ちに誤りではないにせよ――もたらした偏りによる。管理革新と標準化を同時代的にイギリスで見聞した日本人技術者の眼を通じて、この時期のイギリスの革新の試みを再構成することにより、イギリス技術者層の社会的位置や意識とは切り離したところで、これらの試みの技術的合理性の如何を検証することが可能と考えられるが、そうした研究には他日を期したい。

第4章　日本製鋼所と「軍器独立」

――呉海軍工廠との関係を中心に――

奈倉　文二

1　はじめに

一九一二（大正元）年九月、一新聞は日本製鋼所について連載報道し、その冒頭で、官営八幡製鉄所・呉海軍工廠（製鋼部）・日本製鋼所について「我国の三大壮観」と呼んだ。(1)その報道は必ずしも日本製鋼所の発展を強調しているわけではなく、むしろ「海軍の充実」を期する上で必ず成功させる必要があるとの観点から問題点を指摘しているのであるが、(2)ここで注目しておきたいのは、「八幡」・「呉」・「室蘭」を「我国の三大壮観」と表現したことである。こうした認識は現在はあまり見受けられない。確かに、日本鋼管など民間鉄鋼諸企業の急速な発展が見られるのは、この報道の二年近く後に勃発する第一次世界大戦を契機としてのことであるので、(3)当時日本製鋼所室蘭を「八幡」・「呉」（製鋼部）と並ぶ「三大製鉄鋼所」の一つと捉えたこと自体はさほど不可思議なことではない。しかし、日本製鋼所の場合も、当時は正式操業開始からわずか一年半余りのことであり、後述のごとく、種々の問題点を抱えながらも、イギリス二大総合兵器会社（アームストロング社・ヴィッカーズ社）および日本海軍（とくに呉工廠）の支援を受けつつ「技術移転」を行い、やはり第一次大戦期に大きく発展する。とすれば、日本製鋼所の発展過程についての認識が一般的に薄いのは、同所が官営八幡製鉄所や他の民間鉄鋼諸企業のような製鉄鋼業とは異なる性格を有するところに求められるのではないだろうか。

筆者はこれまで、日本製鋼所について、とりわけイギリス側出資者である両兵器会社との関係に焦点をあてて同社の特異な性格を明らかにしてきた。(4) つまり、ごく要約的に言えば、日本製鋼所は日英合弁の民間兵器鉄鋼会社であり、同時に「海軍兵器工場」という特異な性格を有するのだが、筆者のこれまでの分析は、主としてイギリスに現存する一次資料を使用してイギリス両兵器会社との関係を明らかにすることに力点を置いてきた反面、必ずしも「海軍兵器工場」としての側面についての分析が十分とは言えなかった面がある。(5) そこで本章では、これまでの筆者の分析・解明を前提としつつも、日本製鋼所の設立発展過程の特徴について、「軍器独立」(6) の視点から海軍（とくに呉工廠）との関係を考慮しつつ再検討することにより、「海軍兵器工場」としての性格の再把握を試みることとしたい。

日本製鋼所の設立は、一九〇七（明治四〇）年一一月のことであり、当初資本金は一〇〇〇万円であるが、〇九年三月には一五〇〇万円に増資される（払込完了は翌一〇年五月）。出資比率は日英同等、つまり北海道炭礦汽船（北炭）二対アームストロング社一、ヴィッカーズ社一である。形式的には純然たる民間の日英合弁会社ではあるが（半官半民会社のような政府出資もない）、実質的には日本海軍が全面的にバックアップして設立にこぎつけただけでなく、設立後の日本製鋼所についても主として海軍需要に応ずるということだけでなく、様々な面から海軍の関与が認められる。

そこで、以下、日本製鋼所の「海軍兵器工場」としての側面を次の諸点を中心に明らかにしていきたい。

第一に、日本製鋼所設立の背景を概観し、海軍（とくに山内万寿治海軍中将）の果たした役割を再確認するとともに、呉工廠との関係に注意を払いつつ、海軍は「軍器独立」を果たす上で日本製鋼所に何を期待したのかをより具体的に示す。

第二に、日本製鋼所の創業期（一九〇七～一三年）についてはとくに海軍との関係が濃厚であるが、その場合、呉工廠による日本製鋼所支援の関係を幹部および技術者人脈を中心に明らかにする。そのことは、民間会社である日本製鋼所の経営（トップ・マネジメント及びミドル・マネジメント）においても海軍の影響力は無視できないことを意味する。(7)

第三に、日本製鋼所の最重要製造品は海軍艦艇積載砲（艦載砲）であるが、海軍主力艦主砲の一二インチ砲から一四インチ砲への転換期に操業を開始した日本製鋼所が、イギリス兵器会社のみならず呉工廠との関係でどのようにその製造体制を築いたのかという点である（主力製品における「軍器独立」のあり方）。この点をより具体的に明らかにするために、海軍・日本製鋼所間の一四インチ砲発注・受注関係に立ち入って検討したい。

最後に、展望的に第一次大戦期の日本製鋼所の発展にとって最大のネックとなる原料銑鉄確保問題を述べ、大戦直後の日本製鋼所による輪西製鉄所合併のもつ問題に言及する。「軍器独立」が兵器国産化を意味するだけでなく、「資本的独立」や「軍器素材」の確保をも含めて考えるべきものとすれば（序章参照）、その点の検討は欠かせないからである。

2　日本製鋼所設立と海軍の意図

すでに明らかにしたごとく、日本製鋼所は北炭・海軍・イギリス両兵器会社の協力により設立されるものの、設立過程ではそれぞれの思惑がはたらく。日本製鋼所設立後もその経営をめぐって思惑の違いが表面化し、円滑な経営を困難に陥れる最大の要素となる。(8)

(1) 北炭による製鉄業進出計画と内容変化

要約的に言うと、日本製鋼所設立の発端は北炭専務井上角五郎の製鉄業進出計画であったが（当時北炭は会長・社長不在）、実現過程で山内海軍中将（呉鎮守府司令長官）の勧奨により、その内容は大きく変容する。北海道地方の砂鉄を原料とする銑鉄製造計画から大砲（とくに海軍艦載砲）および同原料鋼材製造計画への変容である。その過程で山内が井上に「外人を入れて其知識を利用するの策」[9]を授け、具体的にはアームストロング社東京駐在員E・L・D・ボイルを紹介したことにより、結局は同社およびヴィッカーズ社の日本製鋼所設立への参画が実現し（同年一一月から翌〇七年二月両社了承）[10]、日本製鋼所設立の具体的手続きが行われる（〇七年三月仮契約、七月正式調印、一一月会社設立）。

注意を要することは、井上の製鉄業進出計画は、鉄道国有化にともなう北炭所有鉄道売却資金をあてにしていたとはいえ、井上個人の念願に基づくところが大きかったことである。もちろん、井上は同計画について北炭株主の了承を取りつけるものの、株主は鉄道売却金（政府公債受領）の分配を強く希望し、井上も妥協したため、日本製鋼所設立資金はそれだけ制約される。[11] しかも、井上は日本製鋼所設立計画のみでは満足せず、別個に北炭内に砂鉄を原料として小高炉による銑鉄製造を行う製鉄所を計画する。これが輪西製鉄場（のち製鉄所）である。つまり、井上は元来の製鉄業進出計画を日本製鋼所設立計画とは別個に独自に建設してしまう（〇七年四月着工、〇九年七月五〇トン高炉火入れするもわずか二カ月で休止）。先回りして言えば、このことが北炭「経営危機」の一因となり、結局は井上北炭専務および日本製鋼所会長辞任（一〇年四月）につながる。[12]

(2) 海軍側の意図とその背景

では、井上の製鉄業進出計画の内容を海軍用鋼材製造中心に変更させた海軍側の意図はどこにあったのか。まず、その一般的背景を要約的に言えば、次のごとくである。(13)

日露戦争（一九〇四・〇五年）は日英同盟をバックに遂行され、海戦に使用された日本海軍の主力艦はすべて外国製であり、そのほとんどがイギリス製であった（アームストロング社製が多い）。そうした中で海軍は、日露戦争中から主力艦の国産化（「内地建艦方針」）を強力かつ急速に推進する。すなわち、横須賀および呉工廠で戦艦薩摩および安芸をそれぞれ起工（〇五・〇六年）しただけでなく、装甲巡洋艦三隻（呉で筑波・生駒、横須賀で鞍馬）も起工した（〇五年）。これらは英独を中心とする世界的な「大艦巨砲主義」に基づく大建艦競争のもとで竣工時には早くも「旧式艦」となってしまうものの（イギリスでドレッドノート号〇五年一〇月起工、〇六年一二月竣工、戦艦なみ攻撃力と従来の巡洋艦以上の速力を有するインヴィンシブル型装甲巡洋艦も〇六年起工）、日本海軍が主力艦クラス五隻をほぼ同時に建造し始めたことは建造能力の驚異的進展ぶりを示すものであった。

とりわけ注目すべきことは、この間における呉工廠の急速な拡充である。本書第一章で詳述されているように、呉工廠は横須賀工廠よりもはるかに後発であるものの、日清・日露期に急速に拡張する（工廠名は一九〇三年海軍工廠条例による）。すなわち、呉工廠は、造艦・造機部門のみならず、日清戦争最中の仮兵器製造所（仮設兵器製造所・仮呉兵器製造所）設置（一八九五年六月、所長山内万寿治）を起点とする造兵部門の躍進がめざましく（九七年呉海軍造兵廠と改称、一九〇〇〜〇三年「呉造兵廠拡張費」一一一万円）、一二インチ砲製造設備設置に加えて、装甲鈑・砲身等素材用の製鋼所建設にも着手する（〇三年造兵部から製鋼部独立）。さらに同年度から造船廠の第三船台（一万トン超主力艦建造用主船台）の建設も開始し、主力艦国産化の基礎を築いただけでなく、装甲鈑・砲熕および原料鋼材を含む生産体制を確立した。(14)呉工廠において初めて一万トンクラスの同時二艦建造（筑波・生駒）が可能となっただけでなく、筑波において初めて国産（呉工廠製）一二インチ砲（四門）を搭載した（機関も呉工廠製造）。

呉工廠における筑波建造が「軍器独立」上画期的と言われるゆえんである。(15)

それでもなお砲熕生産の立ち遅れは主力艦国産化のためのネックとなっており（「ド級」戦艦に対応する大口径砲製造の必要性）、八幡製鉄所製の厚板、呉工廠製の装甲鈑・艦載兵器等を使用した戦艦安芸(16)でさえも未だ中口径砲を残す「前ド級」ないし「準ド級」戦艦にとどまっていた。日本海軍にとっては、こうした隘路を打開するものとして期待された方策こそイギリス二大兵器会社の資本的技術的協力を得て設立される日本製鋼所であった。(17)つまり、海軍側からすれば、呉工廠を中心に大拡張を行いつつも、なおかつ不足する造兵能力、とりわけ砲熕製造分野の補充を日本製鋼所に期待したことを意味する。仮兵器製造所設立以来呉工廠の中心的担い手であった山内万寿治（一九〇三年初代呉工廠長も山内）にとっては、井上の製鉄業進出計画はいわば「渡りに船」でもあった。

(3) 呉海軍工廠との補完関係

海軍側の意図をより具体的に見るために、日本製鋼所資料「会社創立ニ就テ収支調書」(18)から注目すべき諸点を摘出しておこう。

まず、前文において、新設会社が海軍用鋼材を中心に製造する理由を輸入鋼材の動向との関係で以下のように述べる。

海軍が海外より輸入する鋼材の主なものは「砲身砲架用鋼材及艦艇建造用諸鋼材」で、一九〇三年以前は「本邦建造艦艇」が少なくかつ小艦艇であったため、所用鋼材の輸入も僅少であったが、〇四年度以降造船業進捗にともない鋼材輸入は急増した。これら輸入鋼材の主なものは「艦艇建造用鋼材及砲熕用鋼材」であるが、「艦艇体構造用普通鋼材」については「若松製鉄所」（官営八幡製鉄所のこと）の完備とともに十分供給できることになるはずであるが、仮に八幡製鉄所における供給が不十分な場合でも、現在のような諸材料高価な我が国で（新会社が）これら諸鋼材（「艦艇体構造用普通鋼材」）を製造しても到底外国製造品と競争不可能との認識に立って、次のように指摘する。「製品ノ高価ニシテ工費ヲ以テ高価ナル原料ノ不利ヲ打勝ツ可キ者則チ砲身砲架用鋼材及鋼鋳物等ヲ製造セザレバ相当ノ利益ヲ得ル能ハザル可シ故ニ本工場ニ於テハ普通鋼材ノ製造ヲナサズ」

つまり、海軍用鋼材のうち、「艦艇体構造用普通鋼材」については、官営八幡製鉄所の供給に委ね（同所完備を待ちつつ）、同所による供給不充分な場合でも同分野は輸入品に対抗不可能なので、自らが製造すべき分野としては、製品が高価な分野で高価な原料を工費で補い得る分野、すなわち「砲身砲架用鋼材及鋼鋳物等」と限定し、普通鋼材は製造しないと明白に述べている。

このように八幡製鉄所との分業関係を明確にしているだけでなく、さらに呉工廠との関係でも製造分野を次のように調整していることが極めて注目される。

海軍がどれだけの艦艇を建造し、どのような大砲を使用するか、また海軍諸工場（工廠）がどのように拡張されるか不明だが、毎年戦艦または装甲巡洋艦二隻と三等巡洋艦一隻または二隻を建造すると仮定し、「呉海軍工廠製鋼部ノ製鋼事業ヲ現今ノ状況ニ保チ同所ニ於テハ全力ヲ装甲鉄製造ニ集中シ左記諸品ノ製造ヲ当工場ニ引受ケ得ラルル者（ト）定ム」と述べ、新会社で製造すべき品目を具体的に記す（表4-1参照）。

つまり、呉工廠製鋼部の事業は現況の規模のままに「全力ヲ装甲鉄製造ニ集中」するとの想定のもとに、不足する造兵能力（とくに砲熕関連および艦艇諸材料）の補充を新会社に期待しており、その設立当初から呉工廠との補完関係が明瞭に意識されているのである。

具体的な製造品目の目論見を見ても、一二インチ砲を初めとする砲用鋼材、砲架用鍛鋼・鋳鋼品類などのほかに戦艦・巡洋艦等の艦艇用諸材が掲げられ、海軍用品の製造を最優先としていることが明瞭であり、材料用鋼材もそのほとんどすべて前記海軍用鉄鋼材である（掲出の仕方がややわかりにくいが、鋼材合計二万二二二六トンのほかに掲げ

表4－1　日本製鋼所設立計画時の製造目論見概要

(1) 10インチまたは12インチ砲用鋼材12～20門分
(2) 6インチまたは8インチ砲用鋼材20～36門分
(3) 上記砲架用鍛鋼・鋳鋼ならびに砲鋼類
(4) 水中発射管用砲鋼および鋼鋳物
(5) 12センチ以上12インチ砲用*鍛鋼榴弾用地金
(6) 戦艦および巡洋艦用船首材艦尾材舵骨および軸受
(7) 戦艦巡洋艦駆逐艦および水雷艇用推進軸推承軸中間軸艦尾軸曲舷軸（各種軸類）
(8) 同上用汽機またはタービン用鋳鉄

以上海軍用品のほかに、陸軍用砲材およそ2,000トン、民間用鋼鋳物1,000トンおよび民間造船所用主軸類1,200トン内外と仮定し、1年間おおよそ下記の鋼材鋳造を要する。

大砲用鋼材	8,320トン
砲架用鋼材	1,500トン
各種鋼鋳物用	2,800トン
艦船主軸用鋼材	3,600トン
鍛鋼榴弾用鋼材	6,000トン
鋼材合計	22,220トン

以上のほかに、大砲々架および水中発射管その他の砲鋼類900トン
艦船汽機用またはタービン用鋳鉄6,000トン

出典：「会社創立ニ就テ収支調書」（日本製鋼所室蘭製作所所蔵『明治四十年 会社創立関係 庶務係』所収）。
注：原資料は1906（明治39）年10月頃作成と推定。その推定根拠については、注18（189頁）参照。
*印、原資料「十二拇以上十二吋砲用」。「拇」は「ドイム」（オランダの長さの単位）で約1センチメートルに相当。

られている六九〇〇トンも海軍用鉄鋼材で「鋳鉄含む」、陸軍用、民間用「造船所用含む」は合わせても四二〇〇トン内外[19]。

こうした製品・諸材製造のため、その当初から大規模な酸性平炉・水圧鍛錬機（プレス）などの設置を予定している。概要のみ述べると、酸性平炉（「シーメンス熔鋼炉」）については、五〇トン炉二基（当時日本最大）、二五トン炉四基、五トン炉二基を予定（そのほかに原料精製用として塩基性平炉二五トン炉二基）、水圧鍛錬機については、四〇〇〇トン・二〇〇〇トン・一〇〇〇トンプレス各一基を掲げており、呉工廠に次ぐ大規模な鍛鋳鋼品製造のための諸設備導入を図ろうとしている[20]。

これら諸設備建設（建築物含む）のために八八〇万円の支出を予定しており、また、「収支算定表」としては、年間収入六三九万三六二六円、支出四八〇万四二八〇円、差引一五八万九三四六円の益金を見込んでいる。この収支見込みは、実際の日本製鋼所設立、室蘭工場建設過程で大幅に異なることになるので、詳細

は省略する。

いずれにせよ、ここで重要なことは、日本製鋼所設立計画にあたり、輸入鋼材の動向を前提にしつつ、官営八幡製鉄所との「すみ分け」のみならず、呉工廠との調整を具体的に図っていたことであり、とりわけ呉工廠は装甲鈑製造に全力を集中すると仮定して（呉工廠製鋼部生産高は後掲表4－3）、能力不足が予想される艦載砲およびその他艦艇諸材料の供給（およびそのための鉄鋼材の製造）を新設会社の最重点に設定していることである。

言うなれば、これは井上の製鉄業進出計画というよりも、海軍側の製鋼事業計画そのものであり、呉工廠の補完計画とも言うべきものである。

何故、こうした計画が北炭側の製鉄鋼事業計画に盛り込まれたのか。

北炭専務井上角五郎自身は、製鉄製鋼技術については素人であったから、一九〇六年五・六月頃に山内海軍中将を紹介されて以降は、山内および呉工廠側の技師（長谷部小三郎ら）に具体的計画立案まで委ねたものと推察される。(21)より直截に言えば、井上自身は、元来の製鉄業計画の方に関心があり、その事業は八幡製鉄所から招聘した江藤捨三技師に具体的立案計画を委ね、海軍側から強く慫慂された海軍用鋼材製造事業については呉工廠側の技師に具体的立案を依頼していたのである。(22)

3　創業期日本製鋼所と呉海軍工廠――とくに幹部および技術者人脈――

日本製鋼所は、官営八幡製鉄所や陸海軍工廠とは異なり、形式的には民間会社でありながら、前述のごとく、その設立当初から海軍の支援を受けており、(23)設立後も（とくに一九一三年末までの「創業期」においては）海軍との関係は極めて濃厚であった。海軍用地使用、海軍注文の保証その他、様々な事例はよく指摘されているので、以下では主として呉工廠による幹部及び技術者の日本製鋼所に対する派遣を中心に、海軍による支援とその具体的人脈関係を明らかにしておこう。「創業期」においては、イギリス両兵器会社からの技術者派遣のみならず、イギリス側取締役「代理人'Proxy'」を通ずる経営関与が重要な役割を果たしていたが、この点についてはすでに再三強調してきたので、本章では省略する。(24)

なお、日本製鋼所「創業期」については、通常、取締役会長就任時期を目安に、前半の井上角五郎会長時代(一九〇七年一一月〜一〇年四月)と後半の山内万寿治会長時代(同年八月〜一三年一一月)に分けられるが、微妙な問題がある。第一は井上会長辞任後の会長不在の空白期間があるが、すでに井上は〇九年一二月末に室蘭工場の統括を実質的に山内に委ねているので、一九一〇年一月〜八月は「山内顧問・近藤常務主任体制」とも言うべき期間である。(25)第二に、山内会長辞任時期は二説あり得る(一九一三年一一月と翌一四年一月)。どちらも一理あるが(前者は取締役会にて会長辞任、後者は臨時株主総会にて新取締役選出後に高崎親章会長決定)、ここでは実質的な会長辞任時期を採っている。(26)

海軍から「創業期」の日本製鋼所に派遣され、のちに入社した主な海軍幹部・技術者を一覧表に示すと、表4-2のとおりである。

最高幹部は言うまでもなく山内海軍中将であり、当初現役(呉鎮守府司令長官)のまま勅許を得て日本製鋼所顧問(一九〇七年四月創立顧問、一二月から技術顧問)として、室蘭工場の建設および技術指導の責任者的位置にあっただけでなく、呉工廠の技術者や中堅幹部を多数嘱託として派遣した。表4-2中の主要人物の多くは、かつての山内の部下であり、山内が井上の要請を受けて、日本製鋼所に派遣したものである。(27)

最初に注目されるのは、日本製鋼所設立直前から直後にかけて海軍在籍のまま嘱託として(一九〇七年四月まず北炭に、一二月日本製鋼所に配属替え)派遣された人員が多数にのぼっていることである(注記の海軍関係者を含める

表４－２　創業期日本製鋼所に派遣され、入社した主な海軍関係者

氏名	海軍最終階級、職位等		日本製鋼所役職等
山内　万寿治	海軍中将	呉鎮守府司令長官	在官のまま1907年４月創立顧問、12月技術顧問、予備役編入後の10年８月取締役会長（13年11月まで）。
岩本　耕作	海軍少将	呉工廠造兵部長	08年１月幹事（11年６月まで）。その間、08年２月経理部長、12月～09年８月庶務部長（08年９月～09年８月本社重役付主事）。
坂東　喜八	海軍技師	呉工廠製鋼部長	08年６月幹事、管理部長（同年９月～09年12月末）、庶務部長兼務（09年８月～12月末）、東京出張所主事等を経て、14年２月監査役。
中島　正賢	海軍技師	呉工廠製鋼部（鍛錬技師）	在官のまま07年（４月北炭、12月日鋼）嘱託、退官（08年６月）後、幹事。11年４月監理課（工務課）長（５月名称変更）。
長谷部　小三郎	海軍技師	呉工廠製鋼部技術主任	在官のまま07年（４月北炭、12月日鋼）嘱託、退官後、10年２月幹事。製鋼課長（13年１月まで）。
林　一男	海軍技師	（不詳、1908年当時イギリス派遣）	在官のまま07年（４月北炭、12月日鋼）嘱託、退官後、08年12月幹事、製品課長（13年１月まで）。
土井　順之介	海軍主計総監	呉工廠経理部長兼呉鎮守府主計長	10年８月監査役（14年２月まで）
水谷　叔彦	海軍機関少将	呉工廠造機部長	在官のまま12年６月顧問、退官後13年１月「取締役代理」・「工業課長事務取扱」、14年１月取締役（常務）。

出典：日本製鋼所［1933］32～35頁、同［1968a］38、111、128、157、199、200頁、海軍歴史保存会［1995］第９・10巻、山田ほか［1996］64-71頁、同［2001］777-778頁、『日本製鋼所五十年史稿本』付表「役員及び上級職員任免表」（日本製鋼所本社所蔵）。

注：図４－１～３をも参照。上記のほか在官のまま07年（４月北炭、12月日鋼）嘱託者、野田鶴雄造兵大技士、海軍技師の松田万太郎、野俣寛治、海軍技手の茂住清太郎、富田群太郎、萩原虎袈裟、宮川一、小林四郎、その他鉄道院技師、工科大学教授各１名。07年12月在官のまま嘱託者、海軍技師小池熊吉、吉村市松、技手の中沢徳之丞、秦千代吉、野村広太郎。彼らのほとんどは09年３月に解嘱、野俣・富田・小林はのちに正式入社。

と一六名)。彼らは工場建設の最初から関わっていた。そのうちの多くは工場建設の一定の目途がついた時点で役目を終えたが(〇九年三月解嘱)、中島正賢・長谷部小三郎・林一男らの海軍技師は引き続き嘱託として工場建設・操業支援のためにとどまり、のちに日本製鋼所に正式入社する。また、岩本耕作(海軍少将)、坂東喜八(海軍技師)の両名は、〇八年に相次いで呉工廠から派遣されるが、両名は最初から海軍を退職して(退官して)設立直後の日本製鋼所に幹部として入社する。より具体的に見ておこう。

岩本・坂東・中島・長谷部は、いずれも呉工廠時代、山内中将の部下であり、岩本、坂東は、ともに一九〇五年六月、それまで山内工廠長が兼務していた造兵部長、製鋼部長にそれぞれ就任した[28]。

坂東は、〇八年度前半まで呉工廠製鋼部長であったが、同年四月頃、呉工廠からの有為な人材派遣を希望した井上角五郎日本製鋼所会長の要請を受け、山内が推薦し、本人「説諭」の上、了承を得て派遣が決定された[29]。坂東は、退官とともに日本製鋼所に幹部として入社した。表4-2に見るごとく、〇八年六月幹事(各部署の統括責任者に当たる)に就任するとともに、管理部長(同年九月〜〇九年一二月末)、庶務部長(兼務〇九年八月〜一一月末)、東京出張所主事等を経て、一四年二月には監査役に選任される[30]。

岩本は、呉工廠造兵部長(一九〇五年六月就任時点で大佐、〇七年一二月末退任とともに少将昇進[31])退任後、ただちに退官して〇八年一月に日本製鋼所幹事に就任した。呉工廠から日本製鋼所への派遣組の中では岩本は山内に次ぐ高い位置である(やや後の一九一二年派遣の水谷叔彦海軍機関少将については後述)。岩本の処遇については山内が工廠時代から配慮し、日本製鋼所に入社させたのであるが、健康上の問題等もあったためか、入社後の岩本は必ずしも重責を担えたとは言えない。

すなわち、山内は早くから岩本の健康上の問題から海軍内の配属替え(海外勤務から呉工廠へ)を検討していたが[32]、さらに、岩本の呉工廠造兵部長時代には造兵部統括上の問題などを考慮して[33]、「退官」・日本製鋼所への入社を勧奨し[34]、造兵部長留任のままでは部内の不満が高じて職工等の不穏な動きに連動しかねないので一刻も早く岩本進退の義を決めるように斎藤実海軍大臣に要請している。(35) 結局、岩本については、造兵部長「更迭」という形を避けることができただけでなく、むしろ一階級昇進して退官している（同年一二月二八日付）。そして、岩本は、日本製鋼所入社後も、「山内顧問・近藤常務主任体制」を支え、一時は「本社重役付主事」に付きつつも、その後は庶務課長以上の重責は担えなかった。(36) 後に日本製鋼所会長に就いた山内は、岩本を一時は自分の後継者にとまで考えたが、岩本の「人望ハ地ニ墜チ」果たせなかったと、斎藤実宛書状で述べている。(37)

中島は、呉工廠製鋼部独立以来、鍛錬技師として製鋼部長（当初山内兼務のち坂東部長）を補佐し、事実上「鍛錬部門」（大型水圧鍛錬機による砲材製造の基本工程）の責任者としての役割を果たす。日本製鋼所室蘭工場建設時には、表４－２に見るごとく、「在官」のまま嘱託として日本製鋼所に派遣された。山内は、一時は坂東退官（日本製鋼所入社）後の後任として中島の呉工廠製鋼部長案を考慮したものの、(38) 結局は中島も坂東とともに退官、日本製鋼所に幹部として入社し（〇八年六月）、幹事、監理課長（工務課長）などを歴任した。

長谷部は、製鋼技師として呉工廠製鋼部独立以来、一貫して部長（当初山内工廠長兼務、一九〇五年度より坂東喜八、〇八年度後半より瀬戸菊次郎造兵大監）を補佐し、(39) 事実上製鋼技術の責任者としての役割を果たしており、山内の信頼も厚く、先に見たごとく、日本製鋼所設立前から、井上角五郎の要請を受け、山内の指示のもとに、製造目論見・工場建設プラン・収支計画などの調査書を作成するなど、事実上の立案計画者としての役割を果たす程であった。日本製鋼所設立、工場建設に際してもその当初より（表４－２）、嘱託として工場建設、製鋼技術の指導に当たった（その間イギリス出張）。(40)

そして、〇九年五月には、井上角五郎日本製鋼所会長は、長谷部の正式入社（嘱託でなく退官入社）を山内に強く懇請した。しかし、当時、井上の「ワンマン経営」に伴ってイギリス側取締役（代理人）との間に様々な紛議が生じ

図4－1　日本製鋼所業務組織（その1）

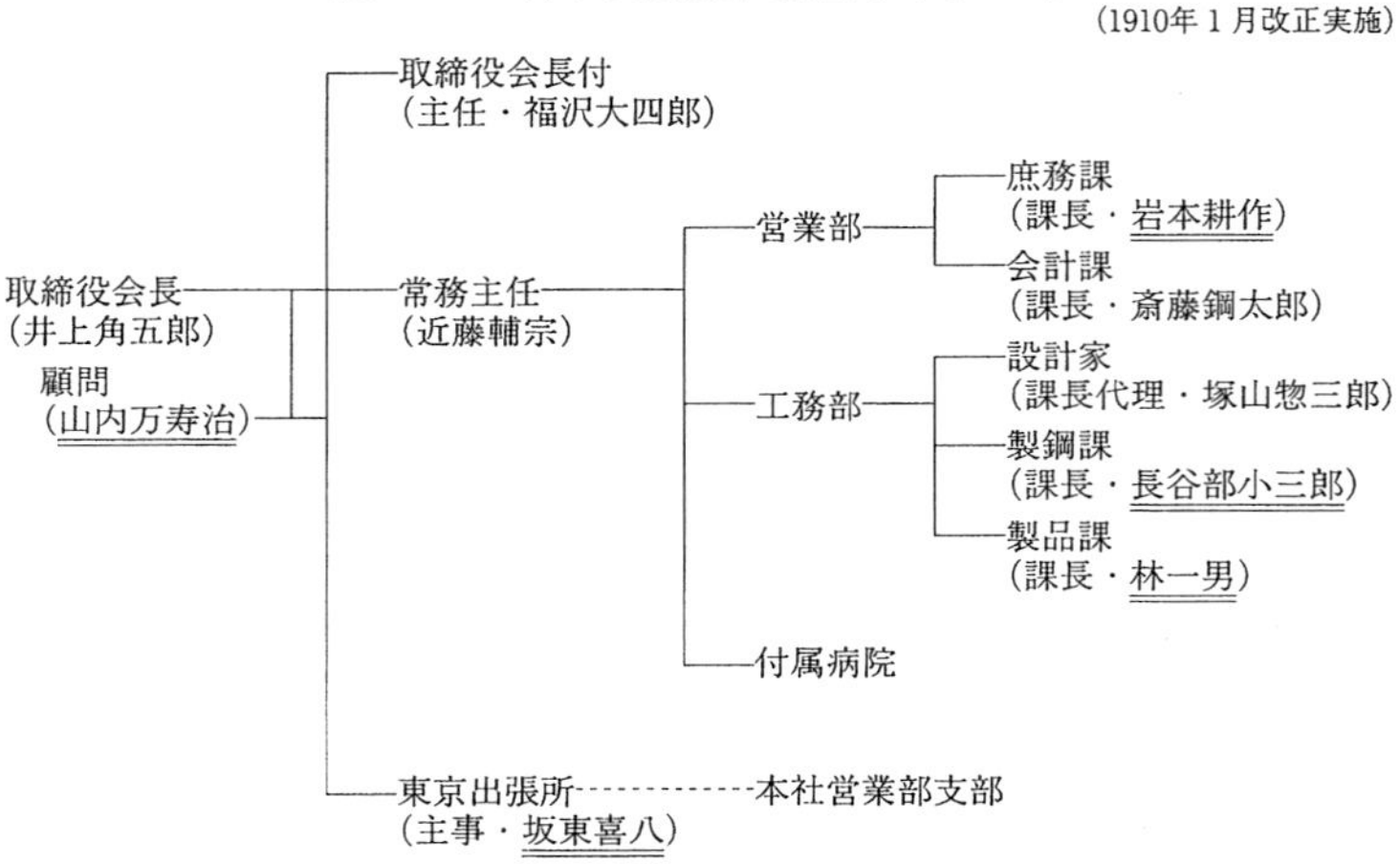

出典：日本製鋼所［1968a］145頁。
注：製品課長2月1日付、設計課長代理および製鋼課長2月15日付任命。══線は海軍在籍または出身者。

ていた。山内はすでに派遣している岩本・坂東らからその報告を受けつつ（当時岩本は庶務部長、坂東は管理部長）、日英取締役（代理）間の調停に苦慮するとともに、井上には再三苦言を呈していた[41]。井上から長谷部の「割愛」申し出を受けた山内は、長谷部が呉工廠にとって重要人物という理由とともに、日本製鋼所内の「紛争」を理由にあげて、その申し出に強い難色を示し[42]、同様の趣旨を斎藤実（海軍大臣）にも述べつつ、井上からの長谷部「割愛」の申し出には応じないように要請している[43]。

しかし、同年末には山内の要請を受けた形で日本製鋼所内の「紛争」が調停され、山内が顧問のまま事実上室蘭工場を統括する体制が築かれ[44]（山内顧問・近藤常務主任体制）、翌一〇年二月には長谷部は正式に日本製鋼所に入社し、製鋼課長などを歴任する（表4－2参照）。

図4－1は、山内による日本製鋼所「紛争」調停後の業務組織を示すものであり、一見、井上・山内の「二頭」指導に見えるが、井上は会長職にはとどまりつつも、日常業務（とくに室蘭工場統括）は山内に全権を委任している。

なお、「常務主任」に就いた近藤輔宗は山内の義弟で山内

図４－２　日本製鋼所業務組織（その２）

（1911年４月１日改正、15日実施）

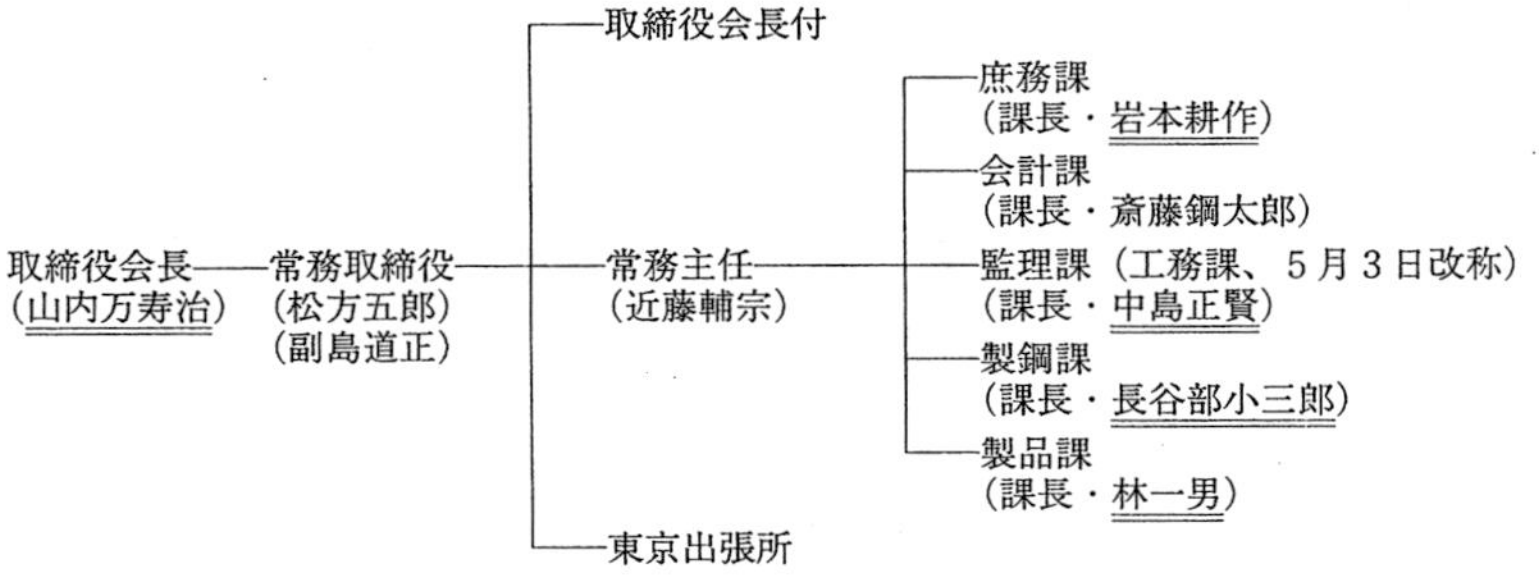

出典：日本製鋼所［1968a］163頁。

注：同資料では監理課長が長谷部、製鋼課長が中島となっているが、逆の間違いと判断して訂正。その根拠は注45（192頁）参照。═══線は海軍出身者。

のいわば「代理人」の役を果たす（取締役会にも出席）。「山内顧問・近藤主任体制」と呼ぶゆえんである。

見られるごとく、室蘭（本社・工場）の主要部署の課長職のほとんど（庶務課岩本、製鋼課長谷部、製品課林）および東京出張所主事（坂東）は呉工廠出身者で占められている。

一九一〇年四月には、井上会長が北炭「経営危機」の責任をとって北炭専務を辞任するとともに日本製鋼所会長をも辞任したので、その後一定の空白期間ができるが、前述のごとく、「山内顧問・近藤主任体制」が継続するとともに、すでに事実上の室蘭工場統括者となっていた山内は、日英取締役による要請を受けて取締役会長に就任する（六月内諾、退役後の八月株主総会で正式就任）。

図４－２の業務組織図は、山内会長就任後の組織改正（翌一一年四月）によるものである。室蘭（本社・工場）においては部が廃されて五課に単純化しているが、内四課長がすべて前記の呉工廠幹部経験者である。庶務課岩本、製鋼課長谷部、監理課（工務課）中島、製品課林である。[45] なお、本組織図には示されていないが、坂東が引き続き東京出張所の責任者（主事）の任にあったと思われる。[46]

なお、海軍と日本製鋼所との前記のような人的関係（幹部および技術者派遣）のほかに、特記しておくべきことは、海軍は早くから日本製鋼所に常駐の監督官を派遣していたことである。すなわち、海軍は、日本製鋼所の一部工場操業開始（一九〇九年五月）後の同年一一月、同社室蘭工場を重要利用工場として位置づけるとともに、注文品の製造指導、検査および連絡の必要上から常駐の海軍監督官を同工場に派遣することを決定している（初代監督官米村敏郎海軍造兵少監）。当時海軍艦艇建造中の一部大造船所を除き、民間企業に対する海軍監督官の常駐派遣は日本製鋼所が最初であるという(47)。

最後に表4－2最下段掲出の水谷叔彦（海軍機関少将、呉工廠造機部長）(48)について述べておこう。水谷は、山内日本製鋼所会長時代の後半に山内後の体制も考慮しつつ、呉工廠から日本製鋼所に派遣され、最高幹部の一人として重要な役割を果たす。すなわち、水谷は、在官のまま一九一二年六月日本製鋼所顧問に就いた後にイギリスに派遣され（一〇月～一二月）、退官とともに一三年一月「取締役代理」・「工業課長事務取扱」に就任した。

すでに筆者が明らかにしたとおり、水谷は海軍側代表としての役割をもつだけでなく、親英的でイギリス側の信任が極めて厚かった。それは彼が海軍機関学校出身だけでなく、イギリス・グリニッチ海軍学校卒でもあったからと思われるが、とりわけアームストロング社取締役J・H・B・ノウブルとは親しい間柄であった(49)。

ここでは、水谷の日本製鋼所入りが変則的だったことについて補足しておこう。

山内万寿治の斎藤実宛書状によれば、日本製鋼所山内会長は、斎藤海軍大臣宛に海軍からの人材派遣を強く要請し、海軍側の人選で（山内の意向を受けたと思われるが）水谷の派遣が急遽決められた。当時水谷は海軍在籍であったため、当面は「在官」のまま日本製鋼所顧問とし、その間、まずは海軍の命でイギリスに派遣することとした(50)。山内会長は、水谷に室蘭工場を統括させることにし（「室蘭総取締」）、当時取締役枠に空きがないために欠員あり次第取締役に就かせることを予め含んで準備を進めたのである(51)。

水谷はイギリスでアームストロング社およびヴィッカーズ社より歓迎を受け、日本製鋼所入社前であるにもかかわらず、同社イギリス側取締役会議に二回オブザーバー出席している(52)。丁度その頃、室蘭工場で技術指導に当たっていたアームストロング社派遣の高級技術者Ｆ・Ｂ・Ｔ・トレヴェリヤン（大砲製造のエキスパート）から同工場の現状に関する厳しい指摘を含む詳細な報告書がイギリス側取締役会議に提出された(53)。それを受けてイギリス側取締役・トレヴェリヤン・山内万寿治会長間で頻繁な意見交換がなされた（Ｊ・Ｈ・Ｂ・ノウブル「代理人」のＨ・Ｖ・ヘンソンも加わる）。その間、イギリス側は室蘭工場の統括をイギリス人に委ねることを要求したが、山内は拒否し、そうした交渉の経過を経て、同年末の職制改革（室蘭工場の組織再編）が行われた(54)。水谷はイギリス滞在中にイギリス側の詳細な説明を受けており、帰国・退官後直ちに日本製鋼所に正式入社し、「工業課長事務取扱」に就任する。図４－３はそれを反映したものである。

図４－３　日本製鋼所業務組織（その３）

（1913年１月17日改正実施）

- 取締役会長（山内万寿治）
  - 常務取締役（松方五郎）（副島道正）
    - 営業課（課長・斎藤鋼太郎）
    - 工業課（課長事務取扱・水谷叔彦）――各工場
    - 検査課（課長・朝倉耕一郎）
    - 東京出張所
      - 庶務部（部長・近藤輔宗）
      - 営業部（部長・鳥谷部末治）
      - 会計部（部長・坂東喜八）

出典：日本製鋼所［1968a］178頁。
注：══線は海軍出身者。

　つまり、イギリス側は従来の室蘭工場組織のままではイギリス人による技術指導が十分行えないとの判断からイギリス人による室蘭工場統括を望んだが、日本側（山内会長）の抵抗と交渉の過程で妥協がはかられた。従来からの室蘭各工場長は呉工廠時代から山内の信頼の厚い人物であったが（長谷部小三郎ら、前掲図４－２参照）、やむなく解任され、室蘭各工場を統括する「工業課」が設けられ、イギリス側の信頼も厚い水谷を「工業課長事務取扱」に任命して事実上室蘭全工場長としての役割を担わせたのである。「取締役代理」も水谷入社にともなって新たに臨時的役職として設けられたものである（イギリス側の取締役「代理人」とは性格が異なり、本人が「取締役代理」職）。実際、水谷は、取締役就任以前から「取締役代理」として取締役会議にも随時出席し、室蘭工場関係の報告のみならず、組織改革や計算書類についての重要報告を行っており、事実上の取締役待遇として日本製鋼所内で重要な役割を果たしている。(55)そして、山内の会長辞任（一三年一一月）(56)後の一四年一月、水谷は正式に取締役に就任するとともに、室蘭工場統括担当常務として、一四インチ砲等の製造責任者としての重責を果たすことになる。

以上のごとく、日本製鋼所「創業期」においては、呉工廠等の海軍出身者による技術支援や経営関与が相当強く（とくに室蘭工場の各現場責任者としての役割は大きい）、「あたかも海軍工廠の一支廠のごとく」とも言われる程であった、(57)すでにしばしば指摘しているごとく、山内会長時代はほぼ三井財閥による北炭再建時代と重なっており、とくに一九一三年一月北炭再建後は、次第に日本製鋼所に対する三井の影響力が強くなりつつあったことにも注意しておく必要がある。(58)

4　生産高動向と一四インチ砲受注・製造

(1)「創業期」の生産高動向

日本製鋼所は一九〇九年五月に一部操業を開始し（鍛冶工場における小鍛造品製造）、さらに、鍛錬工場（四〇〇〇トン水圧鍛錬機等による大鋼材鍛錬作業）、焼入焼嵌《やきばめ》工場（大口径砲身などの焼入れおよび砲身成層作業）、機械工場（「製品工場」、各種大砲等の仕上げ作業）などの完成を待って一一年一月に正式営業を開始したが、鋳造工場（「熔鋼工場」、主として酸性平炉(59)による製鋼・鋳鋼作業）の完成により全工程の操業に入ったのは同年上期のことである。しかし、ともかくも、主力製品の大口径砲に即して言えば、呉海軍工廠（製鋼部・造兵部）と並んで、大型酸性平炉（当時日本最大規模の五〇トン炉二基）による製鋼・大型鋼塊製造(60)→大型水圧鍛錬機（プレス）による大口径

表4－3　呉海軍工廠製鋼部および日本製鋼所生産高比較

（単位：トン）

年度	呉工廠			日本製鋼所		
	溶鋼	鍛錬	甲鈑	溶鋼・鋼魂等	鍛材（鍛錬）	鍛冶材
1903	8,261	6,671				
04	14,472	11,948				
05	23,033	11,605	859			
06	22,789	7,181	3,104			
07	27,368	3,143	4,224			
08	24,823	3,804	4,949			
09	31,627	5,196	4,999			
10	31,295	5,841	6,408			
11	30,947	4,907	6,578	4,504		
12	29,220	6,092	5,804	12,963	4,240	
13	41,546	8,759	8,253	24,700	8,110	856
14	48,112	9,226	8,902	24,685	8,978	2,728

出典：「呉海軍工廠製鋼部沿革誌」（山田ほか［1996］所収）、日本製鋼所［1968a］188、207頁。

注：日本製鋼所の1914年度「溶鋼・鋼魂等」内訳は、鋼塊14,619、鋳鋼420、ベーシック鋼3,203、銑鉄6,249、合金194 。「鍛材（鍛錬）」内訳は、砲身・砲架材料4,355、水雷・砲弾材料1,601、車軸材料565、船舶材料226、丸・角材360、雑材料1,871 。

砲用素材製造→同仕上げという工程(61)の「海軍兵器工場」が完成したことの「軍器独立」上の意義は大きい。

「創業期」の日本製鋼所生産高を呉工廠と比較して示すと表4－3のとおりである。

注目されることは、未だ呉工廠に比べて生産量は全体として低かったとはいえ、日本製鋼所の場合は「熔鋼・鋳鋼等」の多くを大型鋼塊→「鍛材（鍛錬）」→砲身材料に振り向けており（注記の一九一四年度内訳をも参照(62)）、一三・一四年度には鍛錬高については呉工廠に迫っている。それに対して、呉工廠の場合は「熔鋼」の多くを次第に「甲鈑」（装甲鈑）に振り向ける度合いが多くなっている。つまり、本表の生産高動向は、呉工廠の補完関係として海軍が企図した日本製鋼所設立目的に合致していると言えよう。

また、主製品の大砲製造について言えば、営業開始当時は一二インチ砲製造体制を整えたばかりであったが、時あたかも海軍主力艦主砲の一二インチ砲（四五口径三〇センチ砲）から一四インチ砲（四五口径三六センチ砲）への転換期にあたっていた。

すなわち、日本海軍は、一九一〇年、「大艦巨砲主義」に基づく世界的な建艦競争のもとで、最新鋭の超ド級装甲巡洋艦（巡洋戦艦「金剛」）の海外発注を行うこととし、ヴィッカーズ社への同艦発注とともに、一二インチ砲（五〇口径三〇センチ砲）に替えて一四インチ砲の積載を決定した。というよりも正確には、一四インチ砲艦載方針確立とともに同砲の製造・艦載が可能なヴィッカーズ社への装甲巡洋艦の発注を決定した。[63]日本海軍は金剛発注に際して同社からの全面的な技術導入を図り、引き続く金剛同型艦（比叡・榛名・霧島）の国内建造に寄与した。艦載砲についても金剛同型艦のみならず日向に至る主力艦八隻の主砲を一四インチ砲とし、その国産化実現を企図した。呉海軍工廠は言うまでもなく、日本製鋼所からもヴィッカーズ社シェフィールド工場（金剛積載の一四インチ砲製造）に技術者が派遣され、技術習得を試みた。[64]

したがって、日本製鋼所は当初は一二インチ砲を中心に諸材の製造を行いつつも、急速に一四インチ砲の製造体制を築くことになる。[65]実際、一二インチ砲製造は一九一三年四月最初の完成を含めて同年中五門のみであり、以後の主砲製造は一四インチ砲に移り、一四年四月および五月各一門を製造、同年中には一二門の完成を見る。[66]

(2) 一四インチ砲受注契約の内容

こうして、日本製鋼所は第一次大戦直前には大口径砲および原料鋼材中心の「海軍兵器工場」としての体制を整えたのだが、ここで注目すべきことは、日本海軍の主力艦積載砲の一二インチ砲から一四インチ砲への転換とその国産化に際して、一二インチ砲製造までは圧倒的に呉工廠中心であったが、日本製鋼所による一四インチ砲製造体制の進捗に伴い、次第に後者による受注・製造が増加したことである。

この点既に別の機会に略述したが、[67]より少し詳しく見ておこう。表4－4は、海軍による決裁期日別に、一四インチ砲の発注先、同砲の積載艦種（予定）を記したものである。[68]

概略的に見ると、海軍発注の一四インチ砲八七門中、呉工廠への発注は二五門に対して日本製鋼所への発注は四七門にのぼる（日本製鋼所経由でヴィッカーズ社に発注された一三門を日本製鋼所受注額として含めれば計六〇門とな

表4－4　日本海軍14インチ砲（45口径36センチ砲）発注先内訳

（門数）

決裁期日	艦名／発注先	記載なし	金剛	比叡	榛名	霧島	扶桑	山城	伊勢	日向	計
1910. 11. 14	呉工廠			8（－4）*							4
1911. 3. 16	呉工廠	1**					4				5
（4. 22発注	日鋼			4	7		8				19
形式変更）	V社	1***		1	[1]	[8]					2[+9]
1912. 8. 28	日鋼			1	2		3				6
	V社		[2]			[2]					4
1913. 4. 5	呉工廠							4			4
	日鋼							10			10
1914. 6. 26	呉工廠								12		12
	日鋼									12	12
計	呉工廠	1		4			4	4	12		25
	日鋼			5	9		11	10		12	47
	V社	1	[2]	1	[1]	[10]					2[+13]
	計	2	2	10	10	10	15	14	12	12	87

出典：防衛庁防衛研究所所蔵『明治43年公文備考』兵器6、巻57、「官房機密607号」、同『明治44年』兵器7、巻65、「官房886号」、「官房1379号」、同『明治45年大正元年』兵器6、巻53、「官房324号」、同『大正2年』、「官房957号」、同『大正3年』、「官房1915号」。日本製鋼所『明治四十四年契約書写』（同社室蘭製作所蔵）より作成。

注：V社はヴィッカーズ社。日鋼は日本製鋼所。これらすべてが記載どおり艦載されたわけではない。この点は発注本数が実際の艦載数（霧島までの金剛同型艦は8門、扶桑以降は12門）を上回っている場合があることからも明らかである。

*8門中4門を1911（明治44）年3月に日本製鋼所に変更。**「一般補給用」、***「準備用」。ヴィッカーズ社受注の内、1911年3月の「準備用」・比叡用各1門を除き、すべて日本製鋼所経由（□で囲った分）。1912年8月裁可10門はすべて日本製鋼所への注文だが、「内四門ハ外国製品」とされているので、金剛用2門と霧島用2門をヴィッカーズ社向けとした。原資料は1911（明治44）年までは「四三式十二吋砲」名（14インチ砲の「秘匿名称」）を使用。積載艦もそれぞれ一定時期までは「仮称艦名」による（正式艦名との照応は国本［2000a］）。

るが、この点は後述）。一四インチ砲の製造本数の上では、呉工廠を上回ることを確認しておこう。

やや立ち入って個別に見ていくと、まず、海軍は極めて早期に呉工廠への一四インチ砲（横須賀工廠建造の比叡用）八門発注を決めている（一九一〇年一一月一四日付）。ヴィッカーズ社との金剛正式契約三日前のことであり、金剛同型艦積載砲の国産化が急務であったことを示している[69]。そして、海軍は、翌一一年三月にはこの比叡用八門中四門を呉工廠経由で正式操業間もない日本製鋼所に振替発注することを決めている。この時点ですでに海軍は日本製鋼所において一四インチ砲製造可能と判断したものとして注目される。

そして、その際に海軍は呉工廠へは五門（扶桑用四門と「一般補給用」一門）を発注しているが、さらに、日本製鋼所へ一九門、ヴィッカーズ社へ一一門の発注をしており、一四インチ砲三五門の同時大量発注を決裁しているのである。[70]

なお、ヴィッカーズ社への発注一一門中二門（「準備用」一門と比叡用一門）は「在英監督官ヲ経テ製造会社へ」発注されたが、他の九門（榛名用一門および霧島用八門、表中の□で囲った部分）については海軍は日本製鋼所に発注するという形式を採り、日本製鋼所経由でヴィッカーズ社に発注された。つまり、この分を含めると一九一一年三月決裁分の日本製鋼所受注分は計二八門にものぼる（形式はこの時点ではすべて海軍造兵廠経由）。[71][72]

ここで断っておく必要があるのは、日本製鋼所への発注形式である。すでに別の機会に指摘したが、日本製鋼所への発注分については、前記扶桑用四門の発注形式を呉工廠経由から海軍造兵廠経由に改めた後、翌四月には前記日本製鋼所受注分二八門分も含めてすべて海軍艦政本部直接契約に再変更する。この度重なる発注形式の変更の背後には、重要な事態の変化が進行していたものと理解される。つまり、一つの要因は言うまでもなく日本製鋼所の一四インチ砲製造体制進捗に伴うものであるが、より重要なことはヴィッカーズ社代理店としての日本製鋼所との契約という要素が加わったことである。[73][74][75]

すでに繰り返し明らかにしたごとく、前年（一九一〇年）一一月のヴィッカーズ社による金剛正式受注契約直前に、日本製鋼所も「金剛コミッション（手数料）」（金剛契約価額の二・五％）の取得をヴィッカーズ社に認めさせただけでなく（一一月八日）、今後イギリス両社（アームストロング社およびヴィッカーズ社）が日本政府から受注する大砲類（素材を含む）について同様にコミッションを取得することを認めさせ（同二四日）、さらにより一般化する形で、少なくとも日本政府注文に関する限り、日本製鋼所がイギリス両社の代理店としての役割を果たすことを認めさせるに至る（「総代理店問題」の進展）[76]。

このように日本製鋼所のイギリス両社代理店としての地位が確立するにともない、海軍のヴィッカーズ社に対する注文は海軍とヴィッカーズ社代理としての日本製鋼所との契約という形式をとる必要が生じた。そうした際に海軍と日本製鋼所との契約を迂回的にしておくと煩雑さを免れないために、すべて艦政本部による直接契約に変更したものと思われる。

事実、のちに見るように、同年五月の海軍艦政本部と日本製鋼所との契約書中、ヴィッカーズ社振り向け分はすべて「英国ビッカースリミッテット社代理株式会社日本製鋼所」と明白に表現された契約となる[77]。

したがって、翌一二年八月決裁一〇門についても、ヴィッカーズ社への発注四門（金剛用二門、霧島用二門）は、すべて日本製鋼所経由である（というよりもむしろ日本製鋼所に一〇門発注し、「内四門ハ外国製品」という但し書き決裁という形式を採る[78]）。

以後、ヴィッカーズ社への発注はなく、一九一三年には山城用一四門中呉工廠に四門、日本製鋼所に一〇門と注文を振り分け、一四年には呉工廠に伊勢用一二門、日本製鋼所に日向用一二門とそれぞれ積載艦ごとにまとめて大量発注している。このような形で一四インチ砲の国産化が呉工廠と日本製鋼所により実現したのであり、とりわけ少なくとも量的には日本製鋼所が上回っていることにあらためて注目しておきたい。

しかし、ここに至る過程は単純ではない。この点を一九一一年の日本製鋼所受注二八門（ヴィッカーズ社代理としての受注分も含む）の内訳をやや詳しく吟味・検討することにより明らかにしておこう。

表4－5は、前表記載の一九一一年三月決裁の日本製鋼所に対する一四インチ砲二八門を受けて同年五月に締結された海軍艦政本部・日本製鋼所間の契約書の内容を整理したものである。その内容は四つに分けられる。

(A)は砲身仕上げ一四門（比叡用四門、榛名用七門、扶桑用三門）である。この分については、日本製鋼所は砲身素

表４－５　日本製鋼所14インチ砲関係受注契約内訳

（1911年５月25日付、対海軍艦政本部）

(A)　14インチ砲身（付属品予備品共）仕上14門　（単価 83,800円）　1,173,200円

積載艦名	内訳	納期	前金払表		（円）
比叡用４門	3	1913. 8. 31	1911年度	契約時	300,000
	1	1913. 11. 30		工程1/3	240,000
榛名用７門	5	1913. 11. 30	1912年度	工程2/3	285,700
	2	1914. 3. 15	1913年度	納入時	243,300
扶桑用３門	3	1914. 3. 15		（前払金小計）	1,069,000
計	14			（残金）	104,200

(B)　「大砲半作砲身」14門分（単価 95,200円）　1,332,800円

前金払表		（円）
1911年度	契約時	350,000
	材料約1/3到着時	380,000
1912年度	材料約2/3到着時	300,000
	（前払金小計）	1,030,000
	（残金）	302,800

(C)　14インチ砲（付属品予備品共）９門分　（単価 179,000円）　1,611,000円

積載艦名	内訳	納期	前金払表		（円）
霧島用８門	8	1913. 10. 30	1911年度	契約時	600,000
榛名用１門	1	1913. 10. 30	1912年度	工程1/3	300,000
計	9		1913年度	４門納入時	316,000
				（前払金小計）	1,216,000
				（残金）	395,000

(D)　14インチ砲（付属品予備品共）５門分　（単価 179,000円）　895,000円

積載艦名	内訳	納期	前金払表		（円）
扶桑用５門	3	1914. 3. 15	1911年度	契約時	300,000
計	2	1914. 6. 30	1912年度	工程1/4	150,000
	5		1913年度	工程2/4	111,500
				３門納入時	200,100
				（前払金小計）	761,600
				（残金）	133,400

出典：日本製鋼所『明治四十四年契約書写』（同社室蘭製作所蔵）より作成。

注：原資料は「四三式十二吋砲」（14インチ砲の「秘匿名称」）により、積載艦もすべて「仮称艦名」による（正式艦名との照応は国本［2000a］）。

すべて1911（明治44）年５月25日付、海軍艦政本部長松本和と株式会社日本製鋼所取締役会長山内万寿治との間の契約書であるが、(B)(C)の場合は「英国ビッカースリミッテット社代理」株式会社日本製鋼所としての契約。

材を製造せず（呉工廠から振替の比叡用四門も含めて）、すべてヴィッカーズ社からの供給によるものとした。その契約が(B)「大砲半作砲身」一四門分である（「英国ビッカースリミッテット社代理株式会社日本製鋼所」として契約）。これは一四インチ砲身用とは明示されていないが、(A)との対応関係から一四インチ砲身用であることは明瞭である。

(C)一四インチ砲九門分（霧島用八門、榛名用一門）は、素材から完成砲身まですべてヴィッカーズ社に発注するも

ので、(B)同様に日本製鋼所が代理契約を行っている。つまり、(B)(C)ともに海軍は本来ヴィッカーズ社と契約すべきものを前記のごとき経過のもとで、日本製鋼所との契約を結ぶことになったものである。したがって、(B)(C)については、日本製鋼所が「代理店」としての立場からコミッションを取得することは言うまでもない（料率については後述）。(D)一四インチ砲五門分（扶桑用）は、素材から完成砲身まで日本製鋼所が製造する分の契約である。

つまり、一九一一年日本製鋼所受注一四インチ砲二八門中、砲身素材から完成までのすべての工程を製造したのはわずか五門であって、九門はまるごと外注（ヴィッカーズ社へ）、一四門は砲身素材をヴィッカーズ社の供給に仰ぎ、仕上げ工程だけを日本製鋼所が担当したのである。前述のごとく、鋳造工場の完成が遅れた（同年上期にまでずれ込む）日本製鋼所としては一四インチ砲供給を急ぐ海軍側の要請に応ずるためには、一四門分の砲身素材供給をさしあたりヴィッカーズ社に仰ぐしかほかに途がなかったものと言えよう。

この点は、各契約の「納期」と「前金払表」を見ると明らかである。すなわち、素材から完成砲身まで製造する五門(D)の納期が一九一四年（三月および六月）と一番遅いのに対して、ヴィッカーズ社にまるごと製造依頼する九門(C)の納期が一三年一〇月であり、「半作砲身」一四門(B)のヴィッカーズ社供給はほとんど一九一一・一二年度（一部一三年度にわたるようだが）と一番早い。その「仕上」一四門(A)の納期は一三年八月から一四年三月で、(C)と前後する時期である。

なお、本表記載から明らかなごとく、各砲の契約時から納期までの間に「前金払表」にしたがって前金が日本製鋼所に支払われる契約となっており（「大工事」の場合の通常の契約方式と思われるが）、操業間もない日本製鋼所としては会社経営上極めて重要な収入源となったことは明らかである。もっとも、本表からすれば、「仕上」用一四門(A)は一三年八月から翌一四年三月までにすべて納入予定であり、一番納期の遅い素材から完成砲身まで製造の五門(D)でも一四年三月から六月という予定となっているが（合わせて一四年六月までに全一九門）、前述のごとく、日本製鋼所による初の一四インチ砲製造完成が一四年四月、同年中に一二門完成であるから、実際の納期は本表より相当遅延することになり、「前金払」もそれに応じて遅れざるを得なかったものと思われる。

最後に、一四インチ砲製造単価および日本製鋼所取得のコミッション（手数料）について指摘しておく。完成砲身単価は日本製鋼所製造の場合もヴィッカーズ社製造の場合も同額である（一七万九〇〇〇円）。この金額は「半作砲身」単価（九万五二〇〇円）と「仕上」単価（八万三八〇〇円）との和に等しい。つまり、海軍側からすれば、完成砲身を日本製鋼所に発注する場合も、日本製鋼所経由でヴィッカーズ社に発注する場合も、また、砲身素材をヴィッカーズ社に仰いで日本製鋼所が「仕上」を担当する場合も、すべて一完成砲身あたり同額（一七万九〇〇〇円）を支払うという契約となっている。

海軍としては一四インチ砲完成に支出する金額がすべて同額であることはむしろ当然のことであるが、受注する側の日本製鋼所としては、この砲身をすべて自社製造するか、素材を外注して（この場合ヴィッカーズ社に）「仕上げ」工程のみを担うか、あるいは、すべて外注するかによって取得する金額は異なる。

前述のごとく、日本製鋼所はイギリス両社との交渉により、日本政府注文について「代理店」としての立場からコミッション（手数料）を得ることを確約させたのだが、その料率については通常二・五％としつつも、日本製鋼所は受注品目により料率アップを要求し、一部実現させていた。すなわち、まさにこの一四インチ砲について日本製鋼所はイギリス側に一・二五％の追加料率アップを要求し、完成砲身については認められなかったものの、砲身素材（鍛鋼品）については承認させ[79]、計三・七五％の手数料を得る約束を取りつけていたのである。

したがって、これに基づいて日本製鋼所が取得するコミッション（手数料）を計算すると、「大砲半作砲身」一四門分(B)については四万九九八〇円（一三三万二八〇〇円の三・七五％）、一四インチ砲九門分(C)については四万二七五円（一六一万一〇〇〇円の二・五％）、計九万二五五円となる。日本製鋼所としては、一四インチ砲の手数料収入としてこの金額が見込まれることになる（一九一一～一三年度予定）。

日本製鋼所は「仕上」一四門(A)および素材から完成砲身まで製造の五門(D)についても製造コストが受注契約額を上回らない限り利益が見込まれるが、それらの一九一一年時点での製造コスト見込みを示す資料は確認できないので定かではない。日本製鋼所としては、前記コミッション料率からすれば、当面はヴィッカーズ社に対する砲身素材および完成砲身の発注手数料は操業開始当初の「利益保証」として意味を持つ。しかし、その手数料率を上回る製造利益が見込めれば、自社製造に切り替えた方が日本製鋼所としても得策であったはずである。先に見たごとく、日本製鋼所は、前表の一九一二年受注分一〇門中「内四門ハ外国製品」とせざるを得なかったのであるが[80]、翌一三年以降の受注分はすべて日本製鋼所製造に切り替えることができたものと判断できるので、一四インチ砲受注の手数料収入（ヴィッカーズ社発注分）は、それまでの過渡的役割（操業開始当初の「利益保証」としての役割）を果たしたものと評価できよう[81]。

(3)　大口径砲製造の「技術移転」と問題点

もっとも、日本製鋼所の一四インチ砲受注も契約どおりに製造・納品できたわけではなく、実際には多くの問題点を抱えていた。

すでに別の機会に明らかにしたごとく[82]、創業期の日本製鋼所はイギリス側出資者両社から多くの技術供与を受けた。設立直後から技術者及び職工をイギリスに派遣しただけでなく、イギリス両社からも多くの技術者が日本製鋼所に派遣された。一九一一年から一四年までの間に室蘭工場に派遣された両社からの技術者は、高級技術者F・B・T・トレヴェリヤン（一二年五月来日）を別格として、ほかに二六名おり、室蘭工場で各部門ごとに直接技術指導に当たった。彼らの多くは第一次大戦前（一部は大戦中）に契約期間を満了（一部延期）して相次いで帰国した。その間に日本製鋼所は大口径砲および同原料鋼材の製造技術を修得した。その意味ではイギリス両社からの日本製鋼所への「技術移転」は基本的には達成された。

もっとも、その過程は必ずしもスムーズではなく、第一次大戦下の「強いられた事情」のもとで達成されたものであり、技術習得完了と言えるものではなかった。その点はトレヴェリヤンが契約更新（一四年二月）直後に一時帰国のままアームストロング社側の事情により再来日不可能となったこと、また、彼に替わる高級技術者の派遣要請も大戦勃発のもとで実現不可能となったことに象徴的に示されている。

大戦直前にアームストロング社から派遣された技術者の指導も日本製鋼所にとって必ずしも満足のゆくものではなかった。とくにE・L・ロバートスン熔鋼部主任下の大型鋼塊鋳造作業の成績不振（一九一四年下期および一五年上期鋳造の大型鋼塊［一一〇トンおよび八〇トン］二八本中良好なものは五本に過ぎず）と同氏解雇（形式的には辞職願いの承認、一九一五年六月）の事例はその典型例である。[83]

室蘭工場統括担当の水谷常務は、ロバートスン解職後の諸方策を打ち出し、イギリス側にも支援を要請するが（代替技師の派遣要請等）、大戦下にイギリス側は到底応ずる余裕はなく、日本製鋼所は海軍（とくに呉工廠）の支援に依存する。前述のごとく、多くの一四インチ砲を受注済みであり、その製造は急務であった。しかし、呉工廠も繁忙のため、技術者の派遣は割愛、貸与のいずれも困難であり、結局は同工廠製一四インチ砲用鋼塊の一部提供を受けることにより辛うじて急場を凌いだのである。

ロバートスン解職後はイギリス人技術者はほぼ冶金・鍛錬技術者H・H・アッシュダウンを残すのみであり、[84]以後、一四インチ砲の製造も軌道に乗る。前掲表4－4の一九一一～一四年の日本製鋼所受注分四七門については時期は遅れたものの、すべて一四～一七年に完成したと推定される。ただし、完成した一四インチ砲の品質については海軍納入規格からすれば不十分であった（四七門中まったく「故障ナキモノ」は一〇門にすぎなかった）。[85]

なお、一四インチ砲製造技術導入と関連して、呉工廠は製鋼方式もアームストロング式からヴィッカーズ式に切り替えたのに対して、日本製鋼所の場合はアームストロング式をしばし継続した(86)。日本製鋼所がヴィッカーズ社シェフィールド工場で一四インチ砲製造技術の研修を受けていたにもかかわらず、アームストロング式を継続したのは同社からの派遣技師による技術指導が続いていたことによるところ大と推察される。そのことはまた、前述の一四インチ砲製造上の困難とも関連していたと思われるが、資料的には定かではない。

5　むすびにかえて――原料銑鉄確保難と輪西製鉄所合併のジレンマ――

最後に、日本製鋼所による原料銑鉄確保問題と輪西《わにし》製鉄所合併（一九一九年）の持つ意味について再検討しておこう。本問題を再吟味するゆえんは、「軍器独立」上、重要な問題を内包していることによる。それだけでなく、輪西合併の通説とされる「銑鋼一貫経営目的」説においては、日本製鋼所が第一次大戦期の「鉄飢饉」の経験から原料銑鉄自給の必要性を痛感して輪西合併を行ったとする場合が多く(87)、筆者はこうした見解は当を得ていないことを明らかにしたが(88)、日本製鋼所室蘭工場が一時期輪西銑《りんざいせん》を利用したことをもって通説的理解を受容する場合があるため看過できない。

すでに述べたごとく、呉海軍工廠製鋼部も日本製鋼所も、主として酸性平炉による製鋼生産を行っており、そのためには原料銑鉄として低燐銑鉄の確保が必要であった（燐分・硫黄分が極度に低い低燐銑鉄は軍用高級鋼材用原料銑鉄として重用され、「純銑鉄」と呼ばれる）。日本製鋼所創業期においては、日本国内で低燐銑鉄を確保することは困難であったために、原料銑鉄はほとんど輸入銑鉄が使用された。スウェーデン木炭吹低燐銑鉄（「純銑鉄」）とイギリス・ヘマタイト銑鉄である。この点、呉工廠では第一次大戦前から輸入銑鉄の代用策が検討されていたとはいえ(89)、基本的には同様であった。

しかし、第一次大戦勃発による極度の輸入困難(「輸入途絶」「鉄飢饉」)が生じたため、緊急対策が講じられた。海軍は、大倉財閥が旧「満州」(中国東北部)本渓湖に確保した低燐鉱石に着目し、「低燐団鉱」を基本原料とする大倉の製鉄所建設計画を全面的に支援し(一九一五年大蔵省二〇〇万円融資)、大倉は急遽広島県大竹に木炭吹き小高炉二基を有する山陽製鉄所を建設した(一七年に高炉二基相次いで完成)。ただし、本渓湖における選鉱工場および団鉱工場建設が輸入資材難などの理由により遅延したために、山陽製鉄所製初期の木炭吹銑鉄は「純銑鉄」規格を満たさず、「純銑鉄」製造は大戦直後にずれ込む[90]。

日本製鋼所の場合、第一次大戦勃発に伴う原料銑鉄確保は呉工廠以上に深刻であり、代用銑鉄の確保が急務とされた。そこで試みられたのが隣接の輪西製鉄所(当初北炭内、一九一七年一月北海道製鉄株式会社として分離独立)製造の銑鉄(輪西銑)使用である[91]。

日本製鋼所による輪西銑使用の可能性は大戦前から検討されていたが、燐分・硫黄分が高い輪西銑は酸性平炉用には適さず、使用不適格とされていた[92]。大戦勃発に伴い代用銑鉄の確保は日本製鋼所にとって急務となり、工業部長水谷叔彦(室蘭統括担当常務取締役)は、再度輪西銑の使用可能性を調査させたが、担当技師の水谷宛報告でも輪西銑はそのままでは到底使用不可能とのことであった[93]。

そうした中で、日本製鋼所は「内国産銑を用いて砲身用高級鋼原料に代用する研究」に着手し、「銑鉄脱燐法」(普通銑鉄から酸性平炉用低燐銑を製造)の開発に成功した(一九一六年五月)。この「銑鉄脱燐法」による銑鉄は「TAV銑」(または「VAT銑」)と呼ばれ、日本製鋼所独自な技術開発として注目される[94]。

「VAT銑」は、材料費は高価なスウェーデン銑鉄に比してもさらに高価についたと報告されているが[95]、溶解作業そのものは種々の工夫を加えることにより難点を解決して「瑞典銑ト全然同一ノ作業ヲナシウルコト」となり[96]、作業結果においても「ＶＡＴ銑ヲ使用シタルモノハ普通砲材ニ比シ再加工及再試験ノ割合可成多キモ大体ニ於テ砲材トシテ良好ナルコト」[97]を確認し得るまでに至ったという。したがって、「ＶＡＴ銑」は、技術的にはスウェーデン銑鉄やイギリス・ヘマタイト銑鉄の代用銑として使用可能となっていたと判断され、実際にも大戦期の極度の輸入銑鉄欠乏の折りには、製造コストが高価としても代用銑として使用されたことは推察される。

第一次大戦終了に伴う銑鉄輸入再開により原料条件は再変化するが、注意しておく必要があることは、日本製鋼所室蘭工場による輪西銑使用は極めて不合理となることである。すなわち、大戦後は輸入銑鉄使用が可能になったが、日本製鋼所の場合、呉工廠に比してスウェーデン銑鉄を十分には確保できなかったと思われる。しかも、ここで重要なことは、輪西合併直後においては、自社銑となった輪西銑の優先的使用をむしろ余儀なくされ、その結果として、日本製鋼所の場合は呉に比して良質の製品が得られなくなることである。呉工廠を見学した日本製鋼所の一技術者は次のごとく記している。

「呉工廠に於てハ豊富なる瑞典銑鉄を有して製鋼事業に必要なる炭素含有量（鋼中の）に対して極めて安全の地位を有するハ誠に吾々製鋼事業の羨慕の至りなり」。「呉にてハ材料に於て安全なるもの多く使用するに反し室蘭にてハ優良なる銑鉄（酸性平炉用銑）無き事」。「呉の材料ハS量（硫黄分のこと―引用者）少し、これに反して室蘭にあってハS除去に苦心し居る有様にて」。（呉の場合）「実にS少し、此点に於てハ特に優良品製造の必要ある故優良なる銑鉄を望むものなり室蘭にてハ必ず輪西銑鉄を使用するを要するが故塩基性炉にて種々研究しつつある所なれ共未だ充分の域に達せず」[98]（傍点―引用者）。

以上のごとく、第一次大戦期の「鉄飢饉」時に「VAT銑」開発によりスウェーデン銑鉄、イギリス・ヘマタイト銑鉄の代用銑使用が技術的に可能となったとはいえ、品質的に必ずしも優れたものとは言えず、また、価格的にもスウェーデン銑鉄よりも高価についたので、大戦後には「VAT銑」使用は日本製鋼所にとって利点とは言えず、むしろ逆に自社銑となった輪西銑の優先使用をも一時的に余儀なくされたことは結果的には室蘭工場製品の品質低下をもたらさざるをえなかったのである。

日本製鋼所による輪西合併の目的が「銑鋼一貫経営」にあったとするならば、こうした「一貫経営」による技術上の不利益はどのように説明されるのであろうか。むしろ、こうした事実は拙論の「銑鋼一貫経営目的」否定説を別の側面から補強するものと言えよう。

筆者はすでにイギリス側の一次資料を詳しく分析することにより、輪西合併の真のねらいが日本側の「資本的独立」、とりわけ三井財閥による日本製鋼所支配権の確立にあったことを明らかにするとともに、第一次大戦末・大戦直後という時期に合併を強行したことによりイギリス側株主両社の日本側（とくに北炭を傘下においた三井財閥）に対する不信感を醸成したことを具体的に示し、強調した(99)。

日本製鋼所の「資本的独立」そのものは「軍器独立」を企図する海軍の意向に沿っているかにみえる。しかし、輪西合併が三井財閥主導で行われ、海軍兵器用高級鋼材の原料銑鉄製造には不適切な輪西工場を自社内に所有するに至ったことは、合併後の日本製鋼所が変則的な形となったことを意味する（普通銑鉄製造の輪西工場と海軍兵器および同高級鋼材製造の室蘭工場という有機的関連が希薄な二工場）。確かに室蘭工場（および一九二〇年松田製作所買収後の広島工場）は海軍用兵器製造を主とする「海軍兵器工場」としての性格を持続したが、日本製鋼所という会社全体（そのトップマネジメント）に対しては三井財閥の意向がより強く作用することになる。

残念ながら、日本製鋼所による輪西合併当時、海軍が具体的にどのように対応したのかは資料的に定かではない。

のちの記述からは消極的態度が散見されるが、[100] 明確な方針をもって対処した経過は見られない。[101] ここでは、伝聞的叙述ながら、水谷叔彦海軍少将（日本製鋼所常務取締役）が輪西合併に反対したことが常務解任（一九二一年）の一因となったと油谷《ゆたに》堅蔵海軍少将（ヴィッカーズ社代理人として二五年より日本製鋼所取締役）が記していること、[102] 海軍は日本製鋼所の人事に強く介入して水谷の常務復帰を実現させたこと[103]（同年）、のちに輪西製鉄所再分離を油谷が提起する際に海軍が軍事上の観点から輪西分離を強く望んでいると記していること[104]などを想起するに止めておく。[105]

ともあれ、日本製鋼所室蘭工場による輪西銑の使用は一時的であり、しかも技術上の問題点を含んでいたのであって（原料銑鉄自給ないし「技術的独立」上の問題）、輪西合併が「銑鋼一貫経営目的」を果たしたとは到底言えないだけでなく、「資本的独立」の点でも、三井財閥主導下の輪西合併後の日本製鋼所は、「軍器独立」を企図する海軍の目的に十分合致したものとはならず、イギリス側出資者両社との関係では問題をかえって複雑化させたものと言えよう。

注

（1）「九州の八幡には東洋無比の官設製鉄所」、「北海道の室蘭には別個、日英両国人の共同経営に成れる私設の日本製鋼所」、「此両者に呉鎮守府所属の製鋼所を加ふれば相互鼎立の形となって我国の三大壮観を見ることも出来やう」（『東京朝日新聞』一九一二年九月二五～二七日、引用は二五日付）。

（2）「我が海軍の充実を期する為に必要な工場であるからには是非これが成功を期し……日本製鋼所は飽まで之を挫折させてはならぬ」（同前、引用は二七日付）。

（3）詳しくは奈倉［一九八四］第三章。

（4）奈倉［一九九八］［二〇〇二］［二〇〇三］。奈倉・横井・小野塚［二〇〇三］第二章。

（5）主としてケンブリッジ大学図書館所蔵の 'Vickers Archives'（[VA] と略記）および Newcastle-upon-Tyne 所在 'Tyne and Wear Archives Service' 所蔵の諸種のアームストロング社関係資料（[TWAS] と略記）。

（6）「軍器独立」という用語を用いるのは、当時の資料表現という意味だけではなく、兵器および同素材の「技術的独立」と「資本的独立」を含意する上では「兵器国産化」という用語より適していると考えるからである（本書序章参照）。

（7）「コーポレート・ガヴァナンス」用語を用いれば海軍は主要な「利害関係者」として経営にどのようにかかわったのかという問題と関連する（奈倉［二〇〇二］、Nagura [2002]）。

（8）詳しくは奈倉［一九九八］第一～三章、等。

（9）山内［一九一四］一九二頁。

（10）'Sir W. G. Armstrong Whitworth & Co. Limited, Minute Book No. 2', 30th Nov., 1906 [TWAS 130/1267]. 'Vickers Sons & Maxim Limited, Minute Book, No. 5 (1901-1907),' 28th Feb., 1907 [VA-1363]. B.H.Winder, 'Nihon Seiko Sho (The Japan Steel Works Ltd)' [VA-L16 & R313]. 'K. K. Nihon Seikosho (Japan Steel Works),' 31st December 1934 [VA-57 & 1239].

（11）その意味では、のちに山内が日本製鋼所設立時を回顧して、井上は鉄道売却により「三千万の閑財を得た」と豪語したが、「井上氏が当初声言せし出資三千万円は何時しか変じて千万円の半額則ち五百万円と化し去」ったと非難しているのは（山内［一九一四］一九一、一九七頁）、あながち不当ではない。

（12）奈倉［一九九八］七四～七七頁、市原［一九八三］、宮下［一九九四］、北沢［二〇〇三］、等。井上の製鉄業進出計画から北炭専務および日本製鋼所会長辞任に至る経緯についての井上自身の回顧は、井上［一九三三］二三～五七頁。

なお、輪西製鉄所は三井財閥による北炭再建（一三年）とともに再操業するが（その際は鉄鉱石原料に普通銑鉄製造）、三井は日本製鋼所設立および輪西製鉄所建設に最初からかかわっていたわけではないことに注意しておきたい。当初から三井がかかわったかのごとく記述する文献は多いが、そのほとんどはのちの団琢磨の回顧（故団男爵伝記編纂会［一九三八a］三六七頁）などによっており、資料的根拠は薄弱である（詳しくは奈倉［一九九八］三四～三六頁）。板橋［一九九二］は、北海道の工業開発を北炭および日本製鋼所中心に描いた興味深い文献だが、北炭および三井の視点から書かれており、井上の製鉄業進出計画についても三井側は「諸手を挙げて賛成した」（六四頁）と記述し（前記団の回顧をもとに）、その後の日本製鋼所設立計画変更を「この大構想が芽のうちに製鋼事業に縮小されてしまう」（六五頁）と、あたかも井上の当初計画の方が規模が大きく優れていたものと過大評価をしている。

（13）以下、詳しくは、奈倉［一九九八］第一章、奈倉・横井・小野塚［二〇〇三］第一章、等。

（14）奈倉［一九九八］第一章、室山［一九八四］三三七～三四六頁、池田［一九八四］、等。呉工廠の歴史については、呉海軍工廠［一九二五］、八木［一九五七］［一九五八］、呉市史編纂室［一九六四］二三三～三一五頁、広島県［一九八〇］九五四～九八六頁、等参照。

なお、兵器用鋼材をめぐる呉工廠と八幡製鉄所との関係・調整に注意。要約的に言えば、海軍は製鉄所設立計画の変更（いわゆる野呂案から大島案へ）により、八幡での海軍用鋼材の製造が不十分との判断のもとに呉工廠の拡張を推進（大砲製造から装甲鈑製造へ）（「甲鉄板製造所設立ノ件」一九〇〇年八月、国立公文書館所蔵『公文別録』二A－〇〇一－〇〇別　〇〇一七二　所収）。翌年の農商務・海軍両大臣間の八幡と呉との役割分担に関する協定（〇一年二月）により、呉は砲身材料・大砲・水雷・弾丸・甲鉄板・砲楯等の製造を担当（三枝・飯田［一九五七］二二六～二三〇頁）。その後、八幡は日露戦時の拡張により坩堝鋼に加えて艦艇用厚板の製造までは可能になる。三枝・飯田説の再検討を試みた清水［二〇〇二～二〇〇三］、長野［二〇〇三］第三章をも参照。同上書に対する筆者の書評は奈倉［二〇〇四］。

(15)　山内［一九一四］一六九・一七〇、二〇三頁、呉鎮守府副官部［一九二三］四八頁、八木［一九五七］八五頁、等。筑波は日露戦争中の一九〇五年一月起工、戦時急造を命ぜられ、わずか一一カ月で進水式を挙行した（同年一二月）という点でも画期的である。しばしば横須賀工廠における戦艦薩摩の建造が「世界水準」到達の指標と言われるが（山田［一九三四］一〇二頁、等）、計画当時世界最大級（排水量など）であったものの、一一年竣工時には「旧式艦」となる（奈倉・横井・小野塚［二〇〇三］二九・三〇頁をも参照）。

(16)　一九〇六年呉にて起工したが、主機関を急遽レシプロからタービン（カーチス式）へ変更したことなどもあって竣工は遅れて一一年となる。

(17)　奈倉［一九九八］第一章、小林［一九八七］、同［一九九四］、池田［一九八四］、長谷部［一九八三］、等。

(18)　本資料「会社創立ニ就テ収支調書」（北炭東京支店用箋使用）は『明治四十年　会社創立関係　庶務係』（日本製鋼所室蘭製作所所蔵）というファイルに一括されているが、前年一〇月頃に作成されたものと思われる。その推定根拠は、一九〇六（明治三九）年一〇月二七日付北炭東京支店井上角五郎（北炭東京支店用箋使用）より井上専務取締役（北炭本店）宛書状（北炭『明治三十九年自十月至十二月　親展書類　重役付』北海道開拓記念館所蔵）記載の「製鋼一ヶ年間産出見込」や「事業ノ利益」の数値が本資料記載数値と一致していることにある。書状中に「詳細ノ書類アレトモ今暫ク之ヲ公ニシ兼居候」と記された「詳細ノ書類」が本資料にあたると思われる。なお、書状の一部は長谷部［一九八八］に紹介されているが、本資料は、管見の限り未紹介である。

(19)　長谷部［一九八八］紹介の「製鋼一ヶ年間産出見込」は一部誤りあり。たとえば、「艦船主軸用鋼材」「参千六百噸」を「壱千六百噸」と読んだためか、以下の合算数値もすべて二〇〇〇トン少なく表記されている。

(20) これら諸設備は水圧鍛錬機は当初予定規模・基数通り、平炉は数が減少するが(酸性二五トン平炉三基、塩基性二五トン平炉一基)、実際に設置される(日本製鋼所『工場案内』[『製品目録』と合冊]、一九一二年一一月)。

(21) 前掲北炭支店より本店宛書状でも、「製鋼用地ノ設計」は「山内長谷部諸氏ノ意見」を採り入れ、「製鋼一ヶ年間産出見込」は「長谷部技師上京調査」したと明記されている。

(22) 前掲資料「会社創立ニ就テ収支調書」(この資料名は原資料になく前掲収録ファイル目次の表記)は三つの内容からなる。前書き的一枚目、二枚目以降の「別冊調書」(本文に内容摘記)および末尾二枚(袋とじ)である(筆跡それぞれ異なる)。二枚目以降の「別冊調書」が海軍側(推定長谷部小三郎)作成と思われるものであり(「吾ガ海軍……」等の文言にも表れている)、末尾二枚の「製鉄所創立予算」は「江藤捨三の調書」と一枚目に明記されており、「調書」自体が二本立てになっている。なお、後者の「製鉄所創立予算」は二四万円しか計上されていない(溶鉱炉能力も定かでなく極めて簡便なもの)。

(23) 日本製鋼所工場用地として室蘭が選定されたのは第一義的には北炭の従来からの方針であったが、海軍用地(旧「第五鎮守府予定地」)との関係もあった(奈倉[一九九八]三三一~三三三頁、日本製鋼所[一九六八a]三三一~三三五頁、等)。なお、「第五鎮守府」が実現しなかった経過については、田中[一九九〇]、陸海軍用地の使用と官需優先規定については、日本製鋼所[一九六八a]一八六頁、を参照。

(24) 詳しくは、奈倉[一九九八]第二~四章、奈倉[二〇〇一]等、参照のこと。

(25) 詳しくは、奈倉[一九九八]六二頁、等。

(26) 間の約二カ月間、ヴィッカーズ社取締役ダグラス・ヴィッカーズが日本製鋼所取締役会長に就いたと言われるが、当初から臨時的暫定的措置であり、その間に一度も取締役会は開催されておらず、実質的には取締役会長とは言えない(奈倉[一九九八]一二八頁、奈倉・横井・小野塚[二〇〇三]九五頁、等)。日本製鋼所[一九六八a](一七九、一九六頁)には、ダグラス・ヴィッカーズ会長が臨時的暫定的措置であったとの記述はない。

(27) 呉工廠の日本製鋼所に対する人的支援は、表中の幹部・技術者の派遣にとどまらず、工場建設時の一九〇八年八月、機械据え付けのための「運転工」四五〇名を呉工廠で募集・調達し、室蘭に派遣したという(山田ほか[二〇〇二]五五四頁)。

(28) 一九〇五年(推定)六月二四日付、山内万寿治より斎藤実宛書状、斎藤実関係文書、書翰の部二、一五七七-一三三。山田ほか[一九九六]六五~六九頁。山田ほか[二〇〇一]七七八頁。坂東と長谷部は製鋼部独立前から山内のもとで呉にイギリス式製鋼技術を導入する上で大きな役割を果たす(山田ほか[一九九六]六四頁)。

(29) 「坂東技師進退之件モ小生ヨリ説諭之結果本人承諾仕候」(一九〇八年四月一七日付、山内万寿治より斎藤実宛書状、斎藤

実関係文書、書翰の部二、一五七七‐九八）。「過日井上角五郎より坂東技師之件申出候由就而ハ本人之意向モ既ニ定リ居候間来六月下旬又ハ七月初メニ其事ニ御決行被下度」（同年五月一四日付、同書状、斎藤実関係文書、書翰の部二、一五七七‐九九）。

(30)　日本製鋼所［一九六八ａ］二〇〇頁、日本製鋼所本社所蔵『日本製鋼所五十年史稿本』付表「役員及び上級職員任免表」。

(31)　海軍歴史保存会［一九九五］第九巻、六八六頁、山田ほか［二〇〇二］七七八頁。

(32)　岩本は、一九〇四年九月当時、造兵（兼造船）監督官としてイギリスに出張していたが（海軍歴史保存会［一九九五］第九巻、六八六頁）、山内は、岩本の健康上の問題などから早期に帰国させて呉の製鋼部長または造兵部長へ就任させる案を実際の「帰朝命令」（〇五年四月一二日）の半年以上前に検討している（〇四年［推定］九月一九日付、山内万寿治より斎藤実宛書状、斎藤実関係文書、書翰の部二、一五七七‐五七）。

(33)　日露戦後の呉工廠争議（「造兵部・造機部怠業騒擾」一九〇六年八月一六〜二五日、呉市史編纂室［一九六四］三一四頁、広島県［一九八〇］一〇七〇〜一〇七一頁）に際して、山内は造兵部の場合は「衝突ノ原因」を職工の不満とするのは表面的で「寧ロ造兵部長ノ処スル事ニ付近来部内ニ不満ヲ抱ク者往々アリシニ基クコトカト察候……（中略―引用者）……焦点ハ職工ニ非ズ寧ロ部員部長間ノ意志齟齬ヨリ生シタル事」（一九〇六年八月二〇日付、山内万寿治より斎藤実宛書状、斎藤実関係文書、書翰の部二、一五七七‐九一）、と岩本造兵部長・部員間に生じた齟齬を重視している。

(34)　「岩本進退之義ハ昨日本人ヲ招致シ直接内話ヲ試ミ候処幸ニモ進ンデ北海道事業ナラバ従事スヘキ旨快諾致候間此点ハ御安心被下度候」一九〇七年一一月一〇日付、山内万寿治より斎藤実宛書状、斎藤実関係文書、書翰の部二、一五七七‐九四）。

(35)　「岩本進退之義ハ何卒一日も速ニ御願度実ハ留任儀数名投書抔も参り本人ニ対スル部下之不平ハ空前之絶後ニまで高まり居り年末ニ迫り万一職工等に不穏之策動なりても存じ候てハ実ニ不本意千万ト被致候」（一九〇七年一二月一一日付、山内万寿治より斎藤実宛書状、斎藤実関係文書、書翰の部二、一五七七‐九五）。

(36)　前掲『日本製鋼所五十年史稿本』付表「役員及び上級職員任免表」。

(37)　「岩本氏ハ遂ニ不成功ニテ当初ハ取締役重役ニモ進メ又小生之後継者ニモ可致見込ナリシモ御承知ノ通リ人望地ニ墜チ遂ニ近藤（輔宗のこと―引用者注）位ノ者ニモ押入ラレ候様ニ相成」（一九一二年五月三一日付、山内万寿治より斎藤実宛書状、斎藤実関係文書、書翰の部二、一五七七‐一一九）。

(38)　一九〇八年五月一四日付、山内万寿治より斎藤実宛書状（斎藤実関係文書、書翰の部二、一五七七‐九九）。

(39) 山田ほか［一九九六］六四〜七〇頁。

(40) 一九〇八年三月二四日付および四月一七日付、山内万寿治より斎藤実宛書状（斎藤実関係文書、書翰の部二、一五七七—九七、九八）。

なお、ほかに「在官」のまま、または呉から「転雇」のイギリス派遣者として、技手三名（内二名が「在官」）、職工一九名がおり、彼らは当時在英の海軍技師林一男（日本製鋼所嘱託）の命および指揮監督に従う（日本製鋼所［一九六八ａ］一二八〜一二九頁）。

(41) 奈倉［一九九八］五八〜六一頁、奈倉・横井・小野塚［二〇〇三］八九頁、等。

なお、日本製鋼所「創業期」において、イギリス側取締役（及び監査役）が「代理人」（Proxy）を置いて日本製鋼所重役会のなかで経営に関与し得るほどの重要な役割を果たし得た事情については、詳しくは奈倉［一九九八］第二章および第三章を参照のこと。

(42) 「長谷部海軍技師を貴社へ御申受御採用相成度旨御談旨の処尚熟考の末先ず当分御見合わせ願度と存候　其理由は同官当方最も入用の人物なるのみならず近来貴社のボイル輩が兎角小生の推薦せし技術幹事を軽んじ不快の感情を懐かしむる等の件不尠場合に依りては断然たる処置に出ざるべからざることなきを期せず　斯る時期に臨み当方有用なる人物を御分与致す事は本人等の為めにも大いに考慮せざるべからず」（一九〇九年五月二六日付、山内万寿治より井上角五郎宛書状、日本製鋼所本社所蔵『日本製鋼所五十年史稿本』「資料摘録(1)」所収）。

なお、この井上個人宛書状の二日前に山内は井上日本製鋼所会長宛てに書状を送っており、その中で室蘭に常任重役をおくべきこと、室蘭の幹事職（呉工廠から派遣したかつての山内の部下）の技術を重んじ敬意を払うべきことなどを述べているが（同月二四日付、山内万寿治より井上会長宛書状、同前所収、本書状抜粋は日本製鋼所［一九六八ａ］一三七〜一三八頁にも掲載）、その書状を検討した日本製鋼所重役会は、井上会長名の返書において再度長谷部技師の譲受を要請することを決めている（'Minutes of the 32nd Meeting of Directors and Auditors of Nihon Seiko Sho,' 4th June 1909［日本製鋼所室蘭製作所所蔵『明治四十二年日本ニ於テ開催　重役会英文議事録』］、同返書の日付は六月六日付）。

(43) 一九〇九年五月二六日付、山内万寿治より斎藤実宛書状（斎藤実関係文書、書翰の部二、一五七七—一〇五）。

(44) 前記五月二六日付、山内より井上宛書状でも「小生の注文が実行せらるるの時期を待ち御要望に応ずる事も可有之」と含みを残していたし、同様の趣旨は同日付斎藤宛書状にも記されていた。

(45) 日本製鋼所［一九六八ａ］一六三頁では長谷部が監理課長（工務課長）となっているが、山内、トレヴェリヤン、Ｊ・

H・B・ノウブル間のやりとりからは、長谷部が一九一二年一二月末で製鋼課長を解任されているので（F. B. Trevelyan to John, 30th December 1912 [TWAS 31/7804]）、誤り（長谷部と中島の位置が逆）と判断して訂正した。

(46) 前掲『日本製鋼所五十年史稿本』付表「役員及び上級職員任免表」。

(47) 日本製鋼所［一九六八a］一四九頁。なお、陸軍検査官の日本製鋼所室蘭工場への常駐派遣は一九一五年九月のことである。これは主として日本製鋼所の操業当初陸軍受注が少なかったことによる（陸軍は陸海軍両省間の協定に基づき大口径火砲等を呉海軍工廠に発注）。しかし、第一次大戦勃発に伴う需要急増下に呉工廠の製造余力がなくなり、前記陸海軍省間の協定緩和とともに、日本製鋼所が陸軍からの直接受注を同年五月に取りつけ、以後、日本製鋼所に対する陸軍注文も増大することになる（同二〇八～二〇九頁）。

(48) 水谷は、呉工廠造機部長として海軍艦艇主機関のレシプロからタービンへの移行に際して中心的役割を果たした。すなわち、呉で建造中の「伊吹」および「安芸」両艦の主機関を急遽カーチス式タービンに変更することを決める際に（一九〇五年）主導的役割果たし、また、イギリス・パーソンス社からのパーソン式タービンの制作権購入（一九一一年）にも積極的役割を果たした（奈倉［一九九八］二三～二四頁、呉市史編纂室［一九六四］二四一、三〇七頁、広島県［一九八〇］九八四頁、等）。

(49) 奈倉［一九九八］一二三頁はじめ各所で指摘。

(50) 「例之人物之儀ニ付総ニ御察示ヲ蒙リ詢ニ難有奉謝候而テ入社承諾之上ハ一時嘱託名義ニテ当地模様ヲ視察セシメ直チニ英国へ派遣造兵部巡視」（一九一二年五月三一日付、山内万寿治より斎藤実宛書状、斎藤実関係文書、書翰の部二、一五七七－一一九）。

(51) 「帰朝之上改而其ノ位置ヲ定メ室蘭総取締ト致シ度尤モ内定重役ニ欠員無之候故直チニ重役トハ致兼候へ共欠員アリ次第其運ニ致度ト考居候」（一九一二年五月三一日付、山内万寿治より斎藤実宛書状、斎藤実関係文書、書翰の部二、一五七七－一一九）。

(52) "Minutes of the Meeting of the English Directors of the Japan Steel Works", 9th & 13th Dec., 1912 [VA G267], その内容は奈倉［一九九八］一二三頁。

(53) F. B. Trevelyan, 'Report on the condition of the K. K. N. Seikosho' [TWAS 31/7806]. 本報告書は一一月二一日付で日本製鋼所イギリス側取締役会議に提出されたもの（F. B. Trevelyan to J. H. B. Noble, 29th December, 1912 [TWAS 31/7801].）

(54) 詳しくは、奈倉［一九九八］一二〇～一二五頁。

(55) "Minutes of the Meeting of the Board of Directors of the Nihon Seiko-sho", 12th & 30th August, 1913 [VA R287], 奈倉［一九九八］一二三、一二六頁、等。

(56) しばしば山内はジーメンス事件発覚（一四年一月二一日外電報道）後に、その責任をとって会長を辞任したとの記述があるが、すでに山内は前年一一月取締役会（八日および一二日、イギリスからJ・H・B・ノウブルおよびダグラス・ヴィッカーズ来日・出席）で会長を辞任しているので、少なくとも表面的にはジーメンス事件の責任をとった形ではない。

しかし、微妙な問題があることに注意を喚起しておきたい。それは、ジーメンス事件発覚の前年一一月には事件の予兆（発端）が見られたことである。すなわち、ジーメンス社日本支社員カール・リヒテルによる秘密文書のロイター社通信員プーレイに対する買取要請などであり（一一月三日以降確認し得る）、その際のプーレイや同社支配人ヴィクトル・ヘルマンの行動により、来日中のダグラス・ヴィッカーズや斎藤実海軍大臣はすでに事件の一端を知り得る立場にあった（奈倉・横井・小野塚［二〇〇三］一六二頁別表2参照）。山内がどこまでその情報を得ていたかは定かでないが、山内の取締役会長辞任時期はまさに丁度その時期に当たっていた。

(57) 日本製鋼所［一九六八a］二〇八頁。日本製鋼所創業当初は「民設官営」の色彩が濃厚との指摘もあるが（海軍砲術史刊行会［一九七五］三頁、海軍歴史保存会［一九九五］第五巻三八七頁）、いずれも呉鎮守府司令長官の山内が現職のまま「社長」を兼務したとの誤認にもとづく極論である。

(58) 詳しくは奈倉［一九九八］第三章。

(59) 呉工廠も日本製鋼所も主として酸性平炉により兵器用高級鋼を製造したが、同時に少数の塩基性平炉を設置・使用していた。その関係について補足しておく。酸性平炉は言うまでもなく「極メテ純良ナル鋼材ヲ製造シ以テ彼ノ兵器其他貴重物ノ製作ニ供セムガ為」である（日本製鋼所『工場案内』［『製品目録』と合冊］、一九一二年一一月、九頁）。呉工廠や日本製鋼所の塩基性平炉は一般の普通鋼生産のためではなく、その目的は「原料精製用」である。つまり、屑鉄を精錬して燐分・硫黄分を除去して酸性平炉（あるいは電気炉や坩堝炉）に挿入するための「精鋼材」（もしくは「精製鋼」）製造のためであった（堀川・小野寺［一九九二］及び堀川［二〇〇〇］一〇五〜一〇六頁）。呉工廠製鋼部ではすでに一九〇四年度より「一二屯塩基性『シーメンス』炉ニヨリ鉄鋼屑ヲ使用シ燐硫黄ヲ精洗シタル精鋼材ヲ製作」した（山田ほか［一九九六］六五頁）。

(60) 一九一二年末頃には七五トン鋼塊のみならず、一四インチ砲素材用の一〇〇トン鋼塊の鋳込みが行われていた（日本製鋼所［一九六八a］一八七〜一八八頁、およびその元資料と思われる日本製鋼所『製品目録』および『工場案内』一九一二年一一月、参照)。

晩年の山内万寿治は次のようなエピソードを記している。「往年、室蘭にて初めて重量壱百噸の鋼塊を鋳造せる際」に工場観覧した一人が「前の百噸鋼塊を熟視し、歓じて曰く、『北海道は由来天賦の富を有すと聞きしも、思はざりき、斯かる巨大の鉄材を掘り出し得べしとは』と。但し此破天荒の感歎詞を発せる御本人は有名なる材木問屋の主人なりし由也」(山内［一九一九］四一三頁、傍点原文どおり)。

なお、山内はジーメンス事件に関する東京地検事情聴取(一九一四年五月)直後に自殺をはかるも未遂(時折自殺との誤記あり)、以後隠遁生活に入り、一九年九月没(海軍歴史保存会［一九九五］第九巻四四四頁も「依願免官」翌日にあたる一五年六月三日没と誤記)。山内［一九一九］は隠遁生活中の随筆集(没後の二一年五月刊行［私家版］)。

(61) 日本製鋼所の生産工程に立ち入った技術史的分析については長谷部［一九八八］を、大口径砲一四インチ砲の詳細な製造工程については国本［一九九九］を、砲身の製造技術詳細は堀川［二〇〇〇］一三一〜一四一頁、をそれぞれ参照されたい。

(62) 表中記載のない日本製鋼所同年度「機械関係」(製品)生産高は、各種砲身九四門、弾丸一万二八六五個、砲架金物五六三個、水雷材料三〇三個、各種シャフト四〇個、各種鋳鋼品四四六個、各種鍛鋼品七四六個、各種鋳鉄品四四六個、各種鍛鋼品七四六個、各種鋳鉄品三八個、鍛鉄品三四個(日本製鋼所［一九六八ａ］二〇七頁)。

(63) 一四インチ砲の金剛積載決定経緯とヴィッカーズ社への金剛発注経緯との関連についての新解釈は、奈倉・横井・小野塚［二〇〇三］二二五〜二三二頁(小野塚執筆)、参照。

(64) 斎藤助手「金剛搭載四三式十四吋砲八門経過表」一九一二年一二月一三日、「英国セェフィールド市毘社ニテ」(日本製鋼所『研究報告』第七巻、一九一四年［日本製鋼所室蘭製作所所蔵］)。

(65) 前掲日本製鋼所『製品目録』(『工場案内』と合冊、一九一二年一一月)には、すでに一四インチ砲も明記され(「本社ハ十四吋砲以下各種ノ兵器、付属具、補用品及各種砲架等ノ御注文ニ応ジ申シ候」)、写真は「十二吋砲々身」とともに「十四吋砲々鞍」(Gun Cradle, 揺架筐)も掲げられている。

(66) 日本製鋼所［一九六八ａ］二三三〜二三四頁、奈倉［一九九八］一三四〜一三六頁。

(67) 奈倉［二〇〇二］三八〜三九頁、奈倉・横井・小野塚［二〇〇三］九七頁。

(68) 以下の記述は断りなき限り本表脚注資料による。

なお、奈倉［二〇〇二］三九頁及び奈倉・横井・小野塚［二〇〇三］九七頁でも一四インチ砲の発注先を示す表を国本［二〇〇〇ａ］一二〇頁に依拠して掲出したが、本表では原資料に基づき、海軍省決済期日別に記載しつつ、補正した。国本［二〇〇〇a］掲載表と本表との差異は、第一に発注総計が前者八五門と二門少ないが、これは一九一一年三月決裁のヴィッカーズ社二門分（「準備用」一門および比叡用一門、いずれも「在英監督官ヲ経テ製造会社へ」）を掲出しなかったことによる。第二は、前者は積載艦名が特定されない「その他」に一一門が掲げられているが、これは一九一二年八月決裁の一〇門分をすべて「その他」に区分したことによる。

(69) この点すでに小野塚も指摘（奈倉・横井・小野塚［二〇〇三］二三〇頁）。呉工廠では早くも一九一一（明治四四）年度には「一四吋砲材ノ鍛造」を開始し、一三（大正二）年度には「一四吋砲材ヲ陸続製出スルニ至ル」（山田ほか［一九九六］七一、七三頁）。

(70) 一四インチ砲正式発注開始直後の「一般補給用」発注は極めて不自然である。資料的には定かではないが、海軍はヴィッカーズ社に対して最新鋭装甲巡洋艦（のちの金剛）用の試製砲（試射用）の急造依頼をするとともに（一九一〇年四月頃、次注参照）、呉工廠に対しても同型艦積載用のために試験的に一門造らせる必要が生じたと思われる（比叡用八門発注以前に）。その予算的事後処理がこの「一般補給用」一門と推察される。

(71) この「準備用」一門については、一九一〇年四月頃に日本海軍が海外発注予定の最新鋭装甲巡洋艦（のちの金剛）に一四インチ砲搭載の可能性を探るべく極秘裏にヴィッカーズ社に急造依頼した試製砲（試射用の一四インチ砲）一門（奈倉・横井・小野塚［二〇〇三］二三〇頁、小野塚推定）の予算的事後処理（年度内処理）の可能性が高い。

(72) 防衛庁防衛研究所所蔵『明治四四年公文備考』、兵器七、巻六五、「官房八八六号」。

(73) 奈倉［二〇〇二］三九頁、奈倉・横井・小野塚［二〇〇三］九八頁。

(74) 「卯号装甲巡洋艦（比叡の仮称艦名―引用者）用四三式十二吋砲（一四インチ砲の秘匿名称―引用者）八門ノ内四門ハ呉海軍工廠ヲ経テ室蘭日本製鋼所へ注文予定ノ処他ノ同種砲ハ此際造兵廠ヲ経テ同製鋼所へ製造若クハ加工セシムルヲ便宜ト認ムル」（前掲『明治四四年公文備考』、「官房八八六号」）。

(75) 「本年三月官房第八八六号ヲ以テ別紙記載ノ各砲ハ海軍造兵廠へ注文又ハ注文替決裁済ノ処今回艦政本部ニ於テ直接日本製鋼所ト製造若クハ加工契約締結スル方便宜ト認メ候」（前掲『明治四四年公文備考』、「官房一三七九号」）。

(76) 奈倉［一九九八］一〇八～一一三頁、奈倉［二〇〇二］三六～三八頁、奈倉・横井・小野塚［二〇〇三］一七九～一八〇頁、等。

(77) すでに金剛積載用一四インチ砲八門はヴィッカーズ社シェフィールド工場で製造中なので（前掲斎藤助手「金剛搭載四三式十四吋砲八門経過表」）、さらにヴィッカーズ社に日本製鋼所経由で二門発注した理由は定かでないが、ヴィッカーズ社側で予備用などの事情が生じていた可能性はある。

(78)「右必要ニ付在室蘭日本製鋼所ニ注文致度内四門ハ外国製品トシ六門ハ製鋼所ニテ製造若クハ加工ノコト」（防衛庁防衛研究所所蔵『明治四五年大正元年公文備考』、兵器六、巻五三、「官房三二四号」）。この「外国製品」四門をヴィッカーズ社向け金剛用二門と霧島用二門と推定した。

(79) 'Commission on 12 inch Meiji 43 type guns（一四インチ砲の「秘匿名称」―引用者）: The Decision come to as the last meeting was reconsidered in the light of letters which had since been received from Japan, and it was decided, subject to the approval of Messrs Vickers, to whom the order was sent, that an additional 1 1/4 % should be given on the forgings, but that no other commission could be paid on the finished guns' ('Minutes of Meeting of the English Directors,' May 10th 1911 [VA G267]).

(80) なお、日本製鋼所六門分についても「製造若クハ加工ノコト」とされているので、前年同様ヴィッカーズ社より砲身素材の提供を受けた可能性は残されている。

(81) 奈倉［一九九八］に対する書評（石井［二〇〇一］）の中で、日本製鋼所による手数料取得について、客観的には「日本製鋼所への大砲等の注文を促進する役割を果たすことになろう」と指摘されたことに対して、奈倉［二〇〇二］でも一定の回答をしたが、本章では原資料に即して補足的に明らかにした。

(82) 以下、詳しくは奈倉［一九九八］第四章、奈倉［二〇〇一］、等。

(83) ローバートスン（資料表記は「ロバートソン」）の事例については、奈倉［一九九八］一四八～一四九頁、奈倉［二〇〇二］四一～四二頁（日本製鋼所室蘭製作所所蔵『ロバートソン関係書類』等により補充）、奈倉・横井・小野塚［二〇〇三］一〇〇～一〇一頁で明らかにしたが、次章でトレビルコックの見解が詳しく説明される。

(84) アッシュダウンのほかに機械技手一名、「記録手」五名がいたが、全員一九一六年二月帰国（日本製鋼所［一九六八a］一八三頁）。水谷は、アッシュダウンは冶金・鍛錬分野の技量に優れただけでなく、他のイギリス人技術者のめんどう見も良く、また、水雷気室製造技術の進歩も彼の貢献によるところが大きかったと、ロバートスンとは異なって高い評価をしている（一九一四年一二月一八日付、水谷取締役より高崎取締役会長宛書状［前掲『日本製鋼所五十年史・資料』中の「資料摘録(2)」所収］、Mizutani to F. B. Trevelyan, February 10th, & May 31st, 1915 [日本製鋼所室蘭製作所蔵'F. B. T. TREVELYAN'所収]）。なお、奈倉［一九九八］一四八頁では、前記「水雷気室」部分を「水雷艇」と記したが、これは'torpedo air-vessel'を誤訳したことによる。国本康文氏の御指摘により「水雷気室」と訂正する。記して謝意を表したい。

(85) 日本製鋼所実験室「十四吋砲製造工事中今日ニ至ル迄ニ起レル調査結果報告」一九一七年八月一八日（日本製鋼所『研究報告』第二巻、一九一七年）。日本製鋼所［一九六八ａ］二三四頁によると、一四インチ砲の一四～一七年完成分は四六門で一門の誤差がある（一九～二〇年完成分を含めると総計五三門）。

(86) アームストロング式は砲身鋼の品質がニッケル鋼、鋼塊の形状が下広であるのに対して、ヴィッカーズ式はニッケル・クローム鋼、上広であった（堀川［二〇〇〇］一一、八一、一三一頁および前掲『日本製鋼所五十年史稿本』第二章末尾［頁記載なし］）。堀川［二〇〇〇］では呉工廠におけるニッケル・クローム鋼製造開始年の記述が様々であるが（一九一一～一三年）、山田ほか［一九九六］七一頁によると、すでに一一年度に「一四吋砲材ノ鍛造並ニ通報筒ヲ『ニッケル・クローム』鋼ニテ鋳造」している。

(87) この点について、ほとんどの文献は詳細な検討なしに、富士製鉄［一九五八］一一五頁、日本製鋼所［一九六八ａ］二六八頁、等の叙述に依拠している。

(88) 奈倉［一九八四］四一七～四一八頁、奈倉［一九九八］一六八～一七四頁、等。

(89) 呉工廠では低燐銑鉄不足対策として自家発生屑と購入屑鉄を原料として低燐木炭銑を造ることを企図し、一九一五年六月高炉建設に着手、一六年初め完成したというが（堀川［二〇〇二］五六頁）、「呉海軍工廠製鋼部沿革誌」によれば、一四年度にはすでに「木炭高炉試験時代ヲ脱」し、一五年度には「瑞典銑鉄ノ欠乏ハ木炭高炉ノ効ヲ発揮シ漸ク之ニヨリ原料欠乏ノ窮境ヲ救フ」と指摘されている。同年度使用原料中、スウェーデン銑七八八九トンに対し、「自製銑」は一万四七三トンに及ぶ（山田ほか［一九九六］七四～七五頁）。

(90) 山陽製鉄所は大戦後の銑鉄輸入再開と「ワシントン軍縮」により閉鎖に追い込まれるが（大倉はその損失を「軍縮補償」によりカバー）、大倉は山陽製鉄所の経験を基礎として本渓湖におけるコークス吹低燐銑鉄の製造を成功させる（一九二一年製造試験成功、本格的製造体制は二七年以降）。以上の経過については、大倉財閥研究会［一九八二］（奈倉「日本鉄鋼業と大倉財閥」）、奈倉［一九八四］第二章第二節で詳細に検討したが、寺西［一九九九］は製造された「純銑鉄」の品位も含めて再検討を試みている。

(91) 以下の内容については、奈倉［二〇〇二］参照。本章では資料引用を極力割愛した。

(92) 井上技師「本社使用銑鉄ト輪西銑鉄トノ対照」一九一四年一月三〇日、試験室林技手「輪西銑鉄ニ付テ」同年二月三日（ともに日本製鋼所『研究報告』第三巻、一九一四年）。

(93) 林密「『ヘマタイト』銑鉄ノ代用トシテ輪西銑鉄使用ノ可否」一九一五年九月二九日、水谷工業部長宛（日本製鋼所『研究報告』第九巻、一九一五年）。

(94)　その基本的内容は、塩基性平炉による精製鋼（注59参照）の製法を銑鉄・屑鉄法から銑鉄・鉱石法に改めるとともに、精製鋼の炭素含有量の低下を妨ぎながら脱燐を完結させるというもの（日本製鋼所［一九六八a］二四二〜二四三頁）。呼称は日本製鋼所社章にちなむもので、「炭礦」（北海道炭礦汽船）、アームストロング社、ヴィッカーズ社の出資三社の頭文字を表す。同書は「TAV銑」と記しているが、当時の日本製鋼所『研究報告』では「VAT銑」と表記している。

(95)　熔鋼部「VAT銑ト瑞典銑ノ配合比較及材料費調」一九一六年七月一三日、水谷工業部長宛（日本製鋼所『研究報告』第一四巻、一九一六年）。

(96)　熔鋼部「VAT銑鉄使用結果報告」、同「瑞典銑及社内製VAT銑比較試験熔解報告」、ともに一九一六年七月、水谷工業部長宛（同上所収）。

(97)　技師補打越光保「VAT銑鉄ヲ使用シタル砲身用鋼材試験報告」一九一六年一〇月一四日（日本製鋼所『研究報告』第一六巻、一九一六年）。

(98)　日本製鋼所実験室「呉工廠見学報告」一九一九年一二月八日（日本製鋼所『研究報告』第二九巻、一九一九年）。熔鋼工場技師藤田亀太郎・技師補深田辨三「呉出張報告」一九二一年七月二二日（日本製鋼所『研究報告』第三三巻、一九二一年）中にも、「今日輪西製鉄部ノ銑鉄ヲ処分スル全責任ヲ有スル当所トシテハ……」との記述がある。日本製鋼所による「VAT銑」開発と輪西銑鉄の優先使用の問題点については、呉工廠製鋼部長を長年努めた宇留野四平も後に次のように記している。

「代用銑使用後製品成績ニ及ボシタル影響……(1)呉製鋼部ノ状況（略—引用者）、(2)日本製鋼所ノ状況、同所ハ自家製造特殊銑ニヨリ置換使用シタルモノナルガ最初ハ呉ト同様分析成分ニモ材料試験ニモ別ニ影響ヲ見出シ得ズ又地疵廃品モ特ニ増加ノ傾向モ見エザリシガ其後漸次地疵廃品ノ量ヲ増シ特ニ白点、コーナーゴースト続出ニハ困難シタルモノノ如シ戦後ヘマタイト銑ニ改メテヨリ改善セラレタルモノノ如シ」（傍点—引用者）（宇留野四平「我海軍ニ於ケル低燐銑自給問題ニ就テ」［一九四三年退官後の日立製作所水戸工場顧問時代の講演原稿、日立製作所素形材本部所蔵『宇留野文庫』所収］）。

(99)　奈倉［一九九八］第五章、奈倉［二〇〇二］、Nagura [2002]、等。

(100)　K. Yutani to Major B. H. Winder, "Re: NSS", 26th Sep. 1925 [VA L55 & R313], etc.

(101)　ほぼ同時期の日本海軍による日本爆発物会社買収（一九一九年海軍火薬廠成立）の場合とは相当異なる。同社の場合、出資全額イギリス側であったが、日本海軍が設立を企図し（一九〇五年）、設立当初から工場（平塚）操業開始十年後の日本政府による買収を約束し、実現したものである（詳しくは奈倉・横井・小野塚［二〇〇三］第二章第一節）。

（102） Asiatic Supervision (BHW) to the Chairman, 21st Oct. 1925 [VA L55 & R313]. 本文書はB・H・ウィンダーが油谷からの数通の書状を受けてヴィッカーズ社会長宛てに報告したもの。

（103） 武藤（稲太郎）海軍艦政本部第一部長「日本製鋼所幹部異動ノ経緯」一九二五年一〇月八日（日本製鋼所本社所蔵）。

（104） K. Yutani to Vickers-Armstrong Ltd. 26th November, 1929 [VA R338].

（105） 詳しくは奈倉［一九九八］第五章、第七章参照。

第5章　室蘭の巨砲
――イギリス兵器産業による技術移転と日本製鋼所の発展　一九〇七〜二〇〇〇年――

クライヴ・トレビルコック

1　はじめに

イギリスの兵器産業と政府との関係は緊密であったと過大評価されやすい。第二次世界大戦以前の、少なくとも一九三〇年代の再軍備以前のどの時期についても、この過大評価がなされてきた。だが、実際には、両者の関係はしばしば、むしろ距離をおいたものであった。著述家の多くはこのことを理解しそこねているのだが、その理由は、政府が兵器供給業者との間に経済的な隔たりを維持するなど、世界の中では尋常ならざることだったからである。通常、中央政府は、戦略的に重要な主要産業を振興し、監督することに特別に熱心なものである。こうしたことは一八五〇年から一九一四年にかけてのドイツにはかなりの程度あてはまるし、さらにロシア、イタリア、日本のような開発国家にはより一層妥当する。これらの国々の初期の産業化は押しなべて国防と密接な関係にあったし、実際のところ、重産業発展の初期段階の目的には近代的な軍事力を創出することが含まれていた。かくて、これらの国々の政府は、重工業および兵器産業にとりわけ緊密な関心を有していたのである。

日本とイタリアの両国についてこうした点を考察するためには鉄鋼業が適切な事例であろう。一八八〇年代のテルニ製鋼所設立や、一八九〇年代の八幡製鉄所計画に国家は深く関与していた。リチャード・ウエブスターが『イタリアにおける産業帝国主義』で用いた表現を借りるなら、両国経済の基軸となる鉄鋼部門は自国の新興海軍から発注された装甲鈑で「味を覚えた（cut its teeth）」のである。(1) ここで大切なことは、ロシア、イタリア、日本は、第一次大戦前三〇年間の混乱した国際関係の中で、まったくの無から近代的兵器産業を創出しなければならなかったということである。このことは、奈倉文二が明確に指摘しているように、(2) 日本製鋼所の設立に際して日本政府と日本海軍がかくも積極的な役割を果たしたことを見れば明らかである。こうした産業を興すにあたり、国家が積極的な役割を演ずるのは自然なことであったし、また実際上不可欠でもあった。

だが、イギリスの状況は大きく異なっていた。イギリスではすでに一八九〇年までに先進的な金属、機械、造船、兵器産業が確立しており、それらの産業はほとんど、自由市場における私企業として発達してきたのである。実際、自由競争と政府の市場への不介入は、イギリスの正統経済思想の中心的な教義であった。この教義は、長期にわたる漸次的な産業化の過程の中で形成されたのだが、世界最初の産業国民はこの過程で、産業的な富の増進を国家に頼ることなく、私的利益を通じて充分に促進しうると思われたのである。また、一八八〇年代以前には、他の産業国との競争圧力にさらされることがなかったため、イギリス政府は自由放任的な傾向をとり続け、イギリス産業を自由に発展させえたのである。

2　イギリス政府と武器輸出および技術移転

(1)　イギリス政府と兵器産業の関係

このことは、イギリス産業の大部分に当てはまる。兵器産業にも概ね当てはまるが、その妥当性はやや低下する。妥当性が下がるのは以下の理由による。(a)兵器と火薬製造は高度に研究集約的であり、科学集約的であるから、投資と開発製造能力はどちらも巨額を要する。したがって、高い参入費用を投じることのできる企業は少なく、結果として兵器市場の競争は限定されがちであった。(b)政府は兵器には法外に欲張りな性能仕様を設定したので、これらの仕様に対応できる兵器製造業者は信頼された常連企業に限られ、政府はそれらに依存しがちであった。(c)連合王国の需要が小さいときにも、イギリス政府は民間兵器製造業者を助成したり、援助しようとはしなかったから、これら業者は、自国政府の購買量の低下を相殺するために積極的な輸出計画を練る必要があった。すなわち、本国需要の減退というリスクに耐えながら、同時に、需要の活発な外国市場を探し求めることができる企業の数は限られていたのである。(d)イギリスは、自らの兵器製造部門として造兵廠や海軍工廠を保有していた。つまり、女王陛下の政府は民間の兵器製造企業から兵器を購入するだけでなく、それらと競争もしていたのである。イギリスでは、民間部門と国有部門の両方が長く確立しており、こうした競争は現実のものであった。日本を含む多くの国々は、兵器製造業に国有と民間双方の部門を維持したが、これらの国々の多くは、日本も例外ではなく、最悪のハンディキャップを抱えた不利な状況から製造能力を築き上げようと試みていた。それゆえ、これらの国の兵器需要は、すべての供給者にとって充分行き渡るほど大きく、民間の兵器製造業者と工廠の関係は競争よりも協調の関係となったのである。

(2)　軍産複合体の緩い形態

とはいえ、兵器市場が、イギリスにおいてすら、通常の競争的公開市場でないことは明らかである。イギリスの国内市場において兵器を購買するのは、唯一、政府だけで、政府は買い手独占を形成し、イギリスにおける唯一の顧客であった。このことは、価格設定、品質管理、技術革新の推進といった面で、イギリス政府に異例ともいうべき市場支配力を付与した。だが、こうした兵器市場では、民間製造業者が、可能であれば結託した振る舞いにおよんだのも事実である。需要側が買い手独占であれば、不可避的に、供給側の寡占的行動を呼び起こすであろう。したがって、国家は兵器市場で可能な限り競争を促進させようと試みたが、それは寡占的競争に陥りがちであった。他方、民間製造業者は、できるだけ競争の機会を減らそうと努めたが、リングやカルテルを結成すると、国家がそれに気付かないはずはないから、競争を完全に減ずることはできなかったのである(3)。

その結果、軍産複合体の初期的な、しかし緩い形態が形成された。一八八〇〜一九一四年のイギリスにおける国家と兵器製造業者との関係は、諸他の産業の製造業者との関係よりも密接であった。筆者がかつて別の場で記したように、これらの関係はある程度特殊なものであった(4)。しかしながら、この種の特殊な関係の緊密さを過大視してはならない。イギリス政府は、新兵器を開発するためにヴィッカーズ社やアームストロング社と協同したかもしれない。また、契約に先だって純粋な競争入札が実施されることは稀であると、政府は暗黙に認めたかもしれない。だが、政府は兵器産業部門に金融助成を与えることも、また武器輸出を促進させるような援助をしたことも断じてなかったのである。

この時期、新たな兵器産業を発展させる必要に直面していた国々は、産業近代化のための全般的取り組みの一部として、兵器製造業者に金融助成を与え、発注と公的支援まで保証した。しかし、イギリスでは兵器製造業者はすでに発展を遂げており、産業の近代化は一世紀以上も前に始まっており、充分な水準に達していた。したがって、この時期の新興国に広く見られる中央政府と兵器製造業者との関係が、イギリスにおいても同様に検出できるだろうなどと考えたら危険である。実際のところ、その逆こそが真実なのである。

(3) 兵器需要の減退と輸出

イギリスで軍需が低迷した時期、たとえば一九〇二年のボーア戦争終結から一九〇八年以降の海軍軍備拡張再開までの期間、あるいは一九〇二年から一九一〇年までの陸軍兵器需要が僅少であり続けた期間に、イギリス政府は、一方では工廠を縮小し、他方では民間部門にも縮小のつけを払わせながら、そのうえ、来るべき再拡張にも対応させるような政策をとり続けた。民間兵器企業は、この予測しがたい兵器需要循環に大いに不満を抱いていた。それは通常の景気循環とは無関係に変動したし、兵器需要減退期には兵器企業を「飢えさせ」もした。それにもかかわらず、国家は有事に兵器増産を必要とする際には、火急の生産にほとんど瞬時に転換することを企業に期待していた。そのうえ、イギリス政府は、他国と異なり、軍需の低迷する時期にも兵器製造業者に援助を与えないことの、論争の余地なきイデオロギー上の理由として、あの自由放任という強力な教義を保持していたのである。

他方、しかしながら、イギリス政府は兵器製造企業に製品を輸出するよう勧めた。これにはいくつかの理由がある。まず、輸出が製造能力や雇用を維持するという議論である。また、外国政府の欲張りな要求と、業者間の外国政府発注をめぐる競争とが、高水準の技術革新と外国向けの先進的な設計を促進し、それが今度は自国向けの設計や生産の質に反映するという利点も期待されたのである。[1] しかし、武器輸出がイギリス政府にもたらした最も重要な意義は、自国政府の発注が僅少なときに、兵器製造業者に公的援助を付与すべきだという説に対する反論を提供したことにある。イギリスでは国家は世界的な兵器企業に対して、いつも次のように言うことができた。「わが国の発注が減少しているというのならば、出て行って、外国発注を追え。海の向こうは顧客で一杯だ」。

勧めたとはいえ、イギリス政府は、自国市場において兵器企業に対して冷淡な態度を示したのと同じように、外国取引もおおむね放任していたのである。また、イギリス政府が国内産業政策において干渉主義的な路線を選択したと想定するのが誤りであるのと同様に、イギリス政府が外交政策や帝国政策の調べに合わせて武器輸出を編曲しようと何らかの企てを行ったと考えるのも誤りである。大まかに言って、外交・帝国政策と武器輸出は別々の領域で進められていたのである。

(4) 武器輸出規制の欠如

かくして政府は、兵器製造業者や造船業者に輸出を勧めはしたが、輸出に際して積極的に彼らを援助することはなかったし、特定の海外顧客に導いたりそこから引き離したりすることもなかった。第一次大戦前のイギリスの武器輸出には政府のライセンス制度なるもの[2]は存在しなかった。したがって、イギリス製兵器は同盟国はもとより非同盟国、さらには外交上好ましからざる国にも輸出されたのである。

このことは、イギリスの武器輸出が、技術を他国に移転させる乗り物の役割を果たすのを許されていたことを意味した。殊に、イギリスの造船業者や兵器製造業者から購入した製品を調べ尽くして、国産版にリヴァース・エンジニアリング[3]することができるほど充分に産業技術に習熟していた輸入国では、この技術移転効果は大きかった。日本は、後に自動車の大量生産時代にそうであったのと同様に、大型艦艇の時代にもこの点では秀でていた。三菱造船所に関する深作裕喜子の研究は、大砲・砲塔・火器管制などの高度な技術についてはほとんど言及していないものの、造船・造機の技術移転について解明している。(5)

イギリス政府は、日本のような国に売却される艦艇や装備に組み込まれた形で先端軍事技術が流出するのを制限しようとはしなかったが、さらに、技術それ自体の輸出を制限する点でもおよそ積極的ではなかった。一九一四年以前にヴィッカーズ社は、日本製綱所だけでなく、ロシア、スペイン、イタリアなどの諸国の造船業者や機械工場と、技術上のノウハウを供給することを明確に保証した契約を結んだ。(6) イギリス政府はこれらの契約を熟知していたが、それらを妨げなかったのである。

なぜ、イギリス政府はイギリスの民間兵器企業による輸出を規制しようとしなかったのであろうか。第一に、武器輸出の自由な流れは、イギリスの兵器産業に最高水準の産業活動と先進的な設計をもたらすと考えられた。第二に、イギリスのグローバルな外交政策の目的が、自由な武器輸出によって危うくなることはないと考えられていた。第三に、自由放任の規範に則って主張された不干渉原則のもとでは、たとえ戦争に役立つ製品であってもイギリス政府は輸出を規制する合法的な立場にないと考えられていたからであった。

イギリスは一九〇〇年代に日本に軍艦や軍事技術を輸出し、その同じ時期に日本はイギリスの公式な同盟者であったが、その二つの間に必然的な関係はない。イギリスの同盟国であるロシアに対するイギリス製兵器の輸出についても同じことがあてはまる。さらに、同じ時期にイギリスは、兵器とその技術をブラジル、チリ、スペイン、イタリア、オーストリア＝ハンガリーのような中立国や、外交的な基準からすれば中立国以下の国々にも輸出していたのである。ヴィッカーズ社は、クルップ社ならびにドイツの機関銃製造企業ドイッチェ・ヴァッフェン社と重要な技術契約を結んでいたが、これは明らかに外交上の基準に抵触していた。ノーベル・ダイナマイト・トラストは英独にまたがる爆発物製造企業であったが、第一次大戦の勃発にもかかわらず、それが両国それぞれの構成企業に分解させられたのは、交戦開始から一年経過した一九一五年になってからであった(7)。

実際、一九一四年以前のイギリス政府は、敵対的であると知られていた国や勢力にも自由に武器輸出することを認めていた。ここで用いられた論理は、ともかくこうした輸出によって、敵がいかにして誰から武装を入手したのかを知りうる機会がイギリス当局者に与えられるというものであった。ボーア戦争直前に、ヴィッカーズ社はボーア軍の司令部から重機関銃の発注を受けた。同社は、このことをイギリス政府に通報したが、政府はこの武器輸出を差し止めるような行動をとらなかった。その後、この機関銃の銃口はイギリス軍に向けられた。この例は、イギリス政府が武器輸出に対していかに真剣に非干渉原則を貫いていたかを示している。

(5) 海外兵器市場開拓に無関心なイギリス政府

輸出を差し止めなかっただけでなく、イギリス帝国主義はイギリスの兵器企業のために海外市場を数多く創出するようにも機能しなかった。まず、自治領と植民地の軍隊は大部分が陸軍であり、銃器や大砲に対する発注は比較的控えめなものであったし、それらはエンフィールドやウリッジの造兵廠で調達されることが多く、民間兵器企業に発注されるのは稀であった。この点は、大規模なインド陸軍にも当てはまる。ほかに、数隻の艦艇がオーストラリア海軍やカナダ海軍のために建造されはしたが、これらの契約は取るに足らないものであった。一般に、帝国防衛はイギリス海軍によって担われ、イギリス海軍の必要とする艦艇は、当然、帝国の規模に応じて増大するのだが、本国政府によって国内の艦艇建造業者に発注された。オブライエンとオファーは、帝国防衛がイギリス本国の納税者には割高な負担を強いており、イギリス植民地の住民はそれにただ乗りしていると論じた。(8) イギリスの世界規模の軍事力の主たる費用が、イギリス本国の納税者によって負担される一方で、植民地の住民は世界規模の防衛力を圧倒的な廉価で享受しているという主旨である。おそらく、とくにラテンアメリカにおいては、イギリスの金融力に基づく「非公式な帝国主義」のほうが、公式帝国の威風堂々の陣容（pomp and circumstance）よりも、イギリスの造船業者や兵器製造業者により多くの発注を創出したのである。

イギリスの兵器産業にとって、日本は天与の市場であった。日本は危険な地理的環境に囲まれた開発国家であった。日本は急速に自らの産業技術を発展させつつあったが、一九〇〇年代にはいると、電気工学、化学、エレヴェータなどとともに兵器の分野でも、当時の最も洗練された技術について指導を求めていた。巨大な隣国、中国とロシアは、日本の戦略的脆弱化を狙っており、そのために日本では近代的軍事力の必要性が増したのである。イギリスは、もう一つの島国である日本が必要としていた最先端の海事技術を保有していた。イギリスは、兵器と軍事技術の自由な輸出政策を取っており、一九一四年以前は、日本への技術移転に干渉することはほとんどなかった。ヴィッカーズ社、アームストロング社、ノーベル社にしてみれば輸出活動を単に極大化していただけであったが、そうする自由があったし、それは彼らの利益にもなったのである。また、一九〇二年以降の日本はイギリスの同盟国となったのだが、そうでなかったとしても、武器輸出や技術移転に関して大きな相違はなかったであろう。日本の敵国ロシアものちにイギリスの同盟国となった。一九〇〇年代のイギリスの兵器製造業者は、日本とロシアの双方に、さらにはその他多くの国々に武器技術を輸出していたのである。

一九一四年以前のイギリスでは、政治的な理由で市場での活動を干渉することは滅多に認められなかった。国内の兵器市場では、自由競争に対するいくらかの変更がしぶしぶ認められはしたが、それは最小限に維持された。国外の兵器市場では、兵器企業はおおむね望むままに行動することができた。

このことは、世界最強の海軍と帝国の実力を保持し、すでに十分発達を遂げていたイギリスのような成熟した経済だからこそ可能であった。イギリスにみられた兵器製造業者とその顧客（政府）との間の関係は、世紀転換期のイギリスのこうした特徴からもたらされたのである。一方、日本のような脆弱な発展途上国にとって、富国強兵を目指す省庁と草創期の兵器製造業者の関係は、当然イギリスとはきわめて異なった形にならざるをえなかった。

3　日本の技術吸収過程における熟達度の諸相

(1)　日本への技術移転

技術移転が論じられる際に、日本は必ず言及されてきた国（locus classicus）である。この国は一世紀足らずの間に二回、西洋から産業に関する「最善の経験」を吸収するために、熟慮された計画を実行に移した。一八六八年の明治維新頃始まった第一の試みは、国の自主性を保ち、また、太平洋地域への欧米諸列強の不断の進出という脅威に対抗するために充分な経済力を培うことが計画された。一九五〇年頃に始まる第二の試みは、第二次世界大戦の敗北とその後の占領という屈辱の後、国を再建し、自尊心を回復するために企図された。

技術的なキャッチアップは、一八六八～一九一四年と一九五〇～九〇年という二つの国家建設期の産業伸張の最重要課題であった。この二つの時期は多くの共通点を示し、ともにある意味で「維新」を示すものであった。

一八六〇、七〇年代および八〇年代の鉄道業と綿業から、一九〇〇年代初頭の鉄鋼業、機械産業や造船業を経て、一九六〇年代の自動車産業、一九七〇年代および一九八〇年代の電器産業の組立てラインまで、日本は鮮やかに他から技術を拝借した。技術革新の歴史に偉大な名を残した企業のうち、アームストロング、ヴィッカーズ、ノーベル、ウエスティングハウス、オーティス・エレヴェータ、エア・リクイド、ゼネラル・モーターズ、フォード、オースティン、そしてIBMなどが、自発性の程度はさまざまであるが、日本に技術を供与した。当初、日本製品の品質に対する評判は良くなかった。品質で勝負できなかった頃の製造品は、たとえば、一九二〇年代のブリキ製オモチャや低番手綿糸であり、一九五〇年代にアメリカ市場を席巻した悪名高い「一ドル・ブラウス」であった。しかし勤勉な「リヴァース・エンジニアリング」、生産現場のQCサークル、そして際限なくなされた精妙な漸次的革新によって、ついに世界基準にまでなったさまざまなブランド――ソニー、三菱重工業、トヨタなど――を生み出したのである。一九七〇年代、八〇年代にはアメリカ市場を席巻したのは廉価なブラウスではなく、信頼性の高い自動車に変わっていたし、日本の道路では、BMW、メルツェデス・ベンツ、ジャグアーを除けばほとんど外国車が見られなくなってしまったのである。

(2)　技術移転過程に発生する諸問題

しかし、技術移転が滑らかになされたと考えるなら誤りである。その語は滑らかそうに聞こえ、その過程には人を欺く音が鳴り響いている。すなわち、技術は起点から移転先へたやすく移動し、移転先にはしかるべき利潤をもたらすとか、比較優位の法則が技術移転を支配し、市場の機能で調整されるといった響きである。真実は、むろん、まったく異なる。移転は往々にして厄介であり、誤った選択をともない、一国から他国へ移転する過程はしばしば散々に荒れた航海であり、平坦どころか苦痛をともなうものですらあった。

移転の滑らかさに影響する、もしくはその逆に作用する変数はいくつか存在する。たとえば、起点と借用側の間の技術格差の大きさは明らかに決定的な要因である。借用側は、しばしば、吸収するのに必要な資力も手段も持っていないような技術にあこがれるものである。要素技術の選択や諸技術の組み合わせに関して借用側が貧弱な能力しか持っていないと、こうした問題は一層増大した。

借用側は、導入する技術が適合できるような経験やインフラストラクチャをすでに保持していなければならず、そうでないとしても、それらを急速に発達させねばならない。移転先の諸条件によっては、別の諸条件を備えた場所から技術を借りてくることが阻害されることもしばしばあるのだが、それでもなお技術は借用されてしまう。小さな技術なら鮮やかに移し替えることもできようが、大きくかつ高価な技術ほど、絶対不可欠なものと考えられがちなのだ。新しい知識や方法に与えられるべき歓待が、技術の供給国と借用国との間の社会文化的な相違によっては、示されないこともある。ある社会的文脈では受容された作業慣行や生産体制が、別の社会においては、伝統的方法や根付いた価値に対して侮辱的に立ち現れるということもある。借用側の経済社会に確立している手工的技能の水準如何も移転を難しくする要因となる。つまり、この技能水準が低すぎれば新しい方法を理解し損なうし、逆に高すぎれば品質を

重視し、「実証済み」の方法に固執する高度な職人技が邪魔をすることになる。(9)

しかも、技術移転には、他国への「水平的移転」と、同一国内で異なる産業に波及する「垂直的移転」と二種類あるという事実が、上述の困難の諸相をさらに複雑にするのである。垂直的移転とは水平的移転のあとに続く現象だが、それは、元来は限定された用法のために選択された技術に、借用側が広範に応用可能な重要性を見つけてしまうことによって発生する現象なのだ。

(3) 日本における問題事例

日本は、技術吸収の初期の段階でも、たしかに相応の緊張と衝撃を受けたが、高品質鋼や大砲の鍛造のようなより先進的な技術分野では、この緊張と衝撃は一九〇〇年代から一九一〇年代まで続いた。リヴァース・エンジニアリング以前にも、その初期段階にも、この緊張は吸収過程にある技術を歪ませ、日本人労働者が習得する必要のあった技能を損なったのである。

こうした事態が日本人経営者や労働者の能力不足に起因することは稀で、より複雑な事情に規定されていた。たとえば、一八七〇年代の鉄道建設の初期過程は、路盤工事という新しい課題に伝統的なクラフトの基準を適用しようとしたため混乱させられた。猛烈な倹約家のスコットランド人監督が、路盤工事には安価な土を盛り上げれば充分であると主張したのに対し、日本の職人たちは高価な石で盛り土を覆い、大坂城に匹敵する水準で仕上げるべきだと反論した。この場合、伝統的な職人気質の誇りと、新しい異人さんの（alien）課題に日本固有の仕方で取り組もうとする決意とが、事態を混乱させた要因であった。

一八八〇年代には、これとは異なる問題群が、イギリスから綿紡績技術を導入しようとする政府主導の企てを悩ませていた。一八八一年には愛知県と広島県の官営紡績工場は、ヒギンズ社製の機械を備えて、最初の製品を紡ぎだした。[4] これら官営工場の目的は、先進的な綿紡績の手法を民間紡績家に広めることにあったのだが、一八八六年までに政府は失敗を認め、この計画を断念した。その原因は複雑であったが、教訓的でもあった。不慣れな作業方法を消化するのにも、新しい技能を蓄積するのにも、十分な時間的余裕がなかったのである。さらに、政府が利用可能な最新技術を選択して、意図的に非常に大きな技術格差を生み出してしまったことも失敗の一因である。しかし、最も決定的な過ちは、おそらく、この最高水準の加工技術を、同じく新式の動力技術にではなく古くさいものに、つまり蒸気機関ではなく水車に繋いでしまったことであろう。(10)

このような日本の選択が、世界初の産業革命が水力を多用したという慣行に対する誤った賞賛のあらわれなのか（一九〇五年の対馬海戦で成功した東郷は、一八〇五年のトラファルガー海戦でネルソン提督がフランス艦の戦列に対して行ったT字戦法を模倣したという一件を想起させる）、それとも、川が多い国において日本独特の仕方で最良の方法を採用しようとした結果であったのか、即断するのはむずかしい。ただ、日本にはたくさんの川があるが、残念ながら季節変動が大きく、一年のうちかなりの期間は滴る程度の流量しかない。むろん、綿紡績業の季節変動は、動力問題に関する日本独特のこの解法を、いかなる意味でも正当化しはしない。いずれにせよ、日本では近代紡績技術は、一八九一年に私企業の大阪紡績会社が登場するまで成功しなかった。同社は、蒸気動力を利用した、さらに先進的な機械設備をイギリスから購入したのである。(11)

(4)　日本海軍と造船業

一九〇〇年ごろの造船業は高度技術分野であり、日本はこの分野をとくに重要な地位にすえていた。日本は海事には長い伝統を有し、また、当時は大清帝国のけばけばしい威光とロシア帝国の予測しがたい癇癪に挟まれるという戦略的窮地にあったため、一八九〇年から一九一四年にかけて、できるだけ迅速にさまざまな革新的海軍技術を吸収する必要に直面していたのである。

一八九四〜九五年、勢力を衰退しつつあった中国は日本にうち負かされ、その旧式戦艦は、日本がニューカッスルのアームストロング社から購入したばかりの最新鋭巡洋艦に敗れた。また、ロシアは、クリミア半島での軍事的破綻とベルリン会議での屈辱という西側での失敗を埋め合わせようとして、列強による中国分割で残された空白地域への進出を試みたものの、旅順口閉塞作戦と対馬沖海戦[5]とで、一九〇五年に日本によってロシアの進出は阻止されてしまった。

対馬沖海戦では、混成のロシア艦隊は過積載であり、乗組員の練度・士気も低く、さらに母港から長い航海を続けてきたこともあって、東郷提督の艦隊によって壊滅させられた。東郷艦隊の大半はイギリス製軍艦で構成されていたが、そのうちでも傑出していた旗艦三笠は、ヴィッカーズ社バロウ造船所でこの戦いの五年ほど前に進水した船であった。ロシアの巨砲のまぐれ当たりの一撃に襲われはしたものの屈することなく、三笠は近代海戦史上で最も決定的な勝利へと日本艦隊を導いたのである。この勝利にもかかわらず、攻勢的なロシアの帝国主義によって容易に動揺させられる不安定な地域においては、海軍用先端兵器を地球半周の遠隔地から購入する最新装備に依存し続けるのは海上防衛の観点から危険なことであった。

(5) 三菱長崎造船所と艦艇建造

それゆえ、大型艦艇建造能力の獲得は、日本にとって焦眉の課題であった。一八九〇年代、一九〇〇年代に日本はその当時の最新艦を購入し、一九一〇年代には日本はそれらの模倣艦を作れるようになっていた。そして、一九三〇年代までに日本の艦艇建造能力は、より広範な船舶建造の分野にまで波及していた。こうして、『最良事例』の技術は充分に吸収され改善されて、三菱長崎造船所で建造された船舶と機関は、世界の最も先進的な造船所で建造されたものに伍するところまで質的に発展したのである」[12]。この造船所の歴史を叙述した深作裕喜子は、日本が世界の造船業において主導的な地位を占めるようになった一九五〇年代まで論を進める中で、この地位は「戦前期における技術的諸能力の蓄積がなかったならばおそらくは達成しがたかった」と結論している[13]。こうした成功の鍵となったのは、輸入技術を拡張適用し、洗練させる「改善の技術」にあったとされる。

深作裕喜子は、日本への先端兵器技術の移転について研究する数少ない歴史家の一人である[14]。三菱がいかにして造船業の先端技術を吸収したかについて彼女の説明の中には、劇的で激しい変化は出てこない。「試行錯誤」による適応の重要性が特筆されてはいるが[15]、三菱長崎への技術移転は、概観すると比較的滑らかな吸収例であった。一八九〇年、長崎造船所の主要な地位はアメリカ人とイギリス人の手中にあったが、一八八七年以前に雇用された一一人の外国人のうち七人が一九〇〇年までに日本を去った。たとえば、有名なJ・S・クラークは、かつてバロウの造艦造兵会社[6]の造船所長であったが、定期貨客船常陸丸の建造に際して、顧問造船技師として一八九六年にわずか三年間の契約で雇われた。このように限定された目的のために期間を限って外国人を雇い入れるのは、一八九〇年代を通じて長崎の慣行となっていた[7]。これらの「一時的な客人」は必要に応じて手早く雇い入れられ、その頭脳が盗まれ、一様にすばやく帰国した。三菱では一八九〇年代には、日本人が外国人（おもにイギリス人）技師の水準に達したのであった[16]。

その過程で三菱は、深作によるなら、造船所内に技術教習機関を設けたり[8]、外国の主要な造船所の建造方法を研修させるために技術調査団を派遣したりと、技術吸収の正道を歩んだ。また、一九一二～一三年には一五人もの技術者が造船監督官嘱託として、かの巡洋戦艦金剛をヴィッカーズ社がどのように建造するかを視察するためバロウに派遣された。それは明らかに三菱が受注していた金剛の姉妹艦霧島（一九一二年三月起工、一五年四月竣工）の建造のための準備であった。長崎で建造された霧島と、神戸の川崎造船所で建造された榛名はいずれも、日本の民間造船所で建造された最初の主力艦であるが、これは日本の艦船国産能力の進展を測る主たる指標である。なお、同型二番艦の比叡（いずれの艦名も日本の山に由来して命名されている）は、横須賀海軍工廠で建造され、一九一四年八月に竣工した。(17) これらは当時の最大艦であり、ヨーロッパの主要な造船業者に追いつく日本の速さは申し分なく印象的であった。金剛は第一次大戦以前にイギリスで造られた中で最も重要かつ進歩した軍艦であり、それはまた、日本海軍軍艦としては最後の外国建造艦となった。(18)[9]

小艦艇、たとえば魚雷艇のような艦艇では、一八九〇年代以後の日本のやりかたは、ヤーロウ、ル・クルーゾ、シッヒャウなど外国造船所から新型を一番艦として購入し、二番艦は輸入部品を国内で組み立て、三番艦は国内で竜骨からすべて建造するというものであった。(19) 一九〇〇年代までに、同様の手法は大型艦艇にも逐次適用され、外国の造船所から新艦種の最初の船が購入され、その類似艦が海軍工廠または財閥の造船所で建造された。とはいえ、一九〇〇年代には日本は国産主力艦に必要な資材と機関の多くをいまだ輸入せざるをえなかった。実際、榛名の建造価格の三一％以上が、あるいは比叡の機関すべてがヴィッカーズ社より供給されたのだが、一九一〇年代になっても大砲のかなりの部分について事態は同様であった。

このような能力不足を克服するために着実な努力がなされた。日本の船舶用動力として初のパースンズ・タービンは、三菱が手がけた定期客船天洋丸用として一九〇八年にイギリスから購入された。三菱は入念なリヴァース・エンジニアリングの結果、自社製タービンを貨物船櫻丸に搭載できることを立証したのだが、櫻丸は三菱が建造したタービン船としてはまだ三番目の船に過ぎなかった。(20)

(6) 艦艇建造に必要な技術の領域

しかしながら、一九〇〇〜一〇年代の艦艇は、単なる動力付きの船体ではなく、それをはるかに超えた高度技術の産物であった。ニッケルとクロムで強化された特殊鋼で作られた装甲鈑は、金剛型の重量の実に二三%を占めていた。その特殊鋼は製造がきわめて困難であり、砲弾の炸裂に耐えうるように造られているため、切削・成形に用いる機械にも同様に頑強に抵抗するのであった。その加工には、洗練された大型工作機械と新式の刃物鋼が必要とされた。

同じく、当時の主たる海軍用攻撃兵器であった巨大な大砲も製造が厄介であった。もはやこのような大砲は、一本物の鋳鉄塊をただ中刳りすればできるというわけではなかった。この時期の砲は、鋼管を数マイルにおよぶ強化用鋼線で巻き、さらにその外側を鋼製の外筒で鞘のようにぴったりと覆っていた。砲弾を推進する巨大な爆発力に耐えるためにこのような鋼管はきわめて強固で、発射薬の爆発の高温高圧の火炎に耐えうる（flash-resistant）ものでなければならず、それゆえ非常に硬く、しかも延性が必要とされた。つまり、そうした要件は特殊鋼でなければ満たせなかったのである。そのうえ、非常に硬い内筒に旋条（rifle）を施す必要もあった。精密な砲撃に不可欠な弾道安定性を与えるために砲弾を回転させる内腔の旋条を硬い鋼材に刻み込むために、途切れることなく何カ月も稼動する重厚な旋盤も必要とされた。

砲身は、それ自体がこのように複雑な製品ではあるが、それは工業技術戦の一部にすぎなかった。というのは、大型鋼管の複合物たる砲身は、狙い定めた砲撃を実施するに先立って、適切な方向に向けられなければならないからである。こうした砲撃は、ネルソンの頃の三層船のように、縄で駐退する木製砲架車を舷側から迫り出すことによってできるわけではない。それから一世紀を経た近代的海軍兵器は、何十トンの重さがあり、一〇マイルも先に砲弾を投射できるのだが、すばらしい鋭敏さと精確さで旋回し、射角を変化させなければならない。このため、非常に大きな砲架の製造が求められ、多数の砲身は砲塔内に収められ、砲塔は機力化されてローラー受けの上を旋回するようになった。砲弾は機械を用いて装填され、射撃位置まで射角を与えられたし、爆発による後退力は駐退器に吸収・減衰されて、これらの機械装置類に損傷を与えないようにされた。そして、これら巨大な物体は非常な繊細さをもって機動する必要があったのである。

これらの動作を円滑に行うための砲架は巨大だが高度に複雑な機械であり、そこには機械式、水圧式、電気式さまざまの機構が組み込まれていた。金剛の砲塔部分は、艦の自重の二〇~三〇%を占めたであろう。[10] このような機械は容易に製造できるわけではなかった。それらは、その当時の最も洗練された機械システムの一つだったのである。一九一〇年代にこれほどの装置を設計し製造する能力は、大雑把には、一九九〇年代に宇宙船を造る能力に相当したのである。(21)

こうした分野で日本は、一九一四年以前の時代にはそれほど有能ではなかった。日本の重機産業の発達程度はいまだ貧弱で、その進歩は実際には国内の大手造船業者に依存していたのである。三菱長崎造船所は一九一四年までに当時の機械類需要の約半分を自製できたが、霧島のような軍艦に必要な特殊な物については、ヴィッカーズ社の専門技術に頼らざるをえなかった。同様に、一九〇九年以前の国内の鉄鋼生産では、装甲鈑や大型火砲の特殊鋼需要を考慮に入れずとも、国内の鋼材需要のわずか二〇%を供給しえたにすぎなかったのである。

4　技術移転の最先端——日本製鋼所の事例——

(1)　日本製鋼所設立の背景

日本政府が著名な外国の企業を「日本の資本家とともに大規模な兵器工場建設に加わらせるように強力に勧誘」(22)せざるをえなかったのは、兵器技術の最先端において最良事例の経験を吸収する必要があったからにほかならない。日本は一九〇七年までに海軍用の大砲を製造することができるようになっていた。すなわち、呉海軍工廠は、同年、日本で建造された最初の装甲巡洋艦筑波に装備するための一二インチ砲四門を製造したのである。しかし、政府当局者はこうした結果に満足せず、大砲供給の基盤を広げる必要があると考えていた。

そこで一九〇七年に欧米諸企業の中から発注先が選定される際に、イギリスの兵器製造企業が選ばれても少しも驚くべきことではなかった。かつて対馬沖海戦で勝利した東郷艦隊の一〇隻以上がイギリスの船台で建造されていたからである。ただし、発注は複数のイギリス企業に出された。その一つ、アームストロング社は、一八九〇年代に著名な巡洋艦を多数建造しており、その高名はなお続いていた。一九〇〇年代に入ると同社は老化と先行き不透明な経営に悩まされるようになっていたが、外国での営業と技術の両面ですぐれた力を保持していることは疑いもなかった。(23)また、アームストロング社の尊厳・権威とバランスをとるため、日本の当局者はより若くダイナミックな企業であるヴィッカーズ社も選定した。同社は、鉄鋼業を母胎として一八八〇年代に兵器市場に参入したばかりであったが、すでに対馬沖海戦の旗艦三笠を建造しており、また一九〇三年には日本海軍戦艦の中軸となるべき鹿取の契約も獲得していた。この二隻は一九〇〇年代半ばの日本海軍にとって最も重要な船であった。なお、アームストロング社とヴィッカーズ社は、ともに製鋼から潜水艦、駆逐艦、ド級戦艦にいたる羨まれるほど広範囲におよぶ先進兵器技術を供給できた。

二〇世紀初頭になると、世界的な兵器の販売競争はアジア市場にも及んでいた。アメリカの業者は若干の小型艦艇[11]を日本から受注していたし、クルップ社はたえずあちこちを刺激して、中国市場にはすでに浸透していたのである。しかし、「最高のイギリス式設計に完璧に匹敵する」ものを提示できたにもかかわらず、クルップは日本の海軍市場に食い込むことができなかった。大型兵器の市場では「イギリス式設計」がまだ、アメリカ式およびドイツ式を明らかに凌駕していたのである。日本はその極意を会得しようと、賢明にも師匠イギリスの技を盗んでいたのである。

(2) 日本製鋼所の設立

日本製鋼所の設立契約は、一九〇七年七月三〇日に締結された。その事業は北海道室蘭に大規模な製鋼所、大砲工場および機械工場を建設して、行うことになっていた。ヴィッカーズ社及びアームストロング社とパートナーを組む日本の資本家は、北海道炭礦汽船会社（北炭）であり、同社は起業家的であるとともに半官的でもあった。

同社の起業家としての部分を担ったのは、北炭の精力的な専務の井上角五郎であった。彼には、鉄道国有化にともなう鉄道売却で得られた潤沢な資金があり、それらを金属機械工業に投資する意欲があった。他方、北炭の最大株主は宮内省であり、また日本海軍がこの新企業を積極的に支援していた。したがって、日本製鋼所は設立当初から投資力と公的権威という両者の緊密な結合を誇っていた。実際、のちに天皇は同地を訪れ、記念植樹をし、迎賓館に滞在するほどであった。一九〇七年においてすでに、このような北炭はイギリス企業にとって力強いパートナーであった。[12]

日本製鋼所の初代会長となった井上は、一九〇七年から一〇年まで専制的に同社を統率した。井上の跡を引き継いだのは、イギリス側パートナーにより親密であり、技術にもさらに詳しい人物であった。その人物とは海軍中将山内万寿治男爵であるが、彼はかつて「海軍省で最強の人物」[24]と評され、また実際に、彼は前の呉造兵廠長として日本の兵器技術の指導的地位にもあった。山内は一九一〇年八月から一九一四年一月までの、同社の技術発展に重要な時期を統括していた。[13]

日本製鋼所の資本金は当初一〇〇〇万円であり、一九〇九年には一五〇〇万円に増資された。ヴィッカーズ社とアームストロング社はともに株式二五％ずつを引き受けたから、一九〇九年にはイギリス側は三七五万円ずつを引き受け、それに対して両社はそれぞれ三八万三三〇六ポンドを払い込んだ。日本製鋼所の創設から一〇年間を通じ、イギリス両社は併せて五〇％の株式を保有し続けた。また、彼らは日本側株主の同意なしに株式を売却したり譲渡することはできないと決められていた。一九〇九年に七五〇万円を出資した北炭は、一九一七年までその株式を所有し続けた[14]。イギリス側の両社は自社の取締役の中から日本製鋼所取締役会に何人かの役員を派遣していたが、遠距離という障碍のため彼ら役員は日本において彼らの代理の役割を果たす人物を指名する権限を認められていた。

このような取り決めは、もちろんきわめて異例であった。日本の産業化は、一国の独立を維持確保することを優先していたのである。日本は外国技術と技術者を受け入れたが、外国資本および資本家の侵入に対しては注意深く制限を設けていた。そうした制限は一九〇〇年代には緩和され、とくに電話、電気、化学などの高度技術分野では合弁企業も生まれてはいたが[25]、しかし制限は決して完全に取り払われたわけではなかった。兵器部門で制限が緩和された理由は明白であった。第一に、その技術は摂取が困難であったため直接の指導が不可欠であり、そうした指導には外国企業の参加とそれに見合った適切な報償が求められた。第二に、軍事的必要性から、とくに緊急を要していた。第三に、イギリス兵器製造業者から長年にわたって高性能兵器類を購入していたため、日本海軍高官とイギリス産業家との間に信頼関係がすでに築かれていた。

イギリス側両社は日本製鋼所に対して新工場を建設する上で必要とされるあらゆる情報、助言、設計を提供すると保証した。製造工程に秘密が設けられなかっただけでなく、イギリス側両社は、日本政府の究極の目的でもあった最新兵器の最も優れた型式の提供にも同意した。イギリスによる指導は、「長期間にわたって生産を支援するために熟達した要員」を日本へ派遣するという約束によって保証されており、こうして派遣される支援要員は実際には職員層だけでなく工員も意味するようになった[26]。この技術の流れは、日本製鋼所が片腕となる部署をイギリスに設立することによってさらに裏打ちされていた。これは取締役と上級技術者からなる「イギリス委員会（English Committee）」であり、日本に派遣されるイギリス人の用務を監督し、彼らに助言する役割を担っていた。なお、ヴィッカーズ社もこの技術移転に重要なものを提供したのだが、「イギリス委員会」はニューカッスルのアームストロング社に置かれていた。

(3) イギリス側両社が得たもの

イギリス兵器企業は技術供与の代償として、株式に対する配当が適正になされただけでなく、それ以上のものを受け取った。まず、彼らは日本製鋼所用のあらゆる設備機械類を製造する優先権を与えられた。これらの機械類は室蘭新工場ではいまだ製造できず、また日本国内でも調達できなかったのである。そして何よりも、日本国内で対応できない軍艦・兵器への注文はすべてヴィッカーズ社とアームストロング社に振り向けることになっており、こうした発注振り向けに対して日本製鋼所は二・五％の手数料をイギリス側企業から支払われることになっていた。この取り決めの趣旨は、日本製鋼所が「日本政府の発注する兵器類の第一の取り分を確保する権利を有する」ということであったが[27]、実際にはこの取り決めによって、日本製鋼所には製造所としての機能だけでなく、イギリスに巨額の余剰注文を回付する代理店業務も付与されたのであった。控えめに言っても、この取り決めは日本海軍の大型兵器類の外国発注に関しては、ヴィッカーズ社とアームストロング社に複占的な地位を与えたのである。

一九〇八年六月までに二つの機械工場（Ａ・Ｂ）を建設するための基礎工事が完了した。日本政府は日本製鋼所に対しておそらく向こう七年分以上にわたると思われるほど多量の注文見積もりを密かに与えた。それは、一四四門の大砲にはじまり、戦艦や重巡洋艦用のスクリュー駆動軸、艦首骨の鋳造、推進器としての蒸気タービンなどであった。他方、装甲鈑契約は、日本製鋼所およびイギリス側には発注されず、呉海軍工廠のために確保されていた[28]。にもかかわらず、イギリスの関係者たちは、この報告に大変満足していた。近い将来、大量の注文がくることを予告するものと考えられたからであった。

この頃は日英間の蜜月期であった。むろん、国家相手の取引にはしばしば起きることだが、多国籍的なイギリス兵器製造企業は、約束されていたはずの発注が実際には本国の工場をフル稼動させるほどではないことに気付いた。一九一〇年の早期までには、ヴィッカーズ社会長アルバート・ヴィッカーズはアームストロング社会長のアンドルー・ノウブルに対して、日本政府は約束に背いていると不平を漏らしていた。期待された多額の注文は先延ばしされていたのである。アルバート・ヴィッカーズは以下のように憤然と指摘した。「日本の海軍省が必要とする鋼材の注文は、われわれが日本で工場を建設した以上、われわれに与えられるべきである。ところが、彼らはわれわれに与えられることになっていた大量注文に関しては、明らかに約束をまったく反故にしている」(29)。

とはいえ、すべて失われたわけではなかった。日本製鋼所の代理店業務が現に利益をもたらしていたし、また、室蘭の技術水準には将来への投資の意味でまだ向上させる余地があった。一九〇九年末には、ヴィッカーズ社は日本製鋼所コネクションを通じて獲得した潜水艦建造の収益性に大いに満足していた。アルバート・ヴィッカーズは、アメリカの潜水艦特許保持者に対して、「わが社は日本のために三隻分の機関を［バロウで］製造しているところですが、それはなかなかいい値段なので、三隻の潜水艦を丸々受注したのと同じと考えても差し支えありません」(30)と報告している。さらに、一九一〇年までに日本から回され、イギリスで遂行された大砲製造注文は、三〇万ポンドにものぼっていた。一九一一年にヴィッカーズ社は、室蘭で完成される大砲（一二インチ砲）用の諸資材を製造していた。さらに、次のような重要な仕事ももたらされた。すなわち、ほぼ同時期に同社は、日本で建造される金剛同型艦用の兵器を製造し、また、三菱造船所で建造予定の金剛同型艦用のタービンを「［イギリス］海軍省の最新仕様に合わせて」製造していたのである(31)。同年後半にはアームストロング社はヴィッカーズ社製の金剛用及び横須賀で製造されていた同型艦用の鍛鋼品を製造していた。同時にまた、ヴィッカーズ社は日本製同型艦用のタービン・ローターの鍛鋼品に五万ポンドの見積りを提示していた(32)。したがって、室蘭で何が起ころうと、日本製鋼所設立契約の付属覚書に規定された代理店業務がある限り、ヴィッカーズ社とアームストロング社は、少なくとも一九一四年までは、多種多様な兵器・艦船について日本市場に対する圧倒的な支配力を与えられていたのである。

(4) 技術移転の人的な基盤

では、当時の室蘭で実際に何が起きていたのかというと、技術移転を担う中核が形成されつつあったのである。「生産を支援するために熟達した要員」を派遣するという取り決めは首尾良く実行されていた。ヴィッカーズ社から派遣された上級技師R・D・レンウィックは、一九一〇年から一一年にかけて室蘭に何カ月も滞在して、日本製鋼所の操業について助言を与えた(33)。さらにヴィッカーズ社は、職場レヴェルの現場指導を行うためにシェフィールドとバロウの熟練工を室蘭に派遣した。同社の業務書簡発信控え第一四巻の一九一二年五月一四日付の箇所には、「イギリス人職長、製錬工、その他の職工が日本に向けて出発した」と記録されている(34)。

他方、当然のことながら、日本人職員と経営陣はイギリスへ渡り、ヴィッカーズ社の造船所や製鋼工場において物事がどのように管理されているのか、その実態を学んだ。一九一〇年には、イギリスのおもだった製鋼工場を視察するために室蘭から細谷尚技師がイギリスを訪問した(35)。ヴィッカーズ社による指導は、組織面および技術面の助言を越えて財務管理や原価計算の領域にまで踏み込んでいたという記録もある。一九一一年、日本製鋼所はヴィッカーズ社が主要工場で採用している簿記法を学ばせるために、室蘭から日本人会計士の調査団を派遣している(36)。

実際、一九一一年は訪問の年であった。八月には日本海軍の有坂鉊蔵造兵大監と吉田太郎造兵中監がシェフィールドとニューカッスルを訪れて、科学的見地から製砲法を研究した。さらにその一カ月前には、対馬沖海戦の勝利者、東郷提督も、バロウで建造中のイギリス海軍新型戦艦[15]を見学するために二度目の遣英巡洋艦隊[16]を率いて来英していた(37)。一九一二年の一月には、東京帝国大学の舶用機関専門家、加茂教授が最新の大型艦艇技術のなかで最も困難な分野の一つであるタービン製造を調査するためにバロウを訪問した。

この時期は、日本人がとりわけ活発にイギリスの主要兵器企業を訪れていたが、それは、以前からほとんど日常業務となっていた日本人の渡英がより集中した局面にすぎなかった。

一九〇五～一四年にかけて、日本の技術者、海軍軍人および産業調査団は、これらの工場を絶え間なく訪問し続けた。そして、日本向け艦船がイギリスの造船所で建造されている期間は、当然のことながら、日本海軍軍人が艦政本部の造船監督官として、それらの会社に長期にわたって配置されていた。彼らは技術情報を日本にもたらす重要な回路であると同時に、イギリスの造船会社の営業活動にとっては日本海軍との大切な接点でもあった。室蘭であれ他の製造所であれ、こうした様々な実地調査を通じて得られた蓄積は、日本の技術水準の向上に相当な効果を与えたに違いない。室蘭以外の製造所に対してまとまった効果があった証拠を、たとえば日本海軍艦政本部長であった松本和中将が一九一二年一月に書いた手紙に見ることができる。そこで松本はヴィッカーズ社に対して、海軍工廠向けの機械装置の製造に関して助力を得たことについて謝意を表している。(38)

(5)　トレヴェリヤンと機械工場

とはいえ、日本製鋼所への技術移転に関する最も信頼すべき情報は、アームストロング社技術者からもたらされた。同社から派遣されたF・B・トレヴェリヤンは一九一二年から一四年まで室蘭の主任技術顧問であり、日本製鋼所の取締役でもあった。[17] そして、第一次世界大戦勃発直前にエルズィックへ帰任した後も、[18] 彼は日本製鋼所の経営陣と書簡のやりとりを続けていた。とくに、一九一三年一月以降、専務取締役かつ工場長でもあった水谷叔彦機関少将との[19]間で交わされたやりとりは重要である。これらの頻繁に往復した書簡類は、今も日本製鋼所の室蘭工場に保管されている。トレヴェリヤンが室蘭に送り込まれた目的は明確であり、必要な改革を行い、悲惨な状況に陥っていた技術移転の過程を円滑に進めることにあった。この点で水谷は彼の有力な協力者であった。水谷の手紙は精力的だが晦渋な英語文体で書かれており、それは日本海軍の機関学校を卒業し、さらにグリニッジのイギリス海軍大学校を卒業したという彼の経歴を反映していた。[20]

一九一二年、室蘭にいたトレヴェリヤンから深刻な内容の報告書が何通も送られたため、イギリス側は北海道へ何人もの専門家を送り出すよう努めていた。彼らの来日は四波に別れ、派遣時期によってその構成も変化している。第一波はヴィッカーズ社から派遣された五人の製鋼工で、一九一一年六月から翌一二年一〇月まで滞日した。しかし、室蘭の改革の大部分はアームストロング社の者たちによって進められた。一九一二年五月にトレヴェリヤンとともにアームストロング社からやって来た四人はいずれも機械工で、一九一四年二月から一五年二月の間に帰国した。一九一三年八月には、さらに六人が到着したが、そのうち一人が製鋼工、残りは機械工で、大部分は一九一五年五月に帰国した。最後が、一九一四年の六月から七月にかけて入国した、驚くほど大規模な一団であった。機械工助手一名と検査工五名は、おそらく、この頃室蘭が悩まされていた鋼塊製造問題に対応して派遣された者であろう。この一団にはさらに、トレヴェリヤン以降では最上級かつ最重要の人材二名が含まれており、彼らは日本製鋼所の製造技術の確立期の運命を決定した人物であった。その二名とはすなわち、E・L・ロバートスンとH・H・アッシュダウンであり、いずれも「製鋼技術者」であった。この一団の大部分は一九一六年二月に帰国しているが、ロバートスンの帰国は早く、一九一五年七月であり、アッシュダウンはおそらく一九一六年夏に最後に帰国している。(39)

一九一二年七月のトレヴェリヤンの報告によると、日本製鋼所では当時世界最大級の一四インチ艦載砲の切削加工は可能であったが、鋳造作業はまだ不可能であったため、鍛造用の鋼塊はイギリスのアームストロング社とヴィッカーズ社から供給されざるをえなかった。しかし、トレヴェリヤンは日本でなされている機械切削にも満足しておらず、「工作機械はより速く運転し、切削規模を大きくしなければならなかった」。(40)その一カ月前には、一二インチ砲の砲身（当時の価格では一万一〇〇〇ポンドもするものだった）が、旋条を施す工程で損壊してしまっていた。(41)一九一二年夏には、「工作機械が充分高速に運転されなかったため、莫大な時間が無駄に失われ、機械のほとんどどれもが骨の折れる困難な作業用であったにもかかわらず、大部分は遊休状態に放置されていた」[42]と報告されている。日本製鋼所での作業目標時間は、イギリスの標準に依ってはいたが、室蘭の実態に合わせて修正されていた。それにもかかわらず、この時期の日本製鋼所における一四インチ砲の機械切削の実状は、荒削りでは目標時間より六三％長く、仕上げ削りは二九四％も長く、仕上げ中穿りも目標時間より一三％低い成績だった。トレヴェリヤンは、一九一二年六月初頭には、このように作業速度が遅いからといって一四インチ砲砲身に発生しうる他の問題が防止されるわけではないと見ていた[43]。一九一二年八月になってもトレヴェリヤンは依然として「製砲工場の作業速度を高めるためにさまざまな指示を」出し続けていたが、その翌月には、より小さな六インチ砲の製造についても「時間節約の余地を残した作業が多々ある」と指摘している[44]。彼の回想によれば、「ある機械は二四時間以上運転されていたが、その作業は本来なら一時間半でなされるべき」だったのである[45]。

(6)　日本人の労働慣行

イギリス人監督は、室蘭の日本人熟練工たちの機械操作に、悪い慣行がはびこっているのを発見していた。いくつもの大型機械が人員不足のために遊休していたのだが、それは、試験片を「イギリスなら少年工が」切削するのに、室蘭ではわざわざ熟練工が作業に当たっていたからであった。また、「覆いを掛けずに工作機械が運転されていたため、削り屑が露出した歯車類の上に落ちて、極端に多くの歯欠けを発生させた」[46]。それだけではなかった。「雨が降ると、大量の雨水が機械に降り注ぐにもかかわらず、すぐに拭かず、錆が発生するに任せているから、機械の清拭を職務とする雑役工にその仕事を適切に行わせるようにすべきであり、中刳り屑や削り屑をより頻繁に取り除かせるべきであり、熟練工が機械のボルトを締めるのに重いハンマーを用いないようにすべきで、さらに、重い鉄製ハンマーで機械を直接叩くのを禁止すべき」であった。トレヴェリヤンはこれらの問題点を分析し、次のように結論している。「職工や班長に対して罰金を課せば、工場の膨大な価値下落を食い止めることができよう」(47)。これら悪習が価格面に悪影響を及ぼすのは明らかだった。

こうした悪習にもかかわらず、一九一二年の夏の終わりまでには製鋼所の大砲製造は改善されつつあった。トレヴェリヤンの助手であったG・A・アトキンスンは、英語を話す有能な日本人専門家という重要な要素の介在によって、改善の効果をさらに下方へと浸透させることに成功した。ようやく前進が可能になったのである。「それは、事態をわれわれイギリス人側に英語で説明してくれる上野氏の助力に大いに負っていた。ただ、彼の夜勤明けの日は、われわれは彼の助けを得られないため大きな障害となるので、私は彼の夜勤を免除するよう進言したい」。アトキンスンはさらに続けて「上野氏を昇進させることは可能か」と尋ねた(48)。幸運にもそれは実現し、晴れて上野はトレヴェリヤンの助手となった。

むろん、この賞賛すべき上野が、作業速度の遅延と悪習に対する室蘭側唯一の矯正剤ではなかった。改善が見られたとはいえ、一九一三年上半期には機械工場ではさらなる治療が求められていた。水谷叔彦少将は、一九一三年には進歩が続いており、一九一四年半ばにはその進歩を制度化する方法を探し求めていたと報告している。そこで、彼はイングランドの機械工場で行われている時間管理手法に基づいて創案されたボーナス・システムに注目した〔21〕。その時間管理手法とは、各作業ごとに詳細な報償金と機械作動速度に基づいた目標時間が設定されており、機械の段取りと工具の交換に必要な許容時間も盛り込まれていた。労働者がある作業を目標時間で達成すると、「彼には最高賃格の六〇%に相当するボーナスが与えられ」、目標時間より三割長くかかるとボーナスは三〇%相当となり、さらに長くなればボーナスはゼロにまで減じられるのである。これは当時広く行われていた能率刺激賃金制度であった(49)。水谷によれば、「機械工場のすべての面が改善に向かいつつあり、毎日、工場を巡回するたびに、仕事量に際だった変化があることを発見できる。こうした改善について、われわれがイギリス人職長たちに多くを負うていることを私は十二分に認めている」(50)と記している。

(7)　水谷の報告に見る日本人労働者

水谷は、日本製鋼所取締役会宛ての報告書において、ボーナス・システムが絶対に必要であると述べ、当時の日本人労働者の奇行について注目すべき小論を添えた。一九四五年以降の日本の労働力の誇るべき特質であった規律、服従、熱烈な勤勉さ、クオリティ・サークル、職場労働者間の連帯、企業への忠誠心などの特徴は、一九一〇年代の室蘭の機械工や製鋼工の間にはほとんど認められない。水谷は、彼らの多くは官営工場から募集された者たちであると、あたかもそのことが多くを説明するかのように記しているが、これも現在のわれわれの耳には興味深く響く。彼は総じて事態を次のように見ていた。「この国では班長、副班長だけでなく、ときには職長までもが多くの場合、使用者に対する己の責務は何かという観念を欠いており、むしろ配下の労働者の歓心を買おうとしてしばしば咎められているのである」。それも職場集団の連帯心ではあるかもしれないが、個々の労働者の技能向上や職場への定着に対する集団内での援助といった現代日本の生産現場を特徴付けてきたような積極的な仕方では機能しなかった。さらに、日本の現場管理者や作業時間計測係の間には特有の問題があった。彼らには、高等工業学校卒業者と、現場労働者から抜擢された者の二種類があった。イギリスの工場管理者は、徒弟制度やOJTを好むとされている彼らの文化の型から離れて、高工卒業者が昇進候補にいれば、いつでもその採用を支持したのである。水谷によれば、高工出身者と現場出身者のどちらにも不利な点があった。「もともと労働者であった者は責務の観念を欠いており、虚偽の所要時間を［作業記録に］記入するという点で、配下労働者の歓心を買うことに熱心である」。これに対して、「高等工業学校から来た若い者は、計算はできるが時間計測の仕事を好まず」、それを自分より格下の職務であると感じていた。

水谷はさらに日本人従業員に対して非難を続けるのだが、そこには、日本人はイギリス人と張り合えるくらいにもっと頑張るべきだとの切望もしばしば含まれていた。それらは、第一に「日本人従業員はしばしば責務という観念を欠いており、厳格な監督の下に置かれないならば、のらくらと働くだろう。私が取締役の皆様にお願いしたいのは、彼らの心に『責務』という言葉の真の意味を植え付けていただくことである。それは愚考するところ、イギリス人の美徳にほかならない」。第二に、「日本人従業員は血気にはやる。彼らはときに疾駆する馬のように働くが長続きはしない。彼らは持続的に働き続けるということができない。彼らにイギリス人の特性、そう呼んで差し支えなければ『ゆっくりと着実なのが結局勝つ』ことを植え付けていただきたい」。第三に「職員、工員ともに節約にほとんど関心がない」。最後に「日本人は夜勤にほとんど関心を払わず、それゆえ過去の作業記録の曖昧さは夜業時に発生していることが多い。イギリスでは夜業にも検査工が配置されていることを鑑みるに、日本人職員もこれを見習ってほしい」(51)。これら日本人労働力の質に対する酷評は、奇跡的な戦後経済復興で示された労働者の献身や決意といった英雄的な（そしてそう評されるにふさわしい）イメージからは、考えられる限り遠く隔たった所にある。わずか一カ所だが、水谷が戦後の日本にも共鳴しそうな指摘をしている箇所がある。すなわち、態度の改善が達成されるなら、「会社の業務は大きな利益を得、それゆえ従業員も会社と利益を分かち合うであろうことは疑いない」(52)。「会社にとって良いことは職場集団にとっても良いことである」という頌歌は、一九五〇年代までには決まり文句として日本に定着したが、そこに到達するには明らかにいましばらくの時日が必要であった。一九〇〇年代と一九一〇年代にこうした意識が欠落していたことは、技術移転の助けにはならなかった。

(8) 鋼塊鋳造問題

しかしながら、一九一五年までには機械加工に関する限り室蘭の状態は日々進歩しており、日本側の当事者たちは、大砲用の鋼材を製造するという、機械加工の前段階に当たる決定的な工程にも関心を向けるようになっていた。彼らの狙いは、大砲用鋼塊を日本で鋳造することに向けられたのである。一九一五年二月、水谷少将は、室蘭からイングランドに戻ってアームストロング社の戦時生産に携わっているトレヴェリヤンに書簡を送っている。呉工廠でも日本製鋼所でも鋼塊の製造は困難であったからである。「呉工廠の新しい鋳型を参考にして我々も新しい鋳型を製造した。だが、そこで鋳込まれた鋼塊はおよそ満足すべき結果をもたらさなかった。この問題で、われらのF・L・ロバートスン氏は大いに悩まされ、頭を痛めている」[53]。

一九一五年二月、別の手紙の中で、水谷は、「優れた品質の鋼塊を生み出す段階に未だ到達せざる」理由を解明しようとしていた。冶金学者で鍛造監督のアッシュダウンが「己の責務に不屈の傾注を示していることはまったく満足すべき」であると水谷も認めていたが、溶鋼部門の長であるロバートスンはある種の難点を呈していた。まず、ロバートスンは若かった。日本の経営序列ではそれだけで信用されない。そのうえ他の欠点もあった。ロバートスンは「日本語を自由にあやつる能力を欠いており、彼の部下の大部分は彼の母国語に習熟していなかった」[54]。それは必ずしも彼のアイルランド訛だけの問題ではなかった。ロバートスンはいくらかの日本語と英語を話したが、いずれも発音が不明瞭であった。高度技術の移転とはいえ、このような要素にも左右されていたのである。

イギリスに帰国した後もトレヴェリヤンは遠隔操作によって日本で起きていた事態を改善しようとしていた。一九一五年四月の水谷宛書簡では、次のような賢明な指摘をしている。「よく覚えているのは、室蘭にいたとき、アームストロング社で使っているものと同じ鋼塊鋳型図面を渡したことが二度ありましたが、鋳型製造現場には常にわが社の図面より自分の鋳型設計の方が優れていると考える者がいたのです」。つまり、室蘭側の誰か日本人職員が、ニューカッスルで設計された鋳型を変更していたというのである。言うなれば「和式」だが、北海道の現場で働いたことのあるトレヴェリヤンは解決策を提示した。「三度目でも間に合いますから、七二インチ×六四インチ鋼塊用にエルズィックで用いている図面を送ります」。そこに付された注意書きは平明そのものであった。「上手に鋳造しようと考えるのならば、これらの図面をそのまま、改善することなく用いること」。また、ロバートスンをかばって、トレヴェリヤンは穏和な調子で次のように記している。「私の印象では彼は非常に有能な製鋼屋です。ただ、彼の若さと経験不足と日本語能力の不足についてはご指摘の通り、たぶんいろいろあるでしょう。ただ、最後の点については彼をあまり責めてはいけないと思います。何しろ日本語は容易に習得できる言語ではありませんから。ロバートスン氏はご存じの通りアイルランド人で、確かに彼の癇癪は、あなたの所の溶鋼工と一緒に仕事する際に、彼らが指示通りに動かないと、破裂することもあるでしょう」[55]。ロバートスンは明らかにケルト人の舌を持っていただけでなく、怒らせるとケルト人の気質も示したのである。ともあれ、トレヴェリヤンのロバートスン評は当たり障りなく書かれているが、技術移転は若さや、言語や、癇癪によって阻害されるだけでなく、弟子たちが師の言葉通りに行わない場合も阻害されるのである。

(9) 製鋼技師ロバートスンの失敗

だが、一九一四～一六年における室蘭での大砲用高品質鋼材製造の裏にはもう一つ別の物語があった。製造しなければならなかった鋼塊は、国内で建造される金剛同型艦に装備される新型巨大一四インチ砲用で、これはどこで製造しても難しいものであった。室蘭の機械加工職場では日本人労働者の反抗や誤った慣行によって技術吸収が妨げられたのだが、製鋼部門で起きた問題は、技術移転における別の障害に起因していたのである。室蘭製作所の史料室にある注目すべきファイルは、その理由と状況を明らかにしている。

ロバートスンは、一九一四年夏、北海道に赴任した。彼はアッシュダウンによってトレヴェリヤンに紹介され、トレヴェリヤンは彼の保護者的存在となった。だが、アッシュダウンは後悔しつつも次のように断じた。一九一五年一一月までに、「ロバートスンは私が予想していたタイプの男とまったく異なっていると判明した」[56]。野心的で血気盛んなロバートスンは「到着したまさにその日に」、溶鋼部主任［実質的に室蘭の製鋼部長］に任命してほしいと工場長の水谷に頼み込んだ[57]。ロバートスンの力強さに感銘を受け、おそらくはおだてて使おうという意図だろうが、水谷はこれを是認したのである。水谷は、快活だが興奮しやすいこのアイルランド人を終始、気に入っていたようだが、高品質鋼塊の製造に関してロバートスンが破滅的ともいいうるほど経験不足であることが判明すると、さすがに落胆の色は隠せなかった。技術移転において、「外国人専門家」はその専門性を遺憾なく発揮できなければならないのだが、室蘭に残された文書は、解決できない問題に直面した「専門家」のありさまを詳述している。

一九一四年、ロバートスンが日本に着いてまもなく、ヨーロッパで戦争が勃発した。その性格ゆえに、彼はすぐさまイングランドへ戻り軍籍に入りたいと志願した。日本製鋼所側はこの希望を退け、東京のイギリス大使にも働きかけて、ロバートスンを北海道に「強制的に留め置く」ようにした[58]。水谷はすぐに、大使が逆の手段を行使することを望むようになったに違いないのだが。

一〇カ月以上にわたって、ロバートスンは合計二八本の大型鋼塊鋳造を担当したが、そのうち一八本は欠陥品で、当時の価格で一万ポンドを超す損失を生み出してしまった。しかも、損失は金銭にとどまらなかった。「わが社がすでに受注したもの[22]を完成させるのに必要な鋼塊を製造し損なっているため、海軍当局者に、日本製鋼所に対する不信感を植え付けてしまった」からである。山内のあとの取締役会長となった高崎親章は、一九一五年五月に、政府発注の砲身外筒と内筒を製造するには四六本の大型鋼塊を必要としているが、いまだ獲得できていないとニューカッスルに泣きついている[59]。日本製鋼所はそれらを製造できないばかりか、戦時下ゆえ、アームストロング社やヴィッカーズ社から購入することもできなかった。結局、日本海軍との契約を満たすため、彼らは自尊心を押さえ込んで、呉工廠に鋼塊を再発注せねばならなかった。

この失敗の原因は、砲身の機械加工のときとは異なり、労働者の訓練や技能にはなかった。あるいは、労働者側の原因は最初の何本かだけにしか関係がなかった。ロバートスン自身が次のように認めている。「当初、私は部下にかなりの問題を抱えていましたが、いまや、彼らから可能な限り最良の仕事を引き出すことができるようになっています」(60)。ロバートスンが、技術移転の借用国で特徴的に発生するもう一つの問題、つまり未熟な当局者による過酷な設計仕様や厳しすぎる検査に直面していた可能性もあろう。こうしたことはほかの場所、とくにスペイン、ロシア、ギリシャでは、確かに発生していたのである(61)。

(10) イギリス側の疑念

日本製鋼所という日英合弁事業のイギリス側組織、ニューカッスルのイギリス委員会は実際に、こうしたことが日本で起こっているのだと考えた。アームストロング社の取締役であり、同社を支配した一族の第二世代であったジョン・ノーブルは、一九一五年九月の日本製鋼所宛書簡に次のように記している。「室蘭での監督官による検査、特に、ゴースト・マーク〔23〕、微細な鉱滓露出や鋳型の砂痕などの有無を調べる鋼塊表面検査が、イギリス政府発注品に対してイギリスで行われている検査より厳しいのではないかとの印象が委員会にはある」(62)。

そこで日本では、アッシュダウンがイギリス委員会の疑念の真偽を確かめたのだが、その証拠を見いだすことはできなかった。アッシュダウンも「日本の海軍省の監督官や船舶鉄道検査官が試験や検査の際に示す苛酷さは、イギリス企業だったら耐えがたいものであろう」ことを認めはしたが、この過度の厳しさは一九一五年後半にはかなり緩和されていた。この砲用大型鋼塊鋳造の件についてアッシュダウンは、むしろ監督官に非がないことを明らかにした。彼は、「忌憚のない意見」を示すよう促された際に、室蘭でロバートスン指揮下になされた最近の製鋼結果には致命的な欠陥があり、「大部分の鋼塊の品質は実に悪く、検査したのがイギリス海軍省監督官であったとしても斟酌の余地がないほどである」ことを認めた[63]。

ロバートスン自らは、決定的な問題は室蘭で供給される［溶鋼用］ガスの質にあると信じてやまなかった。このガスの温度と一酸化炭素含有量は、鋳造過程において決定的な要素となるのである。しかし、化学分析の結果、ガスには何も問題のないことが判明した。これに対して、ロバートスンはガスの品質変動が分析試験では明らかにできていないと反論した。また、日本の石炭ではイギリス産石炭のように常にガスを高温にできないかもしれないとの疑念も存在した。しかし、他方、水谷は室蘭での最近の改良によって一酸化炭素含有量が一八から二五％まで増加したことを証明していた[64]。

良質なガスであれ低質なガスであれ、ロバートスンは一九一五年春を通じて、鋼塊を製造すれば、どれも不出来の連続という惨めな結果に悩まされていた。ロバートスンが「革命的な提案」を約束したにもかかわらず——水谷は「その内容がお粗末である」のを知っていたが——検査不合格ばかりが続いた。ロバートスンはついに途方に暮れた。彼が考えついたのは、イングランドにもどって本国の専門家、「特に、アームストロング社でこの分野の権威として知られているラウデン」に相談し、また、悪魔に取り憑かれたガス問題について「イギリスの博識な学者」に尋ねるために、一時帰国許可を申請することだけだった[65]。だが、距離、時間、戦争、およびロバートスンが確実に日本に帰任するかどうかを考慮して、日本製鋼所は許可しなかった。

(11)　ロバートスンの辞任

一九一五年五月、ロバートスンは最後の機会を与えられた。「原料ならびに石炭を完全に自由に選定でき、工場のガス供給も分析もすべて彼の思い通りにし、試験室も自由に利用できるようにしたが、彼は五〇トンおよび一〇〇トン鋼塊の鋳造に失敗し、スクラップにしたのみならず、製造された鋼塊はこれまでになく粗悪なものであった[66]」。避けられぬ結末として、六月五日、ロバートスンは、「一四インチ砲用鋼塊製造におけるきわめて不満足な結果」を理由として、水谷に辞表を提出した。そこでロバートスンは、「この失敗は、わたしにとって残念でつらいことであったし、あなたにもそうであったに違いありません」と述べた。(67)

水谷はいつもの寛大さと聡明さのこもった、気味悪いほど思いやりのある散文体で返答した。水谷はロバートスンの「堅忍不抜な闘志」を賞賛し、「気候や風俗習慣が貴兄の母国とはあまりにも異なり、しかも、この地の方言に不慣れであることなど」に起因する苦労に同情し、彼が多くを成し遂げたことに祝意を表した。すなわち、「溶鋼部門のあらゆる作業を統一し、秩序だった仕方で再調整したこと、ならびに木炭を利用した経済的な溶解手順を導入したこと」を評して、これらは「貴兄の成し遂げた最も顕著な功績であり、われわれに与えられた貴兄の遺産として残り続けるでしょう」と褒め称えた。(68) こうして水谷は辞表を受理したのだが、内心ではほっと胸をなでおろしたに違いない。

室蘭の溶鋼部門でロバートスンの下に進められた改善点は確かにかなりの程度に及んでいた。水谷は、ロバートスン宛ての手紙だけでなく、ほかの機会にも、ロバートスン着任以前の溶鋼部門は「ひどく混乱した状況にあったが、その後、彼が用心深く監督したおかげで、まったく新しい様相を呈するようになった」ことを認めていた。ただ、彼が辞任する一九一五年七月まで、まともな鋼塊を製造することができなかっただけなのだ。

水谷は個人的にはロバートスンを著しく寛大に扱っていた。彼の辞職願いの手紙から数日のうちには、このアイルランド人は、渡島での[24]「愉快だが些か寂しい」休日を過ごすために、さっさと荷造りをして室蘭を引き払ってしまった。彼は滞在先から水谷への謝意を伝えようとしたのだが、「自分の知る限りのわずかな日本語で」電報で伝えなければならなかった。「ことによると間違った日本語の使い方があったかもしれませんが、それであなたが気を悪くされることはなかったと信じております［実際にはロバートスンはある程度の日本語を習得していたのだ］。日本語で電文を打ったのは、そこでは英文電報機が故障していたからなのです」[69]。日本製鋼所はロバートスンの帰国費用と、来日以来六カ月分の給与と餞別として三〇〇〇円を支払った。さらに水谷は、適度に伝統的でしかも打ち解けた雰囲気で酒を酌み交わしながら、湯煙に包まれて、ロバートスンが部下たちに別れの挨拶ができるように、週末に登別温泉旅館での送別会をお膳立てすることまでした。辞職後も丁重に扱われはしたが、彼は七月三日には横浜から帰国の途に就かなければならなかった。

水谷はこのようにおおいに寛容であったが、日本に来た外国人専門家に対する要求と期待について彼の目が曇らされることは決してなかった。高崎会長宛ての一二枚におよぶ手紙で――それは確かに自己弁護のために書かれたという側面はあるが――水谷工場長は事態を非常に冷めた目で見ていた。「わたくしどもが雇い入れた外国人に期待しているのは、彼らの経験がわが工場の操業にただちに役立つということと、彼らが日本人技術者、職長、職工を訓練してくれるということです。したがって、経験不足な外国人と契約するのは、わたくしどもの基本方針に合致しません。いかなる役職も、適任者が発見できるなら日本人をもって充てるべきなのですが、日本人専門家を得られる日が来るまで当面は、いくつかの特殊な部門では外国人を利用します」[70]。

大型の大砲用鋼塊にともなう問題が紛糾しているさなかに書かれたこの書簡には、外国人専門家に対する「お雇い」的認識と、遺憾ながらも彼らを雇用せねばならない必要性とが、あからさまに表出されている。

⑿　事後検証と改善策

ロバートスンの解傭後、空席をどう埋めるか定まらぬうちに、ニューカッスルのトレヴェリヤンとその同僚は、日本での一連の冶金問題がひとえにアイルランド人に起因するものなのか疑念を表明していた。トレヴェリヤン自身が一九一五年に、「ヴィッカーズ社から派遣された者も、わが工場から派遣された者も皆が報告してきたように、室蘭で供給されていたガスは本来あるべき品質であったためしがない」と見ていた。そのうえで彼は以下の点を強調した。誰がロバートスンの後任の製鋼部長となるにせよ、その「指示通りに作業が実行されるように、充分な数のイギリス人職工で炉やピット[25]を担当できる者とガス発生工を付けてやることが、技術者に本当の能力を発揮させる唯一の公正な遇し方である」(71)。いつものトレヴェリヤンからすれば、これは日本製鋼所に対して際立ってよそよそしい提案であった。

彼は九月になってもこの鋼塊鋳造問題を蒸し返す気が充分にあり、巨大な不良鋼塊を一つ室蘭からアームストロング社へ送ることまで求めた。そうすれば、室蘭の不良鋼塊をニューカッスルの標準的な製品と比較して、「日本製鋼所の作業に潜む問題点を正確に」あぶり出すことができるというのである(72)。だが、その後、室蘭のアッシュダウンは、そのように手の込んだ比較試験をしても「ほとんど利点はない」と水谷に助言し、いささか不誠実ではあるが、不良鋼塊はすべて「処分され」てしまったと付け加えた(73)。

かくして、ロバートスンの手際を示す見本が彼のあとを追ってイギリスへ送られることはなく、また、ロバートスンの後任として日本への長い船旅につく者もいなかった。水谷は、「完璧な経験を積んだ製鋼技術者が室蘭のわが工場には絶対的に必要である」ことを理由に、繰り返しニューカッスルに後任の補充を要請した。しかし、戦時のイギリス兵器企業に製鋼技術者が余っているはずはなかった。その後の事態の推移の奇妙なところは、水谷がこの重要な点では誤っていたということである。すなわち、室蘭はもはやロバートスンの後任を必要としていなかったのである。

一九一五年も年末近くになってから、水谷は外部の製鋼専門家に依頼して、ロバートスンの鋼塊製造について詳細な事後検証を行った。その結果、彼の初期の作業が著しく低温で実行されていたこと、また大失敗の後の彼の失態は、反対に著しく高温で作業したことによって惹き起こされたと判明した。最初、ガス(一酸化炭素)発生炉は低温で運転されたためガス濃度が低く、次に著しい高温で運転され、また「過剰に攪拌され」たために濃いガスが発生したのだが、その大部分は「燃焼させるために溶鋼炉内に充満する」より先に、ガス発生炉内で燃え尽きてしまったのである。同様に、鋼塊鋳造においてロバートスンはまず溶鋼炉を低温で、長時間加熱させたため、溶鋼表面に硬皮を発生させてしまった。その後、彼は以上の失敗を補正するために温度を上げ過ぎ、過熱に起因する亀裂を鋼塊に生じさせたのであった。

水谷はニューカッスルからの書簡の行間を読んで、この合弁事業のイギリス側では、「わが社の現在の経営管理に相当の不満」が存在することを知り、「ロバートスンが溶鋼部門でおのれの仕事をし損なったこと」についてニューカッスルは室蘭の経営管理を責めていると、ほとんど正確に、推測していた。しかしながら、いまや彼は、鋼塊の事後検証により、室蘭側にかけられた容疑を晴らし、「イギリス人取締役に遠慮することなく、この一件は室蘭の経営管理に起因するものではないと主張することができた」(74)。

アッシュダウンはといえば、ニューカッスルからの暗黙の批判に駆り立てられて、これまでにとったことのない率直さでずばりと見解を表明せざるをえない立場に追い込まれていた。彼はロバートスンの製鋼作業の実態について知っていたのだから、当然、次のような質問を覚悟せざるをえない、すなわち、なぜアッシュダウンは製鋼作業に干渉して事態を収めようとしなかったのかと。水谷の意見は、ロバートスンは「充分な経験を欠いていただけでなく、他人からそれを得ようともしなかった」というものである(75)。また、アッシュダウンが不承不承漏らした発言によると、この事態は「ロバートスンの知識が限られており、そのうえ彼が周囲の助言を受け容れることも参考にすることも拒否したために起きた結果であり、彼には自分の抱えた災厄が本当はどこに起因するのか全然見えていなかった」のである(76)。

アッシュダウンが脇にいながら失敗を重ねた真因は、二人の外国人専門家がとてつもなく深く仲違いしたことにあった。砲用鋼塊の鋳造失敗という重圧の下でロバートスンはついに堪忍袋の緒を切らし、一九一五年五月に、室蘭の鋳造叙事詩の最悪の瞬間が訪れた。ロバートスンはアッシュダウンが「クリスマス以来、自分の邪魔ばかりしている」[77]と非難したのである。不吉にも、その決定的な口論が起きたのは土曜の晩だった。

水谷はその無類の文体でこの成り行きを記している。「アッシュダウンは常にできる限りの援助をロバートスンに与えるつもりでしたが、ロバートスンにはアッシュダウンの手から助けを受ける気がありませんでした。それどころか彼の助言を聞くのも嫌がりました。この二人が来日してまもなく、アッシュダウンはロバートスンに不愉快な思いをさせられてきたので、彼を怒らせるようなことには一切手出ししないほうがよいと決めました。日本のことわざで『触らぬ神にたたりなし』というわけです」と、彼は嘆いた。「彼らは同じテーブルで食事する気もないと漏らすほど仲が悪くなっています」[78]。

この日本人工場長はほとんどシェークスピア張りの英語をあやつる羨むべき能力を発揮しただけでなく、母国を離れたイングランド人やアイルランド人が、込み入った事情のある外地で、どのように行動するかを抜け目なく評価していた。国際的観察の訓練としては、この一件は技術ばかりか喜劇の要素もあらわしている。水谷は実にまじめで実に日本的な、まったく正しい結論を引き出した。「彼らがこの先何のしこりもなく協調して行動するのは不可能でしょう」[79]。技術移転というでこぼこ道にまたひとつ巨石が置かれる。母国の経営組織の中であったならば到底起こりえない不和が、母国からも元の職場からも遠ざかっている海外赴任者の間に発生してしまったのである。

⒀　鋼塊鋳造問題の解決

室蘭の一四インチ砲用鋼塊の鋳造作業に発生した問題がほぼ一年にわたり改善されなかったのはこのような理由による。では、イギリスから新しい製鋼部長が派遣されなかったのに、どうして一九一五年後半になると問題が改善されたのだろうか。アッシュダウンは一九一五年一一月に報告している。ロバートスンが去ってから、三二の大鋼塊が室蘭で製造され、「それは主に砲身の鍛造用だがすべて本来の目的に使われている」[80]。人事面の変更はロバートスン辞任以来なく、原料はむしろ不足気味だったが、ガスに問題はなく、鋼塊は良質であった。一一月初旬にアッシュダウンは水谷にかなり打ち解けた調子で手紙を書いた。「現在生産されている大型砲用鋼塊は大変な進歩で、望む限り完璧に近い出来のものもあります。これらの鋼塊から作られ、検査や機械切削の段階に達した鍛造品は、すべてほとんど問題なく合格しています」[81]。この点が最も肝心だった。室蘭で作られた大砲用鍛造品がついに政府の認可印を受け、軍艦に装備できるようになったのである。

その月の末には、日本製鋼所の東京出張所はニューカッスルにおかれた英国事務所に対して、現在製造中の室蘭の鋼塊は「呉で生産されたものと同じくらい良質で、……わが工場の製鋼に対するあなた方の不安がこれで払拭されればよいと思います」[82]と、明らかにほっとした様子で書けるまでになった。一九一六年初め、水谷は喜びに溢れて、室蘭はフル回転で操業しており、将来の見通しは日本製鋼所にとって大いに輝かしいものに思われると記している。「軍需品の要求に圧倒されそうで、わたくしどもはとても忙しい日々を送っており、わが社の将来は大いに期待されています」[83]。日本製鋼所は一九一三年に初めて利益を上げ、一九一四年には最初の配当金を出した[26]。その後はかなりの高配当が続き、一九一四年から一九年の平均で年八・二%に及んだ[84]。

鋼塊の問題が解決し、室蘭はフル操業し、利益を生み出した。イギリス人取締役たちは疑念を捨て去り、日本海軍の大砲のために高品質鋼が供給され続けることを期待するほかほとんどすることがなくなったのである。

室蘭における鋼塊問題の解決には二重の性格があるように思われる。まず、ロバートスンが溶鋼部門の改良を行い、彼の部下たちは彼の過ちから学ぶほど優秀に成長した。第二に、アッシュダウンが一九一五年後半に助言を申し出て、それまでは感情のぶつかり合いで妨げられていた作業監督を行うことができるようになったのである。

⒁ イギリス人離日後の技術の定着

一九一五年の末頃には、さまざまな力がはたらいて、室蘭の地への技術移転はよりしっかりと根付くようになった。ひとつは習得過程に勢いがついたことである。機械工場では、巧みに設計され管理されたボーナス制度が習得過程を促進したのだが、それは古くから染み付いた労働慣行を弱めるように意図されていた。もう一つは必要に迫られたものであった。イギリス人職長は、日本にとって不可欠であったが、イギリス戦時経済の必要を満たすために、いまや室蘭を去らなければならなくなっていた。しかし、水谷は「彼らの穴を埋めない」ことにした。それはトレヴェリヤンの考えたことでもあった。「現在、イギリスから人材を得て穴を埋めるのはきわめて難しいと私は考えているが、あなたもそう思うであろう」[85]。水谷は一九一五年二月に東京の高橋会長に宛て、次のように報告している。イギリス人職長は一九一四年七月には一三人いて、すべて機械工場に配置されていたが、彼らを有能な日本人に交替させることが可能である。しかし「特殊な性格のいくつかの仕事に従事するイギリス人技師はこれに該当しない」。水谷は人的必要性を三つに区分した。イギリス人職長はもはや必要ではない。イギリス人技師はまだ何人か必要である。室蘭にイギリス人部長（director）が一人いれば望ましいが、この役割は「それにふさわしい日本の紳士」が果たすこともできる。トレヴェリヤンは後者の二つの役割を両方満たしていた。とくに戦時には彼のような人物は二度と得られそうになかった。水谷は「すぐとは言わないが、イングランドのどこか名の知れた兵器工場での経験を有する技師を雇い入れる」[86]ことができれば好都合なのだがと、いまだ考えてはいた。しかし、戦時にこの要望は実現不可能であり、室蘭の日本人は操業八年にして近代兵器工場の機械加工と経営管理の大部分を習得したことをすでに証明していた。

たしかに、一九一六年以前、溶鋼部に投げ込まれた技術移転の錨はまだ十分に安定しているようには見えなかった。水谷は一九一五年二月においてなお、外国人の冶金・鍛造専門家が担っている役割は「わが工場やわが国の産業界全体の現状では欠かせない」[87]と強く主張していた。むろん、それは、当時の彼がいくつか問題を抱えていたからである。しかし、ロバートスンの挿話さえ錨鎖が暗礁に引っ掛かったようなものであり、また、ある意味で人を惑わすもつれにすぎなかった。技術流入の相当な激流にもかかわらず、習得過程はロバートスンの下でも進んでおり、彼の去った後もなお進行していた。そして、ひとたびアッシュダウンが、より分別ある手を作業工程に差し伸べるや、日本製鋼所は即座にそれに応えたのである。

一九一六年の夏に、大いに賞賛されたアッシュダウンが母国に呼び戻された後も、室蘭の技術は健在だった。アッシュダウンは、日曜も「他の日と同様に、すべての軍需工場は終日作業に従事する」という戦時経済のイギリスへ戻ることを嘆き、帰国後も続けていた水谷との文通では、「あなたの美しい国」[88]を去るのが惜しいと書いている。帰国後も、彼は海の彼方から製鋼の改良について助言し続けた。イギリスへの帰途、彼はカナダ・ハミルトンミル製鋼会社に立ち寄り、基礎的な鋼塊の生産速度の速さに感銘を受けた。そして室蘭もハミルトンのように「湯出し口（tap-holes）が二つある溶鋼炉を使い、溶鋼の三分の二だけを［上部の湯出し口から鋳型に流し］出し、三分の一は炉に残して、次の投入鋼の融解を速めるよう」にと勧めた。しかしアッシュダウンは、そうした新技術を導入しなくても、一九一六年の時点で室蘭は充分高い水準に達していると判断し、水谷に、そして間接的には自分自身にも、賛辞を送った。「私が室蘭を去る前にすでに、あなたのところの砲、水雷気室（air vessels）や鋼塊は良質でしたが、いまや多くの場合、イギリスの大半の工場より良質で、日本海軍省の検査はイギリスよりも厳しいくらいです」[89]。鋼においても、習得過程は長い道のりだったのである。

一九一六年一〇月、アッシュダウンは室蘭の冶金水準向上に有用な本として、D・Tハミルトンの『榴散弾製造法』（D. T. Hamilton, *Shrapnel shell Manufacture*, The Industrial Press, New York, 1915）を高く推薦した。またアッシュダウンは、大砲用製鋼の広く行き渡った常識に反して、成分調整後も燐や硫黄や銅をわずかに残すことで有益な効果が得られる可能性について水谷に書き送ったこともある。さらに如才なく「あなたはおそらく今までに、無錆鋼の用法を多く学んできたと思います」(90)と付け加えた。ここで彼は、ステンレススチールに関する情報が、日本のしかるべきところに届くように計らったのである。

⒂ 技術移転と人

トレヴェリヤンやアッシュダウンと水谷少将との手紙のやりとり、また別の意味で水谷とロバートスンのやりとりは、技術移転の何たるかを教える良い実例である。これらの手紙は並々ならず詳細で綿密である。日本側は自分たちに固有の欠点を包み隠さず明らかにし、とくに後になると、この合弁事業でイギリス側に起因する欠点についても率直に語っている。イギリス側からの手紙は建設的な批判であり、常に有益で決して空威張りはせず、ただ一度だけ懐疑的であった。トレヴェリヤンとアッシュダウンは日本での職務が終わった後も、イギリスの戦時生産に組み込まれた重圧にもかかわらず、何年にもわたって水谷へ手紙を書き続けた。

室蘭のイギリス人専門家は明らかに、伝えるべき洗練された技術を有しており、一〇年近くにわたりそれらをみごとに伝え続けた。一九一四年四月、将来有望な来日候補者としてトレヴェリヤンを紹介する記述を読むと、二〇世紀初頭の日本において、外国人の上級兵器技師に求められた能力と技術を推し量ることができる。彼の年齢は三八歳、大学の化学と冶金学の課程を優等で卒業し、イギリス化学会と鉄鋼学会の会員であった。ウリッジの王立研究所で機械工学を二年間、冶金化学を一〇年間研鑽し、その間に、砲弾・工作機械・鋳造用の製鋼技師として二年間、また砲弾鍛造の監督を二年間務めた。その後七年間「イギリス有数の製砲工場の一つで鍛造部長として働き、兵器、船舶、鉄道、自動車用の鍛造品全般を扱うとともに、鋼に関する調査研究を今日まで継続して行ってきた」。トレヴェリヤンがこうした経歴をもつ自分を日本製鋼所にとって「正におあつらえ向きの人物」(91)と考えたとしても不思議はない。

H・H・アッシュダウンの経歴もこれによく似ている。イギリスの製鋼屋で、科学的能力においてドイツ人に匹敵する者はいないなどということは決してできないのである。

ヴィッカーズと室蘭は、人間の顔の見える、それも何人もの顔の見える技術移転を成し遂げている。そこには、知的な日本人将官、癇癪持ちで血気盛んなアイルランド人の製鋼屋、「のらりくらりの」日本人労働者、礼儀正しいがえり好みの激しいイギリス人技師の顔が見える。それはガタガタ道を行くような技術移転であった。これが「試行錯誤」であるとするなら、それは無数の錯誤と多数の試行艱難とからなり、日英双方の何年にもわたる努力と忍耐によってのみ克服されたのである。室蘭は、深作裕喜子の描いた長崎造船所とはあまり似ていない。しかし、室蘭の方が実際大いにありそうな事例に思われる。

一九二〇年代の日本製鋼所は、第二次大戦後の製鋼技術の精妙な頂点には達していなかったにせよ、当時の世界のいかなる基準に照らしても高い水準には達していたのである。

5　パートナーシップの解消

(1)　イギリスから遠ざかる日本製鋼所

両大戦間期にイギリス側両社と日本製鋼所の関係は、技術的にもその他のあらゆる面でも悪化した。一九二〇年代初頭においてすでに両国間の全般的な外交の雰囲気は、一九〇二年に「二つの島国」の間にいささかの驚きをもって迎えられた同盟が形成された後の蜜月時代とは大きく異なるものであった。一九〇〇年代の国際関係は、ヴィッカーズ、アームストロング、および日本製鋼所三社間の産業同盟にとっては好適な状況を生みだした。だが、第一次世界大戦以降の軍縮への動きは、その存続にとって好都合なものではなかった。一九二一～二二年のワシントン軍縮会議によって課せられた海軍力と軍艦建造への制限は、全面戦争を戦い、何千人もの陸海空軍兵士だけでなく、兵器の効能への信仰も失った西洋諸列強の政治においては格別の意味を持ちえたのであるが、新興の大国にとっては、さしたる意味を持たなかった。新興の大国は、全面戦争の経験も、あるいはそれによる損失の経験も共有しておらず、潜在的に戦力を失っていない局地的な脅威と対峙していることになお注意を払っていたからである。日本にとって海軍軍備制限を受け容れることは、列強の地位を得る代償ではあったが、それは後々まで慨嘆されずにはすまず、国内政界でその後の一大争点に──実際に暗殺事件にまで──発展したのであった。

日英企業間で協定された合弁事業を好転させなかったもう一つの変化は、イギリス側が取締役会で影響力を行使する手段にあった。山内と水谷は、イギリスの技術と伝統に敬意を払ってきた海軍での経歴が明らかに作用していたこともあり、ヴィッカーズ社とアームストロング社の利害が正当に扱われるように尽力していた。それにもかかわらず、イギリス人取締役の代理人（proxy）制度は決して満足すべき機能を発揮しなかったし、一九一三年以降はさらに悪化したのである。これは、日本製鋼所の最大株主である北炭に対する三井財閥の影響力が増大したことによって惹き起こされた。一九一三年一月に、三井は大規模な北炭の再建に乗り出したが、その際、三井は日本製鋼所でのイギリスの影響力ないしはイギリス人取締役代理人に配慮しなかったのである。一九一四年一月以降に代理人として日本製鋼所の取締役会に出席したのはわずかに一人だけ、しかもそれは日本人であった。(92)[27]

収益性についてもイギリス側の影響力と同様の推移を辿った。一九一九年まで室蘭の収益性は高かった。しかし、その後の配当は、一九二〇～二二年に八％、一九二三～二五年には五・五％、さらに一九二八～二九年には一％にまで低落していったのである。(93) 一九二〇年代のほとんどを通じて、イギリス側の関心は取締役会での影響力行使や技術の輸出などにはなく、もっぱら日本製鋼所での保有株式の処分と日本からの撤退にあった。イギリス側両社は、一九一三年の組織再編時には保有株式の一部を引き上げてはいたが、[28] 一九三七年の日中戦争勃発や太平洋戦争開戦までは、さらに進んで清算を行おうとはしなかった。そして、実際のところ、一九五〇年代初頭になるまで日本製鋼所におけるイギリス側所有権は補償されず、また、戦後補償そのものも部分的なものに終わった。(94)

だが、この日英合弁事業において最も印象的なできごとは、おそらく、一九一六年にH・H・アッシュダウンが室蘭を去ってニューカッスルに帰ってしまったことであろう。技術的な連繫という観点から見て、このことは三井の影響力の増大や、第一次大戦の勃発や、利益の減少あるいは保有株式の現金化の禁止などよりもはるかに深刻なものであった。なぜなら、アッシュダウンが帰国すれば、イギリスはもはや売るものが何もなくなってしまうからである。かくして、室蘭は「お雇い外国人」症候群の極端な事例を示すこととなった。

(2)　一四インチ砲後の室蘭の巨砲

水谷が今まで頼りにしてきたイギリスの製鋼専門家がいなくなっても、室蘭は最大級の艦載砲を製造できることを証明して見せた。金剛型巡洋戦艦に兵器を提供することに日本製鋼所はついに成功したのであるが、これは一四インチ砲という当時最大の大砲を装備した世界でもごく一握りの存在であった。同様に、ただし、それ以上に重要なこととして、一九一七年八月に呉で起工した長門は、さらに巨大な一六インチ砲を装備する世界最初の軍艦であった。そして、一九二〇年までには、日本製鋼所も大いに進歩を遂げて、同艦にこの巨砲を供給できるまでになっていた。長門は大口径の主砲を備えている点で米艦メリーランドを凌駕していた。しかも、この型の日本の戦艦は、日本の海軍建造官にも利用しえたイギリスの戦時設計案のおかげできわめて高速で、アメリカが一七年も経ってから実際の速度を知るまで、その情報は巧妙に隠蔽されていたほどであった。こうして、アメリカ海軍本部は、長門の高速性に対抗するために、新造艦サウス・ダコタの開発を強いられたのであった。(95) 日本海軍のために、そして、のちに太平洋戦線という不幸に陥った大型艦艇のために製造された最大規模の大砲のほとんどは、戦間期に室蘭で製造されたものであった。

こうした発展にもかかわらず皮肉なことに、ヴィッカーズ社で設計され室蘭に移転された金剛用一四インチ砲が、実際の大型艦艇用巨砲技術の絶頂期を代表するものだったのである。それ以降、前代未聞の七万トンの巨大戦艦大和用に一九三〇年代に製造された一八インチ砲にいたるすべての大砲が呉海軍工廠にて製造されたが、それら巨砲の価値は疑わしい。[96] 一四インチを超える巨砲は無駄に大きいだけで、砲身は撓み、砲身寿命は短くなってしまった。一八インチ砲の砲身は内筒交換までに一〇〇回しか発射できなかったのである。日本海軍は巨大な艦載砲を貪欲に求めてきたのだが、それは砲手が正確に照準できる射程を超え、また砲身の剛性や寿命に関する冶金学的な限界を超えてしまったのであり、これら巨砲の無益さはここに端的に示されているのである。

これらの巨砲は合理的な範囲を超えるほどに巨大で、日本の砲手が索敵できないほどの遠距離まで砲撃可能であったにもかかわらず、他方で、この時期の日本の産業では、巨砲のこうした欠点を補ってくれるレーダーのような光学・電子技術の発展は、殊に戦後のその分野での卓越を想起するなら奇妙なほどに、遅かったのである。[97]

一九三〇年代までに、室蘭は長門同級艦用の大砲を製造できるようになっただけでなく、重量一六〇トンまでだったらいかなる用途のものであれ鍛造品を製造できる世界最大級の能力も有していた。これは、一九一一～一四年頃の製鋼と機械加工の初歩段階とは隔世の観のある発展である。また、室蘭工場は早くも一九一八年には、日本製としては最初の航空機用エンジンを製造することによって、高度技術分野での万能性を証明して見せた。第二次大戦前においてすでに、室蘭で確立された技術の信頼性に揺るぎはなかった。一九二〇年代の大正時代に、日本製鋼所は最も重要な製砲工場となっただけでなく、日本で最も重要な技術センターのひとつにもなり、その地位は一九四五年に昭和天皇が敗戦を認めるまで続いた。室蘭の経験した技術移転の水平的局面、すなわち別のどこかで生み出された技術を完全に吸収する局面は、一九三〇年代までには完了したと言いうるであろう。

6 室蘭：水平的技術移転から垂直的技術移転へ

(1) 戦後の兵器生産

一九四〇年代中葉に連合国の手によって日本が敗北を喫すると、日本で最も重要な製砲工場は業態の転換を必要とした。とはいえ、戦後の日本経済において、室蘭が兵器生産を完全に停止したということではない。かの新憲法の第九条は、日本が再び侵略戦争に乗り出すことに無条件の法的禁止を課したのだが、国防は当時も今もそれとは別の問題であった。日本製鋼所室蘭製作所は一九四五年以降、プラスチックやエネルギーのような平和的な分野にも多様化した。だが、設立当初から中核部門であった鋼は、なおも同社の経営戦略中に名誉ある地位を占め続け、その専門技術の一部はあいかわらず防衛関連市場に向けられていた。

一九五四年に自衛隊が創設されると、日本はますます現代兵器の必要性を認識した。この数十年間、日本は防衛費にGNPの約一％を支出してきたが、そのGNP自体が（EUのような経済ブロックを除く）一国としては世界第二位にあった。したがって、防衛費は相当な額に達し、二〇〇二年には、一四〇隻三七万四〇〇〇トンの艦艇を有する海上自衛隊と、四九〇機の航空機を持つ航空自衛隊と、一四万人を抱える陸上自衛隊を擁するまでになった。陸上自衛隊だけでも二〇〇二年には七五〇〇門以上の大砲を使用している。このように、現代日本においても大砲需要は消滅してはいない。しかし、これらのより新しい砲――三五ミリ対空砲システム、一二七ミリ艦艇用速射砲、一五五ミリ榴弾砲など――はいずれも軽量兵器であり、戦艦時代の巨砲の水準からすれば、細い鋼管のようなものである。往時の長射程と大きな破壊力は、いまや大砲ではなく、ミサイルや爆弾によって行使されるのだが、それらは技術を詰め込んだ茶筒のような軽量容器であって、鍛鋼の巨大なかたまりは利用されなくなった。

では、巨砲なき時代に、日本製鋼所室蘭製作所のような大規模鍛造の専門業者は、一体何を造っているのだろうか。その答の一つは、右に見たような小型砲であり、また、あらゆる形状と大きさの投射物をはねのけるのにいまも必要な装甲鈑である。二〇〇〇年に、日本製鋼所室蘭では、兵器部門の子会社日鋼特機を介して供給された砲身が総生産量の一二％、装甲鈑が一〇％を占めたのに対し、石油精製用リアクターおよび関連機材が二五％、その他大型の商業用鍛造品が四二％であった。つまり、総生産のかなりの部分が、なおも防衛関連製品に向けられているのである。

一九九〇年代、火砲と装甲鈑のシェアは総生産量の一四～一七％のあたりを推移していた。日本製鋼所室蘭は、なおも自衛隊向け兵器に用いられる特殊鋼のすべてを製造しており、日本製鋼所広島がその鋼材部品を組立て、兵器を完成させている。そして、兵器関連の製造物の中には、いまも重量物が含まれている。日本の艦艇用の装甲鈑は、炭素鋼とステンレス鋼を、大規模設備と巨大な圧力を必要とする熱延工程で貼り合わせることによって、造られている。だが、一九六〇年代以降の絶頂期においてすら、装甲鈑は決して日本製鋼所の受注量の一〇分の一に達していなかった。室蘭は依然として防衛部門の専門企業ではあったが、その生産力の八〇％を用いて行う何か別の仕事も探さねばならなかったのである。

(2) 民生用技術への転換

ここに、垂直的な技術移転が登場する。これは、ある専門分野で発展してきた技術から、それを新たな手法や形態へ応用する技術への移動を意味している。もしも、その種の移動が軍事技術から民生用技術へのものであるならば、その場合、垂直的な技術移転は「スピン・オフ」の事例に属する。[98] 軍事技術の多くは科学集約的であり、かつ研究を基盤としたものであるから、民生用技術を先導し、それらを再活性化しうる潜在的可能性は大きい。

一九五〇年代およびそれ以後の室蘭では、最高品質の製鋼とそれを巨大な円筒状物体に機械加工する専門技術を応用できる新領域の発見が求められた。これらの巨大鋼塊はかつては砲身のために使用されたが、いまや別の何かを造るのに使われている。大砲でないとしたら、これら高品質鋼材を用いた大型鋼管は一体何のために用いられるのかということが大きな問題となる。

しかも、新用途に利用可能な能力はきわめて大きかった。一九四一年以前に撮影された室蘭の写真からは、当時日本最大規模の大砲製造所がいかに広大であったかがわかる。戦後の日本製鋼所は引き続き規模の戦略を維持した。一九九〇年代の同社の鋼板鍛造設備と機械工場は再び日本最大となったし、その溶鋼能力も世界の製鋼工場の中で最大規模のものであった。

先の問題への解答は、次のようなところに求められた。すなわち、原子力発電所の低圧ローター、人口水晶製造用の高圧容器、石油掘削リグ用の鋼管脚柱、あるいは大型ディーゼル船用の巨大クランク軸などである。これらはすべて極度に純度が高く、非常に大型な鍛鋼からできており、事実上、そのいずれもが砲身製造の応用である。このことはクランク軸には必ずしもあてはまらないが、大砲製造からかけ離れたこの製品は、日本製鋼所に大きな成功をもたらすことはなかった。クランク軸は、円筒状のローター軸や圧力容器あるいはオイル・リグの脚柱よりもはるかに複雑な形状であり、それゆえ、結果的には、はるかに多くの加工作業とエネルギー支出を必要としたからである。室蘭が日本のクランク軸市場の一五%以上を占めたことは一度もなかったのに対し、競争企業である神戸製鋼は、二〇〇〇年には他の追随を許さない五〇%という数字を達成している。その時点で、日本製鋼所はこの部門の高いコストを削減するために、クランク軸からの撤退を始めた(99)。とはいえ、同社の長所は、高張力性を要し、しかも高純度鋼材で亀裂のない一体成型を必要とする製品にあった。それは、かつては大砲用鋼材の専門性を形作った特徴であり、巨大な変形力に耐えて、構造が破壊されることなく、一体性や弾性を維持できなければならない製品特性である。

(3) 室蘭の専門性

室蘭が大砲製造の絶頂期に築いた専門性は、単一鋼塊から砲身を製造すること、すなわち再加熱しては鍛造するということを何度も繰り返すことによって鋼塊を砲身の形状にしていくことににあった。日本製鋼所は、長門用の主砲を製造したのと同じ頃、一九二八年に初めて一六〇トンの鋼塊を製造したが、今日、製造可能な最大規模の鋼塊は六〇〇トンを上回っている。これは現在の世界記録であり、世界にはほぼ同級の鍛造プレスは存在しているものの、それ以上のものはない。

今日の室蘭の専門性は、大砲製造のそれと基本的に同一で、巨大な一体成形の鍛造品にある。一体型の原発用ローターは単一の極めて高純度の鋼塊をもとに、ローターとなるために必要な間隙の設けられた形状に加工される。一般的には、ローター用の鋼塊は三〇〇トン級のもので、加熱され、プレス機で鍛造されておおまかな形状が与えられてから、機械で粗加工が施され、さらに焼き鈍しされ、最後に仕上げ加工される。このような大規模な構造物を製造するには、ローター軸にローター・リングを溶接あるいは焼き嵌めする方法もある。しかし、溶接は失敗する可能性があるし、別部品のリングが抜け落ちたり、個々の部品が破砕したりという可能性がある。これは原子力発電所にとって好ましいことではない。ローターが一体成形されていれば、こうした事故は発生しえない。このように、往時の砲身は転じて、安全性の高い原発用ローターに変容しているのである。

さらに、ローター製造用の鋼材単体が破断、亀裂、あるいは変形を起こさないほどに、その純度が高ければ、およそ事故は発生しないであろう。室蘭は、金属から燐やその他の不純物を除去するために、真空状態で製鋼し、廃ガスを制御している。同社は、事実上不純物ゼロの一〇フィートもある未加工鋼塊の赤外線画像を示すことができる。これと比べて、一九二〇、三〇年代の旧来の大砲用鋼塊の検査は、化学的組成を苦労して図示して原寸大の透写図を作製し、その図上で（実際にはたくさんある）影の部分が不純物を、それゆえトラブルの潜在的可能性を、表示するという手間暇のかかることをして、ようやく当時としては満足できる結果を生みだしたのであった。

(4)　新しい市場と古い機械

日本製鋼所はこうした専門性によって、いかなる新市場を獲得したのであろうか。その答えは日本国内およびアジアの近隣市場にたくさんある。今日、日本製鋼所室蘭工場は、日本における最大規模の製鋼業者であり、日本の広範な原子力発電産業の大規模設備で現在八〇％のシェアを占めている。原子力発電による電力供給能力は、五一の発電所から成っており、二〇〇〇年には日本の膨大な電力消費の実に三四・三％を供給していた。その一〇年前の一九九〇年には、日本は四〇の原子力発電所で国内電力生産量の二三・六％を生み出していた。さらに一九八〇年に遡ると、全電力生産量のうち原子力発電所によって供給された割合は一四・三％であったが、一九七〇年にはわずか一・三％であった。[100]三〇年間のこうしためざましい変化は、室蘭の市場が成長し続けてきたことを明瞭に物語る。日本製鋼所のこの部門は、一九九〇年代の「失われた一〇年」と呼ばれる低成長期にも、強力な景況調整作用を果たしていたのである。

また、日本製鋼所は、国内市場で優位を獲得したのと同様の発電所設備を台湾に輸出することにも成功した。さらに目を広く世界に転じれば、日本製鋼所のローターと原発用圧力容器は、世界中で高い評価を得ていることがわかる。とりわけ、アメリカには室蘭と競争できる生産者がないため、同社はアメリカからきわめて大口の注文を受けたが、それはアメリカ市場で中規模原子力設備がますます選好されるようになってきたからである。特殊鋼市場ではフランス、ドイツ、イタリアの鉄鋼業者と若干の競争があるし、また英国シェフィールドの鍛造業者が真のライバルと目されはしたが、日本製鋼所は自らを世界の主導企業と自負している。こうした自己認識は、巨大構造物を納期どおりに引き渡す実績に基づいている。一九九〇年代、北海油田用の大型オイル・リグに関する全契約量の三分の一を日本製鋼所が受注し、シェフィールドの鍛造業者も三分の一を獲得していた。しかし、実際のところ、シェフィールドの業者は納期を守れずに、室蘭が三分の二を得る結果に終わった。ヴィッカーズやアームストロングといった製鋼企業が日本製鋼所の鋳造工に手を焼いていた時代とはまさに隔世の観がある。

世界最大の戦艦の巨砲からローターやオイル・リグといった新たな「巨砲」への展開は、垂直的技術移転と「スピン・オフ」の好例を示すものである。原子力産業が高品質・高性能な、機械加工された円筒状鍛鋼品の必要性を拡大したのは、日本製鋼所にとっては適時の市場拡大であり、たしかにいささか幸運なことではあった。二〇〇一年に現地を視察した者にとって、室蘭の機械工場は一九一〇年代の巨大な大砲工場のそれとほとんど同じ景観であり、その印象は、マンチェスターのハルス社が一九〇八年に製造した大砲用の旋盤が今も稼働しているという事実によって強められるであろう。むろん、今日ではその旋盤は一体型の原発用ローターを切削しているのである。それはものすごい騒音だけでなく、いくつもの興味深い点を生み出している。この大型旋盤は、F・L・ロバートスンが室蘭で最初の一四インチ砲用鋼塊の鋳造に四苦八苦していた頃には、すでに稼働しており、そして、日本製鋼所製の低圧ローターが大型高品質の鋼製品分野で世界市場をリードする現在も、なお引き続き稼働しているのである。

注

（1） Webster [1975]. pp. 76, 96–97.

（2） 奈倉文二［一九九八］。奈倉と筆者は問題関心の点で補完的な関係にある。奈倉の主たる関心は、鉄鋼部門において高度な技術を保持した日英の製造業者間の金融および株式保有関係であり、筆者の主たる関心は、技術的関係と技術移転である。

（3） Trebilcock [1966].

（4）*Ibid.*
（5）Fukasaku [1992].
（6）Trebilcock [1974].
（7）Reader [1970], p. 254.
（8）O'Brien [1988]. Offer [1991] と比較せよ。
（9）Headrick [1988] と比較せよ。また、Otsuka, Ranis & Saxonhouse [1988] も参照せよ。
（10）高村［一九七一］三九～四一頁。
（11）渋沢青淵記念財団竜門社［一九五六］第十巻、二〇七頁。
（12）Fukasaku [1992], p. 148.
（13）*Ibid.*
（14）深作のほかには、私の友人で共同研究者である東京大学の小野塚知二教授が、この分野の専門知識を有するもう一人の人物である。
（15）Fukasaku [1992], pp. 149-151.
（16）*Ibid.*, pp. 47-51.
（17）Conway [1985], p. 234.
（18）奈倉・横井・小野塚［二〇〇三］を参照。
（19）Fukasaku [1992], p. 57.
（20）*Ibid.*
（21）Trebilcock [1990], p. 90, また、Trebilcock [1993], p. 570 も見よ。
（22）Evidence prepared for submission to the Royal Commission on the Private Manufacture and Trading in Arms, 1936 [Bankes Commission], Vickers Archive, Cambridge University Library［以後 VA と略］。
（23）Trebilcock [1977], p. 90.
（24）Correspondence of Albert Vickers, citing a Japanese Admiralty source, [VA].
（25）Yuzawa and Udagawa [1990].
（26）Evidence prepared for submission to the Royal Commission on the Private Manufacture and Trading in Arms, 1936, [VA].

(27) Douglas Vickers to Basil Winder, 15 February 1912, [VA] Letter Book 11.
(28) Reports of Count Hirosawa to Albert Vickers, 2 June 1908, [VA] Letter Book 12.
(29) A.Vickers to A.Noble, 24 March 1910, [VA] Letter Book 12.
(30) Albert Vickers to Isaac Rice, Electric Boat Company, 16 November 1909, [VA] Letter Book 31.
(31) Vickers Ltd. to B. Winder, 25 February 1911, [VA] Letter Book 33.
(32) Sir James McKechnie (Barrow) to B. Winder, 4 October 1911, [VA] Letter Book 8, p. 970.
(33) Vickers' Letter Book 8, p. 84, 12 August 1911.
(34) Vickers' Letter Book 14, p. 251.
(35) VA, Microfilm 307.
(36) Sir Trevor Dawson (Vickers London) to Vickers Sheffield, 1 September 1911, [VA] Letter Book 8, p. 407.
(37) T. Dawson to Vickers Barrow, 16 June 1911, [VA] Letter Book 7, p. 32.
(38) Quoted by Dawson to S. Watanabe of Mitsui Bussan, 15 January 1912, [VA] Letter Book 11. 艦政本部長とは日本海軍の物的・技術的調達の主任職務である。
(39) Nagura [2002], p. 167, Table 4. 2. より算出。
(40) Trevelyan to Kondo, 16 July 1912, 日本製鋼所室蘭製作所所蔵文書。この Kondo（近藤輔宗）とは以前に日本製鋼所の取締役を務めていた人物で、山内万寿治の義弟に当たる［訳注］。
(41) Trevelyan to Kondo, 23 July 1912, 室蘭製作所所蔵文書。
(42) Trevelyan to Kondo, 24 June 1912, 室蘭製作所所蔵文書。
(43) Trevelyan to Admiral Yamanouchi, 1 June 1912, 室蘭製作所所蔵文書。山内は一九一〇年八月から一九一四年一月まで日本製鋼所の会長であった。
(44) Trevelyan to Kondo, 1 August 1912, 室蘭製作所所蔵文書。
(45) Trevelyan to Admiral Yamanouchi, 27 September 1912, 室蘭製作所所蔵文書。
(46) Trevelyan to Kondo, 11 September 1912, 室蘭製作所所蔵文書。
(47) Trevelyan to Admiral Yamanouchi, 27 September 1912, 室蘭製作所所蔵文書。
(48) Atkinson to Kondo, 16 August 1912, 室蘭製作所所蔵文書。

(49) Mizutani to Longstaff, 29 July 1914, 室蘭製作所所蔵文書。
(50) Mizutani Memorandum on the Bonus System, Report to the Board of Nihon Seiko Sho, 29 July 1912, 室蘭製作所所蔵文書。
(51) *Ibid.*
(52) *Ibid.*
(53) Mizutani to Trevelyan, 5 February 1915, 室蘭製作所所蔵文書。
(54) Mizutani to Trevelyan, 10 February 1915, 室蘭製作所所蔵文書。
(55) Trevelyan to Mizutani, 15 April 1915, 室蘭製作所所蔵文書。
(56) Ashdown to Tsukayama, 16 November 1915, Robertson File, 室蘭製作所所蔵文書。
(57) Mizutani to the President of the Nihon Seiko Sho, 19 January 1916, Robertson File, 室蘭製作所所蔵文書。
(58) Mizutani to Takasaki, 16 April 1915, Robertson File, 室蘭製作所所蔵文書。高崎は一九一四年から一九年まで、日本製鋼所会長であった。
(59) Takasaki to Secretary, Nihon Seiko Sho, Newcastle, 室蘭製作所所蔵文書。
(60) Robertson to Mizutani, 5 June 1915, 室蘭製作所所蔵文書。
(61) Trebilcock [1974b], pp. 625-631を参照。
(62) J.Noble to Nihon Seiko Sho, 3 September 1915, Robertson File, 室蘭製作所所蔵文書。
(63) Ashdown to Tsukayama, 16 November 1915, Robertson File, 室蘭製作所所蔵文書。
(64) Mizutani to Takasaki, 16 April 1915, Robertson File, 室蘭製作所所蔵文書。
(65) *Ibid.*
(66) Ashdown to Tsukuyama, 16 November 1915, Robertson File, 室蘭製作所所蔵文書。
(67) Robertson to Mizutani, 5 June 1915, Robertson File, 室蘭製作所所蔵文書。
(68) Mizutani to Takasaki, 16 April 1915, Robertson File, 室蘭製作所所蔵文書。
(69) Robertson to Mizutani, 11 June 1915, Robertson File, 室蘭製作所所蔵文書。
(70) Mizutani to Takasaki, 16 April 1915, Robertson File, 室蘭製作所所蔵文書。
(71) Trevelyan to Nihon Seikou Sho, 21 July 1915, Robertson File, 室蘭製作所所蔵文書。
(72) Signed by J.Noble, to Nihon Seiko Sho, 30 September 1915, Robertson File, 室蘭製作所所蔵文書。

(73) Ashdown to Mizutani, 6 November1915, Robertson File, 室蘭製作所所蔵文書。
(74) Mizutani to Takasaki, 19 June 1916, Robertson File, 室蘭製作所所蔵文書。
(75) *Ibid.*
(76) Ashdown to Tsukayama, 16 November 1915, Robertson File, 室蘭製作所所蔵文書。
(77) Ashdown to Mizutani, 22 May 1915, Robertson File, 室蘭製作所所蔵文書。
(78) Mizutani to Henson, Nihon Seiko Sho, Tokyo, 23 May 1915, Robertson File, 室蘭製作所所蔵文書。
(79) *Ibid.*
(80) Ashdown to Tsukuyama, 16 November 1915, Robertson File, 室蘭製作所所蔵文書。
(81) Ashdown to Mizutani, 6 November 1915, Robertson File, 室蘭製作所所蔵文書。
(82) Nihon Seiko Sho, Tokyo to Nihon Seiko Sho, Newcastle, 27 November 1915, Robertson File, 室蘭製作所所蔵文書。
(83) Mizutani to Robertson, 19 January 1916, Robertson File, 室蘭製作所所蔵文書。これは「ロバートソン・ファイル」に含まれる水谷よりロバートスン宛ての最後の手紙である。そこで水谷はロバートスンが第一〇イニスキリング・フュージリア連隊に配属され、また婚約したことに祝意を表している。
(84) Calculated from Nagura [2002], Table 4. 1, p. 166.
(85) Trevelyan to Mizutani, 15 April 1915, Robertson File, 室蘭製作所所蔵文書。
(86) *Ibid.*
(87) Mizutani to Takasaki, 2 February 1915, Robertson File, 室蘭製作所所蔵文書。
(88) Ashdown to Mizutani, 23 July 1916, Robertson File, 室蘭製作所所蔵文書。
(89) *Ibid.*
(90) *Ibid.*, 28 October 1916.
(91) *Ibid.*, Trevelyan to Mizutani, 4 April 1914.
(92) Nagura [2002], pp. 161-166.
(93) *Ibid.*, p. 166, 表4-1より算出。
(94) 奈倉［一九九八］第9章を参照。
(95) Conway [1985], p. 231.

(96)　一九三七年一一月起工、一九四〇年竣工。同艦は排水量、砲備、装甲のいずれもが史上最大の戦艦であった。
(97)　日本の兵器技術とそれを補完する光学・電子などの高度な科学技術との相互関係、あるいは相互関係の欠如については、次稿で論じる。
(98)　Trebilcock [1969], [1973], [1974], and Lieberson [1971].
(99)　二〇〇一年五月末の室蘭製作所CEOからの聴き取り結果による。本節で用いた資料の大半は、室蘭への調査旅行の際の直接の聴き取りと文書収集によって得たものである。日本製鋼所には、情報提供にあたって親切かつ寛大に処して戴いた。記して謝意を表する。
(100)　*Asahi Shimbun Japan almanac*, 1993, pp. 152–153, Ibid., 2002, pp. 175–176.

[訳：小野塚知二・山下雄司]

訳者後記　本章は、Clive Trebilcock, "The Big Guns of Muroran: the British Armament Industry, Technology Transfer and the Development of the Japan Steel Works, 1907-2000"（二〇〇三年九月成稿）の全訳であり、本書においてはじめて公刊される。本書あとがきに記されている事情で、執筆者に質問することのできない状態で訳出したため、数字、書名、固有名詞、および用語法（「鍛造(Forging)」の語を鋳造の意味で用いる）など、明らかに誤りと判断されるものは訳者の責任で直した。元の英文原稿は六つの節に分けられているが、第4節は単独の論文に匹敵するほど長いし、他の章は項まで見出しを立てて分けているので、これも訳者の責任において適宜、項の番号と見出しを入れた。

訳注

[1]　イギリスの造船兵器企業が日本向けの艦艇建造でいかに最新技術を盛り込んだか、その具体例については、小野塚［一九九八］一六〇〜一六一頁を参照されたい。
[2]　イギリス政府の武器輸出ライセンス制度については奈倉・横井・小野塚［二〇〇三］第三章参照。
[3]　リヴァース・エンジニアリングとは、図面に基づいて製品を造るのとは逆に、入手した製品から図面や製造法を割り出して同じものを造ること、またその技術を意味する。
[4]　愛知紡績所の開業は一八八一年一二月だが、広島紡績所は八二年に未完成のまま払下げられた。また愛知紡績所は建設を

始めた七八年時点で将来の民間払下げを予定していたから、愛知、広島ともに失敗したのが理由で払下げたのだとは必ずしもいえない。

［5］対馬沖海戦とは、一九〇五年五月二七〜二八日に日本海対馬沖で発生した日露両国艦隊間の大海戦で、日本では通常、日本海海戦と呼ばれる。

［6］造艦造兵会社（Naval Construction & Armaments Co. Ltd, Barrow-in-Furness）は一八九八年にヴィッカーズ社に買収されて、同社バロウ造船所となった。

［7］一八九〇年代後半以降の三菱長崎造船所における短期の外国人雇用については本書第3章第2節(2)を参照されたい。

［8］三菱長崎造船所内に設置された技術教習機関とは、一八九九年に創設された三菱工業予備学校を指すと思われる。一九〇一年には同校専用の校舎が落成している。本書第3章第2節(3)参照。

［9］軍艦（戦艦、巡洋艦、砲艦など）に限れば金剛が最後の外国建造艦だが、駆逐艦では浦風が一九一五年にイギリスで、特務運送艦（給油艦）では野間が一九一九年にイギリスで、神威が一九二二年にアメリカで竣工し、それぞれ日本に引き渡されている。奈倉・横井・小野塚［二〇〇三］二七、五七頁参照。

［10］正確には、金剛の主砲塔四基の重量は三〇〇〇トン弱で、自重の一割強に過ぎないが、諸種の副砲、およびそれらすべての砲弾や揚弾機を含めるなら二割には達する。

［11］日本海軍の最初の潜水艦ホランド型五隻が一九〇二年にアメリカに発注されたことを指す。なお、この五年前には防護巡洋艦二隻がアメリカに発注されている。

［12］日本製鋼所の迎賓館とは、室蘭の同所敷地内にある瑞泉閣を指す。

［13］山内の会長退任が認められたのは一九一三年一一月一二日の重役会であるが、後任会長に高崎親章が選出されたのは翌一四年一月の臨時株主総会においてであった。なお、山内の海軍での経歴は呉造兵廠長が最後ではなく、呉鎮守府艦政部長、呉工廠長、呉鎮守府長官も務めており、その過程で彼の海軍省内での影響力は一層強められたのである。

［14］ここで北炭が「一九一七年までその株式を所有し続けた」とあるが、一九一七年に北炭の持分に変動があったわけではない。これは、おそらく、同年に北炭から輪西製鉄所が分離され、北海道製鉄(株)が設立されたことを指して書かれたものと思われるが、このことは北炭の日本製鋼所への出資額に影響していない。なお、一九一九年に日本製鋼所が輪西製鉄所を合併した際に、北炭の出資額はむしろ増加している。

［15］東郷らが見学したイギリス海軍最新戦艦とは、巡洋戦艦プリンセス・ロイアルを指す。同艦はイギリス海軍最初の超ド級

巡洋戦艦ライオンの同型艦で、金剛の参考艦でもあった。

[16]　鞍馬と利根の二艦で構成された遣英艦隊の公式の主目的は、イギリス国王ジョージ五世の戴冠式に東伏見宮依仁海軍少将、乃木希典陸軍大将などが列席することであって、建造中のプリンセス・ロイアルを見学するために派遣されたのではない。

[17]　トレヴェリヤンの取締役就任は一九一四年一月のことで、その翌月には彼は一時帰国したまま、アームストロング社の都合で日本へは戻らなかったが、二七年六月まで日本製鋼所の取締役を務めた。

[18]　エルズィックとはアームストロング社のニューカッスルにおける生産拠点で、同社の艦艇造船所や造兵工場があった。

[19]　水谷叔彦海軍機関少将は一九一二年六月に在官のまま日本製鋼所顧問へ迎えられ、一九一三年一月の職制改正で工業課長（実質的に工場長）に就任して、海軍を退官した。取締役に選出されたのは一四年一月である。

[20]　海軍機関学校は機関学を教授しただけでなく、日本海軍における高等英語教育の拠点でもあった。

[21]　ここでボーナス・システムとは、期末賞与ではなく、労働者個人ないしその作業集団が発揮した能率に応じた割増給が支払われる能率刺激的な賃金制度を意味する。

[22]　国内で建造される金剛同型艦用の一四インチ砲砲身を指す。

[23]　ゴースト・マーク、幽霊斑、ないし幽霊線（ghost line）とは、鋼材中の不純物が表面に、不定形かつ不鮮明な斑状ないし線状に現れたものを指す。

[24]　ここは原文では“at Osuma”となっているが、「おすま」と読む地名を室蘭近辺に発見できなかったため、渡島（おしま）、大沼、大湯沼、奥湯沼、あるいは有珠村（うすむら）辺りの保養地をローマ字表記する際に誤記したものと考えて、ここでは渡島としておく。

[25]　ここでピットとは鋳込み穴（casting pit）を指す。鋳造工場の中に一段と深く掘り下げた場所を設け、そこに鋳型を置くことにより、溶鋼炉の下部にある注ぎ出し口より、鋳型の上部にある鋳込み口を下に位置させることができるのである。普通の鍛冶場なら溶銑を人力で鋳型に注ぎ込めるが、大型鋳鋼品の場合、こうした穴を掘り下げておかないと鋳込み作業を進めることができない。

[26]　日本製鋼所初の利益・配当には、同社がヴィッカーズ社に支払わせた金剛コミッションが大きな役割を果たしている。奈倉［一九九八］一三八〜一三九頁、奈倉・横井・小野塚［二〇〇三］一八二頁参照。

[27]　一九一四年一月以降も取締役会に出席した代理人とは、創立以来、ヴィッカーズ社側の取締役Ａ・Ｔ・ドースンの代理人を務めてきた広沢金次郎である。

[28] これは一九一三年ではなく、おそらく、一九三一年に日本製鋼所から輪西製鉄所が分離された際のことを指すと思われる。このとき、イギリス側両社は株式を引き上げたのではなく、両社の保有株式が日本製鋼所と新会社の輪西製鉄㈱とに二分割されたのである。

第6章　イギリス光学機器製造業の発展と再編
――バー&ストラウド社の事例：一八八八～一九三五年――

山下雄司

1　はじめに

イギリス北部の産業都市グラスゴウの光学機器製造業者バー&ストラウド社（一八八八年創業、以下B&S社と略記）[1]は、第一次世界大戦前、イギリス本国はもとより世界各国への光学機器輸出によって成長し、軍需省の監督下にあった第一次世界大戦期を経てイギリス唯一の高度な軍用光学機器（測距儀・潜望鏡・照準器ほか）[2]製造業者として確固たる地位を確立した。本章では、B&S社の第一次世界大戦前における発展と大戦後の海外輸出と民間市場開拓という二つの戦略の破綻、そして、その結果としての国内軍需[3]へのさらなる依存という経緯に注目し、戦間期における同社の事業展開を解明することを目的としている。

戦間期は、B&S社に限らず、イギリスの兵器製造業者にとってまさに受難の時期であった。第一次世界大戦前、イギリスは世界最大の武器輸出国として君臨していたが、兵器製造業者の多くは戦間期にその多くが閉鎖、合併、吸収され、ヴィッカーズ＝アームストロング社を中心にわずか数社に収斂されていった[4]。民間の兵器製造業者に依存していたイギリス政府にとって、このような事態は憂慮せねばならない懸念材料であったため、イギリス政府は二〇年代初頭以来、帝国防衛委員会やその下部委員会を通じて彼らの動向や各種情報を入手し続けていた。とりわけ、このような動きには、民間の兵器製造基盤を維持せねばならないという陸海軍の意向が強く働いていた。

しかし、三〇年代半ばには、このような考えに相反して、民間で兵器が製造され自由に輸出が認められていることが戦争や紛争を惹起する要因であるとの考えのもと、兵器産業国有化の是非が問われていた。その舞台となったのが、「兵器の民間製造と取引に関する王立調査委員会」であった。(5) この委員会に向けて一九三六年に編纂された「陸海空三省と取引した民間兵器製造業のリスト」には、当時まさに進行中であった再軍備の中核をなす企業が、イギリス防衛三省との契約内容の重要度によって五つに分類されている。(6) 言い換えれば、掲載された兵器製造業者は国防上の理由から政府が何としても温存せねばならない企業群であった。

B&S社は、このリストにヴィッカーズやICIなどの巨大企業とともに海軍省と航空省の独占供給者（Sole Producer）として選定されており、また、すでに一九三三年、政府の武器輸出許可を必要としないオープンライセンスを認められた兵器製造業者一一社にも加えられ、いわば一種の特恵企業に属していた。(7) このように、B&S社は再軍備以前からイギリス政府の兵器廠の一翼を担っていたのであるが、ヴィッカーズやICIに比べれば、わずか二〇万ポンドの小資本、かつ光学機器と射撃管制機器の製造に特化していた一製造業者に過ぎなかった同社が、いかにしてこのような独占的な地位を獲得するに至ったのか。(8) 戦間期、B&S社はいかに生き残りの途を模索し、再軍備期を迎えたのか。本章の最大の関心はこの点にある。

以下、第二節では、イギリスの兵器および光学機器製造業におけるB&S社の位置を確認する。第三節では、B&S社の海外輸出の実態を詳述しつつ、ドイツ企業との競争や軍需省による統制が同社の発展にいかなる影響を及ぼしたのか検討する。従来、軍需省の統制は、民間産業を破滅的な状況へ追いやったという否定的な評価がなされてきたが、本節ではB&S社がいかに統制を自社に有利に利用したのかという別の側面を明らかにしたい。第四節では、戦間期における海外輸出の伸び悩みと民間市場開拓の失敗の同時進行、そしてその結果としてのイギリス国内軍需依存の深化という過程を、B&S社とイギリス海軍省間の数回にわたる交渉に注目して検討する。最後に、当該時期のB&S社の特徴と、イギリス政府と兵器製造業者の関係を総括する。

2　イギリス兵器製造業におけるB&S社の位置

(1)　研究史におけるイギリス光学産業

イギリス光学産業[9]に関する先行研究は、産業史や経営史の分野でわずかながら蓄積されてきた。一九七〇年代、マックロードは、光学ガラス製造に従事したチャンス社を対象として、軍需省ならびに政府諸機関の施策がガラス製造能力の拡充に果たした役割を考察している。[10]近年ではウィリアムズが英仏政府と精密機器製造業の関係や両国の光学機器製造業者の第一次世界大戦への対応を比較検討している。[11]ウィリアムズの一連の論考によって、精密機器製造業史の研究は一層の進展を遂げたと言えよう。[12]

一方、B&S社に関する研究は、同社がイギリスを代表する光学機器製造業者であったにもかかわらず非常に少ない。一九八〇年代までに海軍史、技術史の分野にて、同社の活動はわずかに散見される程度であった。[13]

しかし、八〇年代に入ると、モスとラッセルによってB&S社の社史的存在と言える *Range and Vision*[14] が上梓され、さらにチェックランドもB&S社が日本への技術開示を拒絶していた事例を紹介するなど、[15]同社の実態解明は急速に進んだ。本章はこれら先行研究に依拠しつつも、同社一次史料を元に、先行研究では触れられることがなかった軍需省統制下におけるB&S社の特殊な地位や、同社の開発・製造能力を保持することを前提とした海軍省との秘密協定、ならびに戦間期の事業展開とその問題点を補足・検討する。[16]

ところで、大戦前のイギリス光学産業の特徴は、先行研究では以下のように理解されてきた。それは、まず、貧弱な光学ガラス製造能力である。イギリス国内では唯一チャンス社[17]が光学ガラス製造に従事していたが、その生産量は少なく、大戦直前にはイギリス国内で利用される光学ガラスの実に九割がドイツとフランスから輸入されていた[18]（図6－3）。このようにイギリスで光学ガラス製造が等閑視されていた理由は、光学ガラス製造に高度な化学知識が必要とされるだけでなく、手間とコストがかかり（製品にできる高品質ガラスが少量しかできない）、需要自体が僅少であるといったことが挙げられる。つまり、光学ガラス製造は製造業者にとって不採算部門であり、積極的な新規参入が見込まれる分野ではなかった。したがって、イギリスでは相対的に安価で高品質な独仏製ガラスへの依存が深まっていったのである。[19]

続いて、機器製造業者の零細な生産規模、また機器ごとに専門化した製造業者が多数存在していたことが挙げられる。機器製造業者は先に挙げた理由から光学ガラスの内製を試みることもなかったし、またその逆（光学ガラス製造業者が機器を製造する）もなかった。つまり、イギリスには光学ガラスから機器製造までを一貫して行う総合光学企業が存在しなかったのである。これはドイツ光学産業との決定的な相違であったと言えよう。ただし、「メーカーを機器のタイプの違いで区別することはできたが、しばしばそれは何か根本的な違いというよりは、単に強調点の違いに過ぎないことがあった」、「測定装置の特定のタイプや測定範囲で専門化はしていたが、もし望まれれば彼らは新しい領域にも多様化していこうとした」と指摘されるように[20]、機器製造業者が好んで専門化していたわけではなかった。問題は「望まれれば」と言う点、すなわち需要の量と質が彼らの専門性に影響を与えていた。

そこで問題となるのが軍需との関連である。光学機器はイギリスに限らず大学等の研究機関にて高い需要があったが、総数としては少なく、それだけでは光学ガラスの大量生産を喚起することはできなかった。また、大戦前、写真機や映写機などの民間用機器の需要はいまだ熟しておらず、唯一、大量の規格品を必要とする軍需こそが光学ガラス（レンズやプリズム）の大量生産を促す要因であった。

なお、このようなイギリス光学産業の状況は、軍需省がすでに同時代の問題として以下のようにとらえていた。「戦前、光学諸企業は小資本による零細多数の製造業者が互いにいがみあっている状態であった。些細なことに気を散らし、ありもしない秘密を保持しようとしていた。それゆえ、低い商業レベルを維持するにとどまり、シティの関心など決して喚起するものではなかった。彼らは外国から購入した部品の組み立てや外国製品の修理に従事し、さらに組み立てた製品に自らの名を冠して自社製品と称していた。政府を始めとする公的機関のみならず機器製造業者も驚くべきドイツ製品依存にあった(21)」。

(2)　建艦競争と技術革新

a　海軍近代化とドレッドノート

では、このような停滞の中から、いかにしてB&S社は台頭したのか。本項では、まず、光学機器需要の創出に大きな役割を果たしたイギリス海軍の動向について見ていく。

イギリス海軍の光学機器への関心は、一九世紀末から一九〇〇年代にかけて急速に高まった。周知のように、一九〇〇年代初頭は日本海海戦や戦艦ドレッドノートの竣工に示されるように、艦艇性能に飛躍的な進歩が見られた時期であり、砲術はそれを担う重要な課題とされ、精確な測距を可能とする光学機器が必要とされたのである。

ただし、砲術に関する革新的な取り組みは、イギリス海軍省全体の意向というよりも、むしろ一部の将官らによって独自に進められていた。彼らは、火砲の能力が飛躍的に上昇を遂げていたにもかかわらず、その運用方法が改善されなかったことに疑問を抱き、その改善を独自に模索していた現場のトップたちであった(22)。

そのような将官の中心的存在がスコット[23]とジェリコ[24]であった。ジェリコは一九世紀末より独自に照準望遠鏡を開発し射撃訓練を行うなど、革新的な取り組みを積極的に行っていたが、彼の功績が海軍省に評価されるにはさらに数年を要した。たしかに、イギリス海軍は新技術を進んで軍事に適用させようと試みていたが、海軍内部の抵抗もいまだ大きかったのである。洋の東西にかかわらず、変革の時期には、えてして水面下で軍内部の守旧派と新勢力の熾烈な戦いが繰り広げられていることが多い[25]。

新勢力にとって追い風となったのが、フィッシャーの海軍第一本部長就任（一九〇四年）であり、彼が打ち出した新型戦艦（All Big-gun Ship）構想であった。フィッシャーはフランス、ドイツ、ロシア、アメリカといった新興海軍力の急速な台頭に対抗すると同時に、膨張の一途をたどっていた海軍費を削減するために、抜本的なイギリス海軍力の刷新を企図していた[26]。具体的には、旧式艦のスクラップの敢行と一九〇二年に締結された日英同盟を背景としたイギリス極東艦隊の削減、そしてドレッドノート級戦艦とインヴィンシブル級巡洋戦艦の建造による本国艦隊の強化であった。つまり、「廉価で、同質的で、高度に集中された強力な艦隊[27]」を創設し、本国海域に常備することが彼の狙いであったのだが、その計画を具体化し、実現するためのブレーンとなったのが戦艦設計委員会（The Committee on Designs）であった。

同委員会は、一九〇四年、海軍関係者他、民間の有識者合計一四人で組織された。海軍からは測距と射撃管制の専門として先述のジェリコや、アームストロング社エルズィック造船所の造船技師として日本海軍用艦艇建造に携わった経験を有するイギリス海軍艦艇建造局長ワッツのほか、民間からは船体設計において海軍に大きな影響力を有していたフルード、高速駆逐艦建造においてヤロウ社と双璧とされたソニクロフト社のソニクロフト、艦艇建造で著名であったフェアフィールド造船会社のグレイシなど、当時の艦艇建造の各分野を代表する面々が同委員会に参集した[28]。

この委員会では新型戦艦建造をめぐり様々な議論が交わされたが、ここでは、一九〇五年二月に行われた会議での武装の統一と測距問題に関する一文を紹介しよう。

「長距離射程において、艦艇が様々な砲を最大限搭載していることはたしかに有利であるが、火砲を統一することはさらに有利である。主副混合の場合、火砲の種類ごとに管制を必要とするため、一二インチ砲の測距用に九・二インチもしくは六インチ砲の測距を利用することはできない。にもかかわらず目標は同一である。その結果、各砲ごとの射撃管制は困難となる」(29)。

つまり、主砲口径の統一と一斉射撃を中央（艦橋）で制御しうる新たなシステムが求められていたのであるが、これこそが海軍の光学機器、射撃管制機器への関心を高めた主たる理由であった。

b　光学機器製造業者とイギリス海軍の関係

だが、戦艦設計委員会における議論の結果を待って、新型戦艦用の光学機器と射撃管制機器が新たに開発されたのではなかった。委員会メンバーであったジェリコは、すでに馴染みのある光学機器製造業者と接触し、必要とされる機器の試作を事前に求めていたのである(30)。このような海軍関係者と民間製造業者間の私的な関係は、機器製造業者にとって次期配備に必要とされる新型機器開発への迅速な対応を可能にしただけでなく、将来、海軍からの受注を獲得する際の伏線ともなりえたであろう。また、海軍側としては民間兵器製造業者を利用することは、平時に開発費用を負担せずに済むという利点があった。

海軍関係者と密接な関係を有していた機器製造業者の一つがB&S社であった。同社製品は、一八九九年時点ですでにイギリス海軍の全艦艇に配備され、海軍省の同社への信頼は揺るぎないものとなっていた。他には、ポレンや(31)、ヨークのクック社(32)も独自に光学機器や射撃管制機器の開発に従事しており、B&S社と同様彼らも海軍将官との私的な関係を有していたと考えて差し支えあるまい。

では、これらの機器はイギリス海軍によってどのように調達されたのであろうか。

一九世紀末、イギリス海軍は海軍省リスト制（Contract List もしくは Admiralty List と称される）を利用し、軍需品の調達を行っていた。同制度は、リストに掲載された特定企業（過去の業務実績によって査定されていた）が競争入札を行い、その結果によって政府が軍需品を発注するといった手順が採られていた(33)。史料の制約のため、この制度の全貌をつかむことはできないが、このリストはすべての軍需品に対応しているわけではなかったようだ。

そもそも、イギリスでは海軍工廠が軍需品の製造に従事していたが、工廠には機関製造と魚雷艇建造能力が欠如しており、これらの調達は早期より民間の製造業者に依存していた。また、工廠に製造能力があっても、船体、装甲板、火砲といった艦艇の主要構成部分は、民間の業者らの競争入札の結果、製造されることが一九世紀末にはすでに慣行となっていた。これら以外の艦艇用備品については、そのほとんどが民間で製造されており、光学機器も工廠が製造できない機器の一つであった(34)。

ただし、光学機器は早期より高度精密な機器製造が可能な業者が限られており、ひとたび制式採用を勝ち得たB＆S社は、海軍からの試作依頼や海軍関係者とのコネクションが新規参入障壁となって、海軍への機器供給を容易に独占することが可能であった。

以上、民間の兵器産業に大きく依存していたイギリスの軍備調達システムと、世紀転換期以降のイギリス海軍の近代化が光学機器の開発を誘因した点を詳述した。ただし、注意せねばならないことは、第一次世界大戦前、イギリス海軍省が民間での技術開発に対して資金援助などの積極的な支援を行うことはなかったという点である。先述のように私的な人脈による政府と製造業者の関係を指摘することは可能であるが、それは光学産業を保護・育成しようという政策とはまったく無縁であり、またそのような政策も存在しなかった。

最後に、光学ガラス需要について触れておこう。陸軍は海軍に比べて双眼鏡など大量の規格品を必要とするため、イギリス国内にて大量の光学ガラス製造を促進するきっかけとなりえた。しかし、イギリス陸軍は大戦前、ドイツ製光学機器を好んで利用しており、また、イギリスの機器製造業者も、ドイツ、フランスから光学ガラスを容易に購入することが可能であった。つまり、フィッシャーの施策から第一次世界大戦までの約一〇年間（一九〇四～一四年）、すなわちドイツとの建艦競争下において、イギリスの射撃管制システムと光学機器は急速に発展を遂げたが、それは敵国と想定されたドイツからの光学ガラス輸入に依存するという何とも奇妙な状況下で進められていたのである。

3　躍進の実態――競争と統制――

(1)　事業拡大とドイツ企業との競争

B＆S社はアーチバルト・バー教授（グラスゴウ大学）とウィリアム・ストラウド教授（ヨークシャーカレッジ）によって一八八八年に開業された後、一八九五年にバー＆ストラウド特許会社（Barr & Stroud Patent's）、一九一二年にはバー＆ストラウド社（Barr & Stroud Ltd.）がグラスゴウに設立され、事業規模を着実に拡大していった[35]。同時に、海外への機器輸出も順調に増加していった（図6－1）。一八九三年に日本に対して機器が輸出されると、以後、海外への販売はB＆S社の経営を支える中心的な活動となった。他のイギリスの光学機器製造者が国内と帝国内を主たる市場としていた点と比べると、海外輸出を重視したB＆S社は、たしかにイギリス光学産業の「特異な存在[36]」であった。

このように、B＆S社が海外輸出を重視した背景には、平時においてイギリス海軍需要が安定していなかったこともあるが、何よりも海外輸出が容易に選択しえたことが大きく影響している。当時、海外諸国は軍備増強のさなかに

図6－1　B＆S社販売額推移（1901～39年）

（単位：１万ポンド）

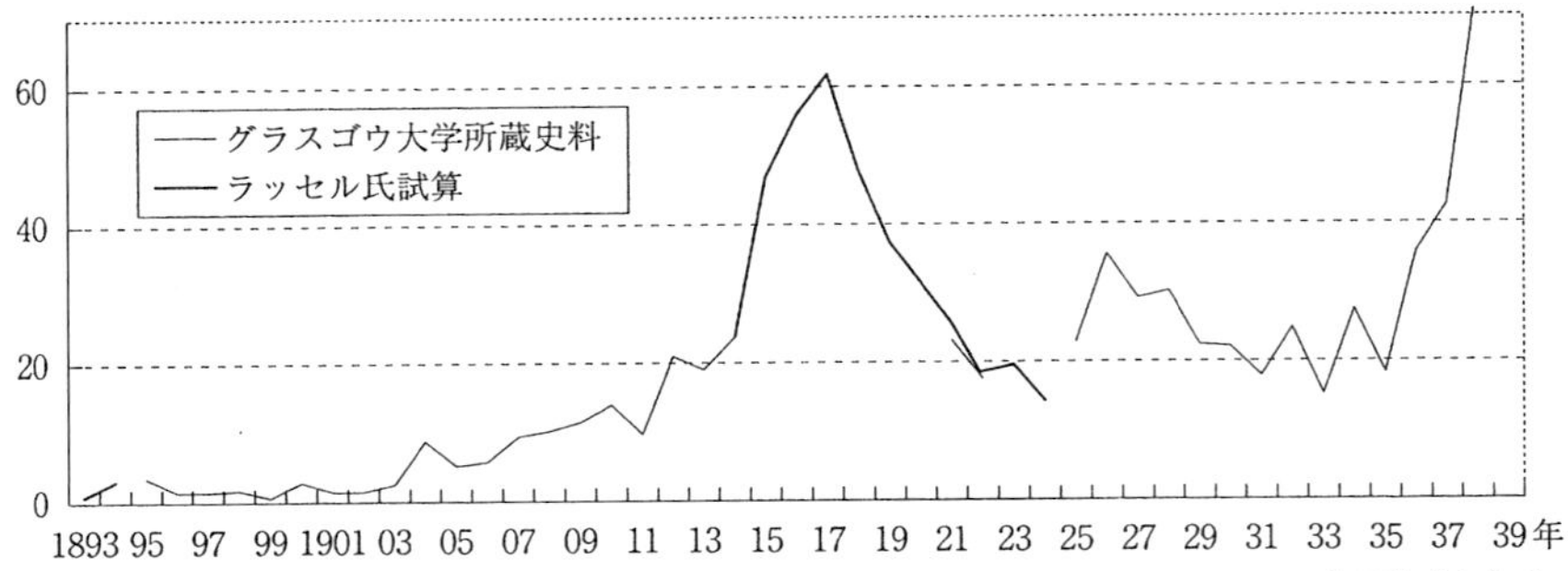

出典：UGD 295/11/1/1, UGD 295/26/1/47, UGD 295/26/2/45, UGD 295/10/2/1, Moss and Russell［1988］より作成。
注：1895年から1900年までの販売額は測距儀のみ。

あり、恒常的に光学機器需要があった。さらに、イギリス政府は兵器をはじめ先端機器の輸出を規制していなかった。

a　代理商の多用

創設当初、専ら外注した機器部品の組立と調整に従事していたB&S社には、海外への販売組織も人材もスキルもなかったため、著名な兵器・艦艇建造業者であったアームストロング社に販売代理（一八九三～一九〇三年）を一任していた(37)。アームストロング社が選定された理由は、同社の高い名声と各国政府とのコネクションが、測距儀販売の促進に役立つとB&S社が考えたからに他ならない。

一方、アームストロング社にとって機器販売の代理業務から得られる手数料の額はさして大きなものではなかったが、測距儀がアームストロング社の艦載砲の命中精度を高めるための格好の宣伝材料として使われたことは容易に推測できる。たしかにB&S社製機器に対する各国の関心は非常に高く、各国海軍関係者が多数同社を訪問していた(38)。

一八九三年、アームストロング社はB&S社との販売代理契約に際し、ドイツに対して機器販売を行わないこと、外国への販売に際し測距儀販売価格の一二・五%を手数料とすることを条件として提示した(39)。以後、アームストロング社を介して、世界三〇カ国にB&S社製測距儀は販売

図6－2　主要国への測距儀販売数（1888〜1911年）

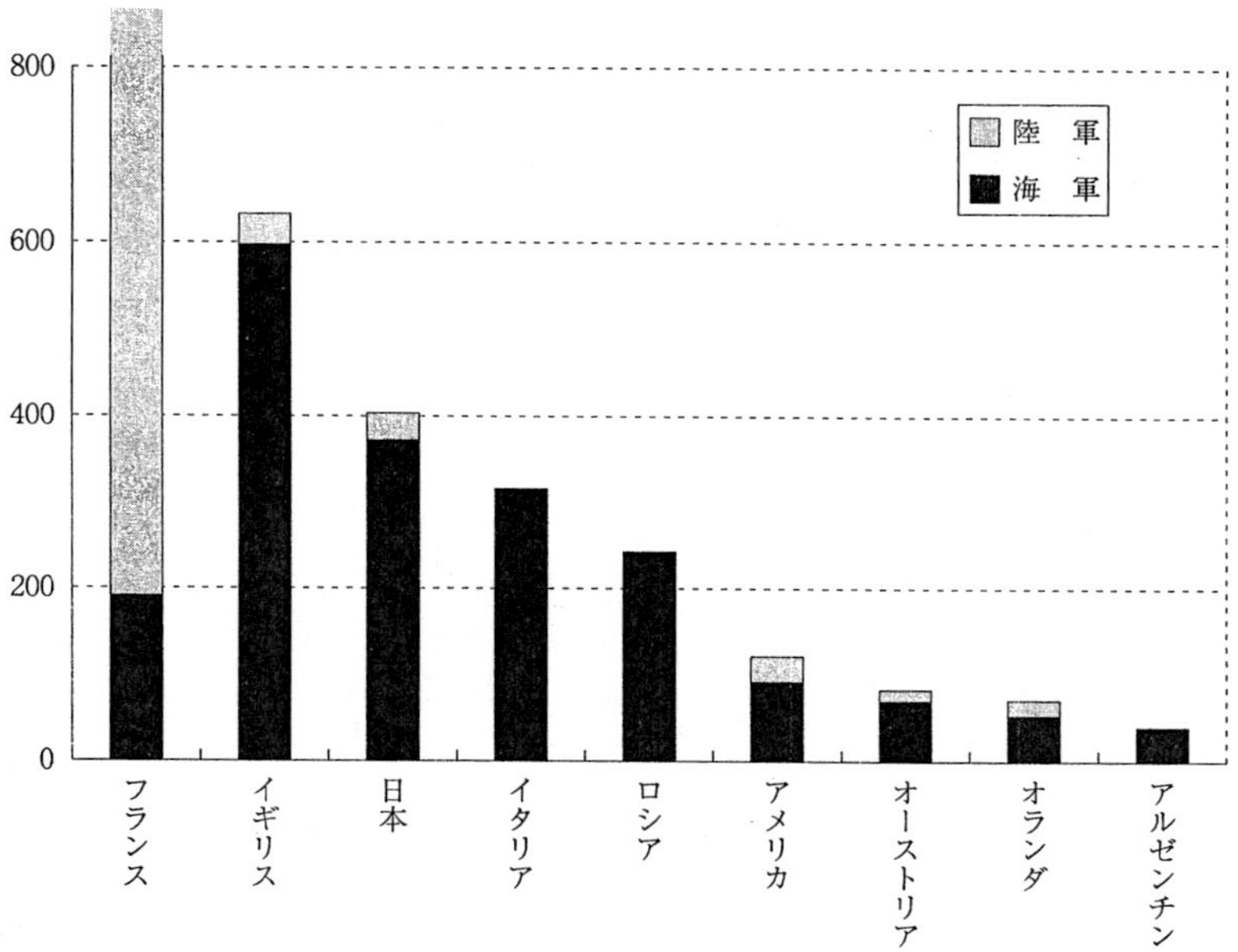

出典：Barr and Stroud rangefinders sold to Government up to end of 1911［UGD 295/26/2/44］より作成。
注：フランス陸軍制式採用（1910年）は1,000基を発注。

されたが（図6－2）、一〇年後の一九〇三年九月に両社の契約は更新されることなく満期を迎えた。その理由は、アームストロング社が積極的にB&S社製品を販売しなかったこと、加えて販売手数料の高さに同社が不満を感じたためとされる(40)。

以後、B&S社は、販売代理を限定せずに、新たに各国の代理商（人）や機器製造業者を利用するように変更した。その際、手数料は一律一〇%に減額された。日本では、すでにロンドンに営業所を設け日本海軍の必要物資買い付けを行っていた高田商会に、ロシア東欧諸国へは「死の商人」として知られるザハーロフに、ドイツでは光学機器製造業者ゲルツ社に販売業務が委託された。また、フランスやオーストリアでは海軍関係者が代理人となっている。

B&S社は、退役軍人や軍部とのコネクションを持つ現地の代理商や機器製造業者を利用することを重視した。各国の陸海軍への機器販売には通常の販売組織とは異なり、特殊な人的コネクションが必要とされたためである。兵器販売ですでに実績のあった著名な代理商を利用することで、B&S社は海外武器市場において迅速に自社の名を知らしめ販売を促進させた。ただし、これはあくまで軍用機器市場にとっての利点であり、その後も一貫して民間用機器の販売網を掌握せずにいたことは、戦間期の事業展開の際、B&S社の大きな障害となったことは言うまでもない。

b　ドイツ企業の巻き返し

一九世紀末、すでにドイツ製光学機器の名声は高かったが、測距儀はいまだドイツ企業の優位が見られなかった分野であり、B&S社は容易に軍用機器市場に参入することが可能であった。英独間の本格的な競争は、一九〇〇年代以降、主に欧米市場にて繰り広げられた。一九一二年、B&S社取締役ハロルド・ジャクソンは次のように述べている。「われわれはもはや独占的な測距儀製造を謳歌することはできない。ツァイスやゲルツといった企業は深刻な競争者である」[41]。ジャクソンにこのように言わしめたツァイスやゲルツの脅威とはいったいいかなるものであったのか。

B&S社製品の特徴は、単眼合致式と呼ばれる測距方式にあり、内部測距機構の稼動部分を特許によって防衛することで、ドイツのみならず国内他社による模倣を封じ込め、独占的に測距儀製造に従事することが可能であった。

一方、ツァイス社はB&S社の測距方式への対抗として、光学部品を駆使したステレオ方式両眼合致式測距儀を開発し、世紀転換期に販売を開始した。この測距儀は各国でB&S社製品とともにトライアルされており、バー教授もいち早くツァイス製測距儀を入手し、徹底的に調査を行い、アームストロング社に対して次のように報告している。「ツァイスの機器を調べた結果、驚くべきアイディアを製品化しているように感じました。同機器のコンセプト・設計は非常に優れております。とはいえ、ステレオ式の原理は軍事用機器として迅速に機能せず、不良になると思われます」[42]。また、ストラウド教授は、「非常に精巧にできており見事である」と、同社取締役ジャクソンは、「コンセプトも構造も素晴らしい[43]」と素直に賞賛している。

ツァイスの脅威は新製品開発で見せた技術力にとどまらなかった。それは同社の総合的光学企業という性格にあった。総合的とは、光学ガラスから機器までの一貫生産が可能であることを意味している。ツァイスはガラス製造部門としてショット社を擁しており、電球用ガラスや板ガラスから光学ガラスにいたる多様なガラス製造はもちろんのこと、レンズの設計・開発が可能であった。つまり、軍用機器のみならず民間用のガラス製品や機器にも幅広く対応できたのである。

もっとも、B＆S社と同様にツァイスの販売総額に占める軍需の割合も、国内外向けともに一貫して高い値を示していた[44]。ただし、たとえ測距儀を初めとする軍需が低迷しても、ツァイスは電球用ガラスや顕微鏡、双眼鏡、望遠鏡など他の民間用機器の販売で経営を維持することが可能であった。B＆S社のように光学ガラスやプリズム、レンズを外注し、わずかに測距儀と射撃管制機器の製造に特化していた企業とは大いに異なっていた。

(2)　海外展開と英独カルテル交渉

a　現地生産をめぐる競争

ツァイスは同じくドイツの光学機器製造業者であったゲルツ社への対抗として、また、各国の兵器国産化気運の高まりへの対応として、一九世紀末より海外展開を進めており[45]、一九〇七年までに、ロンドン営業所、ウィーン工場を設立し、その後はサンクト・ペテルブルグとパリに工場を設立する予定であった[46]。このようなツァイスの動向に対して、B＆S社は強い危機感を抱き、自らも現地生産へと乗り出した。それでは、以下、アメリカ、フランス、オーストリア、ロシアへのB＆S社による進出経緯を見ていこう。

アメリカでは、米西戦争以降、急速に海軍が拡張されており、引き続き相当量の機器受注が見込まれていた。海外動向に敏感なツァイスはボシュ・ロム社にライセンスを与え（一九〇八年）、現地での測距儀製造に着手した。これに対して、一九〇九年、B&S社はニュージャージーのコイフェル・エッセル社に艦内情報伝達機器（Range and Order Indicator）のライセンスを認め、翌一〇年に測距儀のライセンスを認可した。B&S社とコイフェル・エッセルの二社は、ツァイスとボシュ・ロムによって失われつつあったアメリカでのビジネスチャンスを取り戻すべく奔走することとなった。(47)

フランスには、ドイツ、イギリスと同様に機器製造業者が多数存在していたが、B&S社の測距儀に匹敵するような機器を製造できる国内企業は存在しなかった。したがって、フランス海軍も開業以来同社製品を使用しており、安定した需要があった。さらに、一九一一年に陸軍がB&S社製測距儀を制式採用した結果、フランスは、日本を除けば、最大の海外市場となった。陸軍用測距儀の制式採用は、B&S社開業以来の悲願であった。なぜなら、陸軍需要は大量の機器を必要とするため、まず何よりも低価格が求められていたにもかかわらず、他の機器に比して高価格であることを理由にB&S社製測距儀は開業以来常に制式採用を得ることができなかったからである。

一方、ツァイスにとってもフランスは魅力的な市場であった。そこで、一九一一年にツァイスとゲルツはフランスの兵器製造業者シュナイダーと提携し、フランス国内での測距儀生産を進めるべく子会社設立の交渉を開始していた。これに対し、B&S社は、ドイツ企業に対する牽制のため現地生産を強く意識した進出計画を立案した。ただし、測距儀の製造はあくまでも段階的に進められるべきであるとして、ひとまずはフランス国内に作業場を設け、修理・組み立て作業を行い、徐々に測距儀製造の全工程を可能にするという手順を計画していた。そして、その第一段階として、測距儀修理・調整用の作業場が、(48)パリのほか、カレー、ツーロンといった海軍の要所に設置された。(49)

フランスに次いでB&S社の陸軍用測距儀を制式採用したオーストリア＝ハンガリーも重要な市場であった。ただし、ツァイスは、一九〇九年、ハンガリーのギエルの敷地を無償で入手しており、一五年間の免税、労働力提供、照明・動力用電力の原価での購入など各種優遇策のもとで光学機器製造を開始していた[50]。しかし、オーストリア政府はツァイス製品だけでは飽き足らず、帝国内で測距儀を製造することを条件に、陸軍でのB&S社製機器の制式採用を認めると打診してきた。これに対し、B&S社はオーストリア陸軍との契約の際、同陸軍にて他社製測距儀を使用しないという条件を盛り込み、公然とツァイスやゲルツ製品の締め出しを図った[51]。B&S社は同帝国の政治的理由（その二重性によるもの）を考慮した結果、Barr und Stroud GmbHをオーストリア側のカッツェドルフに、Barr és Stroud és Tarsaをハンガリーとの国境沿いライタセントミクロシュに設立した[52]。

オーストリアでのB&S社の活動に際して、重要な役割を果たしたのが同国元海軍軍人サイバートであった。B&S社は彼をオーストリア＝ハンガリーを始めとする東欧各国への販売代理人として契約を交わし、同地への販売網を築いた。その際、手数料は販売額の一〇%と設定された[53]。サイバートを通じた東欧諸国への販売がどのくらいの量であったのかその全貌を知ることはできないが、オーストリアが中心であったろう。

東欧市場では、ロシアの購買力も大きかった。ロシアはすでに日露戦争直前にザハーロフを介して多数の測距儀を購入しており、日本と同様、常に技術開示をB&S社に要請していた。B&S社はオブホウクホフ製鋼所（Obhoukhoff Steel Works）の光学部門責任者ゲルシュンとの交渉の末、サンクト・ペテルブルグに「光学および機械産業のためのロシア協会」（Russian Society for Optical and Mechanical Industry）設立を決定した。B&S社は、技術者二名の派遣を始め、測距儀製造にかかわるすべての情報を提供することを認め[54]（一九〇八年）、ロシア市場での地場固めを企図した。その際、オーストリアと同様に他社製品の利用を禁ずる条項を契約に盛り込んでいる。ただし、すでにツァイスを始めとするドイツ企業がロシア陸海軍から大量に注文を獲得していた[55]。

以上、欧米四カ国での海外展開をB&S社製機器の制式採用年に注目して見ると、一九一〇年にフランス陸軍がB&S社製品を制式採用すると、翌一一年にイギリス陸軍[56]、続く一二年にはオーストリア＝ハンガリー陸軍が採用を決定しており、隣国の軍備刷新に各国が乗り遅れまいと追随したことを示している。とくに陸軍大国として認識されていたフランスの購買動向は海峡を隔てたイギリスに対して、また、同じく陸軍国であるオーストリアにも即座に影響を及ぼした。

しかし、わずか数年間におけるB&S社の急速な海外展開は、一九一四年に第一次世界大戦が勃発すると、フランスを除いてひとまず頓挫してしまった。結局、これらのB&S社の試みが、その後の各国の機器国産化の一助となりえたのかどうか明確にすることはできないが、アメリカでは大戦後にボシュロム社との特許権侵害に関する裁判の記録が残されていることから、(57) 同地にてB&S社の特許を無視して測距儀の国産化が進みつつあったことがわかる。

ところで、これら欧米四カ国と異なり、日本へのB&S社の関与は非常に限定されていた。最大の海外市場でありながらも、日本には技術者の派遣や現地生産は一切認められなかったのである。もちろん日本側から機器製造の開示は常に要請されていたが、日本は欧米市場と異なり、ドイツ系企業の現地生産という危機にさらされていなかった。それゆえ、B&S社にとって、日本は優先度は高いが、迅速に現地生産に乗り出す必要はない市場と考えられていたようだ。

b　カルテル案の顛末

以上のような英独企業間の競争の一方で、ツァイスは一九一一年にゲルツ社とともにB&S社に対して国際カルテルの結成を提案している。ドイツ側の意図が単に市場分割にあったのか、それとも特許プールを構築し、B&S社のパテントを利用することにあったのか、はたまたその両方であったのかはわからないが、ドイツ側は一九〇六年の時点で失効したB&S社の特許公開、ならびにその使用を求め、法廷闘争をも辞さない構えを見せた。これに対し、B&S社はドイツ企業が報復措置として光学機器をダンピング輸出することを恐れ、市場分割・技術協定案に同意し、交渉を開始した。一九一二年までに英独企業間にて詳細な市場分割案が決定し、非割り当て国に対する機器販売には手数料を支払う等の合意に至ったが、協定の年限・ライセンス料に関する交渉で両者は並行線をたどり、一九一三年、カルテルへの道は閉ざされた(58)。

先に見たように、一三年時点で、B&S社はフランスやオーストリア陸軍からの大量受注に成功しており、ドイツ側に譲歩する必要を感じなかったとも考えられる。

以上から、大戦前のB&S社の海外展開は次のようにまとめることができよう。

B&S社はツァイスなどドイツ企業の海外進出に対して危機感を抱き、対抗措置として、また、先手を打つために積極的に海外へと乗り出した。その際、B&S社は各国の兵器国産化志向を巧みに利用し、機器の現地生産を認めることで各国陸軍の制式採用を勝ち取りドイツに優位した。海外にてB&S社製品の信頼性や知名度が高かったことも採用に大きく作用していた。

このように、英独間の競争は、一九一〇年前後を境に、輸出市場の取り合いから現地生産と制式採用の獲得へと変わっていったことがわかる。その際、技術流出の恐れがあってもB&S社が現地生産を受け入れたのは、軍用機器市場をできる限り確保せねばならないという事情、すなわち射撃管制機器製造に特化していた同社固有の事情によるものであった。したがって、ドイツへの牽制のために現地生産という選択を飲まざるをえなかったB&S社は、結果としてこれらの国々に体よく利用されたと見ることもできよう。

ところで、B&S社の海外展開においても代理商は重要な存在であった。彼らは独自の人脈を駆使し、政府諸機関との交渉を行う橋渡し役として機能していたのである。

(3) 軍需省統制の意義

本節では、第一次世界大戦中、軍需省による統制下、B&S社が自社の相対的独自性を背景に光学機器の独占生産を可能にした経緯を検討する。B&S社の相対的独自性とは、光学ガラスをめぐるフランスとの関係、自社技術の徹底した保持の二点である。

a 相対的独自性

先述のように、フランス政府は第一次世界大戦前からB&S社製測距儀を高く評価し、一九一〇年に陸軍用として制式採用していた。以後、一年を経ずして一〇〇〇基にのぼる大量発注や、機器修理工場の建設、そして将来的には現地生産を目標とするなど、B&S社との間により一層密接な関係を築きつつあった。(59) 信頼性の高い測距儀を国内生産できなかったフランスにとって、B&S社は外国の製造業者でありながらも不可欠な存在であった。そして、このフランスとB&S社の関係が、第一次世界大戦中のイギリスでの光学機器製造において思わぬ役割を果たすこととなる。

イギリスは大戦前、光学ガラスをドイツ・フランスからの輸入に依存していたため、(60) 開戦まもなく深刻な光学ガラスの欠乏に直面した。イギリスはフランスからの光学ガラス輸入に期待をかけたが、当然のことながらフランス国内においても光学ガラスは必要とされ、輸入はままならなかった。ここで、先に述べたフランスとB&S社との関係が俄然重要となってくる(図6－3)。

B&S社製測距儀を渇望していたフランスは、一九一五年秋、B&S社製測距儀をフランスに安定供給する代わりに、イギリスへの光学ガラス供給を行うという案を提示したのである。(61) 同案は半ば恫喝に近かったが、以後、イギリス政府（軍需省）は国内の光学ガラス増産が軌道に乗るまで、フランス製光学ガラスを入手するためにB&S社の測距儀製造に最大限の注意を払わざるを得なくなった。それゆえ、軍需省の管理下において、B&S社の測距儀製造は他の光学機器とは別に最優先課題とされ、ガラス等の材料配分が優遇されたのである。

さらに、B&S社にはもう一点の強みとも言うべき相対的独自性があった。それは、自社技術の保持に成功したことである。大戦中、B&S社には大量の機器需要が舞い込んだにもかかわらず、製造能力の拡充のため他の機器製造業者を利用することも、また連繋することもなく、自社工場のみで対応することを貫き通した。大量の機器を迅速に必要とする軍需省からすれば、このような申し出は到底受け入れられるものではなかったが、先に挙げたようなフランスとの事情によって、軍需省は他社の利用をB&S社に強制することはできなかった。

大戦中、機器の増産のみならず製造業者の零細性や研究開発能力の不足を改善するため、各種機関（英国科学機器研究協会［BSIRA: British Scientific Instrument Research Association］、発明研究諮問会議［BIR: The Board of Inventions and Research］）[62] が創設されたが、バー教授はこれらに参加が強く求められたにもかかわらず、一切断り続けていた。その理由とは、B&S社がすでに「多数の特許を取得しており、そのうちのいくつかは海軍省に認可された〝秘密特許〟にあたる」こと、

図6－3　イギリスで利用された光学ガラス

（単位：1,000lbs）

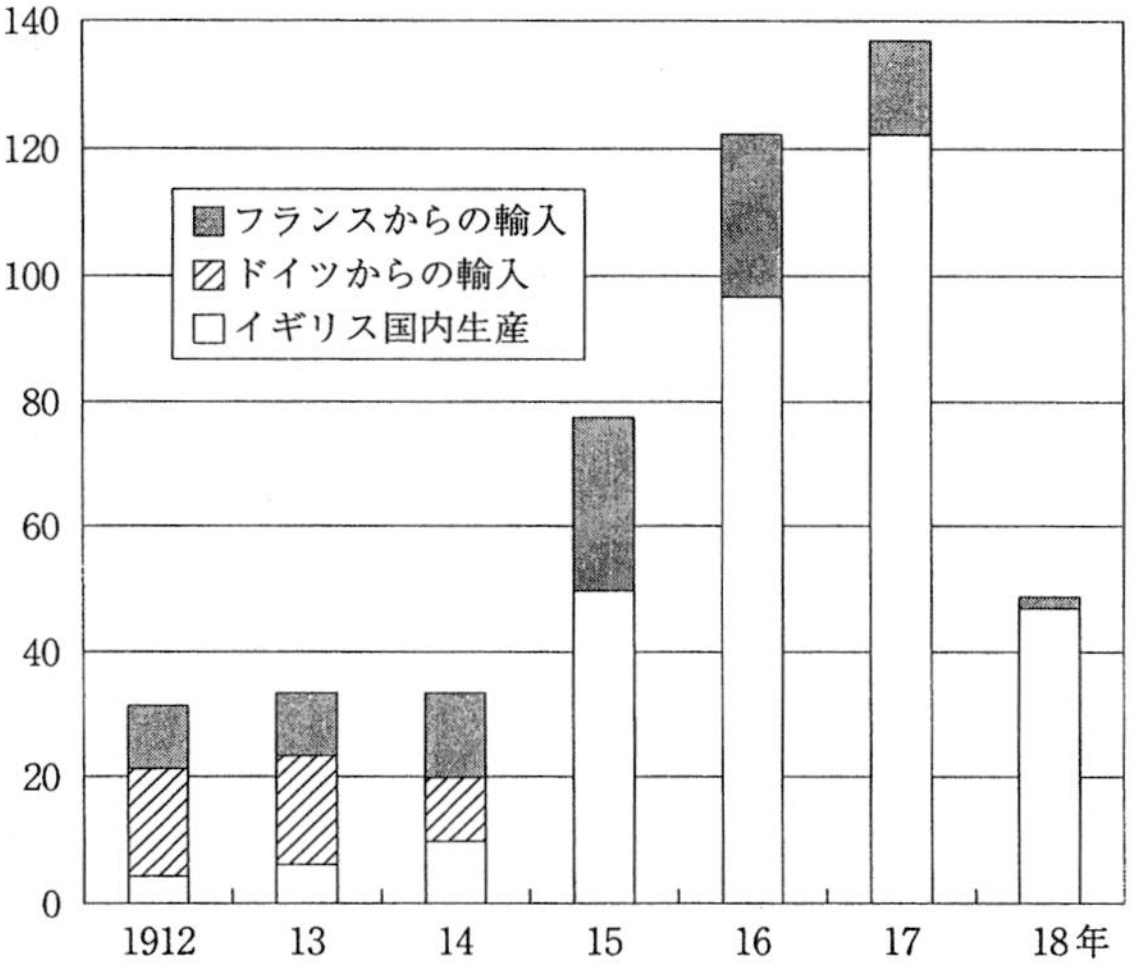

出典：PRO MUN5/390/1930/1より作成。
注：1918年は4カ月分（1～4月）

「現在も新機器の開発に従事し、海軍省と航空局に対し納入を進めていること」が述べられたが、次のようにも言っている。「委員会は様々な提案や開発が生み出す利点を明確に言明するべきです。何よりも私が危惧することは、われわれの活動のすべてが結果として委員会の利益になってしまうことです。すでにわが社は別格の地位にあることを告知する必要があります」（傍点―原文ママ）[63]。また、他社が「わが社に発明品の開示を求めに来た場合、たとえわが社の発明が保護されていなくても、いかなる文書の開示もまた説明も拒否します。わが社の発明を利用することが困難であるとおわかりになったでしょうか。わが社が関係している、または今後するであろう技術すべて同様に対応します」と情報の開示を拒否している。その理由も前述と同様、イギリス海軍からの依頼を挙げており、「わが社の技術をもってすれば不可能でないにせよ、その依頼は非常な困難をともないます。しかし、海軍はわが社を信頼して開発業務を依頼してくれるのです」（傍点―原文ママ）[64]と記している。

このように、B&S社は、海軍の極秘開発に従事する自らの「別格の地位」を理由に、他社との提携や研究機関への参加を拒絶した。だが、B&S社が海軍への配慮という理由だけで情報漏洩を防止しようとしていたとは信じがたい。実際は、B&S社が測距儀を始めとする光学機器の開発・製造能力の独占を目論んでいたと考えた方が自然であろう。他社と提携すれば、戦後、B&S社製品に類似した、もしくはさらに高性能機器が製造される可能性があったからである。

だが、視点を変えれば、B&S社がこれらの機関に参加すれば、他社の技術を獲得できる可能性もあった。にもかかわらず参加を拒否したのは、他社に見るべき技術がなかったこと、そして自社技術陣に対する高い信頼に基づいていた。一九二〇年時点で、開発に参加するスタッフのうち三人は博士号を、二〇人は大学のエンジニアリングと自然科学の科目にて優秀な成績を修めていたのである[65]。言うまでもなく、このように社内に研究開発部門を擁していた光学機器製造業者は当時のイギリスにおいて稀有の存在であった。

b　光学部品の内製

さらに、B&S社の独占的な地位を揺るぎないものにした要因として、光学部品・ガラスの社内生産を達成したことがある。大戦前、B&S社は金属部品加工の高い能力を指摘されながらも、光学機器製造業者としては致命的とも言える光学ガラスならびにレンズ・プリズム製造能力を欠いていた。光学部品はすべて外注に委ねざるをえなかったのである。

光学部品の社内生産への道は、大きく分けて二段階で進められた。第一段階は、戦前におけるレンズ・プリズムといった光学部品の加工能力の獲得、第二段階は大戦中における光学ガラス製造の達成である。

B&S社は開業以来レンズやプリズムといった光学部品をアダム・ヒルガー社に発注していた。しかし、粗悪な同社製品によって機器性能が左右されることに悩まされたため、光学部品の社内製造を試み、ひとまずレンズ研磨、計算、プリズム製造などのガラス加工能力の習得を目指した(66)。しかし国内には頼るべき高い技術力を持つ製造業者はおらず、それゆえ、海外へと目を向けたのである。

一八九八年、ドイツのゲルツ社と販売代理契約を結んだ際、B&S社はゲルツ社工場への社員派遣を求めている。その結果、フレンチがレンズ切削、研磨技術習得のために一年間ゲルツ社のフリードナウ工場に派遣された。また、ベルギーを始め大陸各地へも技術習得のためにB&S社社員が派遣された。

ロシアとの提携の際、測距儀の調整・修理を指導するためにサンクト・ペテルブルグに派遣されたストラングは、ジャクソンに次のように言われている。「エッチングを使用しないレンズの絞りに関して、いかなる情報でもかまわない。入手せよ(67)」。ロシアとの提携が単に海外市場の獲得を目的としていたわけではなく、自社に欠けていた光学技術の習得にもあったことが明らかとなろう。その後、ストラングは絞り技術のみならずレンズ設計技術をも体得し、帰国した。以後、彼はレンズ設計部門主任としてB&S社の光学部品製造を牽引した。B&S社は自らの技術を徹底

表6－1　B&S社のガラス生産能力

（単位：lbs）

	1915年				1916年
	9月	10月	11月	12月	1月
3種合計	517	468	884	738	1,226
小塊	420	380	180	450	530
合計	937	848	1,064	1,188	1,756

出典：Barr's Notes［UGD 295/26/2/43］より作成。

して秘匿した反面、欠けていた技術の獲得には貪欲かつ精力的であった。

しかし、社内で光学ガラスから機器までの一貫生産を可能にするには、さらに時日が必要であった。B&S社が光学ガラス製造に取り組む契機は、大戦中の一九一五年七月に購入したプリズムが不良品であり測距儀製造が大幅に停滞したことであった[68]。すでにイギリスはチャンス社を中心として光学ガラス製造の大幅な増産に着手していたが、ガラス溶解用るつぼの乾燥工程は半年を要するため（複数回利用はできない）、失敗するとガラス製造の遅延を免れることはできなかった。ゆえに一五年秋頃、フランスからガラス輸入を円滑に進めることは、機器製造にとって非常に重要な課題であったのである。

B&S社では、バー教授を中心にガラス工場設立に向け奔走し、わずか数カ月後の一九一五年秋に小規模かつ実験用ながらも光学ガラス製造を可能とした[69]（表6－1）。B&S社は部品加工から素材生産へという段階を経て、すなわち光学ガラスの社内生産の達成をもって、イギリス唯一のガラスから機器までの一貫生産が可能な光学機器製造業者となったのである。

以上から、大戦中のB&S社の発展は次のようにまとめることができよう。

B&S社は軍需省による統制のもとで、光学機器製造基盤を強化させることに成功した。軍需省の統制は、B&S社の相対的独自性を背景として、光学機器の独占生産を可能とする手段として利用されたと言えよう。

大戦直後、B&S社の状況を、ジャクソンは次のように評価している。

「わが社は、特殊な地位にあり、海軍で使用されるあらゆる光学機器（測距儀、傾斜計、潜水艦用潜望鏡、照準眼鏡）を設計・製造しております。わが社は、帝国における唯一の光学機器製造企業であり、かつ光学ガラス製造にも成功しております」（傍点—原文ママ）[70]。

このように、大戦を経てイギリス国内の光学機器製造分野におけるB＆S社の優位は明らかとなった。だが、同社は新たな問題、すなわち、過剰生産能力と労働力の存在、そして軍縮に直面する。

4　戦間期における軍需依存の深化

本節は、戦間期におけるB＆S社の経営の特徴、すなわち軍需依存へのさらなる深化（その一方での民需開拓の失敗）と、イギリス海軍省との秘密協定（一九二四年）の影響、海外市場の変容について検討する。まず、戦間期におけるB＆S社の販売額推移を概観し（前掲図6－1）、その特徴を明らかにしておきたい。本節が対象としている戦間期は、販売額から大きく二期に区分できる。まず、第一期、戦後処理と戦後不況の時期であり、最も落ちこんだ一九二四年までがこれに該当する。第二期は二四年の海軍との協定以降、比較的安定した販売額の推移を見せた三五年再軍備までの時期が該当する。そしてワシントン軍縮を始めとする海軍軍縮が両期を貫く大きな背景となっている。

(1)　軍縮と経営危機

a　熟練工問題

大戦終結から一九二四年までの約五年で、B＆S社の販売額は急落の一途をたどり、また製造基盤の縮小も急速に進んだ。

この時期の状況を詳述すると、まず、販売額のみならず純益は大戦中からすでに減少しはじめていたことがわかる（図6－4）。これは、労賃や原材料費の高騰にくわえ、超過利得税（excess profits duty）によるものであったと考

図6－4　純益・労賃・原材料費の推移（1913～22年）

（単位：ポンド）

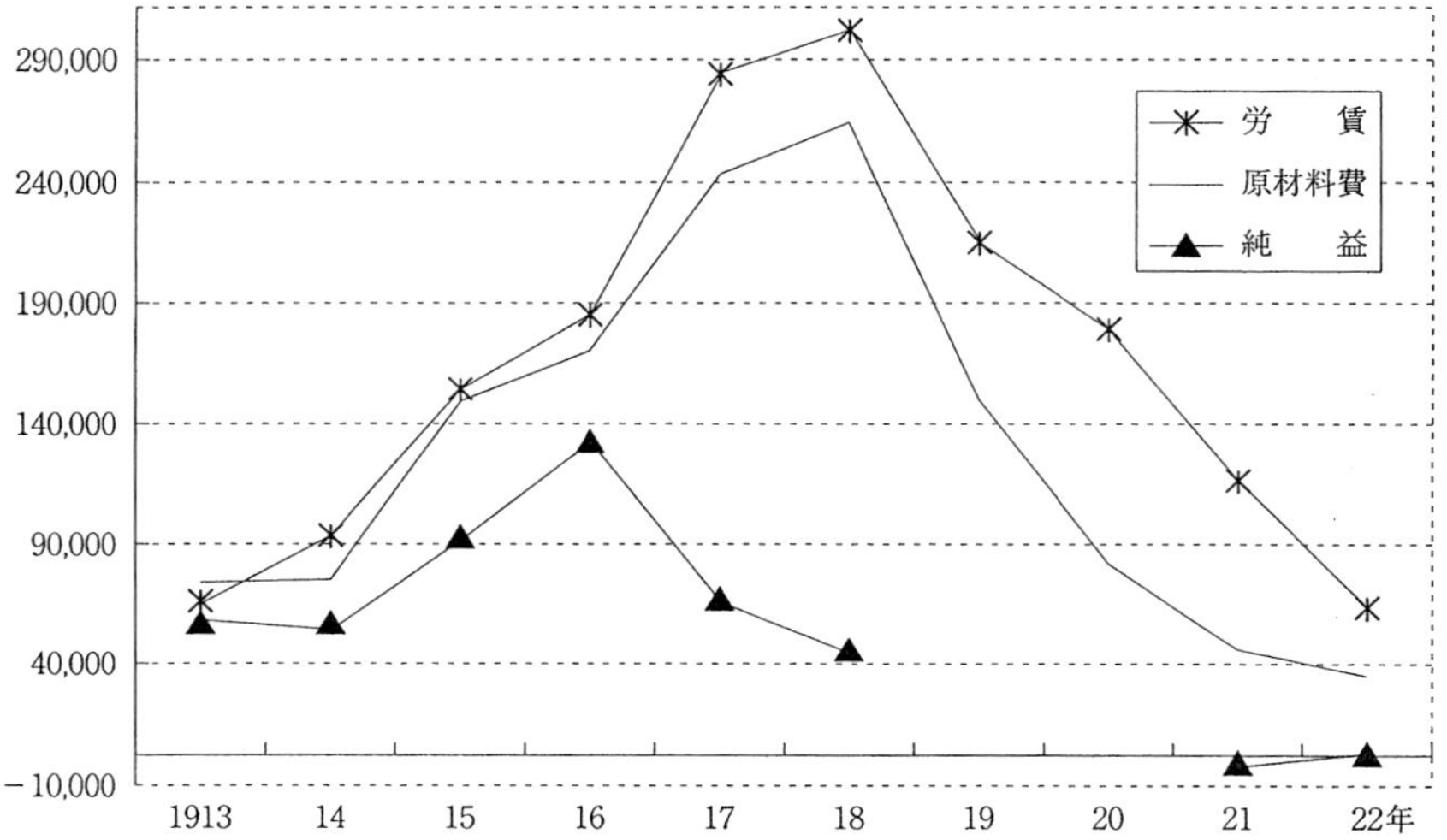

出典：UGD295/11/1/1より作成。
注：労賃には事務員等の給与を含まず。19、20年の純益は不明。

えられる。この課税は戦前二年間分の平均利益を超過した額の八〇%を徴収対象としており、B&S社は、大戦中はもとより戦後二一年まで総額約二〇万ポンドの追徴金を支払い続けていた[71]。さらに、大戦中の受注分（大部分はキャンセルされた）の製造が二一年に終了してしまうと、国内向けの新規受注が完全に停止されたこともあり[72]、経営はさらに悪化した。

この難局への対応は、まず人員の削減に求められ、大戦が終結した一八年の一一月には早くも一週当たり女性を二〇名ずつ解雇することが提案され[73]、同時に、戦時に雇用された非熟練男性工員のほとんどが解雇対象とされた[74]。

その結果、一九二一年三月には早くも雇用総数が戦前を下回ることとなったが、依然として状況は厳しく、さらなる人員削減が求められた。しかし、測距儀と潜水艦用潜望鏡製造に従事する熟練工は、同社の生命線として最後まで解雇対象にはならなかった。とはいえ、解雇対象から除外された熟練工達も、二週間の作業と一週間の休業というサイクルでワークシェアが適用されるなど、暗鬱たる見通しにかわりはなかった。[75] このように熟練工を温存する姿勢について、ジャクソンは次のように記している。「もしこのスタッフ（測距儀と潜水艦用潜望鏡を製造する熟練工）を手放してしまったら、二度と彼らを集めることはできなくなってしまう」（括弧内―引用者注）。[76]

この発言の背景には、B&S社工場のあったグラスゴウのみならずスコットランド全体において光学機器製造に従事する者の数が著しく僅少であったことが挙げられよう。イギリスにおいて光学機器製造は圧倒的にイングランドが中心であり、[77] 一度熟練工を手放してしまったらグラスゴウではたやすく彼らを参集させることができないという問題を抱えていた。とくに機器は組立と調整に熟練が必要とされ、一九一八年時点でこれらの部門に従事していた熟練工数は三八〇名にのぼり全体の約三〇％を占めていた。

工員数は、大戦中の最盛時に二〇〇〇名にのぼったが、一九一八年末には、一二六一名にまで減少し、[78] さらに六年を経た二四年（海軍省と協定を結んだ年）には、総数は五七四名（一八歳未満の男子五二名と一八歳以上の女性三人ならびに職長を含む）とさらに半減した。[79] この二四年は、B&S社の販売額が戦間期において最も落ち込んだ年であった。以後、測距儀や潜望鏡などの比較的高額な軍用光学機器の受注が再開されたため、販売額は回復を見せたが（図6－1）、新たに取り組んでいたエンジン他民生品の販売が軒並み不調であったため、機械製造と調整部門の工員数はその後も減少を続け、作業を一週おきに休業せざるを得ないほどにまで低迷した。[80] さらに二七年には民間用エンジン製造部門からの完全撤退も決定され、機械工場の未婚者は一時的に帰休させられた。

このような継続的な人員削限はB&S社にとって経営を維持するためのやむをえぬ処置であったが、海軍省にしてみれば有事の際の生産基盤拡張が危ぶまれる懸念材料であった。二七年一二月、海軍軍需品部（Naval Ordnance Department）部長フィッシャーは、B&S社に対して急速な生産能力拡充を求めた場合の対応について詳細を尋ねている。これに対し、翌二八年一月、B&S社のジャクソンは次のように述べている。

「急速な生産増加の際、熟練工の獲得が困難であることが最も大きな障害となるでしょう。この点に関し、わが社は細心の注意を払っており、熟練工を始め充分に訓練された多数の若い工員を参集するよう努めております。ただし、生産拡充には半熟練工や女性労働力が必要となるでしょう。（中略）現在わが社に求められているような少量の複雑な機器製造よりも、大量の同じタイプの機器製造によってはじめて多数の半熟練工を用いることができることを、ぜひとも心に留めていただきたい」（傍線、中略─引用者）[81]。

二四年以降、海軍からの発注によって販売額は増加していたにもかかわらず、工員数が継続して減少したのは、海軍が少量の複雑な機器をB＆S社に発注していたからであった。

b　輸出市場の変容

大戦後、イギリス海軍需要の増加が望めないため、活路は海外と民間への販売に託された。しかし、大戦を経てB＆S社を取り巻く状況は一変しつつあった。大戦前、海軍省はB＆S社製品の輸出を禁じるどころか、外国海軍をイギリスの軍事システム下に置き、詳細な情報を得られるとして、また、同社の経営にとって不可欠であるとして放任していた。しかし、海軍内部に先端機器の輸出に対する懸念が噴出し始めたのである。

「我が国ではかつてのドイツのような機密保持をしていない。もはや、いくつかの点で大目に見ることはできない。（中略）我々は貴社が外国政府の受注を獲得することを喜ばしく思っている。（輸出によって）様々な点で（イギリス海軍が）有利となるからである。だが、かつて述べたように、海外輸出は度を越し過ぎるきらいがある。思うに外国海軍の軍需品は我々の経験と要請によって築きあげられたものであり、（中略）、日本も他国も、イギリス海軍省が利用している貴社が保持している高度な海軍用機器の知識を獲得したいと望むからこそ、この国にやって来るのだ」[82]（括弧内─引用者）。

図6-5　測距儀販売数の推移（1919～29年）

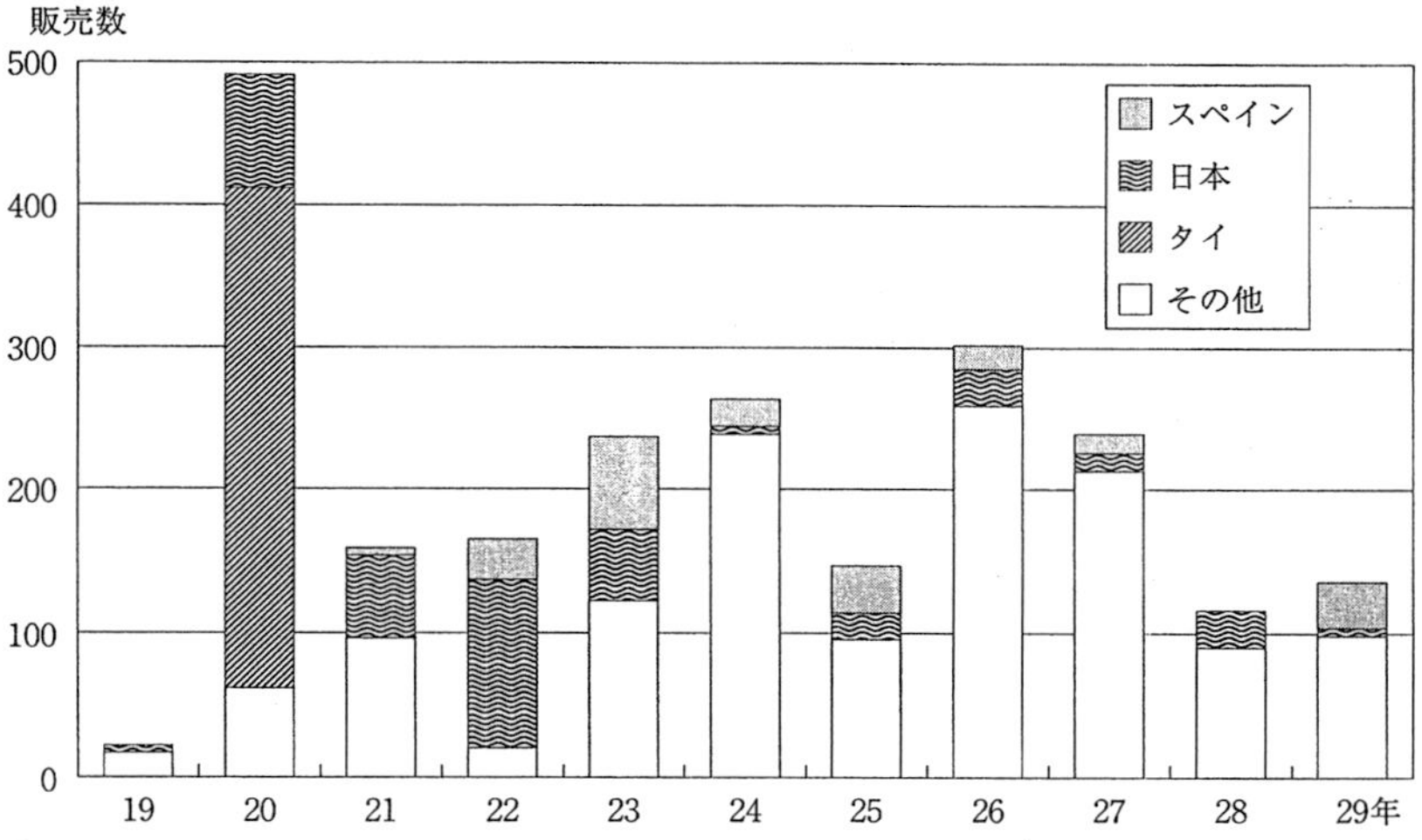

出典：UGD 295/26/1/22, Moss and Russell［1988］p. 108より作成。
注：その他にはイギリス国内向けが含まれる。タイへの販売は陸軍用余剰機器であろう。

海軍省のこのような懸念を無視し、B&S社は海外輸出に経営不振の挽回を託し行動を開始した。しかし戦前、世界三〇カ国にのぼった輸出先は、戦後日本とスペインの二カ国に限定されつつあった。とりわけ、B&S社の経営が危機的状況を迎えつつあった一九二〇~二四年、日本への測距儀輸出は海外輸出の大部分を占めていた。これは、日本海軍が八八艦隊の建設に向けて大量の測距儀を発注していたためである。一九二一年二月、造兵監督官としてB&S社に派遣されていた北川茂春は当時の状況を次のように語っている。「大正一〇年、私は監督官として武社（B&S社）に居ったが、武社は当時英国海軍からの測距儀等の注文は全くなく、主として我海軍の注文で立って居った」[83]。

だが、日本では一九二〇年代に急速に測距儀の国産化を進めており、二四年を境にB&S社の日本向け販売は徐々に減少していった（図6-5）。以後、日本は大型の長基線長測距儀の購入を続けていたが、三〇年代初頭をもってB&S社創設以来およそ四〇年に渡る関係は終焉を迎えた。

スペインへの輸出は、ヴィッカーズ社を販売代理として一九二一年に契約が取り交わされた。以前よりスペインでは強力な海軍建設が目標とされ、ヴィッカーズ社による現地生産が進められており[84]、これにともないB&S社製品の販売が拡大されることが予想された。契約では、販売額の七・五%をヴィッカーズ社に手数料として支払うこと、陸海軍用測距儀、高度計、双眼鏡、映写機、魚雷用深度・振動測定器（ROCORD）、オプトフォン他測定機器といった当時のB&S社製品のほぼすべてが輸出対象とされた。唯一、二一年当時イギリス海軍が輸出を認可していなかった機器として、潜水艦用潜望鏡が販売リストから除外されていたが、二三年には同製品にも輸出許可が下りた[85]。だが、結局のところ、スペインへの販売も期待されたほど伸展せず、戦間期の海外輸出は軒並み閉塞状況に陥っていった。

以上のように、輸出市場が限定された理由は、日本を含めアメリカ、イタリア、フランスなど戦前の中心的な市場が、大戦を経て光学機器の国内生産を開始したことによる。くわえて、軍縮の影響によって需要が僅少であったうえに、余剰機器の払い下げや安価なドイツ製品の流入といった二重苦三重苦が海外市場を取り巻いていた。また、イギリス海軍の輸出への圧力が強化されたこともあるが、その点は次項にて詳述する。

(2) イギリス海軍との関係

本項では、先行研究において一切触れられることのなかったB&S社とイギリス海軍の間で結ばれた一九二四年協定に注目し、同協定妥結までの経緯を海軍省との会議報告や書簡を元に整理するとともに、二四年から回復し始めた販売額への協定の影響を検討する。そこで、まず、この協定の下敷きとなる一三年会議、二〇年会議の争点を明らかにしておこう。

a 一九一三年会議——技術情報の漏洩対策——

一九一三年、イギリス海軍省はB&S社がイギリス海軍向けに極秘に設計、開発、製造している機器の海外への情報漏洩をいかに阻止するかという点を話し合うため、会議の場を設けた。これは同時期に同社工場で日本人の技術習得や各国からの工場見学が多数行われていたという事情も作用していたのであろう。

この会議は、海軍側の提案に対してB&S社の意向を確認する形で、つまり海軍主導で進められた。両者の間で合意された内容を抜粋すると以下のとおりである。

①　通常の設計室とは別に新に極秘設計室を設ける。また、工場内に新たに実験部門を作る。

②　工場内の指定区域以外での海軍用極秘機器の製造を禁止する。また、極秘に開発を担当する部署には、イギリス海軍省関係者以外いかなる外国人の立ち入りも禁ずる。

③　外国政府がB&S社に照会を求めた新機器の用途および性能緒言が、すでにイギリス海軍が秘密裏に利用していたものと酷似している場合、外国政府に対し返答する前にイギリス海軍に対してその設計内容を明らかにする。さらにイギリス海軍の同意なくして、外国政府に向けて同機器を製造することを禁ずる。

④　外国政府への機器供給がイギリス海軍によって禁止された場合、イギリス海軍はB&S社に対する補償を行う。ただし、その規模は同機器のパテントが同社独自によるものなのか、それとも海軍省との協同で取得されたのか、個々の事態を勘案して査定する。

⑤　海軍省の支援によって開発されたデバイスは、無償で海軍省の独占利用を認め、そのパテント（開発者と海軍省担当官の連名で取得）は極秘とする。加えてこのデバイスの外国政府への供給や開示を禁ずる。しかし、この同意は同デバイスを利用した機器のイギリス海軍への供給量を保障するものではない（傍線―引用者）。[86]

以上の同意から、さしあたり以下の三点を指摘することができよう。

まず、海軍省はB&S社を軍用光学機器の設計・開発部門として活用すること、すなわち工廠に欠けていた光学機器製造能力の補完を企図していたこと。続いて、イギリス海軍は先進技術情報の海外漏洩を防止することにとどまらず、B&S社を通じ同社製品の納入先である海外諸国の情報獲得をも企図していたこと。最後に、従来イギリス政府は武器を始め先端機器の輸出に対する有効な規制を課していなかったが、この協定によって海軍省が独自に規制を加えようと企図していたことである。一九世紀末以来、技術の移転をともなうものであっても武器輸出を肯定かつ奨励さえしていたイギリス海軍の基本姿勢は、大戦前すでに変化の兆しが見られていた。

b　一九二〇年会議——開発・製造能力の保護——

大戦中、B&S社は、軍需省の支援によって北西工場建設を始め製造基盤を急激に拡張したが、これらの戦後補償に関して軍需省に確約を取り付けることはできなかった。過剰な生産能力への対応策も見出せぬまま、一九一八年一一月、ドイツの休戦をもって第一次世界大戦は終結した。

休戦の翌月の一二月六日、B&S社取締役ジャクソンは海軍省に書簡を送っている。同書簡は、イギリス海軍によるB&S社への監督（管理）が戦後も持続するのか否かという疑問に加え、いずれの場合においてもB&S社が海軍省に特に要請したい事項として二点を陳情していた。その一点目は、B&S社がいかなる顧客とも、つまり内外陸海軍、民間問わず自由に取引ができるようにすることであり、二点目は、外国政府および民間との取引を行う組織を社内に再構築することであった(87)。

一方、イギリス海軍省は大戦中の発注残部の製造を始め、兵器生産を一旦白紙に戻すことを決定した(88)。それにともない、一九年には、測距儀、潜水艦用潜望鏡の新規発注が停止され、海軍省からは近い将来の発注量すら保障できないとの通告がなされた。B&S社は経営存続に際し、業態転換を迫られることになったのである。とはいえ、大戦中、軍需に依存しきっていたB&S社が、即座に民間市場を開拓できるはずもなかった。たしかに同社は戦前より種々の民生品を製造していたが、いずれも販売量は僅少であった。

ところで、B&S社が倒産してしまうことは、イギリス海軍にとって大きな損失であった。先述のように、大戦を経てB&S社はイギリス海軍の光学・精密機器開発部門として欠くべからざる存在となっていたからである。事態を深刻にとらえた海軍省は、一九二〇年四月、スミス（すでに一九年に同社を視察していた）を議長として海軍代表者一〇名と、ジャクソンを始めとするB&S社代表三名による会議を開催した。同会議では、B&S社製品の海外輸出の再開が確認されるとともに、中心議題として海軍省側の意向、すなわち「海軍用測距儀と潜水艦用潜望鏡の研究開発・製造能力をいかに維持していくか」という点について議論された(89)。

他方、B&S社側はイギリス海軍からの発注がない中で、以下の三点について海軍に確約を取り付けなければならないと考え、会議に臨んでいた。まず、一点目は、測距儀ならびに潜水艦用機器開発に関係するスタッフの維持。二点目は、有事の際、測距儀ならびに潜水艦用潜望鏡生産の急速な拡大を可能とするために必須とされる熟練工と工場設備の維持。三点目は、大戦中に建設された北西工場の処理方法であった(90)。

まず、会議にて、B&S社はイギリス海軍からの発注減少が一時的なものであるのか否か、また近い将来発注の再開予定はあるのかと質問している。これに対し、海軍省は今後の発注予定は未定であると一蹴した。続いて、B&S社は、海軍が求める先端機器の研究・開発能力を維持するには海軍からの一定量の発注なくして不可能であると粘り強く応じた。しかし、これに対しても、発注を確約することはできないと海軍は答えただけであった。結局、両者の見解は平行線をたどり、妥協点は見出せず膠着状態に陥った。

そこで、海軍省が提案したのが補助金制度であった。この制度は、イギリス海軍からの発注が見込まれない一定年限内に、イギリス海軍用機器の開発経費を海軍省が補償するというものであり、仮に年限内に国内外から発注があった場合は、その額に比例して補助金から減額するというものであった。B&S社は、当初この補助金制度を会社の自主性を犠牲にする提案ととらえ、いかなる形であれ政府の介入は認めないと強い抵抗を示したが、結局のところ補助金の必要性を認識するに至った。

会議の四カ月後、ジャクソンは、測距儀と潜望鏡受注がいっさい得られない場合に必要とされる経営を維持する最低額を算定し、一年当たり五万ポンドの補助金を海軍に要求している。[91] しかし、この補助金制度が実際に導入されたことを示す形跡は今のところ見つかっていない。おそらく、この補助金案はその後も毎年続く海軍省との交渉の末、最終的には一九二四年協定に形を変えて（開発経費を負担するという文言）盛り込まれたのではないだろうか。補助金導入の結果がいずれであったにせよ、一九二〇年代初頭、イギリス海軍省が民間製造業に対して実質的な援助を行う意思があったことは注目に値すると言えよう。

さて、二〇年会議以後もジャクソンは海軍省から「発注される保証はまったくない」と考えており、海軍省の態度や発注量が明確にされないことに対して強い不満を見せていた。[92] 二〇年会議の後、海軍省との間に二一、二二、二三年とたびたび協定のドラフトが作成されたが、妥結までの四年間継続して議論された点は、まさしくジャクソンの不満、すなわち発注量に関する文言を協定文書に盛り込むことにあった。

二二年ドラフトの際、ジャクソンは海軍省（Director of Naval Contracts）が、「いついかなる環境下にあってもわが社に発注を行うということは不可能であると承知している」が、「わが社はこの文言を加えることが絶対に必要であると考えている。（中略）海軍省はB&S社に発注せねばならない、また損失を補償せねばならない」（傍点―原文ママ[93]、中略―引用者）と記している。

c　一九二四年協定――目的と効果――

二〇年会議以来、B&S社と海軍省は協定の妥結に向け幾度となく議論の場を設けていたが、イギリス海軍から安定した受注を確約することができない状況に頭を痛めたジャクソンは、「たとえ片務的であるにせよ海軍との協定を結ぶ」と、同社関係者宛ての書簡では自社の弱い立場を踏まえた発言を漏らしている。だが、「海軍の発注量が経営を維持するに満たない場合、協定はその一年にて終結させる意思があると海軍省に伝える」との強い態度も表明している。[94] 海軍省主導の議論のもとで、経営を維持しうる受注を確保すること、これこそがB&S社の狙いであった。

一九二四年、両者はようやく協定を結んだ。以下、重要な点を抜粋して紹介しよう。

まず、機器の海外輸出と情報の漏洩に関しては、「外国政府の代理人から提案された改良を施した機器および海軍省が極秘にしている部分の設計に対し、事前に海軍省の同意なくして輸出することを認めない」、「B&S社は、外国政府とイギリス海軍省に供給した測距儀および光学機器の詳細な技術情報をイギリス海軍省に通知する」、「B&S社は海軍省が発注した機器の性能緒言および開発に関し極秘にする」と、海軍省の監視は強化された。つまり、海軍省が同意しなければ、一切の輸出ができなくなったのである。

発注量とB&S社の経営維持に関しては、「海軍省はB&S社の開発、特許取得にかかった費用に相当する額を支払う」、「海軍省はB&S社が設計部門を始め専門的な技術を要する部門とそのスタッフを維持する際にかかる費用に相当する額の発注を行うよう努力する」[95] と従来の議論よりある程度だが進展が見られた。たしかに、発注量は明示されていないためB&S社側の意向のすべてが受け入れられたわけではなかったが、海軍省も可能な限り妥協したのであろう。開発・特許取得に対する支援についても具体的な内容が明示された。先述した二〇年会議の補助金問題はここに結実したのではないだろうか。

それでは、この二四年協定は、どのような影響をB&S社に及ぼしたのであろうか。

先述のように、二四年は戦間期B&S社の販売額が最も落ち込んだ年であり、その直後より販売額は急速に増加し始めた。だが、二四年以降の販売額上昇はこの協定の効果によるものであったとは理解しがたい。協定が締結された二四年以後の販売額増加は、同協定の文言を海軍省が墨守したと言うよりも、別の要因があったと考えられる。

図6－6　1920年代における新造艦数

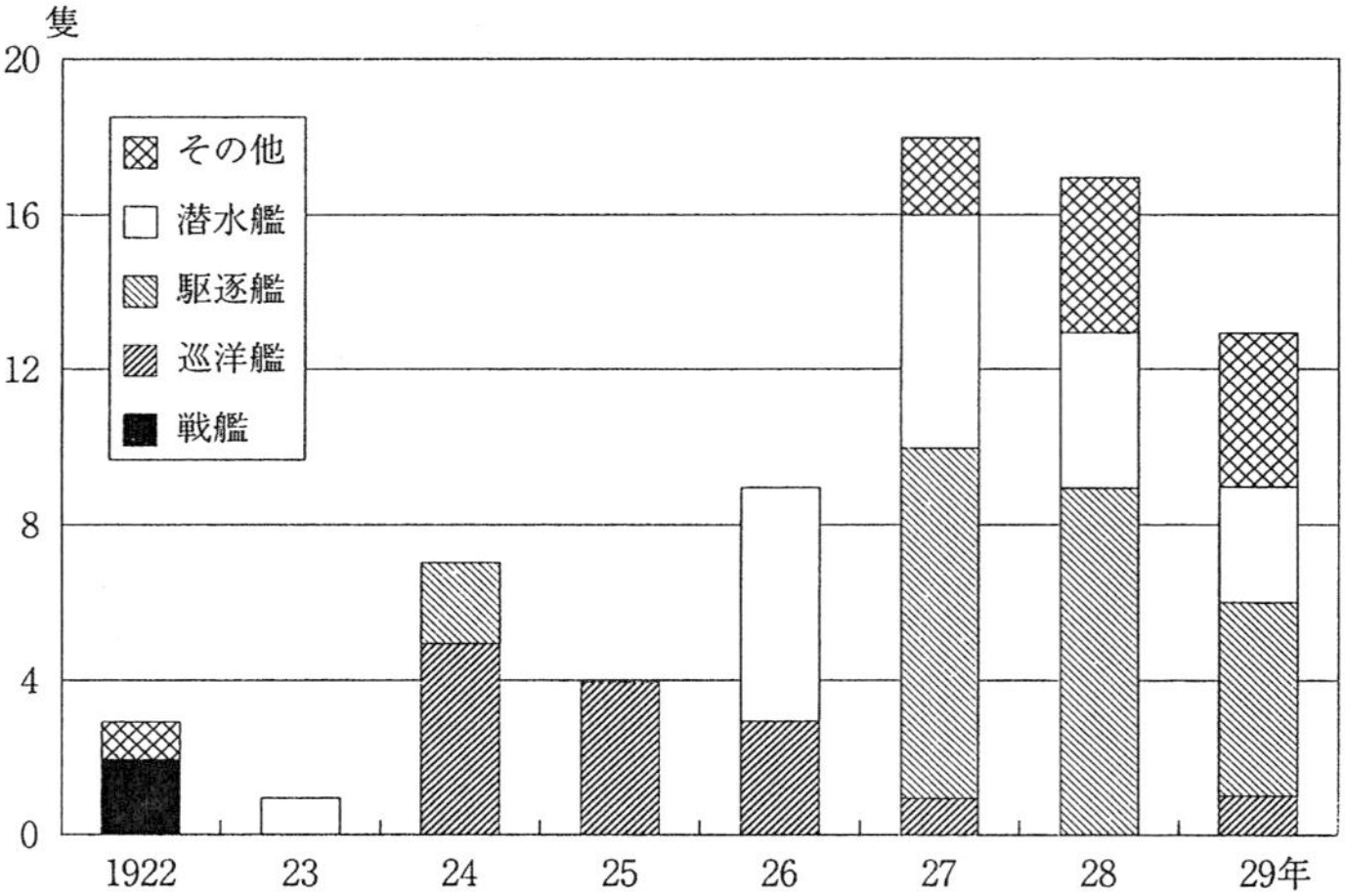

出典：Conway［1980］p. 2より作成。

図6－6にあるように、戦間期の建造数の推移を見てみると、二四年以降、新造艦数は巡洋艦、駆逐艦、潜水艦を中心に増加している。新造艦用機器の発注や旧式艦の設備改編にともなって、多数の機器がB&S社に発注されたことは容易に推測しうる。このような動向から海軍省は、巡洋艦・潜水艦の新建造が二四年以降増加することを確信したうえで、先の「発注を行うよう努力する」といった文言を協定に加えたとも推測しうる。一九二四年は、戦間期前半の戦後処理が一段落し、新たな一歩を踏み出した時期、つまり、戦間期の艦艇建造のターニングポイントであったと考えられる。

いずれにせよ、海軍省側にB&S社の研究開発への深い理解があったならば、財政上の制約があれども交渉に四年を費やすことはせず、何らかの異なった形態で支援を進めることができたであろう。世紀転換期以降、工廠で対応できない技術開発を場当たり的に民間に依存し続けたイギリス海軍の製造業に対する無理解の一端が、一連の交渉に表れていよう。

(3)　民間市場開拓の失敗と軍需への依存

a　軍用光学機器の多様化

測距儀は開業以来B＆S社の主力製品であり、一九二四年においても販売額の七割以上を占めていた[96]。だが、二四年以降の販売額の増加は測距儀受注だけでなく、多種多様な軍用光学機器の販売が増加した結果でもあった。

なかでも、潜水艦用潜望鏡はまさに軍縮の影響を受けた好例であったと言えよう。大戦前、イギリス海軍は最新兵器であった潜水艦導入に消極的であり、技術的にも立ち遅れていた[97]。だが、ドイツ軍の潜水艦の目覚しい働きに脅威を感じたイギリスは、大戦後、積極的な潜水艦建造を開始した。その背景には四カ国条約（一九二一年）にともなう日英同盟の失効、つまりイギリス自らが極東防衛を負担せねばならなくなったことも大きく影響している。潜水艦はワシントン海軍軍縮条約（一九二二年）にて規制対象外であるばかりか[98]、安価な建造費用と大きな攻撃力という海軍関係者からすれば願ってもない特徴を備えていたからである。

B＆S社による潜水艦用潜望鏡製造は、一九一五年に開始され[99]、一九一六年には制式採用を得、以来、独占的に同社が開発、製造に従事した。販売総数は史料の制約により明らかにできないが、測距儀につぐ製品であったことは間違いない。

続いて、B＆S社が開発したROCORD（Depth & Roll Recorders）を見てみよう。同製品は、魚雷の運用データを収集する機器として開発され、一九一六年のイギリス海軍を皮切りに、以後世界十数カ国に販売された。戦間期には二四年すなわち海軍省との協定が結ばれて以降、安定した受注を獲得していたが、三七年のアメリカとソ連への販売（HC4型）を最後に海外販売は終了した（表6－2）。

戦間期に販売されたB＆S社製軍用光学機器の中でもう一点、爆撃照準器

表6－2　魚雷用深度・振動計測器販売数（1924～39年）

	英	米	ソ	仏	伊	蘭	その他
TypeHC3		12			9		13
TypeHC4	1,227	89	96	3	4	8	29
TypeHC5	73						
TypeHC6	52						
TypeHC7	70						
MKⅡ	20						
MKⅢ	80						
Total	1,522	101	96	3	13	8	42

出典：UGD295/26/1/78より作成。

図6－7　爆撃照準器販売数（1927～42年）

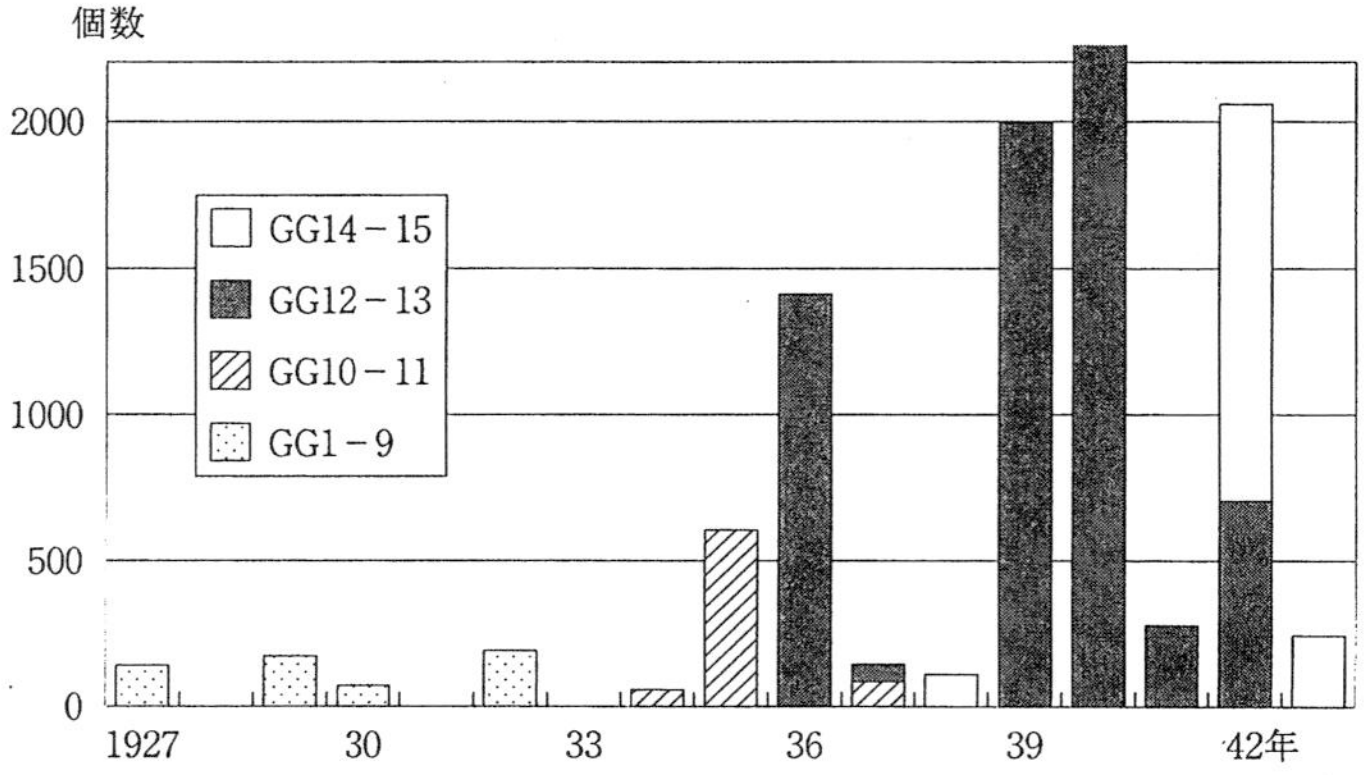

出典：UGD295/26/1/84より作成。

（Bomb Sight）を見てみよう。同機器は第一次世界大戦にて航空機の重要性が認識されて以来、精確な爆撃を可能とするために開発された。一九二七年、照準器GG1型がイギリス本国に販売されて以来、第二次世界大戦終結までに合計一五種類の改良機が製造され、およそ四八五〇台が本国向けに製造された。三五年再軍備そして三九年以降の第二次大戦期に飛躍的な受注増があったが、残念ながら政府による購入が開始されたのは二七年以降であり、二〇年代初頭のB&S社の経営危機を立て直す材料とはなりえなかった（図6－7）。

以上のように、潜水艦や航空機の重要性が増すに連れて、二〇年代初頭からB&S社は多様な軍用機器開発に成功した。このようなB&S社の開発能力の高さは注目に値しよう。戦前の測距儀輸出先が次々と光学機器の国産化を進めていく中、B&S社はイギリス海軍、空軍の開発部門として、その機能を充分に発揮していたと評価できよう。

b　技術開発能力への過信

先述のように、大戦直後、ジャクソンは「帝国における唯一の光学機器製造業企業であり、かつ光学ガラス製造にも成功しております[100]」と自社を評価していた。この発言にはジャクソンの自社への揺るぎない自負が感じられるが、大きな見落としがあった。それは、総合光学企業が存続するための条件であり、前もって言えば、不採算部門である光学ガラス製造を常に支える民間用機器の製造と販売をいかに確保するかということであった。

B&S社は大戦中、測距儀を始めとする高度な軍用光学機器の独占製造には成功したが、一方で熟練や高い精度は求められないが大量に必要とされるような機器（たとえば双眼鏡）の製造を確保しなかった。双眼鏡製造は主にロス社等に割り振られたのである。

このような軍需省の指令に対して、B&S社が難色を示した形跡は無い。B&S社には当時、双眼鏡製造に従事しうる余剰労働力・工場などあるはずもなく、先述したフランスとの関係からも、とにかくまず測距儀製造に専念しなければならなかったからである。

しかし、大戦後期、光学ガラスを内製することにともない、戦後惹起されるであろう問題についてB&S社の経営陣はいささか熟慮が足りなかった。大戦中のガラス欠乏への対応のため、あるいは学問的な興味関心もあったのだろう、純粋に光学ガラス研究に邁進した様子がバー教授のガラス研究ノートから伺い知ることができる。これはB&S社の社風とも言うべき、「技術志向」ないし「技術偏重」の一端を示していよう。大戦後、B&S社の光学ガラス製造は、規模を大きくすることなく細々と続けられ、すべて実験用と自社製品用に利用された。[101] 言うまでもなく、光学ガラスを大量に安定して利用するような民間市場の獲得に失敗したからである。

c　発明に明け暮れた製品開発

民間市場の開拓はB&S社に残された活路ではあったが、当初より難題が山積していた。イギリス海軍省からの発注が絶望視された一九二〇年、ジャクソンは次のように語っている。

「わが社が現在雇用している労働力ならびに工場を維持するためには、新たにまったく異なる業種の製品に切り替えるほか活路はありません。とはいえ、わが社の全組織と設備はすでに陸海軍の要求に適うよう作られており、この点がハンディキャップとなっております。加えて、わが社は民間への販売を行う組織をもっておらず、以上の事態に対応するためにはスタッフと工場の変更が予想されます。したがって、海軍省との会議にて示された海軍側の意向を妨げることが予想されます[102]」。

以上の文面は、海軍からの安定した受注がなければ、海軍省との機密漏洩の合意は反故になってしまうという、いわばB&S社から海軍省に対する脅しとして書かれたのだが、図らずも大戦直後においてB&S社の軍需依存がすでに決定的となっていたことを示していた。

では、同社の民間向けの製品開発はいかに進められ、そして頓挫したのか。順を追って見ていこう。

B&S社は戦前、バキュームポンプを開発していた。これは、高排出量を誇り、排出時にバルブライトが光るなど改良を施しており、工場での需要が望まれると想定していた。しかし、販売してみると利益は少なく需要もほとんど見込めないものと露呈した。また、すでに一八九〇年に特許を取得していた電気時計（ベッカークロック）を製造・販売している。この時計は親機から三〇秒ごとに発信される電気信号によってすべての子時計を連動させるというものであり、子機にはバネや複雑な機構を組み込まなかったため、悪天候下や汚れた場所でも作動可能であり、屋外や工場内での使用が望まれた。幸い、この時計は好評を博し、展覧会などで使用され、また、ブリティッシュ・ウェスティングハウス社でも利用されたが、バキュームポンプと同様にさほど利益をもたらすことはなかった[103]。

民間向けの光学機器は、戦前より簡易映写機が製造されていたが、本格的な映写機の製造販売を促進させるために、戦後まもなくアライアンス映写機会社が設立された。だが、売上は伸びず一万一〇〇〇ポンドを損失した。さらに、ガリレオ式双眼鏡の製造に着手したが、肝心の小売店との契約を獲得できなかったため販売は伸び悩んだ[104]。双眼鏡のように高度な技術を必要としない光学機器は、他社との競争も激しく、また、安価で高品質なドイツ製品や余剰軍用双眼鏡が多数払い下げられたため大失敗に終わったのである。

B&S社は光学機器にとどまらず、多様な機器の開発に取り組んだ。たとえば、自宅で利用できるゴルフ練習機（Impactor）である。同器具販売のために、新たにブリティッシュ・インパクター社が設立されたが、これも一九二一年にあえなく倒産した。さらに、聴光器（Optophon：光の信号を音の信号に変えて視覚障害者に文字情報を提示する機器）を開発し、国内の各種施設への販売を計画したが、高価格を理由に販売数は増えず数千ポンドを損失しただけであった。

一方で、B&S社は他のイギリスの機械製造業者と同様に、大戦直後よりエンジン製造分野にも進出している。B&S社はバルブを独自に改良し静音化を実現したエンジンの開発に成功し（Single Sleeve Value motor cycle engines）、ビアドモア社と提携してオートバイ製造を開始した。同社のエンジンはオートバイレースで利用され賞賛を浴びたが、これまた低価格な軍用払い下げ品には価格で対抗できなかった。大量の余剰エンジンの用途を考えた末、B&S社はマルコーニ社の船舶無線用の発電機として売り出すことを考えたが、これも失敗した。さらにオースティンと共同してオースティン照明会社を設立し、電線敷設が遅れていた農村地域にこの余剰エンジンを発電機として売り出したが、これも二七年に倒産してしまった(105)。

このように、二〇年代の民間市場向け製品開発への取り組みは、いずれも短命に終わり、後に「技術的には成功したが、販売においてはまったくの失敗であった。満足な販売組織をもっていなかったため、倉庫には在庫が山積みとなっただけであった(106)」と評価されている。たしかに、どれも着想やデバイスは興味深いものであったが、所詮、市場性を無視した場当たり的な製品が多く、軍用光学機器に取って代わる主力製品にはなりえなかった。

B&S社は光学分野にとどまらず、たしかに優秀なエンジニアリング能力を有していたが、自らの技術開発力を過信し、市場の求めていた商品とは明らかに乖離した商品を製造し続けた。そして、民間への販売能力の欠如がさらにそれに追い討ちをかけた。このように発明に明け暮れた二〇年代は結果として無為に過ぎ去り、有体に言えば軍民転換に失敗した結果、B&S社のイギリス国内軍需依存への道は余儀なくされたのであった。

5 むすび

最後に、海軍省とB&S社の関係ならびに同社の経営の特徴について振り返り、むすびとしたい。

大戦前のB&S社と海軍省の関係は、イギリス政府と民間兵器製造業者とのごく一般的な関係、すなわちイギリス政府は発注を行う以外、兵器製造業者に対する実質的な支援を行うことはなかったという傾向に合致するものであった。だが、大戦を経て、B&S社に光学機器の開発・製造能力が集中した結果、戦間期に両者の関係は大きく変容した。それは一九二四年協定にあるように、B&S社の開発・製造能力を維持することが目的とされた。

第一次世界大戦前であれば、海外輸出が容易に選択でき、それによってB&S社は経営を維持することが可能であった。海外輸出はB&S社にとってイギリス国内軍需の低迷を補って余りあるのみならず、主たる活動の場であった。販売能力の欠如という同社の弱点も、アームストロング社や様々な国の代理商、製造業者に販売を委託することで克服しえた。ところが、大戦を経て海外輸出を取り巻く状況は一変した。過剰生産能力のはけ口といった対処療法を行うことは困難となった。かつてイギリスの兵器市場であった国々は、大戦後一様に光学機器の国内生産を進めつつあり、また国産化を果たしえなかった国々には安価なドイツ製品が流入しイギリス製品は席巻された。戦間期、海外輸出という活路が閉ざされていくなか、B&S社は無謀とも言える民間市場の開拓に駆り立てられていった。

民間市場向けのB&S社製品はいずれも高い技術力を認められたが、販売組織の欠如、場当たり的な製品戦略と市場への無理解が重なり、いずれもあえなく頓挫した。「発明家気質」と「技術志向」、この二点が開業以来一貫してB&S社の特徴であったと言えよう。このような特徴は、民間向けの製品と比べ、相対的に高価格でも性能が重視される軍用機器の販売においてはむしろうまく機能した。大戦前・中を通じ、国内外ともにB&S社製の機器は、恒常的に高い需要があったことも幸いした。

しかし、戦間期の内外の状況変化に対して、B&S社は従来の手法を踏襲し、さらにそれを突き詰めることで苦境を乗り越えようとした。ジャクソンは図らずもこのように言っている。「われわれは今まで一度も競争相手との価格差を考えたことはない」。性能が良ければ製品が売れると信じて止まなかった同社の体質がこの言葉に示されている。

結局、海外輸出の伸び悩みと民間市場の開拓失敗が同時進行する中で、B&S社は国内軍需への依存、言い換えれば、海軍省の光学・精密機器研究開発部門に徹することで戦間期を生き長らえることに成功した。イギリス海軍省との一九二四年会議は、このことを決定づける出来事であった。それは、また、イギリス政府が民間の兵器製造業者に依存しながらも、彼らに対して実質的な援助をしてこなかった従来の対応、言い換えれば民間兵器産業を保護・育成せずに放擲してきたイギリスの兵器生産とその調達システムのあり方が再考されなければならない時期が到来していたことを示していた。

注

（1）　同社はアーチバルト・バー教授（グラスゴウ大学）とウィリアム・ストラウド教授（ヨークシャーカレッジ）が共同開発した測距儀のイギリス海軍への採用を機に開業した（Slaven and Checkland [1986], Moss and Russell [1988], Barr & Stroud Ltd. [1961] を参照）。

（2）　B&S社が製造していた機器は、通常、わが国では光学兵器（この呼称は一九二〇年代初頭より使用された）と称されるが、本章ではその呼称を「光学機器」に統一している。

（3）　本章で使用する「軍需」ないし「軍需品」が指すものは、狭義の意味、すなわち兵器、艦艇、航空機、弾薬、軍用機器に限定される（車田千春［一九三四］五〜八頁）。

（4）　Trebilcock [1977] p. 123. イギリスの艦艇ならびに海軍用兵器輸出シェアは約六三％（一九〇〇〜一四）を占め、二位のフランス約一〇%との差は歴然であった。

(5) 同委員会の調査報告については、横井勝彦[一九九七]、奈倉・横井・小野塚[二〇〇三b]を参照。

(6) イギリス公文書館(National Archives [旧 Public Record Office])の所蔵史料に関しては、従来どおり略号としてPROを用いた。Confidential, Royal Commission on the Private Manufacture of and Trading in Arms, Official Evidence: Agreements made by Service Departments with Armament Firms and Others [PRO T 181/109/17]. B&S社は、海軍省との契約において測距儀(Rangefinder)が第一類、高射算定具(Range & Height Finding Instruments)が第三類に分類され、航空省との契約では航空機用照準器(Gun Sight)が第三類に選定されている。なお、第一類とは、契約内容に生産能力および(もしくは)熟練工を維持する項目が含まれている企業を指し、政府による生産基盤の保護・育成が企図されている。第一類に分類された企業は、イギリスの国防上最も重要な製造業者である。ほかには、Hadfields (Hardened Shell, Shell), T. Firth & J. Brown (Hardened Shell, Shell, Armour), Vickers-Armstrongs (Shell), English Steel Corporation (Gun Forging), English Steel Corporation (Armour), W. Beardmore (Armour), Elliott Bros. (Fire Control Apparatus)の六社がある。第三類は、企業が設計およびパテントを商目的で使用することをイギリス政府が(部分的に)認めている企業を指し、B&S社以外では、Vickers-Armstrongs (Gunnery Instructional Platform), Commercial Solvents Corporation of America (Process for separation of Fermentation Gases)の二社が選定されている。

(7) Memorandum shewing information to be communicated to the selected firms orally: a Board of Trade representative being present where possible [PRO WO 32/3338]. 他企業はVickers-Armstrongs, ICI Metals, B. S. A. Guns, Whitehead Torpedo, Hadfields, T. Firth & J. Brown, W. Beardmore, English Steel Corporation, J. I. Thornycroftの一〇社であり、装甲板や火砲に利用される特殊鋼製造業者に加え、魚雷や高速小艦艇建造といった特定の軍需品に特化した製造業者が選定されている。

(8) B&S社以外には射撃管制機器製造に特化していたエリオット社(Elliott Bros.)もリストに加えられている。同社についてはWoodman and Kinnear [1982]を参照。

(9) 光学産業(Optical Industry)という言葉は、広く精密機器製造業(Precision Maker)や写真産業(Photographic Industry)を含んでいる。

(10) Macleod and Macleod [1975] p. 168.

(11) Williams [1988], [1993], [1994]を参照。

(12) 一般に使用されるガラスにまで範疇を広めれば、Barker [1960] によるピルキントン社の研究が著名であろう。
(13) Towle [1977], Padfield [1974]、小倉［一九九四］、黛［一九七七］、光学工業史編集会編［一九五五］を参照。
(14) Moss and Russell [1988].
(15) Checkland [1989]：杉山ほか［一九九六］を参照。
(16) グラスゴウ大学経営史料センター（Glasgow University Business Records Centre，以下 GUBRC と略記）所蔵 Barr & Stroud Ltd. 経営史料（University Glasgow Document 295，以下 UGD 295 と略記）。アーキビストのガードナー（G. Gardner）氏、*Range and Vision* 戦前部分を執筆されたラッセル（I. Russell）氏には史料の複写等お世話になった。ここに謝意を表したい。
(17) Macleod and Macleod [1975] や Chance [1919] を参照。
(18) Work of Optical Munitions, Glassware and Potash Production Department from July 1915 to November 1918 [PRO MUN 5/390/1930/1].
(19) Macleod and Macleod [1975]. マックロードはイギリス光学産業停滞の要因として、経済構造ないし販売組織が光学産業の成長を阻害するものであったこと、製造業者らが科学者や研究調査を軽視したこと、海外販売がごく少数の者に委ねられていたことの三点を指摘している。
(20) Williams [1988] pp. 9–10：永平ほか［一九九八］一一頁。
(21)「光学部門再編成に関する質疑応答」[PRO MUN 5/209/1901/1].
(22) Mackay [1973] p. 228.
(23) Padfield [1966] を参照。
(24) スコットによる新たな射撃法の試みは、黛［一九七七］九四～九八頁、一三七～一四二頁。
(25) 一連の経緯は McNeill [1982]：高橋訳［2002］の第八章にコンパクトに纏められている。
(26) 吉岡［一九八二］、［一九八九］を参照。
(27) Bacon [1929] pp. 257–258.
(28) Navy Records Society [1960] pp. 199–200.
(29) ケンブリッジ大学チャーチルカレッジ文書館（Churchill College Churchill Archives Centre，以下 CCCAC と略記）所蔵、フィッシャー関連史料（FISR）。Report of the Committee on Designs [CCCAC FISR/8/4, F. P. 4706]. 日本海海戦以前から

イギリス海軍では全主砲艦の建造が規定方針であった。

(30) Williams [1994] pp. 44-45, 永平ほか［一九九八］六三頁。

(31) ポレンに関しては，Sumida [1989], [1984], [1979] を参照。

(32) Taylor and Wilson [1944] を参照。

(33) Pollard [1979] pp. 216-219.

(34) Lyon [1977] pp. 52-53.

(35) 資本総額二〇万ポンド（普通株一〇万，累積優先株一〇万株)。Moss and Russell [1988] pp. 69-70.

(36) Williams [1994]：永平ほか［一九九八］九九頁。

(37) タイン&ウイア文書館（Tyne and Wear Archives Service, 以下 TWAS と略記）所蔵のアームストロング社文書。Agreement between Sir W. G. Armstrong, Mitchell and Company, Limited, and Professors Barr and Stroud [TWAS 130/1498].

(38) Visitors Book Barr and Stroud [GUBRC UGD 295/24/1], 北［一九八五]。

(39) Agreement between Sir W. G. Armstrong, Mitchell and Company, Limited, and Professors Barr and Stroud [TWAS 130/1498].

(40) アームストロング社がロシアから格安で大量に機器を受注したことも，両者の関係をこじらせたようだ。

(41) Moss and Russell [1988] pp. 59-60.

(42) H. D. Jackson to Messers. W. G. Armstrong, Whitworth & Co. Ltd., 5th August 1902 [GUBRC UGD 295/26/1/25].

(43) Moss and Russell [1988] p. 56.

(44) 上林［一九六七］を参照。

(45) Moss & Russell [1988] p. 65.

(46) Ibid., [1988] p. 241.

(47) Ibid., [1988] p. 67. B&S社はアメリカでの販売に際し，日本をはじめ各国のB&S社製品の装備状況を漏洩し，競争心を煽っていた（H. D. Jackson to C. R. Stockton, 28th October 1903 [GUBRC UGD 295/4/29])。

(48) パリ製作所は，一八九五年（B&S社創設時）に見習い工として入社したマックナブ（R. McNab）によって運営されていた（Moss & Russell [1988] p. 66)。

(49) Moss & Russell [1988] pp. 65-66.
(50) 上林［一九六七］八〇～八一頁。
(51) Agreement between Barr & Stroud Ges. m. b. H, Wien and G. R. Seibert [GUBRC UGD 295/ 26/ 1/ 8a].
(52) Moss & Russell [1988] pp. 66-67.
(53) Agency Agreement for Austria [GUBRC UGD 295/17].
(54) Agreement between Chief Artillery Department of the Russian Government and Messrs. Barr & Stroud Limited [GUBRC UGD 295/26.1/1/5].
(55) 上林［一九六七］六九頁。
(56) Moss & Russell [1988] p. 64. 従来、イギリス陸軍はマリンディン（Marindin）製測距儀を使用していたが、実用に耐えなかった。同測距儀はB＆S社の光学部品発注先であったアダム・ヒルガー社によって製造されていた（Moss & Russell [1988] p. 241）。
(57) Barr & Stroud vs. Bausch & Lomb, Report as to evidence and legal situation [GUBRC UGD 295/26/1/10].
(58) Moss & Russell [1988] pp. 60-63.
(59) Barr and Stroud rangefinders sold to Government up to end of 1911 [GUBRC UGD 295/26/2/44].
(60) 国内では唯一チャンス社（Chance Bros）が光学ガラス製造に従事していた。
(61) Confidential: French Requirements, Rangefinders [PRO MUN 5/209/1930/2].
(62) Macleod & Andrews [1977]. SONAR 開発に従事したことで知られる。
(63) A. Barr to A. J. Balfour, 14th July 1915 [GUBRC UGD 295/16/1/8].
(64) A. Barr to G. T. Beilby, 14th July 1915 [GUBRC UGD 295/16/1/8].
(65) H. D. Jackson to the Secretary of the Admiralty, 6th December 1918 [GUBRC UGD 295/16/6/4].
(66) H. D. Jackson to W. Taylor, 3rd June 1903 [GUBRC UGD 295/26/1/25].
(67) Russell [1990] pp. 6-9.
(68) Weekly Progress Repors: machine guns, small arms, transport, optical munitions [PRO MUN 4/1715].
(69) Barr's Notes [GUBRC UGD 295/26/2/43].
(70) H. D. Jackson to the Secretary of the Admiralty, 6th December 1918 [GUBRC UGD 295/16/6/4].

(71) Figures for the year [GUBRC UGD 295/11/1/1].
(72) H. D. Jackson to the Director of Navy Contracts, Admiralty, 19th March 1921 [GUBRC UGD 295/19/6/4].
(73) Dr. Strang Paper, Depression following First World War [GUBRC UGD 295/26/1/27].
(74) Ibid. [GUBRC UGD 295/26/1/27]. 一九一六年の終わりまでに女性二七〇名が雇用され、工作機械の操作をはじめ光学部品の製造、検査、測距儀の調整等に従事した（[GUBRC UGD 295/26/1/37]）。
(75) Dr. Strang Paper, Depression following First World War [GUBRC UGD 295/26/1/27].
(76) H. D. Jackson to the Director of Navy Contracts, Admiralty, 19th March 1921 [GUBRC UGD 295/19/6/4].
(77) Scientific instruments, appliances and apparatus trades, Third Census of Production of The United Kingdom, 1924 [GUBRC UGD 295/26/1/32].
(78) Shop Committee, Report for the Year 1918-19 [GUBRC UGD 295/11/5/8].
(79) Scientific instruments, appliances and apparatus trades, Third Census of Production of The United Kingdom, 1924 [GUBRC UGD 295/26/1/32]. 経営陣および技術者、事務員は一〇五名（一八歳未満の男子三名、女子二名、一八歳以上の女性三八名を含む。
(80) Moss and Russell [1988] p. 114.
(81) H. D. Jackson to D. D. Fisher, Naval Ordnance Department, Admiralty, 9th January 1928 [GUBRC UGD 295/19/6/4].
(82) Admiralty to H. D. Jackson [GUBRC UGD 295/19/6/4].
(83) 光学工業史編集会［一九五五］五四頁。
(84) Scott [1962] p. 84, pp. 146-147, p. 190.
(85) Agreement between Barr & Stroud Ltd. and Vickers Ltd., 1921 [GUBRC UGD 295/17].
(86) Resume of agreed arrangements made between Messrs. Barr & Stroud Ld. and the Admiralty, in regard to precautions for the maintenance of secrecy in the design and construction of Confidential Apparatus for the Navy [GUBRC UGD 295/19/6/4].
(87) H. D. Jackson to the Secretary of the Admiralty, 6th December 1918 [GUBRC UGD 295/16/6/4].
(88) Jones [1957] を参照。
(89) Conference at Room 60, N. Block, Admiralty between certain Admiralty Departments and Messrs. Barr & Stroud on

Wednesday the 14th April 1920 [GUBRC UGD 295/19/6/4].

(90) H. D. Jackson to the Director of Contracts, Admiralty, 3rd August 1920 [GUBRC UGD 295/19/6/4].

(91) Ibid. [GUBRC UGD 295/19/6/4].

(92) Ibid. [GUBRC UGD 295/19/6/4].

(93) H. D. Jackson to the Director of Navy Contracts, 7th December 1922 [GUBRC UGD 295/19/6/4].

(94) H. D. Jackson to Messrs. Cowan, Clapperton & Barclay, 5th March 1924 [GUBRC UGD 295/19/6/4].

(95) Agreement between The Admiralty and Messrs. Barr & Stroud Limited [GUBRC UGD 295/17].

(96) Scientific instruments, appliances and apparatus trades, Third Census of Production of The United Kingdom, 1924 [GUBRC UGD 295/26/1/32].

(97) Lipscomb [1975] p. 40. 潜水艦建造では遅れをとっていたイギリスだが、対潜水艦機器、なかでもアスディック ASDIC ([Anti Submarine Divisonics]：四〇年代にソナー SONAR と改称) 開発では先進していた。同機器は大戦中、技術開発の進展を目的に政府の支援によって設立された BIR (The Board of Inventions and Reserch) によって開発された (Hackmann [1984])。

(98) ロンドン条約（一九三〇年）では、潜水艦保有量を英・米・日ともに五万二七〇〇トンに制限、一隻あたり二〇〇〇トンに制限した。

(99) Reminiscences of an Admiralty Contractor, 10th December 1968 [GUBRC UGD 295/26/1/40].

(100) H. D. Jackson to the Secretary of the Admiralty, 6th December 1918 [GUBRC UGD 295/16/6/4].

(101) Committee of Imperial Defence, Principal Supply Officers Committee, Optical Glass Scb-Committee Report, September, 1932 [PRO ADM 116/3457].

(102) H. D. Jackson to the Director of Contracts, Admiralty, 3rd August 1920 [GUBRC UGD 295/19/6/4].

(103) Moss and Russell [1988] pp. 41-44.

(104) Reid [2001] を参照。

(105) Moss and Russell [1988] pp. 103-108, [PRO BT 31/28934/203954].

(106) Dr. Strang Paper, Depression following First World War [GUBRC UGD 295/26/1/27].

第7章　戦間期イギリス兵器企業の戦略・組織・ファイナンス
――ヴィッカーズとアームストロング――

安部悦生

1　本章の課題

第一次大戦前に巨大化したイギリスの兵器企業は、戦間期に入ると軍需の激減に遭遇した。この事態は、戦時中から当然予測されたことでもあった。イギリス兵器企業の両雄であったヴィッカーズとアームストロングは、第一次大戦後の軍需の減少を見越して、「平和産業」(peace industry)、「平和製品」(peace goods) への方向転換を模索していた。

しかし、戦後の軍需減少は、ワシントン海軍軍縮条約やロンドン軍縮条約などの外的環境の変化によって、ヴィッカーズやアームストロング両社をはじめとする兵器企業の予想を上回った。さらに一九二〇年代は、海運需要の減少による造船業の不振をもたらし、軍艦から商船への転換・拡大を目指していた両社には逆風が吹き荒れた。造船業の不振は鉄鋼業も直撃し、すでに第一次大戦前から成熟の兆しを見せていた鉄道需要に代わって、造船需要の増大を期待していた鉄鋼企業に打撃を与えた。ヴィッカーズ、アームストロングとも鉄鋼部門を抱えていたので、鉄鋼需要の減少は経営悪化への追い討ちとなった。

以上のような、戦間期に苦難の時代を迎えるヴィッカーズとアームストロングに関しては、クライヴ・トレビルコック、ケネス・ウォレン、リチャード・ダヴェンポート＝ハインズなどによるいくつかの優れた研究がある(1)。しかし、上記の研究によると、ヴィッカーズとアームストロング、両社の経営にたいする評価はかなりの食い違いを見せている。

トレビルコックは、第一次大戦までのヴィッカーズを分析し、同時代のライバルであったアームストロングと比較し、ヴィッカーズの経営・経営者の方が優れていたと結論づける。とりわけヴィッカーズにおける team management, collective management, collective entrepreneurship は、経営史の有力な分析枠組みを提示したアルフレッド・チャンドラーの理論(2)における、「経営者企業」(managerial firm) への移行途上にあり、近代的な企業形成への道に連なるものであると高い評価を与えている。一方、アームストロングは、経営者の高齢化・保守化、経営の拙劣により、イギリス兵器産業における首位企業の地位をヴィッカーズに譲ることになったと結論する(3)。これに対し、主にアームストロングを分析したウォレンは、ヴィッカーズとの比較において、アームストロングはたしかに経営能力において劣るところがあったが、ヴィッカーズもビアドモアーの買収などで失敗したし、逆にアームストロングはビアドモアーの買収では正しい結論に到達したこともあり、「状況は複雑であった」と主張する(4)。

年次的には、ウォレンの研究よりも先行するが、ダヴェンポート＝ハインズは、その著書の中では、戦間期（一九二五年の改革前）のヴィッカーズの経営体制は混乱と失敗の連続であったと厳しい評価を下している。だが、彼の博士論文の中では、アームストロングとヴィッカーズを比較し、ヴィッカーズの方がアームストロングよりはるかに優れていたと、ヴィッカーズに肯定的な評価を下している(5)。

ただし、以上の三者が取り上げた時期は、微妙なずれを見せている。トレビルコックが主に一九世紀後半から第一次大戦前まで、ウォレンは一九世紀後半から第一次大戦前、さらには両社が経営危機を迎える戦間期までを通して扱っている。これに対し、ダヴェンポート＝ハインズは主に戦間期を取り上げ、両社の評価を下している。だが、トレビルコックも時代の限定は第一次大戦前ではあるが、戦間期をも射程に入れた記述となっているし、時期の限定は、ヴィッカーズとアームストロングの経営上の優劣という問題を解消することにはならない。ヴィッカーズの経営は第一次大戦前までは良好であったのに、戦間期に急速に衰退すると考えるか、あるいはすでに第一次大戦前に経営上の欠陥が伏在していたが、戦間期にそれが経営環境の悪化に伴って露呈しただけに過ぎないと見るか、見解の分かれるところである。

一方、ダヴェンポート＝ハインズの二つの著作を読むと、先に説明したように評価のウェイトが変化しており、矛盾した印象を読者に与える。一九二六年の改革以前のヴィッカーズの経営ははたして良好だったのであろうか。ヴィッカーズ、アームストロング、どちらも経営的には行き詰まっていて、単にヴィッカーズの方が「よりまし」であったのにすぎないのだろうか。

本章では、一九二〇年代のヴィッカーズとアームストロング両社の戦略、組織、ファイナンス、および両社の統合にいたる過程を分析するなかから、当然、第一次大戦前の両社の経営体制にもある程度触れながら、アームストロングがヴィッカーズに吸収されるにいたった経緯を論じることにしたい(6)。

2　ヴィッカーズの第一次大戦後の戦略

(1)　第一次大戦前の経営体制

戦間期のヴィッカーズ、アームストロング両社の分析に入る前に、簡単にまずヴィッカーズ社の軌跡を振り返っておこう。

第一次大戦前のヴィッカーズは言うまでもなく、ヴィッカーズ家を中心とする同族企業であった。[7] 一八八〇年代に製鋼企業から兵器企業へと転換した同社は、一八九七年にマキシム・ノルデンフェルト社、ネイヴァル・コンストラクション社を合併し、イギリス有数の兵器企業へと発展した。その間、イタリア、フランス、スペイン、日本、ロシアなど海外へも広範囲に進出し、また国内においても兵器関連産業に積極的に進出した。大戦直前には、航空機産業へも進出し、総合的な兵器企業へと成長した。

図7－1からわかるように、同社は数多くの合併を行ったので、子会社・関連会社の関係はきわめて複雑である。また先述のように海外展開も大規模だったので、子会社も海外にまたがっている。[8]

理解を容易にするために、主力工場および子会社の概略を説明しておくと、八〇年代に兵器企業へと転換したヴィッカーズは、シェフィールドにあるリヴァー・ドン・ワークスを本拠とし、一八九七年に合併したマキシム・ノルデンフェルトからダートフォード（弾丸、爆薬、後には飛行機部品、ロンドン近傍）、クレイフォード（機関銃、後に飛行機部品、ロンドン近傍）、イーリス（機関銃、ロンドン近傍）、エスクミール（重砲、カンバーランド）の各工場を手に入れ、また同年のネイヴァル・コンストラクションとの合併からバロウ造船所を獲得して、アームストロングと比肩する兵器企業となった。のちに、航空機製造のためにウェイブリッジ工場を建設し、リヴァー・ドン、ダートフォード、クレイフォード、イーリス、バロウ、ウェイブリッジの六工場が主力工場となった。

海外企業との提携・ジョイントベンチャーとしては、一九〇〇年にドイツのケルン・ロットヴァイラー・プルフエールファブリーケン（ＫＲ）と共同で、爆発物製造のチルワース社を設立した。のちに同社は、アームストロングやノウベル・ダイナマイト・トラストと共同で、日本爆発物会社を設立した。[9] また一九〇一年にはグラスゴウに拠点を置くビアドモアー社の半数の株式を手に入れ、同社に対する影響力を持った。また同年には自動車企業のウルズ

図7－1　ヴィッカーズ合併図

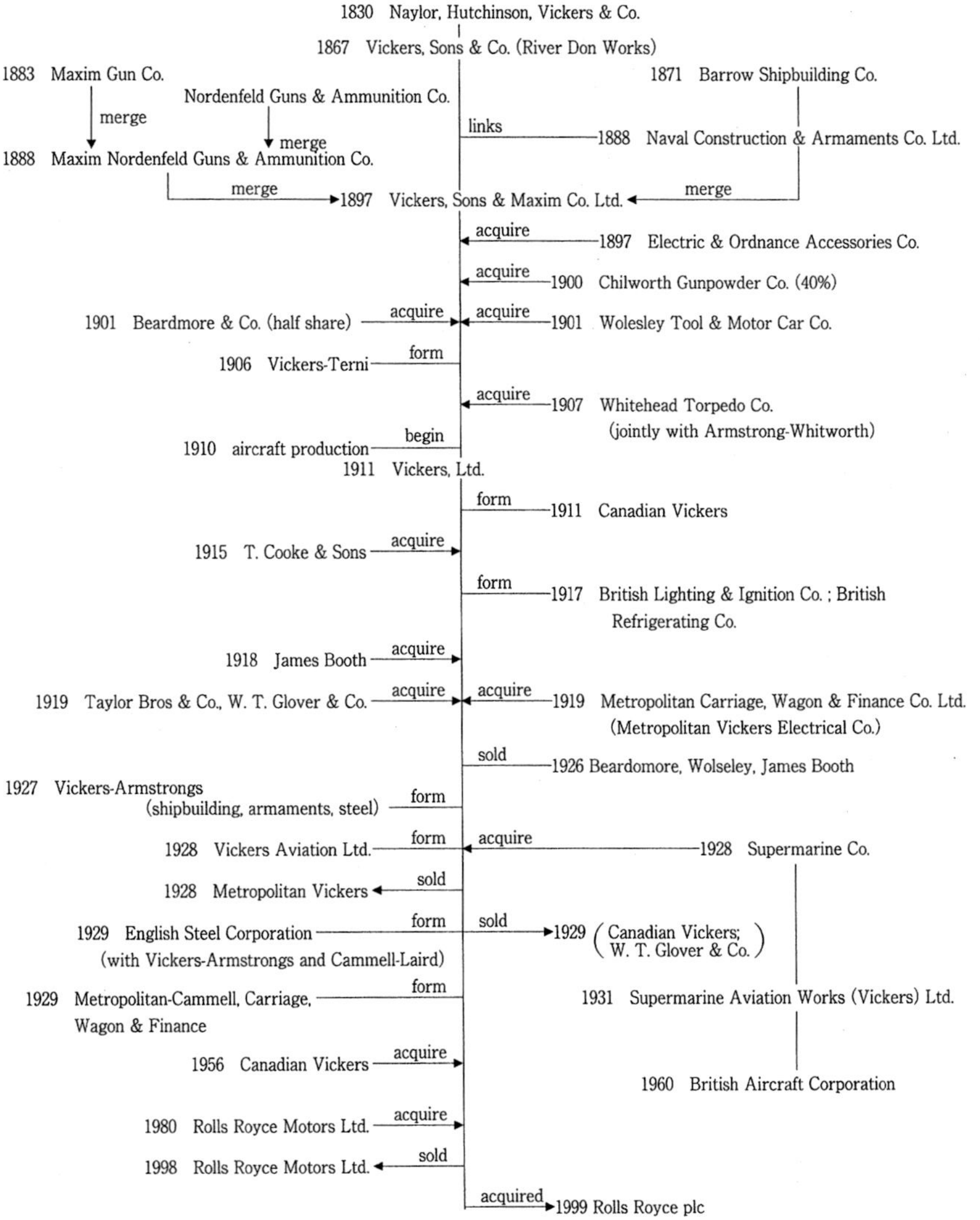

出典：Trebilcock (1977); Davenport-Hines (1984); Scott (1962); Richmond & Stockford (1986). Rolls Royce ホームページ。Reader (1971).

			1922-33), special dir. of V.
Neilson, J. B.	1885-1957		dir. of ESC (1929-), 副会長 (ESC1930-), born at Glasgow and edu. at Harrow
Reid-Young, James	1889-1971	1935-38	1920 chief accountant, sir, 会長 (V-A1952-55)
Sim, George Gall	1878-1930	1927-30	1926 sec. of V. 副会長 (1929-), edu. at Aberdeen and Oxford, 1901 Indian Civil Service
Smith, Vivian			
Spencer, Alexander	1860-1936	1920-25	
Symon, Walter	1874-1949	1919-26	Colonel, 1912 join V. 東欧への販売, MD of Robert Boby and IOCO
Taylor, George	1876-1965	1925-39*	V-A の副会長 (1928-29), ESC 会長 (1929-)
Taylor, Tom L.	1878-1960		George の兄弟, 会長 (Metropolitan-Cammell)
Wyldbore-Smith, Edmund	1878-1938	1921-28	knighted 1916, 会長 (Birmingham Carriage & Wagon)
Yapp, F.C.	1880-1958		dir. of V-A (1931-), 会長 (V-A1944-46)
Yule, David	1858-1928	1925-27	baronet 1922, dir. of Midland Bk
Zaharoff, Basil	1849-1936		knighted 1918, 販売（とくにスペイン）, 1877 sell arms for Nordenfeld, agent for Electric Boat Co.

出典：Trebilcock (1977), Davenport-Hines (1979), *DBB, Burke's Genealogical, Members of Parliament, Who was Who,* DNB, Allfrey (1989) & c. Annual Report of Vickers.

注：dir. =director; V. =Vickers; MCWF=Metropolitan, Carriage, Wagon and Finance; BSA=Birmingham Small Arms; MP=Member of Parliament mgr=manager, Min. =Ministry.

*その年で取締役が終わったことを意味しない. MD=managing director, sec. =secretary, GM=general manager, ESC=English Steel Corporation, FBI=Federation of British Industries.

リー社を獲得、一九〇六年にはイタリアでヴィッカーズ・テルニ社を設立、さらに翌年にはアームストロングなどと共同で日本製鋼所を設立した。また一九〇五年にはクロアチアのフィウメに、アームストロングと共同で魚雷製造会社ホワイトヘッド・トーピードーを設立し、一九〇七年には、イギリスのウェイマスに同名のイギリス国内会社を設立した。世紀転換前の一八九七年にはプラセンシア・デ・ラス・アルマス社をスペインに設立している。また一九〇四年には潜水艦製造のために、アメリカのエレクトリック・ボート社株式の半分を入手していた。[10]このように、第一次大戦前のヴィッカーズの拡大戦略は急ピッチであった。

以上のような拡大にも起因して、ヴィッカーズ家による株式所有は減少していくことになる。一八九八年には二〇・七％に達していた同族所有は、一九一三年には九・六％に低下していた[11](取締役を含めると、一〇・七％)。ヴィッカーズはしだいに同族企業としての性格を失い始めていたのである。

表7－1からわかるように、ヴィッカーズの経営体制

表7-1　ヴィッカーズの主要取締役および関係者

氏名	生年—没年	取締役期間	その他の事項
Vickers, Albert	1838-1919	1867-1918	会長（1909-18），会長（Maxim Gun Co. 1884-）
Vickers, Thomas Edward	1833-1915	1867-1915	会長（1873-1909），1909 retire from management, MD (1867-1909)
Vickers, Douglas	1861-1937	1889-1936	会長（1918-26), Thomasの息子，1878 join V. (Sheffield), 1887 mgr, conserrative. MP (1918-22)
Vickers, Vincent Cartwright	1879-1939	1909-26	Albertの息子，dir. of Bank of England (1910-19)
Vickers, Oliver	1898-1928		Douglasの息子，1919 join aviation dept, 1925 special dir. for aviation, 1926 join armament & shipbuilding
Austin, Herbert	1861-1941		GM of Wolseley (-1905), 1895 designed motorcar, knighted 1917, Baron 1936, 1893 mgr of Wolsely
Barker, Francis	1865-1922	1909-22	販売担当，knighted 1917, FBI 1917, lord 1921
Beardmore, William	1856-1936	1902-26	1921 (baron), baronet (1913)，会長（Beardmore), =Lord Invernairn
Birch, Noel	1865-1939	1927-38	edu. at Royal Military Academy, General, land armaments担当，1927 join V. dir. of ESC and V-A
Buckham, George	1863-1928	1919-28	gun and tank designer, sir
Caillard, Bernard	1882-1966		dir. of Wolseley (1914-25), Vincentの息子，V.のWolseley担当
Caillard, Vincent Henry	1856-1930	1898-1927	finance dir. (1906-27), edu. at Woolwich, knighted 1896, pres. of Ottoman Public Debt, 会長（Wolseley)
Chandler, Lincoln		1919-26	MD of MCWF (-1921), dir. of BSA
Clark, William	1854-1937	1913-25	MD of Sheffield Works (1911-25)
Craven, Charles W.	1884-1944	1924-42*	knighted 1932, baronet 1942, 1912 join V. submarine officer, Commander, 会長（ESC)
Dawson, Arthur Trevor	1866-1931	1898-1930	MD 1909-1896 join V. as ordnance superintendent, FBI 1916, sir, 副会長（1914-)
Dawson, Hugh Trevor	1893-1976		V. (1919-30), Arthurの息子，1919 join V. from Navy
Docker, Frank Dudley	1862-1944	1919-20	dir. of BSA (1906-12), dir. of Midland Bk (1912-)，会長 (MCWF)
Docker, Bernard	1896-1978	-1928	Dudleyの息子，dir. of MWCF, BSA
Hiley, Edward	1868-1949	1919-	knighted 1918, Unionist MP
Hickman, Edward	1860-1941	1919-	dir. of MCWF
Jamieson, Archibald A.	1884-1959	1928-39*	knighted 1946, accountant, dir.of Robert Fleming, 会長 (1937-49)
Jenkinson, Mark Webster	1880-1935	1925-35	accountant, knighted 1926, sec. of Electric and Railway Finance Corporation (1921-), Min. of Munitions
Johns, Cosmo			enigneer
Lawrence, Herbert	1861-1943	1921-37	会長（1926-37），War Office, 1907 partner in Glyn Mills, 1919 General, 1919 sir
Loewe, Siegmund	-1903	1897-1903	finance, German Jewish, from Maxim, Chair. of Loewe Engineering Co., connection with Rothschild
Maxim, Hiram	1840-1916	1897-1911	American, inventor of Maxim guns (1883), 1884 form Maxim Gun Co., knighted 1901
Maxwell, Terence	1905-	1934-75	Colonel
McKechnie, James	1852-1931	1909-23	knighted 1918, MD of shipbuilding (Barrow)
Micklem, Robert	1891-1952		1919 join V. from Navy, Dawsonの義理の息子．knighted 1946, dir. of V-A (1936-)，会長（V-A1946-52)
Morriss, Herbert	-1933	1919-26	ordnance dept. 1913 special dir. 1886 join Nordenfeld
Nash, Philip	1875-1936	1927-38	land armaments担当，knighted 1918, 会長（Metrovic

は会長を歴任したトム・ヴィッカーズ、アルバート・ヴィッカーズの兄弟を中心としていたが、トム・ヴィッカーズの引退後（一九〇九年）は、アルバートが最高経営責任者として、ヴィッカーズの方針を決定していた。それまでもトムが技術面を受け持ち、アルバートがそれ以外を担当するというような役割分担があったが、両者以外にも多士済済のメンバーが取締役としてヴィッカーズの経営に携わっていた。ヴィンセント・カイアーはファイナンス、アーサー・ドースンは生産・技術、マッケクニー、クラークはドースンの部下として生産・技術、バーカーは販売、また「武器商人」として有名なザハーロフは取締役ではなかったが、販売面で大きな権限をもっていた。(12)

以上のように、ヴィッカーズはヴィッカーズ・ファミリーを軸としながらも、きわめて優れた個性的な人々を集めていた。ヴィッカーズに関して一つの特徴を指摘しておくと、ヴィッカーズはヴィッカーズ家の同族企業であったが、有力取締役も近親者を同社ないしは関連会社に引き入れていた。たとえば、ヴィンセント・カイアーの息子であるバーナード・カイアーはヴィッカーズに入り、自動車のウルズリー社を担当していたし、やはり息子のモーリス・カイアーもヴィッカーズのパリ・エージェントであった。ヴィンセントの兄弟であるエズモンドは、子会社のブース社の取締役であった。同様に、アーサー・ドースンの息子であるヒュー・ドースンは海軍からヴィッカーズに転じていたし、アーサーの義理の兄弟であるパーシー・グラントもヴィッカーズのロンドン・リプリゼンタティヴであった。さらに、義理の息子ロバート・ミックレムもやはり海軍からヴィッカーズに転じ、一九四〇年代にはヴィッカーズ・アームストロングズのマネジング・ダイレクター（以下、専任取締役と訳す）となり、後には会長となっている。フランシス・バーカーの息子であるヴェール・バーカーは、子会社のメトロポリタン・ヴィッカーズ・イクスポート社の取締役であった。このように、有力取締役のネポティズムもヴィッカーズには跋扈していたのである（表7-1参照）。(13)

しかし、アルバートが一九一八年に引退し、翌年亡くなると、ヴィッカーズは中心軸を失うことになった。三代目のダグラス・ヴィッカーズ（トムの息子）が会長の座を引き継ぐが、彼は異能集団とも言えるヴィッカーズの他の経営者をまとめていく力量に欠けていた。また統一党の下院議員として（一九一八年から一九二二年）、政治活動にも関わっていたので、経営に割く時間はそれだけ少なくなっていた。(14) さらに第一次大戦に突入してからは、企業規模は拡大し、ヴィッカーズの従業員数は全体で一〇万人を超えた時期もある。(15) すでに一九〇五年に発行資本（五一九万ポンド）でイギリス第五位の企業となり、また一九〇七年の雇用労働者数（二万二五〇〇人）ではイギリス第四位という大企業であったが、(16) 第一次大戦でヴィッカーズはさらに飛躍的に膨張した。このように拡大した設備と従業員を戦後どのように活用するかに関して、アメリカのデュポンが直面した問題と同一の問題がヴィッカーズにも投げかけられたのである。(17)

(2)　平和産業への転換——商船建造——

ヴィッカーズは、一九一八年に「平和製品委員会」(the Peace Products Committee) を設置し、戦後の軍需減少に対応しようとした。(18)

第一歩は、商船建造の増大である。ヴィッカーズはバロウで艦艇建造を行っていたが、大戦後の軍需減少を見通して、商船建造の比重を増やそうとした。しかし、戦間期の商船建造はジェットコースターのようにアップダウンを繰り返した。一九二〇年、イギリスにおける商船建造は、一九〇九年から一九一三年にかけての年平均建造量一五二万トンを大きく上回る二〇〇万トンに達したが、一九二二年には一三〇万トン、一九二三年には六五万トンにまで激減した。一九二九年には一五〇万トンにまで回復したが、大恐慌期の一九三二年、三三年にはそれぞれ一九万トン、一三万トン（！）にまで激減した。戦間期を通じて、一九二〇年の二〇〇万トンを超えることはなかったのである。(19) このような状況下では、商船建造への転換は困難であった。戦間期以前には、船舶需要は増大すると予想する企業が多かったのであり、商船建造に期待を寄せたことは必ずしも無謀であったとはいえないが、実際には造船需要の激減に見舞われたのである。[20]

(3) 兵器産業内での製品多様化

一九〇六年のドレッドノート型巡洋戦艦の登場に見られるように、[21]一九世紀末から二〇世紀初めの兵器製造は技術革新の波に晒されていた。その一つは潜水艦の登場であり、ヴィッカーズは潜水艦の製造において特許を持っていたアメリカのエレクトリック・ボート社と逸早く提携した。ヴィッカーズとエレクトリック・ボート社の提携が速やかに進んだ理由の一つは、ヴィッカーズの取締役（ファイナンス担当）であったジークムント・ロウがマーチャント・バンカーのロスチャイルドとコネクションがあり、具合の良いことにロスチャイルドがエレクトリック・ボート社の株主だったからである。[22]この結果、潜水艦建造においてヴィッカーズは、競争優位を持つことができた。潜水艦の建造は有力分野であり、この方向を伸ばすことが戦間期のヴィッカーズを支えることになると考えられた。また航空機の製造には一九一〇年頃から着手していたが、第一次大戦を契機に飛躍的に航空機製造は拡大した。従来のクレイフォード、ダートフォードでは不十分となり、一九一五年にウェイブリッジが航空機製造の拠点として整備され、ヴィッカーズの航空機製造は後にヴィッカーズ・エイヴィエーション社として同社の兵器生産の重要部分となった。[23]表7－2が示すように、一九二〇年代のヴィッカーズにおいては、ウェイブリッジが二〇年代一貫して利益を計上する収益源となっていた。

以上のような潜水艦、航空機のような期待の持てる分野もあったが、従来の戦艦、巡洋艦などの艦艇は、一九二〇年ごろにはそれなりの発注もあったが、[24]一九二一年のワシントン海軍軍縮条約によって、決定的な打撃を受けた。第一次大戦中の受注に関しても、兵器企業は休戦による政府の注文不履行に関して争っていたが、大幅に減額された額を受け入れねばならなかったし[25]、また超過利益課税（excess profit duties）によって、第一次大戦期に大幅な利益をあげたものの、資金的ゆとりは十分ではなかった（とくにアームストロングの場合）[26]。

表7－2　ヴィッカーズの工場・子会社・関連会社の利益

（単位：ポンド）

	1921	1923	1924	1925	1927
工場					
Barrow	132,085	68,192	△148,950	1,178	577,120
Sheffield	225,063	139,931	320,244	207,744	129,019
Erith	△137,515	39,226	68,534	52,941	144,643
Dartford	△11,580	168	△10,636	824	19,693
Crayford	△150,747	△8,554	△17,031	△13,028	△41,932
Weybridge	60,394	112,080	189,061	335,558	203,666
国内子会社・関連会社					
Booth	19,937	15,000		21,000	24,000
Glover	17,872	22,116	22,194	27,918	73,885
Arrol	10,826				
Beardmore	0		0		
British Lighting	0				
Donaldson	0				8,800
Electric Ordnance	6,500				0
Electric Holdings	0		10,800		65,367
IOCO	0		0		
Wolseley Motors	0		0		
Metropolitan Carriage	252,132	264,811	264,451	264,811	264,552
Cooke					15,000
海外子会社・関連会社					
Algerian Petroleum	0				0
Nihon Seiko Sho	19,748	27,628	21,645	7,236	0
Russian Artillery	0		0		0
Vickers Terni	3,360	3,123			
Whitehead (Fiume)	1				
Placencia		435			
Canadian Vickers			0		
Espanola de Construction			14,012		

出典：[VA 1532, 1535, 1539, 1545, 1547].
備考：△は損失。

(4) 民需への転換——自動車への多角化——

潜水艦、航空機などの新兵器への多様化と並んで、ヴィッカーズは自動車、鉄道車両、電機製品への多角化を開始した。ただし、自動車はすでに一九〇一年にウルズリー・モーターズを買収して先鞭をつけていたので、戦後の多角化というわけではない。

ウルズリーの買収の過程は次のとおりである。民生用の製品市場として有望であり、また軍事的にも期待の持てる自動車に着眼したヴィッカーズは、一九〇一年、自動車設計技術に秀でたハーバート・オースティンを擁するウルズリー社を買収した(27)。買収金額は二万二五〇〇ポンドであった。同社は、もとは羊毛刈り機の製造を主にしていたが、一八九五年に自動車の試作を行い、以後、自動車製造に乗り出していた。買収されたウルズリーは名称を変え、四万ポンドの資本金を持って発足した(一九〇一年)。同社にヴィッカーズは大量の資本投入を行い、一九一四年には資本金は二三〇万ポンド、一九一九年には三五〇万ポンドに達した(28)。ウルズリー買収の動機が、民需を狙ったものであったのか、将来、戦車・装甲車などを製造する技術ノウハウ入手のどちらが主たる目的であったかははっきりしない。おそらく両方を狙っていたのではないかと思われるが、買収時点では兵器への利用が主たる目的ではなかったかと思われる。しかし第一次大戦後、平和製品への転換が至上命題とされると、民間市場への販売が主たる目標になったと推測できる。

第一次大戦まで、ウルズリー社の業績は概して好調であった。一九一三年には、トップのフォードについでイギリス自動車市場の第二位を占め(生産台数は三〇〇〇台、フォードは六一三九台)、売上は初めて一〇〇万ポンドを超え、収益も好調であった(29)。ウルズリーの製品は、高級車市場を狙ったもので、一台当たり約一〇〇〇ポンドもしていた(30)。(ちなみにアメリカ市場におけるフォードは二〇〇ポンドから一〇〇ポンド)。好業績の理由は、まだ富裕層が主たる自動車購入層であったこと、軍への納入が好調であったこと（とくに第一次大戦中）などによる。だが、大戦後になると軍需は減少し、また大衆車への需要のシフトによって、量産車メーカーとしてのウルズリーは大幅な赤字を計上するに至った。戦時中は日本の石川島と提携するなど、海外へも進出するほどの技術力やゆとりを持っていたが、一九二〇年代に入ると、大幅な赤字を計上し、親会社であるヴィッカーズの債務保証を仰がねばならないほどになった（一九二四年には五二万ポンド）。[31]

この理由には、ウルズリー買収時には工場長兼技術者としてオースティンがいたが、彼は技術上の意見の相違からウルズリーを去り、その後任にはシドレーが就いた。その彼も一九〇九年にはウルズリーを辞職し、ディージー社に入り、後にシドレー・ディージー社を立ち上げる。またオースティンも自身の企業を立ち上げ、フォード、モリスと共に、イギリス・ビッグスリーの一翼を担うことになる。このように、優秀な技術者・経営者を引きとめられなかったことが、ウルズリーが優れた大衆車を市場に送り出せなかった原因と思われる。またヴィッカーズにおいてウルズリーを担当していたのがカイアー父子であり、ヴィンセント・カイアーは財務には詳しかったが、技術的なことには洞察力はなかったと思われる（表7-1参照）。その結果、一九二〇年代前半のウルズリーは赤字を垂れ流し、親会社への配当はゼロどころか、多額の債務保証を余儀なくされたのである（表7-2参照）。結局、一九二六年に大赤字となっていた同社は、ライバルのモリスに、それまでの投資を考慮すれば、七三万ポンドという破格の値段で売却されざるをえなかった。[32]

(5)　電機産業への進出

潜水艦、航空機、自動車などはいずれも第一次大戦前から手掛けていた製品であったが、電機産業への進出は新規分野であった。もっとも第一次大戦前でも、兵器生産に電機系統の設備・部品は必要不可欠となっており、すでに一八九七年にそうした電機系統の設備・部品を製造するためにエレクトリック＆オードナンス社を設立していたので、電機分野にまったく進出していなかったわけではない。当時のイギリス電機業界は、アメリカ系のブリティッシュ・トムスン・ヒューーストン、ブリティッシュ・ウェスティングハウス、イギリス系のGECなど多くの企業がひしめいていた。その中で、ウェスティングハウスはマンチェスターのトラッフォード・パークという工業団地に立地していたが、業績不振であった。親会社のアメリカ・ウェスティングハウスはイギリス国内での排外主義の高まりもあり、イギリス子会社を売却したがっていた。バーミンガムの著名な企業家であるダドリー・ドッカーは、ブリティッシュ・ウェスティングハウスの株式を、エレクトリック・ホールディングズ社を通じて所有しており、ヴィッカーズはドッカーの仲介でブリティッシュ・ウェスティングハウスを手に入れることができた（買収金額は一二〇万ポンド）。社名をメトロポリタン・ヴィッカーズに変更し、メトロヴィックの名称でイギリス電機産業の一角を占め、電機産業へ進出した。だが、業績不振であったブリティッシュ・ウェスティングハウスを、電機産業における経営ノウハウや技術ノウハウを持たないヴィッカーズが再建することは困難であった。表7－2が示すように、一九二〇年代、十分な配当を親会社にもたらすことができなかったメトロポリタン・ヴィッカーズは、一九二八年にライバルのブリティッシュ・トムスン・ヒューーストンに売却された(33)。

以上のブリティッシュ・ウェスティングハウスの買収、メトロポリタン・ヴィッカーズの設立に関連して、W・T・グラヴァーを買収した。同社は、電気ケーブルを製造する会社で、同社の営業成績は比較的順調であったが（表7－2参照）、メトロヴィックの売却とほぼ時を同じくして売却された（一九二九年）。またメトロポリタン・キャリッジの獲得と同時に、同社の子会社であったテイラー・ブラザーズ（車輪や車軸を製造）を手に入れた。同社のテイラー兄弟は、のちのヴィッカーズ・アームストロングズやメトロポリタン・キャメルで活躍することになる（表7－1参照(34)）。

(6) 鉄道車両への多角化――メトロポリタン・キャリッジの買収――

電機産業への進出において、ドッカーの力を借りたヴィッカーズはさらに鉄道車両への進出を構想した。当時、先進国の鉄道需要については成熟感が一般化していたが、世界的規模で見れば、鉄道需要はまだまだ拡大すると予想されていた。一九〇〇年から一九二〇年までに、世界の鉄道マイル数は四七万マイルから六〇万マイルへと、およそ五〇％増加していた。ヨーロッパとアメリカを除くと、その伸びは八六％であった。一九二〇年当時でも、アフリカ、ラテンアメリカ、アジアではなお需要の増大が期待できた。そうした状況下でヴィッカーズも、戦後の多角化の柱として鉄道車両事業に乗り出そうと決断した。当時、イギリス最大の車両製造メーカーであったメトロポリタン・キャリッジ・ワゴン&ファイナンス社は先のダドリー・ドッカーの支配下にあった。ドッカーは自身の健康上の問題もあり、ブリティッシュ・ウェスティングハウス同様、同社を売却する希望を持っていた。ちょうど渡りに船とばかりに、ドッカーはヴィッカーズにメトロポリタン・キャリッジの買収話を持ちかけた。ドッカーは、イギリス産業連盟(Federation of British Industries)と呼ばれる経営者団体の創設者で、この連盟にはヴィッカーズの多くの取締役も参加していた。[35]ドースン、バーカー、カイアーなどの有力取締役もFBIのメンバーであった。ヴィッカーズはドッカーからメトロポリタン・キャリッジを一九一九年に一三〇〇万ポンドで購入した（表7－3参照）。しかし、この額は実際の価値より数百万ポンド高すぎると当時から言われており、この買い物は二〇年代のヴィッカーズに過重な負担となった。[36]表7－2からわかるように、メトロポリタン・キャリッジからの配当は一九二〇年代、安定して二〇万ポンド台を維持しているが、投資金額からすると収益性は高くはなかった。一九二九年にはキャメル・レアドと共同で、メトロポリタン・キャメル・キャリッジ&ワゴンを設立し、同社を分離することになった。[37]

表7－3　ヴィッカーズの子会社（1926年）

（単位：ポンド）

	総簿価	収益（年率）	
国内企業			
Booth & Co. (1915) Ltd., James	164,541	24,000	16%　f. o. t.
British Lighting & Ignition Co. Ltd.	200,000		—
Electric & Ordnance Accessories Co. Ltd.	150,000		—
Electric Holdings Ltd. (ordinary share)	2,024,000	121,288	6.25%
(preference share)	200,000	18,600	6%
Glover & Co.ltd. W.T. (ordinary share)	143,439	68,909	60%　f. o. t.
(preference share)	87,113	5,000	5%
IOCO Rubber & Waterproofing Co. Ltd (ord.)	88,331		—
(pref.)	150,000		—
Metropolitan Carriage, Wagon & Finance Co. Ltd. (ord.)	12,444,350	297,510	7.5%　f. o. t.
(pref.)	511,288	26,443	5% & 6%
海外企業			
Canadian Vickers	946,000		—
Donaldson S. A. Lines	220,000	8,800	4%
Algerian Petroleum Co. Ltd.	129,248		—
K.K. Nihon Seiko Sho	383,300	Tax 5. 17. 2 (pt) Divd. 1925	
Russian Artillery Works, Ltd.	321,937		—

出典："Subsidiary companies, financial review of 1926" [VA 763].

注：Book Value Gross が10万ポンド以上の企業のみ。また "HOLD MORE THAN 50% OF ISSUED CAPITAL"
海外子会社 Placencia de las Armas Co. Ltd. の総簿価は、435ポンド。

(7)　小　括

a　多角化の挫折

ヴィッカーズの第一次大戦後の戦略は、第一に民需部門への多角化があげられる。商船建造、電機産業、自動車、鉄道車両。こうした新分野への進出ないし重点の移動は多かれ少なかれそれまでの軍需とは異なる市場であり、順調には進行しなかった。市場の収縮といった外的要因に影響された商船建造などの分野もあったが、着眼としては電機、自動車などの有望分野への進出は決して間違いではない。しかし、当該分野における経営・技術ノウハウの欠如、またヴィッカーズ本体における経営体制の限界も重なって、いずれの分野でも満足すべき成果はあげられなかった。むしろ従来の延長上にある航空機、潜水艦などの成長分野、あるいは戦車や機関銃などの部門、また需要は激減したとはいえ、艦艇製造などの分野において比較的良好な業績があげられたのである。

b　海外展開の頓挫

第二の特徴としては、海外部門の縮小がある。第一次大戦前、ヴィッカーズはまさに多国籍企業として世界各地に製造工場を建設した。それらは兵器生産、またはその素材を製造するものであった。第一次大戦まではそれらの海外子会社からの配当（利益送金）は概ね順調であったと推定できる。[38] だが、一九二〇年代には順調な海外子会社はスペイン、それに次いでは日本だけとなっていた。[39] その日本製鋼所に関しても、一九二〇年代前半にはヴィッカーズは明らかに売却したがっていた。キャナディアン・ヴィッカーズは業績不振で多額の債務保証が必要となり、一九二九年には売却された。ロシア投資はロシア革命の結果、事実上破綻し、無配を続けていた。魚雷製造のホワイトヘッドも不振であった。イタリアに建設されたヴィッカーズ・テルニもムッソリーニの政策にも影響され、不振を極めていた。（以上の収益状況に関しては、表7－2参照）。ヴィッカーズの海外展開は兵器に関連したものだったので、二〇年代の軍縮期には概して不調となる運命にあった。スパニッシュ（マドリッド）・バス・カンパニーのように、民需としてウルズリーのバスを販売しようとして設立された会社もあったが（一九二三年）、同社も結局一九三三年には破産してしまった。[40]

以上のように、一九二〇年代のヴィッカーズの戦略は、多角化戦略のつまづき、従前の海外展開の破綻が一挙に押し寄せてきて、一九二五年から二六年にかけての経営危機に陥るのである。

3　アームストロングの大いなる失敗

ヴィッカーズと双璧を成す兵器企業であるアームストロングも、吸収、合併、事業分離（Merger & Acquisition & Divestiture）を繰り返し、その企業間関係は複雑である。戦間期を分析するために、やはり第一次大戦前の同社の軌跡を振り返っておこう。

(1) 第一次大戦前の経営体制

アームストロングは、水圧装置製造のために一八四七年に設立された企業であり、ニューカースルに本拠を置いていた。創業者はウィリアム・アームストロングで同族企業であった。まもなくアームストロングは大砲の製造も、エルズィック・オードナンス社で開始した。両社は一八六四年に合併し、以後は水力エンジンの製造も継続していたが、重点は大砲、装甲板などの兵器が主力製品となった。一八七一年に日本の岩倉使節団がイギリスを訪問したときの記録によると、シェフィールドのヴィッカーズで製造された鉄鋼がアームストロングに運ばれ、大砲に鋳造されたこともあった。意外にも両社が取引関係を持っていた時期もあったのである。[41]

他方、艦艇の製造は、タイン川下流のウォーカー造船所（ミッチェル社）に委託し、戦艦、巡洋艦などを製造していた。一八八三年にはミッチェル社を吸収し、舶用エンジン（marine engine）を除く一貫体制を築き上げた（図7－2参照）。

一八八四年にはエルズィックに軍艦建造の造船所を建設し、従来のウォーカー造船所は商船の建造に特化させた。さらに一八九七年には、マンチェスターのウィットワースと合併し、オープンショー工場を手に入れた。その後も、スコッツウッズ工場や、従来のエルズィック造船所では橋が妨げとなって大型艦艇を建造できなかったため、ハイ・ウォーカー造船所を建設し、さらに戦時期にはクロウス工場を建設した。したがって、アームストロングの主力工場は、エルズィックが大砲、装甲板、（ロウ・）ウォーカーが商船建造、ハイ・ウォーカーが軍艦建造、オープンショーが装甲板、銃砲、スコッツウッズが弾丸、のちには自動車部品、機関車製造、クロウスが鋳鉄品という分業体制（六工場）ができあがった。

図７−２　アームストロング合併図

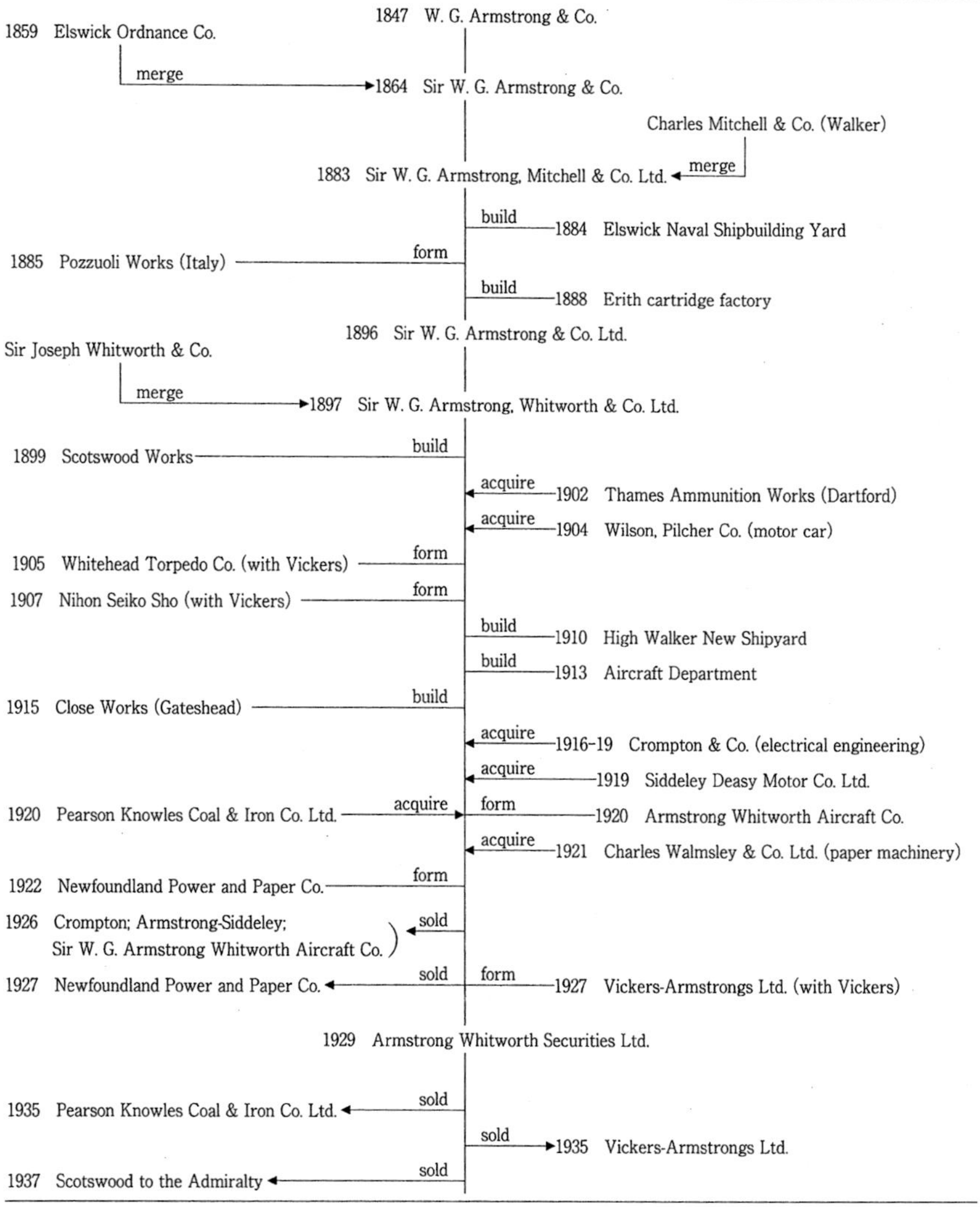

出典：Scott; Trebilcock; Warren; Reader; Edgerton; Davenport-Hines (Ph. D.).

Taylor, James Frater	1873-1960	1925-29	副会長（1926-29），会計士，company doctor，会長代理（1928-29），MD of SMT（1929-30）
Vavasseur, Josiah	-1909	1883-1909	1883 join A. engineer of guns, from London Ordnance Works
Watson-Armstrong, William	1863-1941	1897-1903	W. G. Armstrong の甥で相続人。
Watts, Philip	1846-1926	1895-1902；1916-26	Sir, London Office 担当，1901-12 Director of Naval Construction, naval architect of A.（1885-1901）
West, Glynn Hamilton	1877-1945	1918-26	会長（1920-26），副会長（1918-20），Min. of Munitions（1915-18），1899 join A., knighted 1916
Westmacott, P. G. B.	-1917	1883-1911	1851 join A., 1858 mgr of Elswick, hydraulic machinery 担当
Whitehead, H.	1842-1921	1897-1920	Whitehead Torpedo
White, William			manager, Director of Naval Construction, Elswick Naval Yard, 1885 return to Admiralty

出典：Annual Report of Armstrong Whitworth, *DBB*, *DNB*, Davenport-Hines（1979），Warren（1989），Trebilcock（1977），Bastable（2004），etc.

注：取締役に関しては1883年に株式会社されたので、1883年がアームストロングへの関与の開始という意味ではない。略号に関しては、表７－１参照。

海外展開では、一八八五年にイタリアのナポリ近傍のポッツォーリに兵器工場を建設し、また一九〇五年にはヴィッカーズと共同でホワイトヘッド・トーピードー社を設立し、一九〇四年には、ウィルスン・ピルチャー社を買収して本格的に自動車産業へ乗り出した。また一九〇七年には既述の日本製鋼所をヴィッカーズと共同で設立している。このようにアームストロングの海外展開は活発であったが、ただしヴィッカーズと比較すると、やや低水準であった。

アームストロングの所有と経営も、ヴィッカーズと同様に、あるいはそれ以上に複雑である。企業の立ち上げからしばらくして、ジョージ・レンドルがアームストロングに入社し（一八五八年）、その後レンドル兄弟（ステュアート、ハミルトン）もヴィッカーズに入社してきた（表7－4参照）。他方で、一八六〇年に陸軍からアンドルー・ノウブルがアームストロングに入り、ジョージ・レンドルとともに、オードナンス・ワークスの共同マネジャーとなり、技術面での指導的立場に立った。両者は実質的にウィリアム・アームストロングのパートナーとなり、同社の両輪となった。アンドルー・ノウブルも息子のサクストン、ジョンをアームストロングに入れ、さらに義理の息子のコクレイン、個人秘書だったフォークナーもアームストロングに入社した。こうしたレンドル派対ノウブル派の確執は、ウィリアム・アームストロングが存命中は顕

表７－４　アームストロングの主要取締役および関係者

氏名	生年一没年	取締役期間	その他の事項
Armstrong, William George	1810-1900	1883-1900	会長（1883-1900), Baron 1887, knighted 1859, superintendent of Royal Gun Factory (1859-63)
Noble, Andrew	1831-1915	1883-1915	副会長（1883-1900), 会長（1900-15), MD (-1911), Baronet 1902, 1860 join A.
Noble, John	1865-1938	1909-27	Andrew の息子, Baronet 1923, 副会長（1921-26）
Noble, Saxton	1863-1942	1895-1927	Andrew の息子, 3rd Baronet 1937
Rendel, George	1833-1902	1887-1902	James Rendel の息子, engineer, 1882-85 Civil Lord at Admiralty, 1858 join A. 1882 left A. 1887rejoin (Italy)
Rendel, Stuart	1834-1913	1883-1913	James Rendel の息子, 副会長（1908-13), 販売担当, Baron (1894), Liberal MP (1880-94)
Rendel, Hamilton Owen	-1902	1883-97	James Rendel の息子, engineer, engine works 担当
Albini, Augustus	-1909	1888-1909	Count (Italy), Admiral, Pozzouli 担当
Alderson,Henry		1897-1909	sir, Major-General
Carington, H. H. Smith	1851-1917	1897-1913	resident dir. of Manchester
Cochrane, Alfred H. J.	1865-1948	1921-27	sec. (1901-), Openshaw, Andrew Noble の義理の息子
Cruddas, George	1788-1879		finance
Cruddas, William Donaldson	1831-1912	1883-1911	sec. (1883-88), finance, George の息子, Conserrative. MP (1895-1900), 1861 join A. 副会長（1900-08）
Dawnay, Gug Payan	1878-1952	?	会長（1929-36), VA 社の取締役（1928-), merchant banker, Lawrence と姻戚, Major General
D'Eyncourt, E. H. T.	1899-1951	1924-28	1930 Baronet, shipyard, Admiralty (1912-23) dir. of Naval Construction, 1913 join A.
Dyer, H. S. C.		1888-98	Colonel, steelworks
Falkner, John Meade	1858-1932	1901-26	会長（1915-26), 副会長（1913-15), sec. (1881-1901), Andrew の private tutor& secretary
Gardner, Charles Bruce	1887-1960		会長（1936, A. W. Securities), MD of SMT (1930-), dir. of BIDC (1930-), 1913 dir. of Summers, baronet 1945
Garnsey, Gilbert	1883-1932		auditor, Price Waterhouse, sir, Min. of Munitions
Girouard, Edouard Percy	1867-1932	1912-14；1919-23	Sir, engineer, Royal Constructor, colonial administrator, Elswick 担当, pres. of A. W. of Canada (1914)
Gladstone, Henry Neville	1852-1935	1902-20	Stuart Rendel の義理の息子, 首相 Gladstone の息子, Baron 1932, married 1890.
Hadcock, A. George	1861-1936	1915-28	knighted 1918, Colonel (大佐), ordnance (gunnery) expert, Elswick
Hogg, James M.		1883-86	Baronet, conservative. MP, =Lord Magheramorne, 1887 member of House of Lords
Murray, George H.	1849-1936	1912-26	civil servant, sir, Foreign Office, Treasury, private sec. to Gladstone
Mitchell, C. W.		1900-27	合併相手の Charles Mitchell の息子。造船業者 Harry Swan は uncle.
Ottley, Charkes L.	1858-1932	1912-26	Sir, Rear Admiral, Dept. of Naval Intelligence (1905-07), dir. of Imperial Ottoman Docks
Siddeley, John Davenport	1866-1953	1926-28	knighted 1932, Baron 1937, Siddeley Motors, A. W. Aircraft, GM of Wolseley (1905-09), 1909 dir. of Deasy
Smith, William			Sir, 1913 join A. Director of Naval Constrction
Southborough	1860-1947	1918-28	会長（1926-28), Baron 1917, Admiralty (1914-18), Board of Trade (1885-1907), = Sir F. Hopwood
Swan, Henry F.	-1909	1883-1909	造船業者
Sydenham	1848-1933	1912-26	Lord, sec. of com. of Imperial Defence, = Sir George Clarke

在化しなかったが、一九〇〇年にウィリアムが亡くなると、にわかに表面化した。[42] ウィリアムには子供がいなかったので、アームストロング家から同社を継ぐ者はいなかった。甥のワトスン＝アームストロングがいたが、巨大化したアームストロング社を継ぐほどの力量はなかった。アームストロングはヴィッカーズとほぼ同じ規模を有する大企業だったので、経営手腕が必要であった。アームストロングの一九〇五年の払込資本は三六〇万ポンドでイギリスで一四位、一九〇七年の雇用従業員数は二万五〇〇〇人で、ヴィッカーズよりも上位の三位であった。一九一三年には二万六六〇〇人、一九一八年には七万八〇〇〇人にも達していた。[43]

ウィリアムの後継会長にアンドルー・ノウブルが就任すると、ノウブル派とレンドル派を仲介するものがいなくなった。有力取締役のクラッダスは親子代々アームストロングに勤めていて、またニューカースルの富豪でもあり、[44] 一九〇〇年に副会長となったが、ノウブル派に近かった。レンドル派について言えば、ジョージ・レンドルは一度アームストロングを辞めて海軍に入り、五年後に復帰したがイタリアに移り、子会社のポッツォーリをイタリア人のアルビーニと共同で運営していて、アームストロングの中枢から離れていた。ハミルトン・レンドルはエンジン・ワークスを担当していて、技師としては優秀であったが（ロンドンのタワーブリッジは彼の設計）、経営の手腕はなかった。[45] 両人とも、一九〇二年には亡くなっている。ステュアート・レンドルはのちに自由党の下院議員や男爵になるなど、政治の世界で活躍していた。[46] レンドル派としては、首相グラッドストーンの息子であるヘンリー・グラッドストーンを取締役にし、ノウブル派に対抗しようとしていたが、劣勢であった。一九〇六年の株式所有（普通株）の割合は、アンドルー・ノウブルが二七万株、サクストン、ジョン各二万株、クラッダス二万二〇〇〇株、スウォン六万三〇〇〇株、ヴァヴァサー五万株、ワトスン＝アームストロング六万二〇〇〇株、ステュアート・レンドル二三万株、グラッドストーン一万株であった。[47] ワトスン＝アームストロングまではノウブル派と見なせるので、ノウブル派の方が有利であった。取締役全体の株式所有比率は七七万株、二四％であった。

しかし、一九〇九年になるとノウブル家の持株は二一万七〇〇〇株に減少する。この減少理由に関して、アームストロングについての論文の著者であるアーヴィングは競争の激化、イギリス政府の幅広い調達政策による先行き不透明が原因としているが、十分な理由とはなっていないように思える。[48] ちなみに、この数字を他の取締役が同じ保有と仮定すると、取締役保有率は二一%となる。さらに一九一一年には、取締役の株式所有は四〇万株、九・八%という数字もある。[49] このころ、アンドルー・ノウブルは息子の力量、内紛、競争の激化、技術革新、こういった条件を総合して株式を手放して行ったと推測できる。この九・八%という数字は、ヴィッカーズの取締役所有比率一〇・七%とほぼ同水準である。アームストロングも同族企業から性格を変えつつあったのである。

大株主が株を手放していったころ、アームストロングでは、ノウブル派の執行取締役（executive director）が報酬を過大に手にしているとの批判がステュアート・レンドルから出された。利益の五分の一から五分の二がノウブルたち執行取締役によって吸い取られているとの批判であった。この問題は結局、アンドルー・ノウブルの専任取締役からの引退（一九一一年、ただし会長には留まる）を引き起こし、また前後してマレイ、オトリー、ジルアード、シドナムなどのレンドル側の取締役を生み出すことになった。この後、一九一三年にはステュアート・レンドルが亡くなり、また一九一五年にはアンドルー・ノウブルも亡くなったので、両派の確執の問題は自然消滅した。アンドルー・ノウブルの後任会長には、ノウブル派とも言えるが、ノウブルを批判していたフォークナーが就任した。彼の経営者としての力量については賛否両論あるが、[50] 大企業を積極的に方向付けて行くだけのリーダーシップはなかったようである。

(2) 多角化への胎動――自動車および航空機製造――

アームストロングも戦後の軍需減少を見越して、「戦後委員会」（the After the War Committee）を設置し、平和製品への転換を図った。[51] アームストロングは、まず手始めに自動車産業に進出する。だがヴィッカーズと同様に、自動車の軍事転用も考慮してか、アームストロングも第一次大戦のはるか以前から自動車製造を開始していた。ヴィッカーズとほぼ同時期の一九〇二年に自動車の試作を開始したアームストロングは一九〇四年にウィルスン・ピルチャー社を買収したが、自動車生産は順調ではなかった。エルズィックで製造されたウィルスン・ピルチャー車は不評で、ウィルスンはアームストロングを去り、その後はC・R・エングルバックが引き継ぎ、一九一〇年には自動車部(Motor Car Department) が設置されたが、トライアルの域を出なかった。(52) それでも一九一三年にはスコッツウッドで八〇台の車を生産し、従業員は七五〇人を数えていた(販売は一八八台)。(53) しかし、この数字はウルズリーの三〇〇〇台と比べると各段に差があった。その後第一次大戦が始まると、スコッツウッドは兵器生産に転用され、自動車生産は停止されたが、「戦後委員会」が自動車生産の開始を勧告し、コヴェントリーのシドレー・ディージーの買収話が持ちあがった。一九一九年に、四一万九〇〇〇ポンドで同社を買収したアームストロングは、同社経営のオートノミーをシドレーに与えていた。シドレーとアームストロングは、戦時の航空機エンジンの開発生産で協働しており、航空機生産もシドレーの経営下で行われることになった。ちなみに、一九一三年に航空機部 (Aircraft Department) を設置していたアームストロングは、一九二〇年に独立の会社としてアームストロング・ウィットワース・エアークラフト社を設立したが、同社もシドレーのコントロールの下にあった。(54)

表7-5が示すように、シドレー・ディージーはきわめて好調で、アームストロングの子会社の中では、海外子会社も含めてトップの成績であった。同社は、一九二六年にアームストロングが倒産の危機に直面した時、シドレーによって一五〇万ポンドで買収されている。同時に、アームストロング・ウィットワース・エアークラフト社もシドレーが買収し、名称は継続したがアームストロングからは分離された。また、A・W・ディヴェロップメント社も一九二〇年代、業績好調であるが、同社はアームストロング・ウィットワース・エアークラフト社の株式を保有する会社であり、やはり一九二六年にアームストロング・シドレー・ディヴェロップメント社に名称を変更している。(55)

表7−5 アームストロングの子会社・関連会社

（投資額は1923年、単位：ポンド）

	投資額	利益				
		1921	1922	1923	1924	1925
A. W. Development	388,494	73,838	65,993	69,489	76,435	97,152
Armstrong Construction	299,626			14,047		
Pearson Knowles	1,431,980	57,287	16,999	12,364	△17,971	△5,874
Subsidiaries of Pearson						
Partington	1,250,000			258,579	4,802	
Moss Hall Coal	96,990			△68,612	△38,201	
Rylands Bros.	146,209			△16,417	△28,364	
Walmsley	156,135			79,934	65,064	
Walmsley (Canada)	410,959					
Pozzuoli	1,100,000	△54,040	△184,427	5,173	3,117	△27,160
Subsidiary of Pozzuoli						
Armstrong di Pozzuoli	711,519			5,173		
Whitehead	226,476					
Siddeley	379,943	88,218	33,787	122,571	184,748	226,527
Crompton	250,000	66,252	35,628	△7,186	1,713	20,316
Japan Steel Works	383,301	18,794	38,582	32,897		

出典："Notes or Explanatory Memoranda by Price Waterhouse" [SMT], 1924. 11. 24; "Report by Frater Taylor and Garnsey", 1926. 3. 30 [SMT 3/118].

注：1923年、1924年のみを表示した数値は、"Notes" による。1926年3月30日時点でニューファンドランドへの投資は5,116,326ポンド。

(3) 電機産業への展開――成功と失敗

アームストロングの電機産業への進出は、ヴィッカーズよりもはるかに小規模であった。電機産業が「新産業」として有望な分野であることは疑いがなかったが、メトロヴィックの例が示すように、経営・技術ノウハウなしには決して安定した収益をもたらすものではなかった。

電機産業への進出を目指して、一九一九年ごろに買収したクロンプトンは、表7−5からわかるように、比較的好調であった。一九二一年から二五年までの利益は一一万六〇〇〇ポンドにのぼった。これに対して、子会社のトウィス・エレクトリック・トランスミッションズは一九一九年から二五年にかけて五万五〇〇〇ポンドの損失を出した[56]。また、アームストロングは一九二二年にブリティッシュ・トムスン・ヒューストン、バブコック&ウィルコックスと共同で、パワー・セキュリティーズを立ち上げたが、結果は惨憺たるものであった。スペインのヴァレンシアに水力発電所を建設する契約を一九二三年に受注したが、一九二六年には完成途中のその発電所を売却しなければならなくなった。(57)

(4) 鉄鋼業への傾斜

やや理解に苦しむ投資がピアスン&ノウルズの買収である。ピアスン&ノウルズはランカシャーの製鉄、石炭を保有する炭鉄会社であったが、その子会社に線材のライランズ・ブラザーズ、統合製鉄所を保有するパーティントンを有する事業持株会社であった。一九二〇年にアームストロングは同社を八六万ポンドで買収したが、その理由は造船用鋼材の供給のためとされる。(58)しかし子会社も入れて、三〇〇万ポンドに近い投資をする必要があったのかは疑問である。一九二〇年代は全般的に鉄鋼業は「暗黒の十年」を迎えていて、決して有利な投資行動ではなかった。ピアスン&ノウルズは一九二一年から二五年にかけて七万五〇〇〇ポンドの利益を出したとされるが、粉飾を除けば、実際には赤字であったとされる。(59)表7－5でも六万三〇〇〇ポンドの利益であるが、実際のところ、どうであったか不明である。アームストロングの勘定は、ウェストが会長になってからは概してディスクロージャーが不十分で、信頼度は低い。

(5) 土木事業部とニューファンドランドへの投資

一九二〇年に土木事業部を設置したアームストロングの狙いは、土木事業を受注することによって、各種機械を製造販売できることを期待していた。しかし土木事業部は期待された収益をあげることはできなかった。この土木事業部に鋼材を供給するために、グラスゴウのA&Jメイン社を買収し、アームストロング・コンストラクション社を設立したが、目覚しい成果はあげられなかった。(60)

土木事業のなかでも、アームストロングは製紙工場のエンジニアリング会社として雄飛しようとして、チャールズ・ウォームズリー社を買収し、製紙機械の製造に乗り出した。受注案件としては、新聞用紙の販売会社から用紙の製造会社に後方統合しようとしていたボウォーターと提携して、同社のイギリス工場（ノースフリート）の建設を受注しようとしていた。[61] これと連動して、一九二一年、カナダに一大製紙工場を作る話が持ち上がった。それは、カナダのニューファンドランドに巨大製紙工場、それに必要な水力発電所を建設しようとするものだった。カナダ、特にニューファンドランドは森林資源、水力が豊富で、各地に製紙・水力発電所が建設されていた。[62]

一九二二年に正式決定されたカナダ・プロジェクトは、ニューファンドランド西岸のコーナー・ブルックおよびその近辺に、製紙工場と発電所を建設し、生産された新聞用紙は、ニューヨークのボウォーターのアメリカ子会社がアメリカ国内市場に販売する計画であった。[63] 当時、新聞用紙の需要は成長しており、大いに期待の持てるプロジェクトと思われた。この計画を中心に進めたのは、ノウブルの後を継いだファークナーが辞任し、一九二〇年に会長となった野心家のグリン・ウェストであった。彼は、戦後の需要減少に対処し多角化を成功させるために、カナダ事業という大事業に着手したのであった。総額は、三〇〇万ポンドと見積もられていた。製紙機械は、子会社のウォームズリーから納入し、水力発電のタービンはエルズウィックから、電気設備はクロンプトンから、土木事業部は港湾、ダムなどのインフラ整備、アームストロング・コンストラクション社は鋼材の供給、またコーナー・ブルックからニューヨークまでの輸送にも多数の船舶が使われるので、造船所のための需要も期待していた。[64] このプロジェクトが成功すれば、アームストロングの多角化は一挙に日の目を見るはずであった。一九二二年にニューファンドランド・パワー・アンド・ペイパー社が設立され、またニューファンドランド・ユーティリティーズ・コーポレーションも設立された。[65]

しかし、アームストロングのフィージビリティースタディは十分ではなかった。北極圏に近いニューファンドランドの気候は、イギリス人には想像もできないほど過酷であった。冬の三～四カ月は船積みができず、倉庫に在庫として保管しなければならなかった。おまけに販売契約を通年でしていたので、供給できない期間は、他社から購入して、納入責任を果たさなければならなかった。(66)

また極北の地なので、人口もコーナー・ブルックには二五〇人しかおらず、労働力確保も困難であった。したがって、他地域から集めた労働者の住宅もアームストロングが建設しなければならず、さらには学校、病院などのインフラも建設する必要があり、いわば一つの町を新たに建設することが必要であったのである。またそうした土地柄ということもあろうが、労使関係が良好でなく、円滑な労務管理ができにくい状況があった。またこのカナダプロジェクトは、ニューファンドランド政府と、ニューファンドランドに土地と水利権を有する富豪のリード家との共同事業として出発した。地元およびカナダ政府の支援を期待して、イギリスから輸出される機械類には関税の免税措置が受けられるものと期待していたが、その措置を受けることができなかった。(67)

さらに、ロンドン（土木事業部はニューカースルではなくロンドンに置かれていた）とニューファンドランドはあまりに遠く十分なコントロールができにくかった。この点は、ニューカースルの本社とは別のところにおかれていた土木事業部が本社の十分なコントロールを受けなかったことと相まって、アームストロングの内部にはニューカースル、ロンドン、ニューファンドランド間のコミュニケーションギャップが発生していた。それでも、カナダプロジェクトの現地責任者がしっかりしていれば、問題は少なかったであろうが、当の責任者のスタッドラーは、技術者として製紙業の経験はあったものの、全般管理者の能力に欠けていた。(68)会長のウェストも少なくとも二回現地に行っているが、行った時期はいずれも夏や一〇月で、真冬には行っておらず、ニューファンドランドの厳冬を認識することはできなかった。(69)

アームストロングが、子会社も含めて製紙工場建設の十分なノウハウを持っていたかどうかは疑わしい。技術ノウハウを得るためにチャールズ・ウォームズリーを買収したのだが、ボウォーターのノースフリート工場の建設も順調には進まず、新聞用紙の品質にも問題があった(70)。

建設工事は当初の予定より、大幅に遅れ、最初の製品が出荷されたのは、一九二五年の七月であった。建設費は二〇〇万ポンド以上も超過し、したがってコストは増大し、他社とのコスト比較でも割高となった。また悪いことに、一九二三年から二五年にかけては、新聞用紙のトン当たり価格は八〇～七五ドルであったが、一九二五年ごろから低下傾向になった。最終的に、カナダプロジェクトは大幅な赤字を出して、アームストロングの息の根を止めることになるのである。結局、ニューファンドランド・パワー・アンド・ペイパー社は、一九二七年にアメリカのインターナショナル・ペイパー社に売却されることになった。

(6) 小括

アームストロングもヴィッカーズと同様に、多角化に戦後の成長の源泉を見出したが、自動車や航空機を除いて、多角化は成功しなかった。自動車の場合には、シドレーという経営手腕をもつ企業家に経営を任せたので、成功を収めることができた。航空機もシドレーの経営に任されていた。航空機の場合はヴィッカーズと同じく、軍用であったのでシドレーでなくとも成功を収めたかもしれないが、自動車の場合は民需だったので、アームストロングの経営者では不可能であっただろう。投資額の少なかった電機では大きな成功は収めず、鉄鋼では大きな損失を出した。だが、最大の多角化失敗は、土木事業部、それと関連したカナダ・プロジェクトの失敗であった。数百万ポンドに及ぶ損失は、アームストロングの屋台骨を揺るがした。

また、第一次大戦前に展開した海外事業（主に兵器関連）も、イタリアのポッツォーリをはじめ、ホワイトヘッド、また日本製鋼所も芳しい状況にはなかった。ヴィッカーズと同じく、総じて戦後の海外事業は苦境に立っていた。しかし、アームストロングの場合は多角化を海外で大規模に行おうとしたために、不十分なフィージビリティー調査によって多額の赤字を出し、企業の存立が危うくなったのである。海外戦略プラス多角化戦略という二重の失敗はヴィッカーズと異なる点であり、ダメージを増幅した。もとよりアームストロングも積極的に海外戦略を採ろうとしたわけではないが、結果的に、イギリスからのコントロールは困難で、ニューファンドランド事業は行き詰まった。第一次大戦前もそうであったが、当時の通信・交通事情を考えると、海外展開を行うことには大きな障害が横たわっていた。日本にも、ノウブルやアームストロングの他の社員も派遣されたが、それは大きなコストであり、また経営事情も通信・交通事情からよく理解できなかったこともある。比較的近く、また同じ英語圏であるにもかかわらず、ニューファンドランドとイギリスとの間でも、必ずしも意思疎通は円滑には行えなかった。

以上のように、ヴィッカーズもアームストロングも多角化戦略の失敗、海外戦略の行き詰まりによって、一九二〇年代半ば、経営危機に陥るのである。

4　一九二〇年代の危機とファイナンス

(1)　ヴィッカーズ、アームストロングの収益性

一九二〇年代半ばに、ヴィッカーズ、アームストロング両社とも金融危機を迎えるのであるが、その詳細に立ち入る前に、両社の長期的な収益状況を俯瞰しておこう。

一八八〇年代にヴィッカーズは兵器生産に本格的に乗り出すが、大不況の一番深刻であった一八八七年、八八年にヴィッカーズの配当率は四％に下がる（表7－6参照）。これに対して、アームストロングは一〇％以上を維持する

表７-６　ヴィッカーズ社、アームストロング社の利益

（単位：ポンド、％）

年	ヴィッカーズ		アームストロング		年	ヴィッカーズ		アームストロング	
	利益	配当	利益	配当		利益	配当	利益	配当
1883	131,769	15.0	146,120	9.0	1912	872,033	10.0	761,765	12.5
1884	118,527	14.0	150,246	7.75	1913	911,996	12.5	877,684	12.5
1885	118,170	14.0	172,367	8.0	1914	1,019,035	12.5	925,522	12.5
1886	105,527	14.0	195,415	9.25	1915	1,099,678	12.5	1,289,419	12.5
1887	59,129	4.0	213,973	10.25	1916	1,123,431	12.5	1,013,401	12.5
1888	70,154	4.0	233,594	11.0	1917	1,123,431	12.5	1,013,401	12.5
1889	91,631	6.5	243,924	11.0	1918	1,123,431	12.5	1,013,401	12.5
1890	95,372	7.5	314,588	11.25	1919	1,123,431	11.3	1,013,401	e.12.5
1891	85,292	6.5	309,621	11.25	1920	541,260	0.0	675,179	10.0
1892	87,235	6.5	228,784	9.5	1921	708,103	5.0	438,887	5.0
1893	55,126	4.0	231,181	10.0	1922	683,205	5.0	467,549	5.0
1894	102,868	7.5	236,246	10.75	1923	499,555	0.0	436,376	5.0
1895	244,013	15.0	251,516	11.75	1924	403,224	0.0	502,250	5.0
1896	285,369	15.0	335,158	11.25	1925	420,973	0.0	△891,503	0.0
1897	216,371	15.0	442,863	13.3	1926	562,283	0.0	△531,210	0.0
1898	347,470	15.0	490,962	15.0	1927	992,985	8.0	△527,953	0.0
1899	404,653	20.0	653,612	20.0	1928	939,902	8.0	△551,970	0.0
1900	542,891	20.0	671,106	20.0	1929	941,971	8.0		
1901	646,332	15.0	564,864	12.5	1930	775,926	8.0		
1902	541,434	12.5	652,698	15.0	1931	574,493	5.0		
1903	556,121	10.0	631,359	15.0	1932	529,038	4.0		
1904	686,895	12.5	636,323	15.0	1933	543,364	4.0		
1905	787,778	15.0	618,414	15.0	1934	613,260	6.0		
1906	879,905	15.0	652,639	15.0	1935	928,104	8.0		
1907	768,525	15.0	722,409	15.0	1936	1,162,610	10.0		
1908	416,846	10.0	491,350	10.0	1937	1,351,055	10.0		
1909	288,044	10.0	500,325	10.0	1938	1,398,852	10.0		
1910	510,668	10.0	611,345	10.0	1939	1,226,870	10.0		
1911	641,686	10.0	681,138	12.5					

出典：Warren (1989); Annual Report of Vickers; Annual Report of Armstrong; Scott (1962).

注：profits after tax. 会計年度はヴィッカーズは１月１日から12月31日。アームストロングは1906年まで７月１日から６月30日。1907年以降は１月１日から12月31日。

など、アームストロングの収益性の方が良好であった。だが、一八九五、九六、九七年に若干ヴィッカーズの配当率がアームストロングを上回ったのち、一八九八年から両社の収益性はほぼ互角となる。そして第一次大戦期にはどちらも一二・五％の高配当を維持し、戦後を迎えることになる。

しかし、戦後の配当は微妙なタイムラグを生じる。第一次大戦期には、戦争のため毎年の営業報告書は作成されず、一九一九年にまとめて四年分の損益が計算され、四年間は同じ利益、配当率となる。これは、ヴィッカーズ、アームストロングとも共通である。だが、一九二〇年に一一二万ポンドの利益から五四万ポンドに急減したヴィッカーズは、同年、慎重な配当政策を採り、一一・三三％から一挙に無配とする。これに対し、アームストロングは、新しい会長に代ったせいもあるだろうが、利益が一〇一万ポンドから六八万ポンドへと急減したにもかかわらず、配当率は一〇％を維持していた。翌年（一九二一年）、さらに利益が四四万ポンドに低下したので五％に引き下げるが、その五％を一九二四年まで維持し、一九二五年八九万ポンドの損失を出すに及んで無配に転落する。この五〇万ポンドの利益から八九万ポンドの損失への転落はいかにも不自然で、利益操作が行われていたことが推定できる(71)。とくに、一九二二、二三、二四年の利益はカナダ・プロジェクトをはじめ、会長のウェストの下で各種の粉飾が行われていた。できるかぎり公表を先送りしようとした一九二五年のバランスシートによって赤字転落が明らかとなり、結局、ウェストは会長を辞任することになる(72)。

これに対し、ヴィッカーズは一九二一年に利益が七一万ポンドに回復したので配当を五％に戻すが、一九二三年に利益が五〇万ポンドを切るとまた無配とし、以後、一九二六年の体制改革まで四年間無配を継続する。このように、一九二〇年以降の両社の配当政策は好対照をなしているのであり、収益状況に機敏に対応した配当政策を採ったヴィッカーズと、粉飾まで行なってカナダ・プロジェクトのダメージを粉塗しようとしたアームストロングの閉鎖性・秘密主義の対比を見ることができる。

表7－7　ヴィッカーズの資本構成

（単位：千ポンド）

年	普通株	累積優先株	優先株(1)	優先株(2)	合計	社債	準備金	剰余金	総合計
1919	12,311	6,851	750	750	20,663	1,252	6,669	846	42,516
1920	12,315	6,862	750	750	20,678	1,252	6,495	991	38,321
1921	12,315	6,863	750	750	20,679	1,252	6,495	1,304	37,353
1922	12,315	6,863	750	750	20,679	1,253	6,495	1,157	35,282
1923	12,315	6,863	750	750	20,679	1,253	4,755	802	33,774
1924	12,315	6,863	750	750	20,679	3,283	3,659	804	32,415
1925	4,105	6,863	750	750	12,468	3,284	1,753	190	22,265
1926	4,105	6,863	750	750	12,468	3,284	500	134	21,813
1927	4,105	6,863	750	750	12,468	3,284	750	709	22,968
1928	4,105	6,863	750	750	12,468	3,284	3,500	730	21,268
1929	4,105	6,863	750	750	12,468	3,284	3,600	741	21,883
1930	4,105	6,863	750	750	12,468	3,283	1,100	586	21,972
1931	4,105	6,863	750	750	12,468	3,280	1,100	388	21,380
1932	4,105	6,863	750	750	12,468	3,282	1,100	345	18,719
1933	4,105	6,863	750	750	12,468	3,267	4,052	765	18,367
1934	4,105	6,863	750	750	12,468	3,268	2,250	419	18,488
1935	4,105	6,863	750	750	12,468	3,255	2,650	496	21,663
1936	6,157	6,863	750	750	14,521	3,241	3,000	736	22,419
1937	6,157	6,863	750	750	14,521	1,206	3,000	699	21,271
1938	6,157	6,863	750	750	14,521	1,039		589	21,360
1939	6,157	6,863	750	750	14,521	1,006		720	21,306

出典："Annual Report and Accounts [VA 1480].

注：累積優先株=cumulative preference share。優先株(1) =preference share。優先株(2) =preference stock。社債=debenture stock。剰余金=profit and loss。

(2) ヴィッカーズ、アームストロングの資本・資産構成

第一次大戦後の一九一九年、ヴィッカーズの普通株資本は一二三一万ポンド、優先株八三五万ポンドを合わせると、株式資本は二〇六六万ポンドであった（表7－7参照）。当時の標準であった普通株、優先株、社債が一対一対一という状況と比べると、ヴィッカーズの社債は一二五万ポンドであり、社債のウェイトがかなり低かったことがわかる。これは不況期に耐える財務体質を持っていたことを意味する。不況が深刻化した一九二五年、この普通株資本については、一二三〇万ポンドから四〇〇万ポンドへと大幅な減資を敢行する。しかし、優先株の減資は行わなかった。大幅減資は普通株株主にとっては大打撃であったが、普通株

表7－8　ヴィッカーズの有価証券保有

（単位：ポンド）

年	有価証券	政府証券	その他証券	植民地証券	合計
1920	3,800,800				3,800,800
1921	1,044,463				1,044,463
1922	4,028,683	(3,817,684)	(210,999)		4,028,683
1923	3,859,149	(3,588,480)	(270,669)		3,859,149
1924	2,621,769	(2,413,217)	(208,491)		2,621,769
1925	2,602,406	(2,413,217)	(189,188)		2,602,406
1926	585,967	1,490,000			2,075,967
1927	540,971	2,135,751			2,676,722
1928	220,492	3,827,399		239,074	4,286,965
1929	307,256	4,264,252		224,680	4,796,188
1930	205,538	4,622,595		6,290	4,834,423
1931	113,104	3,560,448		5,688	3,679,240
1932	103,223	1,631,646			1,734,869
1933	114,715	5,184,456			5,299,171
1934	54,289	6,053,707			6,107,996
1935	479,152	6,115,212			6,594,364
1936	527,855	4,477,615			5,005,470
1937	310,046	2,002,991			2,313,037
1938	131,079	2,920,000			3,051,079
1939	128,922	3,405,763			3,534,685

出典："marketable securities"［VA 1480］.

は元来リスク・キャピタルなので、むしろこの大幅減資は優先株に影響を及ぼさなかったので、株式市場はかえってこの減資に好意的に反応し、株価はやや上昇した。もとより社債支払いの猶予といった措置も取られなかった。総額で一二〇〇万ポンドの減資（普通株は約八〇〇万ポンド）の残りは、準備金（reserve）と利益剰余金（P&L）で賄った。この事実は、ヴィッカーズが手厚い準備金をもった堅実な財務体質を持っていたことを裏付ける。一九一九年の準備金は六六七万ポンドもの巨額にのぼっていた。また利益剰余金も八五万ポンドを確保していた。

これと並んで、ヴィッカーズの有価証券保有高は一九二〇年には三八〇万ポンドと巨額であった。一九二一年には一〇四万ポンドに減少したが、二二年には四〇〇万ポンドへと著増している（表7－8参照）。減資の行われた一九二五年、二六年あたりは二〇〇万ポンド近くに減少しているが、ヴィッカーズの保有有価証券のほとんどはイギリス政府債などの国債であり、一流有価証券であった。この巨額のブルーチップ保有は同社の財務の強さを示している。

他方で、ヴィッカーズの資産は一九一九年には固定資産が七三一万ポンド、子会社への投資は一七二四万ポンドにのぼっていた。子会社への投資が多額であることから、ヴィッカーズが持株会社としての性格をすでに持っていたことがわかる（表７－９参照）。ついで、証券の七三三万ポンドが注意を引く。実はこの欄の数字は、表７－８の数字と一九二五年まで同一であり、したがって一九一九年の数字七三三万ポンドもヴィッカーズの有価証券保有額と思われる。だとすると、一九一九年にヴィッカーズは実に巨額の優良証券を保有していたことになる。第一次大戦の収益を優良証券という形で保有していたと推測され、この優良な証券資産が一九二〇年代半ばの経営危機を乗り切る上で大きな役割を果たした。証券資産は、実際、毎年二〇万ポンド近い利子収入をもたらしていた。また現金・預金も一九一九年には三三六万ポンドに達し、極めて潤沢であった。

表７－９　ヴィッカーズの資産構成

（単位：千ポンド）

年	固定資産	子会社投資	有価証券	在庫	現金	総合計
1919	7,314	17,236	7,327	3,911	3,361	42,516
1920	7,570	18,076	3,808	3,481	700	38,321
1921	7,660	18,144	1,044	2,669	1,620	37,353
1922	7,660	18,026	4,028	1,444	499	35,282
1923	7,617	17,459	3,859	1,698	248	33,774
1924	7,483	17,518	2,621	1,511	724	32,415
1925	3,399	11,727	2,602	1,673	358	22,265
1926	3,315	12,974	1,490	1,789	305	21,813
1927	3,229	12,916	2,135	889	1,256	22,968
1928	*	12,505	4,066	62	1,349	21,268
1929	*	11,763	4,488	0	948	21,883
1930	*	12,180	4,628	0	1,232	21,972
1931	*	11,920	3,565	0	553	21,380
1932	*	11,896	1,631	0	2,964	18,719
1933	*	11,864	5,184	0	858	18,367
1934	*	11,152	6,053	0	489	18,488
1935	*	11,363	6,115	0	447	21,663
1936	*	11,319	4,477	0	2,057	22,419
1937	*	11,310	2,002	0	688	21,271
1938	*	8,932	2,920	0	3,191	21,360
1939	*	8,932	3,405	0	3,138	21,306

出典：表７－７に同じ。
注：固定資産=land & c。子会社投資=investment in subsidiavies。
＊子会社への投資に合体される。

　これに対し、アームストロングは一九一九年の総資本は二八〇〇万ポンドで、ヴィッカーズの四二五〇万ポンドより小規模であった（表７－10参照）。しかし、社債はヴィッカーズの一二五万ポンドに対し、二五〇万ポンドと倍である。この

表7-10　アームストロングの資本構成

（単位：千ポンド）

年	普通株	優先株	資本	社債	準備金	負債	手形	偶発債務	当座借越*	総資本
1919	5,513	4,500	10,013	2,500	1,400	12,097				28,062
1920	5,513	4,500	10,013	2,500	1,400	9,373				28,736
1921	5,513	4,500	10,013	4,413	1,400	4,839				23,825
1922	5,513	4,500	10,013	4,335	1,400	3,027				21,371
1923	5,513	4,500	10,013	4,257	1,400	3,594				20,722
1924	5,513	4,500	10,013	5,858	1,400	5,964	2,000			25,744
1925	5,513	4,500	10,013	7,100	500	6,762*	2,000	2,708	5,292	27,367
1926	5,513	4,500	10,013	4,503	500	5,194*	2,000	5,110	3,516	25,115
1927	5,513	4,500	10,013	4,503	0	4,253*	2,000	4,310	3,000	24,242
1928	5,513	4,500	10,013	4,503	0	3,915*	2,000	581	3,000	24,504
1928**	2,862	2,100	4,962	1,036	236	915	0	581		7,151

出典：Annual Report of Armstrong, each year.

注：*"Loans and Bank Overdrafts" を含む。**Consolidated Balance Sheet。偶発債務＝contingent liabilities。手形＝Three Year Notes。

ことは、不況が到来した場合、有利子負債が多く、不況に弱いという財務体質を暗示していた。また準備金もヴィッカーズの六七〇万ポンドに比べ、一四〇万ポンドと圧倒的に少額であった。さらに有利子負債も多額で、一九二四年には三年満期の手形を二〇〇万ポンド、偶発債務（債務保証：contingent liabilities）は二七〇万ポンドから五〇〇万ポンドに達し、加えて膨大な当座借越など、財務的に不健全な状況が推定される。

また資産構成に目を転じると、年度によってはベルギー国債など優良証券の購入も見られるが、概して国債などの保有は少ない。現金・預金なども一九二五年には二万六〇〇〇ポンドと企業規模と比べて著しく少額で、財務的に逼迫していることがわかる。また他企業への投資すなわち子会社、関連会社への投資は一九二一年からは意図的に固定資産に合体され、ディスクロージャーに消極的な姿勢がうかがわれる[73]。すでに述べたが、アームストロングの会長ウェストは、かつて実力者であったアンドルー・ノウブルと同じく秘密主義で、情報を公開しない傾向があった。おそらくニューファンドランドへの投資額を知られないために、意図的に子会社への投資額を固定資産に合体したと思われる（表7－11参照）。

表7-11　アームストロングの資産構成

（単位：千ポンド）

年	固定資産	在庫	債権	他企業への投資	現金など	ベルギー国債	総資産
1919	9,880	4,094	8,613	2,810	2,662	0	28,062
1920	11,348	6,201	3,147	5,394	649	1,380	28,736
1921	13,716*	4,995	2,252	—	848	1,380	23,825
1922	14,170*	3,013	1,416	—	1,093	1,000	21,371
1923	14,899*	3,172	1,253	—	706	0	20,722
1924	15,910*	6,309	2,072	—	640	0	25,744
1925	11,072	4,509	1,588	9,500	26	0	27,367
1926	10,945	2,857	1,397	7,486	260	0	25,115
1927	10,723	1,623	1,660	7,380	1,048	0	24,242
1928	—	411	1,549	4,383	1,184	1,273	24,504
1928**	—	411	1,547	1,533	884	1,273	7,151

出典：Annual Report of Armstrong, each year.
注：*他企業への投資を含む。**Consolidated Balance Sheet. また、同年のScotswood Works, Close Works and Shipyardsは150万ポンドの評価額。1928年の1273には、イギリスおよび他国国債を含む。債権：debtors.

以上のように、ヴィッカーズとアームストロングを比較すると、戦間期の開始当初から、アームストロングは財務的に劣っていたと言ってよい。

(3)　ヴィッカーズの経営危機と再建

ヴィッカーズは一九二〇年代前半、本業の不振、多角化した産業の多くが不成功という結果のために、収益性が悪化していた。一九二三年、二四年と連続無配を続けた同社は一九二五年に大幅減資を行い、またそれにともなって、会長のダグラス・ヴィッカーズの会長辞任（取締役としては残る）、取締役の大幅入れ替え、経営組織の再編を断行した。不振の原因は、ウルズリー、メトロヴィック、キャナディアン・ヴィッカーズ、ヴィッカーズ・テルニの極端な不振、メトロポリタン・キャリッジの停滞などであった。とりわけ一九二四年、二五年は利益が四〇万ポンドそこそこに落ち込み、優先株配当の支払いも怪しくなった。ヴィッカーズの社債利子の支払いには毎年一七万ポンド必要であり、その額は十分支払える状況にあったが、優先株配当にさらに四〇万ポンド必要であった。合計で約六〇万ポンドの利益がないと優先株配当は払えず、普通株は無配になる。普通株を三分の一に減資することにより、普通株の配当負担を軽減し、企業体質を強化することができる。そのためにヴィッカーズは大鉈を振るって減資を実行した。

一九二四年から二五年にかけてヴィッカーズは財務的に困難な状況に陥る。一九二四年一二月三一日のキャナディアン・ヴィッカーズへの債務保証は八一万ポンド、ウルズリーへのそれは五二万ポンドに達し、両社だけで一三〇万ポンドにのぼった。

ヴィッカーズと銀行との関係を見ると、同社はグリン・ミルズを軸に、バークレイズおよびミッドランド銀行との三行が取引銀行であった。ときには、ビルブローカー会社との取引もあったが、それらは短期間であった(74)。また銀行残高は、概してプラスであったが、資金繰りが悪化した一九二五年には月別でマイナス（借越）になることが多くなった(75)。

一九二一年一二月の本社勘定にはグリン・ミルズが二五万ポンド、バークレイズが二四万ポンド、ミッドランドが一六万ポンド、合計で六四万ポンドの銀行残高があった。また工場勘定を含めると八九万ポンド、外国銀行には五六万ポンド、全体で一四五万ポンドという巨額の残高を有していた。一九二三年一二月の本社勘定は、三行合わせて一二万ポンドの残高であり(76)、一九二四年一二月には二三万ポンドの残高があった。だが一九二五年の一月には二一万六七八三ポンドの借越になり、二月には六万一〇五八ポンドのプラスになったものの、一九二五年の一〇月には一九万七三七一ポンドの借越となり、以後、四カ月連続の借越となった(77)。一九二六年の九月には二〇万四〇五ポンドの借越となっている。この通常残高の他に、定期預金（deposit account）がどのくらいあったのかは不明であるが(78)、財務状況がこの時期厳しくなっていたことは確かであろう。また一九二五年五月には、グリン・ミルズから二〇万ポンド（三カ月）の融資を受けていたが、それをさらに三カ月延長することになった(79)。

通常の株主総会は二〇〇～三〇〇名の出席者で行われるが、六三八人もの出席者を数えた一九二五年一二月一七日の臨時株主総会で、経営体制の刷新、大幅減資、諮問委員会（Advisory Committee）の設置が決定された。[80] 諮問委員会のメンバーはミッドランド銀行会長のマッケナ、かつて有力取締役であったダドリー・ドッカー、会計士のウィリアム・プレンダーの三人であった。また経営体制として、三つのマネジメント・ボードを設置し、各ボードに取締役を配置した。詳細は別稿で論じたので詳しくは論じないが、[81] その三ボードは、「兵器・造船委員会」（Armament and Shipbuilding Board）、「工業委員会」（Industrial Management Board）、「財務委員会」（Finance Management Board）である。

既述のように、ダグラス・ヴィッカーズは会長は退いたが、取締役としては継続し、実務としては大陸ヨーロッパを担当していた。（同時に、名誉社長：honorific president となった）。ヴィッカーズ家は、ダグラスをはじめ、ヴィッカーズ社から総退陣したわけではなく、ダグラスの息子であるオリヴァー、あるいはレオナード、ショルト、アントニーなどの一族のメンバーは同社で働いていた（図7-3参照）。しかし、かつて個々のメンバーは優秀ではあったが、「ビザンチン時代」[82] と形容された混乱した分権体制は、新しいメンバーによって取って代わられることになった。ドースン、カイアーは取締役を退いたり、あるいは退かないまでも実権は新しい経営者に移った。会長になったのは、一九二一年からヴィッカーズの取締役であり、グリン・ミルズの専任《マネジング》パートナーでもあるローレンスであった。彼は元々は陸軍軍人で、大将にまで上り詰めた人物であるが、退役後シティーに入り、グリン・ミルズのパートナー、のちには同行の会長となった金融人である（表7-1参照）。グリン・ミルズは、たしかにヴィッカーズのメインバンク（史料では principal banker と表現されている）[83] であり、そのグリン・ミルズの専任パートナーであるローレンスがヴィッカーズの会長になったことから、メインバンクの介入と捉える見方も可能であろう。事実、一九三六年の議会の聴聞会でローレンスがそのように質問されたこともあった。[84] しかし、イギリスの経営事情では、日本ふうのメインバンクの介入ではなく、たまたまローレンスが適任であったことが会長選任の主たる理由と思われる。

図7－3　家系図

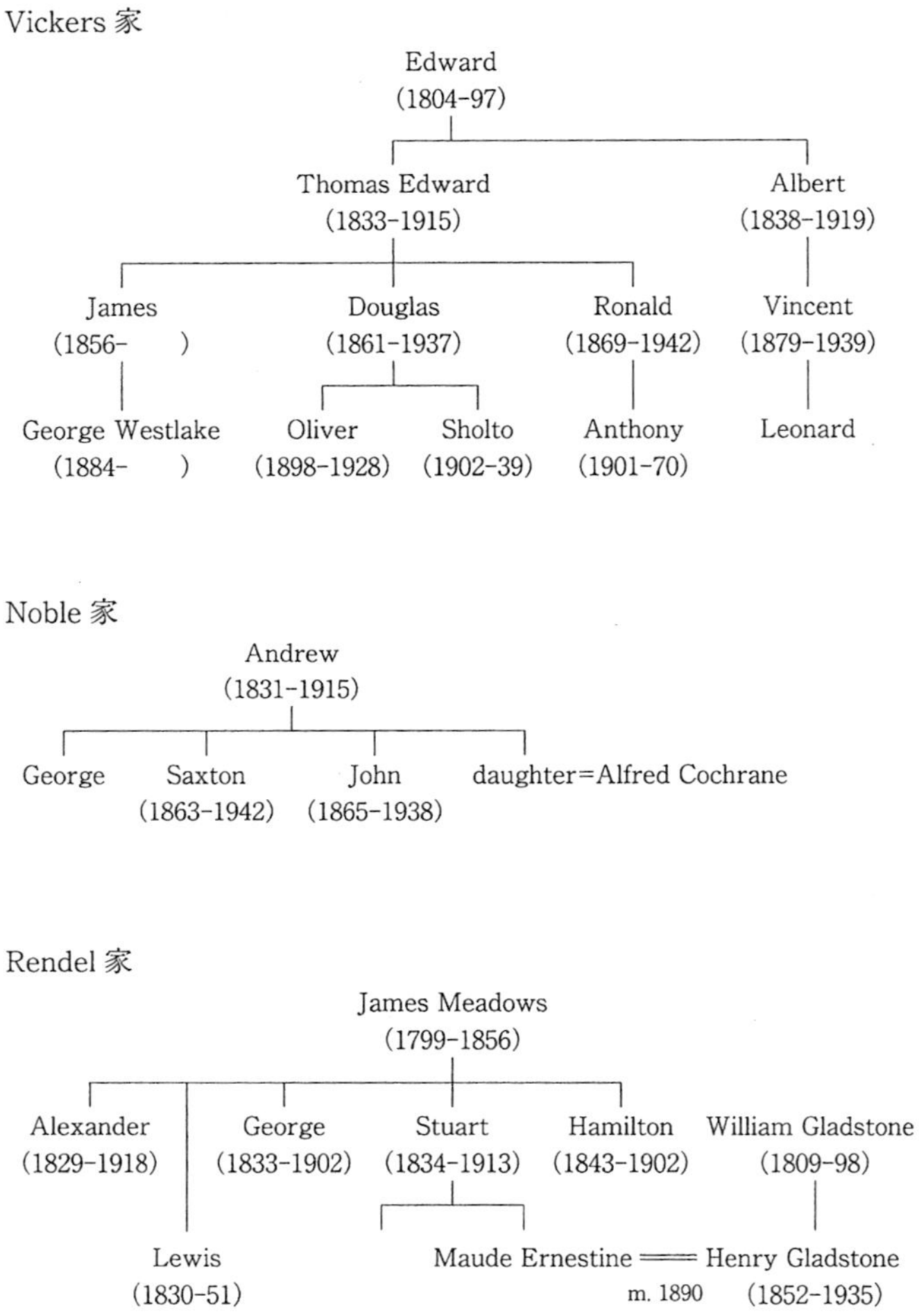
Vickers 家
Edward
(1804-97)
Thomas Edward
(1833-1915)
Albert
(1838-1919)
James
(1856-　　)
Douglas
(1861-1937)
Ronald
(1869-1942)
Vincent
(1879-1939)
George Westlake
(1884-　　)
Oliver
(1898-1928)
Sholto
(1902-39)
Anthony
(1901-70)
Leonard
Noble 家
Andrew
(1831-1915)
George
Saxton
(1863-1942)
John
(1865-1938)
daughter=Alfred Cochrane
Rendel 家
James Meadows
(1799-1856)
Alexander
(1829-1918)
George
(1833-1902)
Stuart
(1834-1913)
Hamilton
(1843-1902)
William Gladstone
(1809-98)
Lewis
(1830-51)
Maude Ernestine
m. 1890
Henry Gladstone
(1852-1935)

出典：表7－1、表7－4に同じ。

表7-12　アームストロングの各部門・工場の収益性

（単位：ポンド）

部門・工場	1921	1922	1923
Shipyards	491,933	435,912	3,716
Openshaw	△204,182	△31,699	325,681
Locomotives	△66,466	174,524	17,760
Ordnance	205,375	△22,688	△20,437
Ammunitions	45,602	39,423	△3,648
Steel & Stamping	△135,617	78,163	32,877
Gas & Oil Engines	△25,280	△15,298	△11,191
Brass	△6,455	△28,426	△30,831
Close Works Foundry	△59,640	△26,952	△9,795
Manufacturing profit	426,123	803,775	268,975
Contracting business	value of contracts		cash paid to 1924. 10. 31
Newfoundland	6,557,000		3,826,776
Other Contracts	3,232,336		1,107,124

出典："Notes or Explanatory Memoranda by Price Waterhouse", 1924. 11. 21 [SMT].

そのローレンスを頂点に、会計士のジェンキンスンが財務を担当し、生産はクレイヴンが主たる責任者となった。こうしたテクノクラートを軸にする体制と、組織的にも先の三委員会（ボード）による分業体制により、また不採算企業の売却により、ヴィッカーズの収益性は早くも一九二七年には好転し、九九万ポンドの利益を計上し八％の配当を実施した。経営史上におけるリストラクチャリングの成功事例の一つといえよう。

(4)　アームストロングの経営危機

一九二八年にライバルのヴィッカーズに吸収されるにいたる一九二〇年代半ばのアームストロングの経営危機は、本業の不振（表7-12参照）、多角化の失敗、海外事業の不振といったヴィッカーズと類似の困難から生じていた。もとより、全般的に財務体力が戦間期当初からヴィッカーズより劣っていたことも一因である。しかし、アームストロングに止めを刺したのは、ニューファンドランド・プロジェクトの失敗であった。

この事業はすでに説明したとおり、一九二〇年の土木事業部の設置に続き、一九二一年一一月に決定され、一九二二年にはニューファンドランド・パワー・アンド・ペイパー社（以下、NPP）が設立された。この事業がうまくいかなかったのは、フィージビリティー・スタディーの杜撰さ、アームストロングの土木事業、製紙事業のノウハウが十分でなかったことに起因している。

当初、三〇〇万ポンドと見こまれた予算は二〇〇万ポンド以上も超過し（一九二四年一〇月末の投資額は三八二万ポンド――表7－12参照）、アームストロングが実質上の倒産にまで追い込まれる主因となるが、その経緯を振り返ってみよう

一九二五年まで生産が開始されなかったのだから、足掛け四年の間、設備資金、運転資金を調達しなければならなかったアームストロングのニューファンドランド債務は膨れあがっていった。普通の企業はグリン・ミルズやミッドランド、バークレイズなどのような預金銀行が取引銀行になるが、アームストロングのメインバンクは、他ならぬイングランド銀行であった。これには歴史的経緯がある。一九世紀の初めはまだ金現送の必要があったため、イングランド銀行はニューカースルに支店を設置した。(85) その後、北部地域を襲った地方銀行の倒産が切っ掛けで、アームストロングは取引銀行をイングランド銀行ニューカースル支店とした。そして同社の発展とともに、アームストロングがニューカースル支店第一の取引先となったのである。イングランド銀行をメインバンクとするこうした事例は、時代とともに減少し、まれなケースとなっていった。他には、グラスゴウのビアドモアーなどもそうである

設備資金の調達のために、メインバンクであるイングランド銀行からの当座借越は一九二四年一二月三日には、融資（advance）の二一〇万ポンドを含んで、二八四万ポンドにのぼっていた。同年一二月一七日には三〇三万ポンドの大台に達し、一九二五年の三月には一五一万ポンドに減少したものの、同年の八月には三四九万ポンドにリバウンドしていた（うち、融資が二二五万ポンド）。このような当座借越の増大を懸念したイングランド銀行は、一九二四年、ファイナンス・アドヴァイザーとしてマーチャントバンクのベアリングを推薦し、アームストロングもこれを応諾した。(86) 以後、アームストロングの財務問題にはベアリングのレヴェルストウクやピーコック、とりわけ後者が関わ

るようになる。

一九二四年三月、アームストロングのファイナンス・アドヴァイザーとなったベアリングは、NPPが必要とする住宅建設、他のインフラ整備事業用の資金として、三年満期の手形（Three Year Notes）（総額二〇〇万ポンド）の発行を勧める。さらに一九二五年一月には、増大するイングランド銀行の融資に対する担保として、三〇〇万ポンドの社債発行を勧告する。(87) こうしてアームストロングの債務は社債と手形という形態で増大していくのである。

一九二五年三月、ニューファンドランド事業の状況を詳細に調べる必要を感じたピーコックは、イングランド銀行総裁のノーマンに書簡を送り、現地調査の責任者として、フレイター・テイラーを推薦する。(88) フレイター・テイラーは、もともとスコットランドの出身で、投資信託・マーチャントバンクのロバート・フレミングに入り、のちカナダにきて、製紙会社や鉄鋼会社の経営に携わっていたカナダ事情に詳しい人物であった。(89) この人選には、ニューファンドランド事業をできるだけイングランド銀行に知らせまいとする会長ウェストの反対が予想されたが、結局、二五年の四月にテイラーは現地調査を依頼され、七月には製紙工場のあるコーナー・ブルックに到着した。(90) 彼は数カ月かけて作成した詳細な報告をピーコックに送った。その中で、先に紹介した杜撰な経営が批判されていた。現地責任者のスタッドラーが利益もあげていないのに、自分の部下に給与を大盤振る舞いしたことや、技術者としてはともかく、経営者としては問題がある点などを多項目にわたって指摘していた。九月の報告書では、発電所の建設には三〇〇万ポンドが支出され、パルプ用の木材伐採を行っている木材部についても極めて拙劣な経営であると批判していた。(91) 一九二五年九月にはイングランド銀行は、同行の同意なしには新規事業支出を認めないこととした。(92)

一九二五年九月二八日、NPPを破産させるか否かに関して、総裁のノーマン、副総裁、テイラーは協議をし、ここではテイラーは破産をできるだけ避けるとの意思表示をした。ただし、アームストロングの取締役会に「新たな血」（new blood）をいれるべきであると提案した。同日、ノーマン、副総裁と会談した会長のウェストも当然ながら、NPPの破産はアームストロングの信用を傷つけるとしてNPPの破産に反対した。ウェストは、NPPはカナダ政府に関税問題などで不当に取扱われ、不利益を蒙っているとし、将来的に新聞用紙価格が上昇する展望があり、また余剰電力を販売することも可能であるといった楽観的な見通しを述べた(93)。

二五年一〇月一二日には、ノーマン総裁、副総裁、ピーコックなどが協議し、「非公式ニューファンドランド委員会」(informal Newfoundland Committee)を立ち上げ、そこからはウェストを排除し、ピーコック、テイラー、ウィッガム(Trade Facilities Committee の指名)の三人構成とすることが決定された(94)。最大債権者のイングランド銀行がウェスト排除に一歩踏み出したことになる。

一九二五年一一月には、副総裁、ピーコック、プリンシパル(支店長か?)の三人が協議し、ピーコックはニューファンドランドのダムでトラブルが発生していること、ウェストはできるだけイングランド銀行がNPPの経営にタッチしない方がよいと考えているようだと発言していた(95)。

一九二五年一二月四日には、アームストロングの取締役会とニューファンドランドを結ぶ連絡役(liaison member)が必要であるとの結論に達した(この職をテイラーが担うことになる(96))。同月一四日にはピーコックからトラヴァーズ(イングランド銀行)に宛てた書簡で、当座借越がますます増加していること、ヴィッカーズが減資などの措置を決めたことを受けてその種問題ならびに当座借越の規模について検討することが述べられていた(97)。

一九二六年二月一三日のイングランド銀行からニューファンドランド事業に対する融資は五六〇万ポンドに達していた。内訳は、NPPに六〇万ポンド、ユーティリティーズ・コーポレーションに二〇〇万ポンド、一般勘定(general account)二三〇万ポンドであった(98)。担保はアームストロングの社債であり、融資条件は二〇〇万ポンドまではバンクレート、それ以上の金額はバンクレートプラス一%であった。担保がアームストロングの社債だったので、もしもアームストロングが返済できない場合はイングランド銀行が最大の社債保有者となることになる。

別の史料では、一九二六年三月三一日のイングランド銀行の融資は五二五万ポンドであり、このうちニューファンドランド勘定は二〇五万ポンドであった。[99] 同年四月三〇日には、当座借越は六万ポンド増えて三二六万ポンド、合計で五三二万ポンドに達した。[100]

このような状態を憂慮したノーマンは、一九二六年四月一四日に、イングランド銀行の総裁室に関係者（副総裁、レヴェルストウク、ピーコック、トラヴァーズ）を集め、アームストロングの今後を検討した。ノーマンは、①実体把握の調査には一年かかること　②委員会を任命する必要（ウィアー卿、ファラー、ウィムニー）③株主委員会（shareholders' committee）が任命される危険性　④経営体制の完全な刷新が至上であること、これらのことを指摘した。[101]

イングランド銀行もこれ以上の融資を継続するかどうかが焦眉の課題になってきた。一九二六年五月一三日のピーコックからトラヴァーズ宛て書簡では、「主要な問題は、総裁がさらに五〇万ポンドをアームストロングに貸すか否かにかかっている」との見通しが述べられていた。[102] さらに悪材料としては、長年の問題部門である土木事業部が三〇万ポンドの損失を計上した。

一九二六年五月二六日、ニューカースルのイングランド銀行支店で開かれた会議において（出席はノーマン、ウィアー卿、ピーコック、トラヴァーズ）、全取締役の辞任を求めること、および破産管財人任命（receivership）の問題が検討された。破産処理の場合には有力株主であるジョン・ノウブルやミッチェルからの反対に遭遇する可能性があること、また全取締役ではなくウェスト、マレイ、シドナム、フォークナー、オトリーの五名の取締役辞任を求めることとした。[103] 取締役会を二分し、テイラーが率いる執行取締役とそれ以外の二グループに分けること。ウェストは個人的に困難な財務状況に置かれることになるが、「倒産法廷」（Bankruptcy Court）に送るようなことはしないとの決定が為された。直接、イングランド銀行は取締役を指名しないとされたが、サウスバラ卿、テイラーをサポートすることがそれ以前の会議で示唆されており、実際、翌日（五月二七日）の取締役会でイングランド銀行の意向どおり、サウスバラが会長に、テイラーが副会長に選出された。[104]

このような状況下で新たな経営委員会構想や、ニューカースルを事業全体の本部にし（つまりロンドンの土木事業部の権限を移す）、マネジング・ディレクトレイト（執行取締役制）が、財務（Finance & Accounts）、販売、製造（エルズィック、オープンショー、造船）、購買の各部門を管理する構想も出てきた。[105] 遅れ馳せの経営体制の刷新である。

一九二六年六月付のテイラー・メモによると、上級専任取締役（Senior Managing Director）を選び、その下にエルズィック、オープンショー、造船部を監督させ、テイラー自身は全般管理（general supervision）を担当するものとされた。現在の取締役会は「間に合わせ」（makeshift）であり、取締役は辞任し、良く選ばれた人々を据えるのが決定的に重要であると、テイラーは述べている。[106]

同じ頃の計画によると、七人の専任取締役——シドレー（経営委員会委員長）、ハドコック（エルズィック）、ディンコート（造船部）、コクレイン（オープンショー）、土木事業部（サクストン・ノウブル）、ディヴィスン（販売）、財務（ホースン）——がそれぞれ担当部署を分担する計画であった。また経営委員会（Committee of Management）は、専任取締役、会長、副会長から構成されていた。[107]

こうしている間にも業績は悪化していき、一九二六年八月には、「一九二六年の赤字は三九万ポンドになるであろう。この収益では固定利子支払い（fixed charges）をまかなえないであろう」[108]との予測が立てられた。ヴィッカーズが一九二五年末から二六年初めにかけて大幅減資を行った際にも、社債はもとより優先株配当も支払えないというような事態ではなかった。同月、テイラーからピーコック宛ての手紙によると、「我々は政府受注を得ようとしている。［だが］アームストロングは『取るに足りないもの』では存続することはできない。このままでは、全構造の『底が抜けてしまう』」との危機感が吐露されていた[109]。

一九二六年の九月には、イングランド銀行総裁ノーマンからのピーコック宛て手紙で、ニューファンドランド事業の分離、社債利子に関する提案、受注不足、石炭ストライキ（この頃、一九二六年五月に起きたゼネストに続く石炭ストライキが長期化し、企業経営に悪影響を与えていた――この点で、ヴィッカーズが一年近く前に企業再建を実施していたことは幸運であった）、海軍受注などについて、ノーマンが所信を述べている。また「アームストロング・ウィットワースを一年間もたすことは困難であろう」、「私自身としてはアームストロング・ウィットワースが造船所や工場を閉鎖することを勧めるべきであろう」との悲観的なコメントも見受けられる。この頃、アームストロングの存亡は、一民間企業の問題だけではなく、政府、海軍省などを含んだ問題となっていた。

一九二六年一〇月にイングランド銀行で開かれた会議（出席はノーマン、レヴェルストウク、ピーコック、テイラー、トラヴァーズ）では、「五〇万ポンドの現金がすぐ用意できれば、倒産は避けられる」「固定利子支払いの猶予をアームストロングは必要としている」などの言及や、ウォームズリー（三五万ポンド）、シドレー（一五〇万ポンド）の売却が検討されていた[110]。

しかし、ノーマンやピーコックの働きかけにもかかわらず、アームストロングは浮きドック（floating dock）の受注に失敗した（一九二六年一〇月）。「わずかな価格差で浮きドックの注文を取ることができなかった。接触した政府メンバーは［わが社の］事態の深刻さを理解していないことは確かだ。しばらく前に、大蔵大臣［チャーチル］、海軍長官と同様、首相にも働きかけるべきだと、私［テイラー］は表明していた[111]」。

一一月二六日の会議では、テイラーは「アームストロングは固定利子を支払うことができないので、経営を存続させるためには支払猶予（Moratorium）が必要である。［子会社などに］八〇〇万ポンド以上を投資しているが、そこでは収益がない」。「ピアスン&ノウルズとパーティントンを合わせて、六〇万ポンドの債務保証をウェストミンスター銀行が、アームストロング・コンストラクションにはコマーシャル・バンク・オブ・スコットランドが二〇万ポンドの債務保証をしている」。(子会社にはイングランド銀行ではなく、預金銀行が融資していた)。「シドレーが、アームストロング・シドレー自動車を買いたがっているので、売るほうが賢明だ」などと発言していた[112]。

かくするうちに一九二六年のバランスシートを作成することになるが、社債は七〇〇万ポンド、三年の約束手形が二〇〇万ポンド、当座借越が三五〇万ポンド、合計で一二五〇万ポンドの有利子負債があり、利子支払いは六〇万ポンド以上であった。さらに子会社・関連会社の債務保証が四四一万ポンドもあり、アームストロングは完全に行き詰まっていた。そこで、アームストロングの社債、手形の大部分の所有者であるイングランド銀行は、倒産を回避するため一九二六年一二月に五年間の支払猶予を認めた[113]。これによって、アームストロングはひとまず倒産の危険は免れたのである。

5　ヴィッカーズとアームストロングの合併

(1)　合併交渉

しかし、依然としてアームストロングの将来展望は暗く、自力での再建は困難と思われていた。そこへ、ヴィッカーズのジェンキンスンからテイラーへ書簡(一九二六年一一月一六日付)が送られてきた。そこでは両社の「合併の基礎」(basis of fusion)について書かれていた。テイラーはこの手紙をピーコックに回し、さらにそれはノーマンに送られた。続いて、二六年一二月一〇日付けのピーコックからノーマン宛ての書簡では、「しばらく前に、私はローレンスを通じて[マーチャントバンク出身のイングランド銀行総裁ノーマンと、グリン・ミルズのローレンスは親しい間柄であったし、またベアリングのピーコックも旧知の間柄であった（—引用者）」、ヴィッカーズのジェンキンスンとフレイター・テイラーの協力が可能かどうかについての会談をアレンジしてきた。彼らはなんどか会談を持った。ジェンキンスンがテイラーにまだ見せていない文書があり、ローレンス、レヴェルストウク、そして私の三人だけが見ている」[114]。

もとよりアームストロング内部では、独自再建の方向を楽観的に主張する者もいたが、テイラーは合併賛成派であった[115]。また合併に他企業を加えるかどうかも議論されたが、最初は二社で出発するということになった[116]。

さらに合併交渉は進み、一九二七年の二月には、ドースン（V）、テイラー（A）、ジェンキンスン（V）、ホースン（A）などの実務者が議論していた。実地に、様々な工場を訪問する段取りが付けられた。さらに六月になると、テイラーとジェンキンスンの間で、協定に向けての草案作りが始まった。そこでは、ヴィッカーズ側が七五〇万ポンドの普通株、四〇〇万ポンドの優先株、合計で一一五〇万ポンドであったのに対し、アームストロング側は普通株五〇〇万ポンド、優先株二〇〇万ポンド、合計で七〇〇万ポンドの比率であった。普通株の比率は三対二、合併比率は一・六四対一と、合併条件はヴィッカーズに有利であった。両社の収益状況を考えれば当然とも言えるであろう。この頃、ノーマン、サウスバラ、ローレンス、プレンダーのトップレベルの会談が行われ、また合併に関して政府の同意を取りつける試みが行われた[117]。

さらに評価は専門の独立会計士であるプレンダーによって行われた。一九二七年三月ごろに行われた評価の結果は、表7－13に示されている。直近五カ年の収益状況を精査し減価償却を差し引くと、ヴィッカーズの年純利益は約三〇万ポンドであったのに対し、アームストロングのそれはわずか一万三〇〇〇ポンドにすぎなかった。またこの時に、向こう一〇年間の新会社の収益計画が立てられた。年利益を六〇万ポンドと推定し、補助金を年三〇万ポンド受けられると、年九〇万ポンドになる（五年間）。これに四年目から合併効果として年二〇万、三〇万、四〇万、五〇万

表7-13　ヴィッカーズとアームストロングの収益性比較

(Plenderによる比較。単位はポンド)

	ヴィッカーズ	アームストロング
1922年	216,548	92,987
1923年	359,466	54,280
1924年	377,953	110,221
1925年	655,671	455,909
1926年	707,854	368,697
5年間合計	2,317,492	1,082,994
5年平均	463,498	216,419
減価償却（年）	165,734	203,339
年純利益	297,764	13,080

出典：“Profits as compiled by Sir William Plender” [SMT 2/126].

（以下一〇年目まで）ポンドの節約ができると、九〇万ポンドから一二〇万ポンドの利益が期待できる。(118) 新会社に対するこの補助金をどこから得るかが次の問題であったが、政府がこの補助金を拒絶すると、ノーマンはサン保険会社に頼り、利益が九〇万ポンドに達しなければ不足分の補助を行う（ただし上限は三〇万ポンド）という方策を考え出した。(119) これにより、合併は急展開することになった。合併はヴィッカーズにとっては「望ましい」ものであったが、アームストロングやイングランド銀行、また国にとっては「絶対に必要なもの」であった。時の大蔵大臣であったウィンストン・チャーチルの承認を得て（七月二九日）、一〇月一三日には合併協定の草案ができ、一〇月三一日に調印され、新会社ヴィッカーズ・アームストロングズが一九二八年一月一日に誕生した。(120)

(2)　合併会社ヴィッカーズ・アームストロングズの誕生

新合併会社ヴィッカーズ・アームストロングズは総資本一八〇〇万ポンド、株式資本一六〇〇万ポンドで出発した。新会社の取締役はヴィッカーズから六名、アームストロングから四名であったが、アームストロングのうち二名はイングランド銀行が指名することになった。(121) 株式配分は、以前の暫定協定とは異なり、アームストロングの収益性が想定より悪いことが判明したこと、また力関係がヴィッカーズに有利なことから、合併比率は変更になった。ヴィッカーズが普通株を五〇〇万ポンド、A優先株（七％）を二〇〇万ポンド、B優先株（六％）を一五〇万ポンドで、合計八五〇万ポンドを保有した。アームストロングは普通株が二五〇万ポンド、A優先株がゼロ、B優先株が二〇〇万ポンドで、合計四五〇万ポンドであった[122]。合併比率は普通株で見て二対一であった。ただし一九二八年末のバランスシートでは、A優先株は二〇〇万ポンドではなく五四〇万ポンドになっており[123]、また一九三二年六月三〇日の史料ではヴィッカーズのA優先株は五八五万ポンドになっていた[124]。ここでヴィッカーズ社史の著者スコットが正式の協定における合併比率を二・五対一としていることから判断すると[125]、ヴィッカーズの株式は普通株五〇〇万ポンド、A優先株五〇〇万ポンド、B優先株一五〇万ポンドの合計、一一五〇万ポンドが正しいように思われる。いずれにせよ、先の暫定協定よりアームストロングの比率は著しく悪化したことがわかる。

しかしながら、このナンバー・ワンとナンバー・ツーの合併により、アームストロングは生き延びることができ、ヴィッカーズはヴィッカーズ・アームストロングズを子会社としてさらに再建軌道に乗ることができた。一九二九年にはキャメル・レアドと、部分的な合併を行い、車両製造のメトロポリタン・キャメル・キャリッジ・ワゴン&ファイナンス、鉄鋼のESC（English Steel Corporation）を設立し、なお大不況に直面して収益は低迷するが、一九三三年ごろから、また再軍備が本格化する三〇年代後半には高収益を享受するようになるのである[126]。

なお付け加えれば、ヴィッカーズとアームストロング両社は完全に合併して一つの会社に統合されたのではなく、両社とも持株会社として存続していた。ヴィッカーズ・アームストロングズは兵器関連の工場を統合した共同の子会社として存続し、それとは別にヴィッカーズは独自に、ヴィッカーズ・エイヴィエーションやスーパーマリン・エイヴィエーションを保有した。またアームストロングもスコッツウッズやクロウス、ウォーカー造船所などを直接経営していた。

ヴィッカーズは第二次大戦後も多角化や事業部制などを取り入れ、大企業として存続してきたが、一九九九年にエンジン製造のロウルズ・ロイスに吸収され、その社名はなくなった[127]。

またアームストロングは、一九二九年七月に名称を、Armstrong Whitworth Securities Co. Ltd. に変更し、普通株の証券保有会社として再組織された。[128] 優先株は、Armstrong Whitworth Consolidated Stock Trust Ltd. や Armstrong Whitworth Second Stock Trust Ltd. として再編され、両社が優先株を保有していた。A・W・セキュリティーズは、テイラーの発案で、最大の証券保有者であるイングランド銀行の承認を経て、証券保有会社に組織変更してできた持株会社である。[129] しかし一九三五年にはヴィッカーズにヴィッカーズ・アームストロングズの持分をおよそ二〇〇万ポンドで売却し、持株会社としての主要な機能を終えた。[130] また、一九三七年にはスコッツウッドを海軍省に売却し、海軍省はそれをヴィッカーズ・アームストロングズに貸与するという過程を経て、実質的にスコッツウッドもヴィッカーズ・アームストロングズの傘下に入ることになった。[131] A・W・セキュリティーズは一九三七年のスコッツウッドの売却をもってその使命を終えたが、いつ清算されたかは明確ではない。清算に関する訴訟のために清算業務が長引き、一九五〇年頃清算されたようである。[132]

6 むすび

兵器企業であったヴィッカーズとアームストロングの戦間期の明暗は、経営史的視点から数多くの興味深い論点を提示している。

第一次大戦前には、兵器企業として双璧をなしていた両社は、戦間期にいずれも多角化戦略を採用した。両社において、自動車など成功の度合いが異なった産業分野もあったが、全体として民需への転換は成功しなかった。むしろ兵器生産への縮小均衡がもたらされた。ただし、兵器部門でも潜水艦や航空機などの新分野は発展した。兵器で培われた技術ノウハウ・経営ノウハウは、民需への転用には大きな障害があったと言える。自動車、電気は有望分野であったが、そうした量産品の生産と、一台当たりが高額の商品、すなわち軍艦などの大規模組立生産では、技術・市場のギャップが大きすぎて、シナジー効果があまり作用しないと言ってよい。(この二種類の生産方式の対比については、本書「第五章　日本製鋼所の大砲製造と民需転換」〔トレビルコック〕参照)。

第二に、第一次大戦前に活発に行われていた海外展開は、それが兵器生産関連だったために、戦間期の軍縮の政治状勢を受けて、またイタリアのムッソリーニの台頭に見られるような兵器国産化の潮流を受けて、衰退傾向にあった。海外子会社で満足な配当を出せる企業はきわめて少数で、大半は無配、その結果として安値で手放すという結果が惹起されてしまった。

第三に、このようにヴィッカーズ、アームストロング両社に共通の要因もあったが、戦間期が開始される時点で、両社の財務体力にはかなりの相違が見られる。ヴィッカーズは豊富な内部留保、慎重な配当政策を採っていたのに対し、アームストロングは株主を意識し、悪化した財務状況を無視した政策を採っていた。さらには粉飾決算的方策までも用い、一九二五年には突然大赤字に転落するという結果に陥った。

第四に、両社の再建のタイミングは、ヴィッカーズが一九二五年一二月から(あるいはその準備段階をいれるとその数カ月前から)、アームストロングが一九二六年五月からと言うように、半年から一年近いタイムラグがある。このわずかと思えるタイムラグがアームストロングの自力再建を妨げた一つの要素かもしれない。一九二六年五月からは歴史に名を残すゼネスト、それに続く長期の石炭ストライキが起こり、企業全般が大きな影響を受けたからである。早期に着手するということは、選択と集中 (refocusing, restructuring) を円滑に進めることにもつながった。ヴィッカーズの迅速な不採算部門の処分＝ウルズリー、メトロヴィック、ビアドモアー、グラヴァー、キャナディアン・ヴィッカーズの売却、これに対し、アームストロングは子会社のピアスン・ノウルズをかなり後まで保有していた。

第五に、アームストロングが蒙った傷の深さがある。ニューファンドランド・プロジェクトは確かにアームストロング自身のフィージビリティー調査の拙劣さによるものであった。しかし海外進出の場合、情報のミスマッチが起こることは往々にしてある。ニューファンドランドは同じ英語圏でありイギリス帝国に属しているのだから、大きな情報のミスマッチはなさそうであるが、現地の気候、労使関係、輸送状況など慎重な現地調査が必要であった。しかし、アームストロングはそれを怠って、その付けがイングランド銀行からの膨大な当座借越となって、アームストロングのヴィッカーズへの吸収合併という結果をもたらしたのである。このカナダ投資の失敗こそ、アームストロングに致命傷を与えたのであった。

最後に、以上の諸事情を引き起こした最大の要因は両社の経営体制、言い換えればヒトの問題があろう。それは、冒頭で提起したトレビルコック、ウォレン、ダヴェンポート＝ハインズの主張をどのように理解するかということにつながる。

第一次大戦前からヴィッカーズは、ヴィッカーズ兄弟を中心に華麗な人的資源を擁していた。ザハーロフ、カイアー、バーカー、ドースン、ロウなど一癖も二癖もある人物群であったが、それらがヴィッカーズ家を中心にうまくまとまっていた。これに対しアームストロングでは、ウィリアム・アームストロングの死後、アンドルー・ノウブルの独裁的・秘密主義的経営体制が確立し、逆にこれに反発するレンドル派との内紛が絶えず、アームストロング全体としての経営力の発揮を妨げていた。

だがヴィッカーズとても、「ビザンチン時代」と揶揄されたように、近代的・組織的な経営体制ではなかった。むしろばらばらの体制であったが、扇の要としてヴィッカーズ兄弟がいた。戦後のヴィッカーズはそれを失い、各有力者が蕃居する体制をどのように近代化していくかが課題であった。ちょうど、スローン登場以前のGMが各子会社の統制をどのようにとっていくかが問題であったのと似ている。それゆえ、先に触れた戦後の多角化問題がデュポンと同じ問題を抱えていたことと合せると、ヴィッカーズは、GMの突き付けられた問題（部門の統合問題）とデュポンの直面した課題（多角化）という二重の難問を、第一次大戦後に一挙に解決しなければならなかった(133)。これは、経営環境も考え合わせると、困難な課題であった。

ヒトの問題で付言すれば、アームストロングの場合、Director of Naval Construction 経験者を引き抜いていた（少なくとも三人）。こうした事情が技術的に、また経営的にどのように作用したかは断定できないが、艦艇建造の面では技術的にヴィッカーズと遜色がなかったと思われる。[134] ただし、ヴィッカーズの方が潜水艦、航空機などの新分野に積極的であり、またアームストロングが第一次大戦前には舶用エンジンを建造できず、ヴィッカーズはそれも含めて完全な統合企業であったことを踏まえると、技術的にもヴィッカーズが半歩先を行っていたと言えるかもしれない。

しかし、戦時期から一九二〇年代前半にかけて、ヴィッカーズにおいても、経営の中心軸が弱体化し、また周囲の人物も老齢化していた。その結果、一九二〇年代半ばの経営危機が引き起こされるのであるが、この事態を、早期のうちに経営体制を刷新し克服したのであった。

この点は、次のようにも解釈できる。一九〇〇年以前には技術力が重要であったが、二〇世紀に入ってからは政治力や財務能力も重要となった。ヴィッカーズはザハーロフやバーカーなどの政治手腕に長けた人物を擁していたのに対し、アームストロングはそうした人物を欠いており、その面で遅れを取った。[135] その典型が財務のカイアーであった。彼はロウのあとを受けて、財務の面でヴィッカーズを支えていく人物となった。しかし、一九二〇年代に入ると、カイアーのやり方は、新しく台頭してきたジェンキンスンなどに時代遅れの混乱した財務手法として批判されることになる。これは、カイアーが単に年を取っただけなのか、あるいは緻密な財務・会計手法が必要とされるように環境が変ったのか、いずれの解釈も可能であろう。いずれにせよ、一九〇〇年代、一九一〇年代に財務面で手腕を発揮したカイアーなどが時代遅れとして、また凄腕の武器商人と言われていたザハーロフも、会長のローレンスとそりが合わなかったこともあるが、ヴィッカーズの中枢からは退けられ、ローレンス＝ジェンキンスン・ラインがヴィッカーズのトップを構成することになる。[136]

もとよりイギリス産業全体に占めるヴィッカーズの地位は、兵器産業全体がそのウェイトを低下させて行く中で下がっていったが、それでもなお大企業としての地位を守っていた。これに対し、アームストロングは経営戦略の失敗から、ライバルに吸収される事態に立ち至った。戦間期のこの明暗は、今日のリフォーカシング、リストラクチャリングの問題を考える上でも、貴重な教訓を与えるであろう。

注

(1) Trebilcock [1977]. Warren [1989], Davenport-Hines [1979], [1984].

(2) チャンドラー理論については、安部［一九九七］第1章。

(3) Trebilcock [1977], Chap. 6 Entrepeneurship in Theorey and Vickers in Practice, esp. p. 146.

(4) Warren [1989], pp. 45, 47, 96–101, esp. 101, and 108. ヴィッカーズは兵器企業としてはアームストロングより新興企業であるが、産業企業としてはアームストロングより古い企業である。したがって、一概にヴィッカーズの方が企業家精神において若くて活発であるとは言えない。

(5) Davenport-Hines [1984], p. 160. [1979], pp. 178–194. ヴィッカーズの本拠地であるシェフィールドの特殊鋼企業を研究したトウィーデイルは、トレビルコックとダヴェンポート＝ハインズの評価の相違を指摘している。「トレビルコックは同族企業から近代的大産業企業へのヴィッカーズの移行について楽観的な説明を与えているが、ダヴェンポート＝ハインズは後の時期についてもっと批判的な評価を下している」。Tweedale [1986], p.95.

(6) 資料的には、ケンブリッジ大学ヴィッカーズ・アーカイヴズ所蔵史料（ＶＡと略記）、タイン・アンド・ウィア・アーカイヴズ・サーヴィスの所蔵史料（ＴＷＡＳと略記）、イングランド銀行所蔵のSecurities Management Trust史料（ＳＭＴと略記）、ロイアル・バンク・オブ・スコットランド所蔵のグリン・ミルズ関係史料などである。

(7) ヴィッカーズについての著作は、上記の著作に加えて、公式社史としての Scott [1962] がある。

(8) ヴィッカーズの第一次大戦前の海外展開に関しては、Trebilcock [1977], appendixA 参照。また戦間期も含んだ海外展開に関しては、Davenport-Hines [1986b], pp. 43–69. 参照。

(9) 日本爆発物会社については、奈倉・横井・小野塚［二〇〇三］「第2章第1節日本爆発物会社の設立と海軍火薬廠への継承」参照。また Reader [1971], p 41 にも若干の記述がある。また金剛事件にも触れている。

(10) Scott [1962], pp. 62–63. *Dictionary of National Biography*, "Isaac Rice".

(11) Trebilcock [1977], p. 163. なお一九二六年には同族所有は三・八八%、同族および経営陣の所有は、四・二三%というデータがある。Davenport-Hines [1979], p. 91.

(12) Davenport-Hines [1979], Chap. 3. Trebilcock [1977], 128–130. Scott [1962], pp. 79–81. なお、ザハーロフは一九一九年から一九三〇年までの期間で、七五万ポンドの手数料収入を得ていた。また第一次大戦前にも、年額で数万ポンドにのぼる手数料収入を得ていたこともあった（たとえば一九〇五年には八万六〇〇〇ポンド）。Allfrey [1989], p. 239. Davenport-Hines [1979], p. 98.

(13) Davenport-Hines [1979], pp. 103–104. *Dictionary of Business Biography*, "Sir Vincent Henry Penalver Caillard", by John Turner and "Sir Arthur Trevor Dawson", by Richard Davenport-Hines.

(14) *Members of Parliamment*, "Douglas Vickers"; *Who was Who*, "Douglas Vickers".

(15) Warren [1989], p. 195.

(16) Davenport-Hines [1986b], p. 43.

(17) 有名な例として、デュポンの多角化の事例がある。第一次大戦期に膨張した設備と人員をどのように戦後活用すべきかという問題がデュポンに圧し掛かった。その結論は多角化であった。必ずしも多角化は順調には進まなかったが、事業部制を生み出すことによって多角化→事業部制という方程式をデュポンは作り出したのであった。簡便にその過程を知るためには、安部・壽永・山口［二〇〇二］「ケース六　デュポン社」参照。

(18) Warren [1989], p. 196.

(19) Jones [1957], p. 64.

(20) このように、造船需要に期待して新規の製鉄所を建設した事例として、ドーマン・ロングのレッドカー製鉄所のケースがある。安部［一九九三］三六三～三六四頁。

(21) アームストロングのフィリップ・ワッツはドレッドノートの設計者であった。また Director of Naval Construction の経験者がアームストロングには三人いた。ワッツに加えて、ウィリアム・ホワイト、デインコートである。表7－4参照。

(22) Scott [1962], pp. 62–63.

(23) Trebilcock [1977], p. 116.

(24) Warren [1989], p. 200. 旧式軍艦の新鋭艦への更新計画であった。またヴィッカーズは一九二〇年には、日本政府から装甲板七六〇〇トンを受注していた。Davenport-Hines [1979], p. 222. ただし、これは例外的であったかもしれない。「当社の兵器ビジネスは、日本政府からの注文を除いて、事実上停滞している」, Annual Report for 1921 [VA 1480]. またヴィッカーズは、一九二一年二五基の一六インチ砲を海軍から受注した。その前受け金として、六万ポンドが渡されるはずであった。Board Minute, 1921. 11. 24 [VA]. また一八インチ砲の計画もあった。Warren [1989], p. 200.

(25) アームストロングは、二二万一〇〇〇ポンドの補償金を受け取った。Warren [1989], p. 201.

(26) Warren [1989], p. 198.

(27) ウルズリーについて、簡潔には、Baldwin [1995], pp. 3-15; Georgano [1995], pp. 53-54.

(28) "A short account of the subsidiary companies", by V. F. G. Pritchett, 1959 [VA 771].

(29) Saul [1962], p. 25. Davenport-Hines [1979], p. 131. Annual Report for 1913 [VA 1480].

(30) Georgano [1995], p. 54.

(31) 日本との提携については、メイドリー [二〇〇一] 二五一-二六〇頁。

(32) "A short account of the subsidiary companies", by V. F. G. Pritchett, 1959 [VA 771].

(33) Ibid. Davenport-Hines [1984], p. 178, [1979], pp. 106-107; Scott [1962], p. 167.

(34) Davenport-Hines [1979], pp. 108, 116.

(35) *Dictionary of Business Biography*, "Caillard", "Dawson".

(36) Davenport-Hines [1979], p. 111.

(37) Warren [1998], Chap. 14; Scott [1962], p. 192.

(38) この点に関しては、なお実証を必要としている。

(39) "Foreign Investments, 1914/1959" [VA 534].

(40) "Foreign Investments, 1914/1959" [VA 534].

(41) 久米邦武 [1978] 第二巻、三一六頁。

(42) Warren [1989], pp. 164-170.

(43) Ibid., p. 191.

(44) *Dictionary of Business Biography*, "Cruddas" by D. J. Rowe. ウィリアム・クラッダスが一九一二年に亡くなったとき、彼

の土地資産は一〇四万ポンドと評価された。当時としては、巨額の遺産である。

(45) Warren [1989], p. 61.

(46) *Members of Parliament,* “Stewart Rendel”.

(47) Bastable [2004], pp. 244–245. なお、ステュアート・レンドルは、一九〇三年には二五万ポンドの普通株を保有していた。Warren [1989], p. 166.

(48) Irving [1975], p. 152.

(49) 安部［一九七九］六〇頁。元の史料は、*Iron and Coal Trades Review,* 1911, vol. 82, p. 464.

(50) フォークナーは、多趣味の人であって、企業経営者らしからぬ経歴を持っている。数点の小説を書いたり、教会の中の家に住んだりしていた。彼については決断力がない、とするステュアート・レンドルからの批判（一九〇九年）があるが、「誰も及ばない、わが社の支柱である、と評価する見解（一九一二年、ヘンリー・グラッドストーン）もあった。グラッドストーンもレンドル派である。*Oxford Dictionary of National Biography* [2004], “John Meade Falkner” by Davenport-Hines.

(51) Warren [1989], p. 197.

(52) Ibid., pp. 147–158.

(53) Saul [1962], p. 25.

(54) Edgerton [1991], p. 24.

(55) Warren [1989], p. 198.

(56) Davenport-Hines [1979], p. 189.

(57) Ibid., 190.

(58) Warren [1989], p. 198.

(59) ピアスン&ノウルズの子会社であるパーティントンの主力製鉄所であるエアラム（Irlam）製鉄所は、一九二五年頃、一年間で一二八万ポンドの損失を出していた。Ibid., p. 230.

(60) Warren [1989], p. 203.

(61) Reader [1981], p. 35.

(62) Warren [1989], pp. 216, 220.

(63) Reader [1981], p. 36.

(64) Warren [1989], p. 217.
(65) Ibid., p. 218.
(66) Ibid., pp. 218-219.
(67) Ibid.
(68) Ibid., p. 219.
(69) Ibid., p. 218.
(70) Ibid., p. 198.
(71) ヴィッカーズのデータ不足は意図的なものではなかったが、アームストロングの場合は意図的であった。Davenport-Hines [1979], p. 187. このような本当の収益状態を無視した配当政策は、株主を欺く上では効果があった。ある株主の発言。「ヴィッカーズは配当を見送ったのに対し、アームストロングが五%の配当を出せたのは、経営環境を考えれば、事態はそう悪くない（not too bad)」。Warren [1989], p. 226.
(72) Board Minute of Armstrong, 1926. 5. 18 and 1926. 5. 27 [TWAS].
(73) 表7-11参照。
(74) 少し後の事例になるが、一九三一年にUnion Discount Bank of London や National Discount Co. Ltd. と取引している。"Financial Returns", 1931 [VA 1429].
(75) "General Accounts, Monthly Statements", 1925 [VA 1538].
(76) "General Accounts, Monthly Statements", 1923 [VA 1530].
(77) "General Accounts, Monthly Statements" [VA 1534, 1542, 1538].
(78) のちの時期には、巨額の定期預金（deposit account）が存在する。一九二九年には一八〇万ポンドもの定期預金が存在した。グリン・ミルズ一三五万ポンド、ミッドランド四五万ポンド。なお、これらの定期預金は、おそらく金利が理由で頻繁にグリン・ミルズ、ミッドランド、バークレイの間を行き来していた。"Financial Returns". 1927-1932. [VA 1426-1430].
(79) "Board Minute", 1925. 5. 29 [VA 1367-1368].
(80) "Minute Book of General Meeting of Shareholders", 1925. 12. 17 [VA 1472].
(81) 安部［一九九〇］八九～九七頁。
(82) Davenport-Hines [1984], p. 160.

(83) "Board Minute", 1937. 11. 18 [VA 1371].
(84) Royal Commission on the Private Manufacture of and Trading in Arms, Minutes of Evidence, 1936. 1. 9, p. 351.
(85) Guildhall Library, Glyns at the Bank of England, Pam 3798, p. 22.
(86) Minute of Finance Committee, 1924. 3. 12 [TWAS]. なお、イングランド銀行のアームストロング救済について、簡単には Sayers [1976].
(87) Ibid., 1925. 1. 21; 1925. 7. 23.
(88) F. Williams Taylor (Bank of Montreal) to Peacock, 1925. 2. 16; Peacock's call on the Governor (memo.), 1925. 3. 30 [SMT 8/3].
(89) *Dictionary of Business Biography*, "Frater Taylor" by John Orbell; Wigham to West, 1925. 4. 28 [SMT 8/3].
(90) Frater Taylor to Peacock, 1925. 7. 13 [SMT 8/3].
(91) memo. of meeting (出席者は、Governor, deputy Governor, Peacock, Principal), 1925. 9. 23 [SMT 8/3, 155].
(92) memo. of meeting (Governor, Peacock, Southborough, Harrison, deputy Principal), 1925. 9. 2 [SMT 8/3].
(93) memo. of meeting with West (Governor, deputy Governor, West), 1925.9.28 [SMT 8/3].
(94) memo. of meeting, 1925. 10. 12 (Governor, deputy Governor, Peacock, Principal) [SMT 8/3].
(95) memo. of meeting, 1925. 11. 10 (deputy governor, Peacock, Principal) [SMT 8/3].
(96) memo. of meeting, 1925. 12. 4 [SMT 8/3, 393].
(97) Peacock to Travers, 1925. 12. 14 [SMT 8/3, 402].
(98) memo. of meeting, 1926. 2. 13 [SMT 8/4, 590].
(99) Bank of England Account, 1926. 3. 31 [SMT 8/7, 975].
(100) Bank of England Account, 1926. 4. 30 [SMT 8/7, 975]. ただし、第一次大戦期には、三五〇万ポンドにまで当座借越が増大したことはあった。Minute of Finance Committee of Armstrong, Whitworth, 1918. 6. 5 [TWAS].
(101) memo. of meeting, 1926. 4. 14 (Governor, deputy Governor, Revelstoke, Peacock, Travers) [SMT 8/5, 783]. ウェストは、子会社八社の会長であり、二社の社長（president――イギリスではこの役職は珍しい。ダグラス・ヴィッカーズが会長を降りた時に名誉社長となっている）、二社の取締役であった。合計一二社の取締役会に席を占めていたことになる。彼が独裁的権力をもっていた一つの証左であろう。Board Minute, 1926. 7. 9, p. 476 [TWAS]. 会長辞任後は、ほとんど活躍できないままであった。

(102) Peacock to Travers, 1926. 5. 13 [SMT 8/7, 991].

(103) memo. of meeting with Lord Weir (Governor, Weir, Peacock, Travers) 1926. 5. 26 [SMT 8/7, 1085].

(104) memo. of conversation (Revelstoke, Southborough, Peacock (1926. 5. 18 [SMT 8/7, 1033]) Board Minute of Armstrong, 1926. 5. 27 [TWAS].

(105) memo. by Taylor, 1926. 4. 20 [SMT 8/7, 897].

(106) memo. by Taylor, 1926. 6 [SMT 8/7, 1322].

(107) Scheme of Organisation for the Management of W. G. Armstrong Whitworth, 1926 [SMT 8/7, 1409].

(108) memo. of meeting, 1926. 8. 25 [SMT 8/8, 1675].

(109) Taylor to Peacock, 1926. 8. 26 [SMT 8/8, 1711].

(110) memo. of meeting, 1926. 10. 26 [SMT 8/9, 2139]. 一九二六年一〇月には、ファイナンシャル・アドヴァイザーのピーコックから、このままでは倒産する可能性があるとの手紙がアームストロングの取締役会に送られてきた。これに対し、「取締役会は、破産管財人（receiver）の任命は最後の手段であると決議した」。TWAS, Board Minute Book, No. 5, 1926. 10. 21.

(111) Taylor to Peacock, 1926. 10. 11. この浮きドックの件につき、スタンレー・ボールドウィンは反対、ウィンストン・チャーチル、バーストウ（Barstow）は賛成、との評定があった [SMT 8/9, 1990]。"Armstrong Whitworth & Company, Floating Dock" [SMT 8/8, 1886].

(112) memo of meeting, 1926. 11. 26 [SMT 8/5, 2291].

(113) Balance Sheet, 1926. 12. TWAS, Board Minute Book of Armstrong, No. 5, 1926. 12. 14 [SMT 8/11].

(114) Jenkinson to Frater Taylor, 1926. 11. 16; Peacock to Norman, 1926. 12. 10 [SMT 2/126].

(115) "Notes made by Mr Scott at the Bank of England", p. 3 (1926. 12. 27) [VA 775].

(116) Ibid., p. 4.

(117) memo. 1926. 2. 17 [SMT 2/126]. Peacock to Norman, 1927. 6. 14 [SMT 2/126].

(118) "Estimated Results of the New Company over next 10 years", 1927. 6. 20. [SMT 2/126].

(119) Scott [1962], p. 166.

(120) memo. 1926. 6. 20; SMT 2/126, Churchill to Norman, 1927. 7. 29; Norman to Churchill, 1927. 7. 30 [SMT 2/126].

(121) Warren [1989], p. 246.
(122) Davenport-Hines [1979], p. 198.
(123) Annual Report, Balance Sheet for Vickers-Armstrongs, for 1928 [VA 1586].
(124) Vickers-Armstrongs Limited, Report on Accounts for Half Year Ending 30th June 1932 [VA 1594].
(125) Scott [1962], p. 165.
(126) メトロポリタン・キャメル、ESCについてはWarren [1998] 参照。
(127) ロウルズ・ロイスのホームページによる。
(128) Warren [1989], p. 348.
(129) memo. of meeting (Governor, Comptroller, Rae Smith, Taylor, Travers), 1928. 10. 26 [SMT 8/12, 3155]; Norman to Taylor, 1928. 11 [SMT 8/12 3168].
(130) Scott [1962], pp. 258-259. "Notes by C. W. Townsin", p. 1 [VA 557].
(131) "Notes made by Mr Scott at the Bank of England", p. 10, (Letter from Norman to Peacock, 1927. 8. 26) [VA 775].
(132) "Notes by C. W. Townsin", pp. 15-16 [VA 557].
(133) GMとデュポンに関して、簡便には安部・壽永・山口［二〇〇二］「ケース6&8」参照。
(134) ケネス・ウォレンによれば、アームストロングの現場レベルの技術は優秀であったとされる。むしろ問題であったのは、トップのリーダーシップと企業構造であった。Warren [1989], pp. 97, 254.
(135) この点は、バスタブルの指摘から着想を得ている。Bastable [2004], pp. 241-242. 一八六〇年代から一八七〇年代にかけては、イギリス政府は民間兵器企業を必要としておらず、また民間兵器企業もイギリス海軍に頼らずに、外国政府からの注文で存続して行くことができた。またアームストロングというブランドによって、外国政府からの注文も受注しやすかった〔第一期〕。だが、一八八〇年代後半から二〇世紀にかけて、イギリス海軍のウェイトが高まり、イギリス政府との関係が重要となった。また海外でもアームストロングのブランドよりヴィッカーズの技術力の方が評価される状況となってきた。そしてヴィッカーズのアームストロングに対する追い上げが急展開した〔第二期〕。しかし、第一次大戦期に急膨張した体制は、戦後、カイアーなどのプリモダンな方法では対処できなくなり、アームストロングはもとよりヴィッカーズでも、どの分野で利益があがっているのか分からない状況が生まれてきたと考えられる。そこで近代的な会計手法を持つ会計士などの役割が高まることになった〔第三期〕。Davenport-Hines [1979], p. 94.

(136) 興味深いことに、この時期、スコットランド出身の会計士の活躍が目立っている。アームストロングのテイラーもスコットランド出身で、マーチャント・バンクのロバート・フレミング（フレミングもスコットランド出身）で働いたことがあり、またローレンスのあとを受けてヴィッカーズの会長となるジミスンもスコットランド出身で、やはりフレミングの取締役となり、会計士でもあった。同様に、スコットランド出身で、会計士だったのは、リード＝ヤング（のちのヴィッカーズ・アームストロングズの会長）、シム（のちのヴィッカーズの副会長）、バランタイン、ニールスン（のちのＥＳＣ副会長）、マクリーンなどをあげることができる。イギリス企業で、戦間期に会計士上がりの経営者が増えるのは、リーヴァ・ブラザーズのダーシー＝クーパー、ドーマン・ロングのエリス・ハンター（ピート・マーウィック・ミッチェル出身）などがいるが、ヴィッカーズの場合、さらにスコットランド出身ということも加わる。Davenport-Hines [1989], pp. 117, 146. なお、戦間期における会計士の台頭については、安部［一九九三］三八五頁参照。

第8章　戦間期イギリス航空機産業と武器移転
――センピル航空使節団の日本招聘を中心に――

横井勝彦

1　はじめに

本章の課題は、戦間期の日本海軍航空に注目して、その時代における日英間の武器移転の特徴を航空分野より検討することにある。日本海軍は艦艇とその建造技術はもとより、大砲・火薬の製造技術に関しても、第一次大戦前夜に至るまで多くをイギリスの民間兵器製造企業に依拠していた。こうした事実については、すでにかなりの程度明らかにされてきているが[1]、はたして航空機の領域における武器移転は、いつ頃、どのような形態で展開したのであろうか。そもそも日英間の航空分野における武器移転とは、どのような経緯のもとで開始されたのか。本章の最大の関心はこうした点にある。

日本においても航空機産業は軍需に先導されて成長を遂げており、その歴史は「輸入時代」（日露戦争～第一次大戦）、「模倣時代」（第一次大戦～満州事変）、「自立時代」（満州事変～終戦）の三時期に区分できる。「輸入時代」には、機体・エンジンともに欧米の優秀機を輸入していたが、「模倣時代」には、海外の著名な飛行機・エンジンの製造権を購入したり、あるいは外国人技師を招聘して、その指導のもとに機体・エンジンを製造するなど、もっぱら欧米諸国からの技術導入による設計・製作技術の習得に努めた。航空機製造会社の技術的基礎もこの時期に形成された。そして「自立時代」に至ると、全般的工業発展の低位性のためにプロペラや計器等は依然として国産化できなかったものの、機体とエンジンに関しては陸海軍からの要請と経済援助を背景として、比較的短期間のうちに民間会社による独自設計と国産化を実現し、欧米諸列国の水準にまで到達している。(2)

本章が対象とする時期は、以上のうちの「模倣時代」である。この時期には、陸軍がフランスから、(3)海軍はイギリスから、それぞれに教官を招聘して、航空機の操縦法や整備技術の習得に努めたが、以下では、そのうちの後者、すなわち、海軍がイギリスより招聘したセンピル（Sir William Francis Forbes-Sempill, later 19th Baron Sempill, 1893－1965）を団長とした航空使節団（在日期間：一九二一年五月～二二年一一月）を手がかりとして、航空部門における日英間の武器移転の役割とその限界について検討を加えてみたい。

第一次大戦末期には、欧米の航空界は軍需によって大きく飛躍を遂げたが、これに対して、日本の陸海軍航空は、航空戦の圏外にあって欧米との格差は明白であった。そこで、日本海軍は臨時海軍航空術講習部を設けるとともに、イギリスからセンピル航空使節団を招聘して、操縦・整備その他各種機上作業の講習を実施するに至った。ワシントン海軍軍備制限条約（一九二二年）や国内の財政緊縮の影響もあって、当時、軍備の進展はすこぶる緩慢であった。しかも、日米英仏四カ国条約の調印（一九二一年）によって日英同盟が廃棄されて、日英関係そのものが微妙な時期にあったが、そうしたなかにあってもセンピル航空使節団の招聘は、日本海軍航空史上の新紀元を画するものであったと言われている。(4)

ところで、アジアではインド、中国などの空軍後発国でも航空機の調達先と操縦・整備訓練のあり方とは密接な関係にあったと言われている。たとえば、インドにおいては王立インド空軍（ＲＩＡＦ）の創設（一九三三年）に先立って、一九三〇年にはイギリス本国の空軍施設クランウェルのイギリス空軍訓練校で、インド人パイロットの養成が開始されており、すくなくとも独立以前のインドでは航空機も、イギリスに大きく依存した状態にとどまっていた。(5)一方、中国では航空機の輸入自体が国際協定（対中国武器禁輸措置）によって一九二九年まで許されていなかった。にもかかわらず、同年の中国航空機市場は輸入総額二四万ポンドを記録しており、その内訳を見るとドイツ（三二・九％）、イギリス（一三・三％）、フランス（一一・六％）をおさえて、アメリカ（三九・七％）が最大の割合を占めていた。このアメリカの優勢は、当時、航空訓練にあたる中国人指導者の大多数が、アメリカで教育を受けていたことに起因していた。イギリス航空機製造協会（一九一六年創設）はこのように分析して、「中国向け輸出を拡大するためには、イギリスが中国に対して――極東航空会社などの民間企業を介して――航空機の整備士とパイロットの訓練施設を現地に提供する」ことが必要であると強調していた。(6)

だとすれば、センピル航空使節団も「航空軍事システムのイギリス化」を介して、戦後不況に喘ぐイギリス航空機産業のための日本市場拡大に大きく貢献しえたのではなかろうか。使節団は、日本における海軍航空と航空機産業の創設と発展にどのような影響を及ぼしたのか。当時の海相加藤友三郎は、艦隊中心思想から脱却して海軍航空勢力の重要性を十分に認識していたが、(7)そもそも、招聘された使節団の性格と講習規模はどのようなものであったのか。以下ではこれらの点に留意しながら、センピル航空使節団を戦間期における日英間の武器移転の一形態として位置づけて議論を展開していく。

なお、センピル航空使節団が来日した一九二一年には、三菱内燃機製造株式会社（三菱航空機株式会社の前身）がイギリスの航空機製造企業ソッピーズ社から、また横須賀海軍工廠造兵部も同じくイギリスのショート社から、それぞれ技術団を招聘していた。いわゆる武器移転は民間レベルでも積極的に進んでいた。だが、イギリス企業との提携はその頃がピークで、それ以降は日本企業も日本海軍もドイツ企業との提携に向かっている。(8)

にもかかわらず、日英間の武器移転の一形態としてセンピル航空使節団に注目したのは、それが日本海軍航空発達史の基点をなし、しかも戦間期の武器移転に対する日英両国政府の具体的な対応や戦略を検討する上での興味深いテーマであると考えたからに他ならない(9)。加えて、最近では帰国後のセンピルと日本海軍との間の従来まったく不明であった関係についても、イギリス政府の機密文書が公開されて(10)、かなりの程度その実態に迫ることが可能となった。そこで本章でも、当時の日英間の武器移転を構成していた一側面として、帰国後のセンピルが日本政府高官に対して行った軍事技術情報の漏洩問題についても紙幅の許す限りで論及しておきたい。

2 イギリス航空機産業の戦後不況への対応

(1) 航空機産業の構造実態

一九一九年七月、アメリカ航空視察団は、英仏伊三国の現地調査を踏まえて報告書を作成しているが、そこでは戦争と国防の観点からヨーロッパでは航空機の使用が増大しているのに対して、アメリカでは戦時中に形成された航空機産業の九割がすでに解体されていて、残りの一割も消滅の危機に瀕している、という警告が発せられていた(11)。これに対して、イギリスでは一九一八年に陸軍航空隊と海軍航空隊が合併して単独の空軍ＲＡＦが正式に発足すると共に、世界に先駆けて航空省も創設されており、アメリカ航空視察団もこうした機構改革には大きな関心を寄せていたのである。

日本が航空使節団の招聘に動き始めたのも、この頃のことであった。まずは一九一九年一月に陸軍がフランスからフォール陸軍大佐以下総勢六五名の航空使節団を迎え入れたのに続いて、その半年後には、駐日イギリス大使館付海軍武官リー少将が航空使節団派遣の申し入れを日本海軍に対して行っている。「もし、日本海軍が航空術進歩のため、外国の援助を求める意向ならば、喜んでイギリス海軍に通報し、イギリス飛行将校の来朝に尽力したい。イギリスでは予てより日本の航空界に対して援助したき意向あり、同盟国海軍が同一システムの航空隊を有することは喜ぶべきことであり、同時にイギリスの貿易上の有利である」と提案した。さらに同年九月には、大関鷹麿海軍中佐による軍務局起案（「英国空軍軍人傭聘の件」）が発表された。起案者である大関は、第一次大戦中、駐英武官補佐としてイギリス海軍航空の実力を認識し、「毎年数名の調査実習員を派遣するよりも、イギリスから指導団を招聘して、日本国内での多数を同時に教育する方法が有効である」という持論を展開している。(12)

では、アメリカ航空視察団や大関が見た第一次大戦期および大戦直後のイギリス航空機産業とは、実際にはどのような状態にあったのか。まずはこの点について確認しておこう。

列国の海軍においても飛行機の使途は、従来は主として偵察、捜索、潜水艦哨戒などにとどまっていたが、第一次大戦は、飛行機が戦争の主要兵器となりうることを証明し、航空技術の変革を加速化させた。欧米の航空機産業が戦時期の軍需を背景として急膨張を遂げたのもこうした事情によっていた。イギリスにおいても、開戦時の航空機の月産量はわずか一〇機であったが、一九一七年には一二二九機、一九一八年には二六八八機へと急増し、機体・エンジンおよび関連部品製造部門の雇用労働者数も一九一六年が四万九〇〇〇人、一九一七年が一五万四〇〇〇人、そして一九一八年には二六万八〇〇〇人へと急膨張を遂げていた。(13)また、航空機製造企業に限って見ると、一九一八年時点で一二二社、雇用労働者数は一一万二〇〇〇人、毎月の生産量は平均一二五〇機に達していた。当時、これは世界最大の規模であった。

ところが、終戦とともにイギリス航空機産業も急激な縮小を強いられていく。戦闘機の余剰部分の一部は、アフガニスタン、インド、エジプト、イラク等の前哨地点で帝国防衛に投入されていくが、結局、戦時下の航空機産業に参入した多くの企業は倒産ないしは撤退を強いられ、残った企業も苦境に喘ぐこととなった。(14)イギリス航空機産業の企

表8－1　イギリス航空機製造メーカー‘リング’とその雇用規模（1935年）

	企　業　名	雇用労働者総数（人）
1	Sir W. G. Armstrong Whitworth Aircraft, Ltd.	1,092
2	Boulton & Paul Aircraft, Ltd.	600
3	Bristol Aeroplane Co., Ltd.	1,416
4	Blackburn Aeroplane Co., Ltd.	1,370
5	De Havilland Aircraft Co., Ltd. 1	590
6	Fairey Aviation Co., Ltd.	1,900
7	Handley Page, Ltd.	1,160
8	Hawker Aircraft, Ltd.	1,756
9	Gloster Aircraft Co., Ltd.	1,200
10	A. V. Roe & Co., Ltd.	1,320
11	Supermarine Aviation Works (Vickers) Ltd.	811
12	Short Bros. (Rochester and Bedford), Ltd.	1,454
13	Sanders-Roe, Ltd.	654
14	Vickers (Aviation) Ltd.	1,910
15	Westland Aircraft, Ltd.	306
16	G. Parnall & Co.	81
	合計	18,620

出典：Fearon [1978] p. 81より作成。

業数も一九二四年には二〇社までに急減した。イギリスでも航空機産業の戦後事情はアメリカと同じであったのである。

もっとも、一九二四年頃までには、イギリス政府も戦略的見地から航空機産業の保護と民間航空振興の重要性を認識し始めていた。具体的には、一方で帝国航空への援助を実施するとともに、他方では、戦時中に形成された航空機の設計・製造基盤の崩壊を阻止すべく、航空省によって特定企業への軍用機製造契約の優先的配分が開始されることとなった。いわゆるリングないしは企業集団の形成である。この場合のリングとは、生産・財政能力の最適化を目的とした産業合理化（整理統合）政策ではなく、主要な航空機企業グループ内の競争を主眼とした産業政策であったが、結果的に各企業は自社の存続の可能性を拡大するために、特定機種の製造に特化する傾向にあった。

たとえば、グロスター、ホーカー、ブリストルは戦闘機に、ブラックバーン、ショート、スーパーマリーンは飛行艇に、そして、フェアリーは軽爆撃機の製造に各々特化していった。また、エンジンでもブリストルが星型エンジンを生産し、ロールズ・ロイスが水冷式エンジンを製造するという関係にあった。このような傾向の中で、リング外の業者には航空省からの受注獲得はきわめて困難になっていった[15]。実際に航空省は、航空機製造に関しては一六社、エンジン製造に関しては四社に限定して政府契約を与えることによって特定企業の保護政策を採ったのである。かくして、戦後不況下のイギリス航空機産業は市場圧力の影響から隔離されて、標準化や大量生産とは逆の方向に進み、一九三一年段階でもイギリス空軍の使用する航空機は四四機種、エンジンは三五タイプにも及んでいた。この事態にはやがて政府内部からも厳しい批判が加えられるが、ともあれ、そこでは企業間競争などほとんど見られず、コストの削減や研究開発の取り組みでも大きな成果は期待できなかった[16]。

一九二〇年代初頭から再軍備前夜の一九三四年頃までは、イギリス航空機産業は危機的局面にあったと言われているが、それでも以上のように産業再編によって、一九二〇年代後半には航空機産業の生産量・雇用・輸出額がいずれも倍増し、その後も概ね安定基調にあった[17]。一九二四年二〇社、一九三〇年三八社、そして再軍備宣言がなされた一九三五年には五二社と企業数もそれなりに増加しており、そのなかでも一九二四年以来のリング所属主要企業一六社の一九三〇年時点で雇用者数は、当該産業全体のじつに九〇%を占めていた（一六社のうちの八社が七五〇～九九九人、他の八社が一〇〇〇人以上を雇用）。多数の中小規模企業のなかにあって、上記の一六社は突出した規模を有していたのである[18]。

ところで、イギリスの兵器製造企業は自らの利害を代表する業者団体を組織することがなかったが、航空機産業では第一次大戦下の一九一六年に戦時生産体制の調整を目的として、イギリス航空機製造協会が創設されていた。同協会は当初より航空業界の代表団体として航空省によって公認されており、そのメンバーは正規会員（一九三六年で一八社）と準会員（同年で一三社）と賛助会員（同年で八八社）から構成されていた。このうち前二者は機体かエンジンの一貫生産能力を有した企業で、最後の賛助会員は航空機産業の関連業種に属した部品・材料・付属品の供給業者であった[19]。前掲表8-1に紹介したほとんどの業者（1～15）は上記の正規会員に属していたのであるが、ここで留意すべき点は、この航空機業界の中心企業によって組織された航空機製造協会は、不況脱出の活路を政府の指摘する産業合理化（リング所属企業の絞り込み）ではなく、海外航空機市場の開拓に見出そうとしていた事実である。

以上のように、センピル航空使節団の日本招聘が決定した頃のイギリス航空機産業は、戦時期に肥大化した部分を急速に淘汰している段階にあった。使節団が日本に持参した一〇〇機以上におよぶ各種航空機（後掲表8－2参照）は、そうした淘汰の過程で生産機種を特化させ、やがては中軸企業として政府の保護対象となる企業の製作機がほとんどであった。戦後余剰軍用機を中心とした欧米航空機の世界市場は東アジアにおいて――特に中国と日本を中心として――急展開を見せていたが、では、イギリス航空機産業の中軸企業は、航空機の海外輸出に関してどのような動きを示したのか。次にこの点を確認しておこう。

(2) 航空機産業に対する輸出規制

中国では、一九一三年の南苑（北京）の航空学校や一九一六年の福州の海軍飛行学校の創設に続いて、一九一九年に中国陸海軍航空隊が正式に発足した。さらにイギリス技術顧問団団長F・V・ホルトの指示に従い、同年には中国政府がヴィッカーズ社から練習機としてアヴロ六〇機、輸送機としてヴィミー双発重爆の改造型四〇機、またハンドレイ・ペイジ社からも改造旅客機六機と改造練習機三五機、総計一四一機にもおよぶ大量の航空機購入契約を結んでいる。(20) 一九一九年が中国航空史の一大画期であったと言われる所以はこうした事情によるものであるが、この中国取引はイギリス政府・外務省をも巻き込んだ複雑な国際問題へと発展していく。まずはその点に着目して、センピル航空使節団の来日前夜における中国事情に論及しておこう。

一九一九年二月二四日、有力イギリス資本からなる北京シンジケートは、中国政府の交通局航空課との間でハンドレイ・ペイジ社機の契約交渉を行っていた。結局、翌年一二月九日にハンドレイ・ペイジ社は、上記の契約に加えて飛行艇と水上飛行機合計一〇五機の販売と中国沿岸部・河川に沿った商業航空路の開設に対する技術支援、以上二点に関して北京政府と協定を交わしているが、この契約は債務返済能力に欠ける中国政府に対して、ハンドレイ・ペイジ社に四〇万ポンドの資金前貸しを強いるものであった。

センピル航空使節団の日本派遣に際して、そのメンバーの選定にはヴィッカーズ社が介在していたと言われているが[21]、ほぼ同じ頃、ヴィッカーズ社も北京のイギリス大使館の支援を得て、前述のとおり、中国側と商業用航空機一〇〇機とその部品からなる総額一八〇万三二〇〇ポンドの契約に調印（一九一九年一〇月一日）しており、その際も次の三点にわたって条件が付されていた。第一は、中国人パイロットの訓練、第二は、現金の前貸し、そして第三が契約額相当の資金を調達するための中国国債（中国政府によって発行された年利八％のスターリング建て証券）のヴィッカーズ社による引き受け、以上であった[22]。

これらの契約は、イギリスの航空機製造企業が中国において米仏伊三国の競争企業を出し抜き、中国市場を支配しようとする試みであり、当初、イギリス外務省もそれを積極的に支援していた。だが、そのことで深刻な国際問題が惹起されることとなっていく。第一の問題は、財政破綻に瀕していた北京政府がイギリス企業と航空機購入契約を交わした最大の目的が、国内航空システムの整備ではなく、財政再建の一環として国債を発行することにあったという点にある。イギリスは諸列強に対して中国財政に圧力（貸付禁止措置 loan ban）を加えるよう主張していた。にもかかわらず、ヴィッカーズ社は中国債を引き受け、これが第一回の利払いから不履行に陥っていく。第二のより重大な問題は、上記の中国取引が対中国武器禁輸措置に違反しているという点であった。極東に利害を有する諸列強が一九一九年に調印した武器取引協定では、英米両国ともに今後一〇年間（一九一九年五月五日〜一九二九年四月二六日）にわたる対中国武器禁輸措置を積極的に支持していた。イギリスの航空機輸出はそうした英米間の足並みを乱すものに他ならなかったのである。のみならず、これを契機に今後は諸列強が上記の禁輸措置の対象から商業用航空機を除外したり、あるいは禁輸措置そのものを——イタリアや日本のような協定違反国以外でも——無視する方向に向かうことすら懸念された(23)。

イギリス外務省は自国の航空機産業を支援するために、武器取引協定遵守の原則から逸脱してしまったのであった。外務省は、ハンドレイ・ペイジ社やヴィッカーズ社の中国取引を支援した代償として、イギリス航空機企業と北京政府と多くの中国軍閥と、さらにはアメリカやその他一九一九年協定の調印国の絡んだ武器輸出をめぐる複雑な国際問題に翻弄される危機に直面したのである(24)。

アメリカとは異なり、イギリスでは武器取引協定の対象に航空機を含めていなかった。しかも、中国取引の対象は商業用航空機である。イギリス外務省は当初、このように言って、アメリカを始めとする各国の批判に対処しようとしたが、結局、その後はヴィッカーズ社が行ったような中国との航空機取引も公債による販売支援も認めず、一九二一年には一九年協定に「大半の航空機」を含める修正案にも合意している。アメリカ国務省のみならずイギリス外務省もまた、特定産業利害を犠牲にしてでも追求すべき極東におけるより高次の政策課題を、すなわち現地海外資本や貿易・金融セクターのための平和秩序の回復を最優先に位置づけて、中国向け航空機輸出への監視を強めていった(25)。

もちろん、日本への航空機輸出の条件は中国の場合と大きく異なっていた。世界に先駆けていち早く武器輸出規制に着手したイギリスは、早くも一九一七年頃に戦後の余剰兵器の世界的拡散を問題にしており、一九二一年には平時の恒久的な統制策として武器輸出禁止令が制定された。対中国武器輸出禁止措置の施行後であり、ちょうど日本にセンピル航空使節団が到着した年のことである。以降、すべての武器輸出が商務院の発給するライセンスを必要とすることとなった。一九二一年の禁止令は、その後三一年と三七年に部分改訂が施されており(26)、航空機（軍用機）の輸出がライセンス制のなかで明記されたのは、一九三一年改訂が最初であった(27)。したがって、センピルが一九二一年に日本に持ち込んだ一〇〇機以上におよぶ各種航空機は、たとえそこに最新鋭の軍用機が含まれていようと、当時はまだライセンス制の対象外にあって、航空使節団の日本派遣に前向きな航空省によって問題なく輸出を一括認可されていたと考えられる。[28] ただし、中国への航空機輸出ではアメリカへの妥協を強いられた航空省と外務省が、日本への使節団派遣では海軍省との間で別の意味の妥協を強いられることとなる。

3　センピル航空使節団の招聘

(1)　派遣決定までの経緯

日本においても航空技術に対する関心は第一次大戦直後から本格化し、既述のとおり陸海軍ともに一九一九年には航空術指導団招聘の動きが始まっていた。海軍の場合は陸軍より若干遅れたものの、同年九月の海軍省軍務局起案「英国空軍軍人傭聘の件」に続いて、翌二〇年八月には海軍大臣加藤友三郎より海軍省副官小林躋造が日本大使館付海軍武官としてイギリス行きの内命を受ける。もちろん、小林の任務はイギリスからの航空使節団の招聘であった。同年八月二三日には日本海軍から東京のイギリス大使館付海軍武官マリオットに使節団招聘の意向が伝えられ、ロンドンの駐英大使林は一〇月六日付のイギリス外務省宛て書簡で、今後のイギリス航空省との日本側折衝窓口として小林を指名していた。

日本海軍の創設がイギリス海軍に大きく依存していたように、海軍航空部門の創設も、その分野で最先端を行くイギリスから支援を得るのが望ましい。日本海軍はこのように考え、イギリスからの使節団招聘に関して、次のような要請項目を掲げた。

1　航空使節団の指導領域：

a　海軍航空部門士官の組織化と教育の基礎固め

b　陸上機と飛行船の基礎飛行

c　甲板での離着艦

d　航空術

e　偵察や対潜水艦作戦等での海軍との共同行動

f　空中での射撃訓練をはじめとした空中戦

g　空中からの雷撃

h　技術管理、すなわち機械・エンジン等の検査

i　航空母艦建造の支援

2　指導期間：約一年、教官団は来年（一九二一年）初春に来日予定

3　使節団の規模：約二〇名の士官等より構成

4　報酬：主席教官の指示に基づいて給与は決定。ただし、イギリスでの軍務給与より最低でも五割増

5　往復旅費及び在日中の旅費は、日本海軍での基準に応じて、日本政府が支払う

6　住居（ヨーロッパ人には不満なものとなろうが）も日本政府が提供

7　食料、衣類その他の個人的な日常品は教官各自で調達

8　研修で使用する必要のある機械類は、その目的のための予算内で、イギリスからすべて購入(29)

イギリスでは外務省、航空省、陸軍省がいずれも、以上の日本海軍の要請に応じて現役の空軍士官による航空使節

団を派遣することに賛成していた。航空省は「仮にそのような使節をイギリスが派遣しなくても、他の列強が早晩派遣するであろう」。「また、そのような使節はイギリスの航空機資材を日本に長期にわたって購入するよう促すであろう」と期待を込めて前向きな対応を示した。(30) ところが海軍省は違った。陸海空合同の緊急会議を招集した海軍省は、その席で日本の海軍力がさらに増強されることへ強い懸念を示し、公式使節団の派遣に対して反対の立場を明確にしたのであった。(31)「公式使節団は、日本にイギリス海軍航空の知識をすべて提供するものであり、そのような使節は認められない」と主張した。(32) 当時、ロンドンで折衝にあたっていた小林は、イギリス側の調整が滞っている事情について、イギリス外務省より「アメリカからの厭味タップリの抗議」が原因であるとの説明を受けているが、(33) 最大の原因はイギリス海軍省の強硬な反対にあったと見るべきであろう。イギリスの兵器製造企業の利害に反するとはいえ、第一次大戦以降、イギリス海軍は海軍技術（British naval technology）への日本の接触を最小限に抑える政策を採ってきていた。(34)

結局、一九二〇年一一月一二日には陸海空三省の合意のもとに、イギリス外務省は日本側に民間航空使節団（civilian air mission）の派遣を提案している。公式使節団の派遣に対しては海軍省からの反対があって、その結果、外務省は予備役に入った民間人の使節団を派遣すると提案したのであるが、(35) この提案が航空省と海軍省の妥協の産物であったことを小林は知らない。小林の回想録には次のようにあった。「米国へは現役軍人を日本に送ることはせぬ。予備役に入った者を日本に傭聘されるのを禁止する訳にもいかないといった回答をし、日本に対しては、近東付近の情勢不安の為現役空軍将校を割愛することは出来ぬが予備役に在る優秀者を選抜して現役者と大差なき一団を造ることは出来るがドウであろうと申し出たのである」。(36) イギリス海軍省による航空使節団の日本派遣反対についてはいっさい言及されていない。

民間使節団の団長に空軍が推薦したのがセンピル空軍大佐（当時、二八歳）であった。センピルはイートン校で教育を受けた後に、機械工業分野での徒弟修業を経て、一九一四年八月にはイギリス陸軍航空隊に加入し、翌年には中佐となった。さらに一九一六年にイギリス海軍航空隊に移籍して飛行中隊長、大佐を経て、一九一八年にはイギリス空軍の大佐にまで昇りつめた。その直後にはアメリカへも技術使節として赴き、戦後に航空省兵器部門に赴任したのが公職の最後で、一九一九年にはイギリス空軍を退役していた。二〇代半ばで大佐まで昇進したセンピルの経歴には大戦中の異常さが感じられるが、彼は使節団団長（日本側より支給される年俸は五〇〇〇ポンド）に選ばれた時には、インド航空総監への就任が内定していた(37)。

さて、ここで特に留意すべき点は、センピル航空使節団は――フランス政府公認のフォール航空使節団とは異なり――民間人による非公式な組織であり、そうである以上、海軍省はもとより航空省や外務省すらもセンピルを団長とする使節団には一切の責任を持たず、使節団に訓令を発することも、また使節団から公式報告を受け取ることもなかった、という事実である。つまり、センピルの日本での活動は誰にもコントロールできなかったのであり、東京駐在のイギリス海軍武官からの報告は、センピル使節団が当初海軍省の懸念していた行動を、すなわち機密漏洩を行っていると警告を発していた。かくして、海軍省は外務省に対して機密漏洩阻止の緊急措置を訴えるに及んでいる(38)。海軍省が在日中のセンピルに対して抱いていた機密漏洩の疑いは、後述のとおり彼の帰国後も追及されていく。

(2) 使節団の講習と使用機

センピル航空使節団の来日に先立って、日本では一九二一年四月に臨時海軍航空術講習部規則が発令され、同講習部の本部を霞ヶ浦飛行場（一九二二年完成）に、そして支部を横須賀航空隊（一九一六年創設）に置くこととなった。同年九月より霞ヶ浦（本部）では、艦上機の操縦、離着艦、射撃、写真偵察、雷撃、気象研究、機体・エンジンの整備、器材取扱い、落下傘降下とその取扱いなど広範囲にわたって講習が開始され、横須賀（支部）では飛行艇の教程や艦隊諸作業、砲塔飛行などの本部では実施不可能な講習が行われた(39)。

滞在期間は予定より延長されたものの、センピル航空使節団の約一六カ月にわたった講習（うち総飛行時間は五〇〇〇時間）は、日本海軍の当初の要請通りに概ね順調に進み、使節団の大半は、一九二二年一一月に帰国の途についた。それと同時に臨時海軍航空術講習部を廃止して、霞ヶ浦航空隊が創設され、横須賀と霞ヶ浦の両航空隊には練習部が開設されて、搭乗員の養成にあたった(40)。ここに海軍航空の基礎は確立し、航空隊の組織整備も順調に進んでいったのである。

センピル航空使節団の招聘を契機として、それまでの偵察・哨戒の範囲にとどまっていた日本の海軍航空に、爆撃・雷撃などの攻撃力が加えられ、さらには鳳翔以降の航空母艦の完成によって、艦隊の海上作戦における航空の地歩も着々と固められていった。

ところで、この講習は日本海軍航空の組織的な躍進の基点を画しただけにとどまらず、日本航空機産業の育成にも大きく貢献したと言われているが、センピル航空使節団は講習にあたって、いったいどの程度の航空機を日本に持ち込んだのであろうか。その点を示したのが表8-2である。センピルは、日本海軍が用意した資金で、航空機の操縦・整備や作戦展開の専門家を集めて総勢三〇名の教官団（いずれも予備役）を組織するとともに、各種の航空機も購入して日本に持参したのであり、その数は総計一一〇機に及んだ。

過剰な航空機を抱えて不況に喘ぐイギリス航空機産業にとって、このような多数の航空機が日本海軍によって買い取られることは、まことに好ましいことであったが、海軍航空の確立を目指す日本海軍にとっても、この買い取りは格別の意味を持っていた。たとえば、大量に持ち込まれた練習用機アヴロは、その後、海軍によって正式練習機として国産化が決定され、海軍技術者をアヴロ社に派遣して、その製作法を習得させた。さらにその後、中島飛行機製作所と愛知時計電機株式会社（愛知航空機の前身）は同機の量産も実現している。ショート社の大型飛行艇F・5もの

表8-2　センピル航空使節団が持参した各種航空機（総計110機）

初級操縦訓練用機アヴロ504K（A. V. Roe , ローン110馬力）	20機
アヴロ型水上練習機（A. V. Roe, B・H・P230馬力）	10機
偵察訓練用機スパローホーク（Gloster, B・R200馬力）	37機
二座の偵察用訓練指導用機スパローホーク（Gloster, B・R200馬力）	5機
単座の艦上戦闘機スパローホーク（Gloster, B・R200馬力）	10機
哨戒用の見本機マーチンサイドF・4（ヒスパノ300馬力）	1機
同じ目的のS・E・5a（ウルズリー・バイパー200馬力）	1機
見本機のD・H・9（De Havilland, B・H・P 230馬力）	1機
試作・訓練用機ノーマン・トムプソン飛行艇（Norman Thompson, ヒスパノ300馬力）	1機
魚雷発射訓練用機クックー（Sopwith, ウルズリー・バイパー200馬力）	6機
試作雷撃機ブラックバーン・スウィフト（Blackburn, ネピアライオン450馬力）	1機
試作水陸両用機ヴィッカーズ・バイキング（Vickers, ネピアライオン450馬力）	1機
同じくスーパーマリーン・シーガル（Supermarine, ネピアライオン450馬力）	1機
小型練習飛行機スーパーマリーン（Supermarine, B・H・P230馬力）	3機
訓練と実用兼用の大型飛行艇F・5（Short, イーグル370馬力二基）	12機

出典：JAPAN & JAPANESE AVIATION by Vaughan-Fowler. F/O R. A. F., 1924 [PRO AIR5/358] pp. 38-40; Thetford, [1958], passim：日本航空協会編［1956］, p. 553より作成。

注：1）使節団の他の携行品には、兵器装置、爆弾、7.7ミリ機銃、爆撃照準機、魚雷、写真銃、イギリス空軍の医療検査装置、パラシュート、訓練用エンジン、航空機エンジンの起動装置等が含まれていた。

2）表中の各欄のカッコ内の英語名は、その欄の航空機の製造企業名である。

ちに広海軍工廠で国産化を実現しているが、同じく多数を占めたグロスター社の主力戦闘機スパローホークの場合は、半完成ないしは部品で輸入された五〇機が海軍工廠で組み立てられており[41]、航空部門における日英間の武器移転は、このような形でも促されていったのである。センピル航空使節団来日当時、すでに外国からの機体やエンジンの製造権の購入は始まっていたが、これら訓練用機やその他の試作・見本機も――後述のとおり、経済効果（イギリスへの大量発注）はもたらさなかったが――「模倣時代」における武器移転には大きく寄与したのである。

なお、一九二二年一二月二七日には、世界初の本格的航空母艦鳳翔（一九二一年一一月一三日進水、排水量九五〇〇トン、速力二五ノット）が竣工している。同艦はわが国初の航空母艦であると同時に、当初から航空母艦として建造された世界最初の艦でもあった[42]。この鳳翔の誕生にセンピルの漏洩した軍事情報が大きく貢献していたことは間違いない。イギリス海軍省はこのように批判していた。もっとも、すでに紹介したように、日本海軍がイギリス航空使節団に対して示した要請項目のなかには当初より「航空母艦建造の支援」が明記されていたのである。

(3)　イギリス側の評価

さて、以上の内容のセンピル航空使節団に対して、当時イギリス側はどのような評価を与えていたのか。ここではこの問題を「使節団の今後の日英関係にとっての意味（外交上の意義）」、「イギリス航空機の対日輸出拡大の可能性（経済効果）」、「イギリス海軍省が当初より抱いていた疑念（機密漏洩問題）」、以上の三点から見ておこう。

a　外交上の意義

航空使節団派遣の要請が正式にイギリス外務省に届く以前に、海軍武官マリオットは、駐日イギリス大使宛ての極秘書簡の中で、次のような考えを示している。「今回の航空使節団の成功は、政治的に見てきわめて大きな価値を持っております。なぜなら、わが国と日本とのつながりが強まれば、それはそれだけ望ましいことですし、そうなればイギリス海軍は日本の政策にますます大きな影響力を持つこととなるでしょう。日本海軍はイギリス海軍を模範として、多かれ少なかれ同じ方向に導かれてきました。そして現在でも、日本海軍はイギリスの支援がなければ発展しえないのです」[43]。ここには本国海軍省が抱く航空使節団への不信も日本海軍への警戒心もまったく認められず、外交上の意義だけが強調されていた。

さらに、センピル使節団の講習も終盤に入った一九二二年七月に、駐日海軍武官エリオットは本国の外務省に宛てた書簡で、次のような指摘を行っている。「もしもこの派遣［の企画］がアメリカかドイツに渡れば、イギリスにとっては頗る不利となります。この使節団はイギリスの名声を高める上でも貴重です。」しかも「日英同盟がすでに破棄［一九二一年一二月―引用者］されているなかでも、日英間の友好関係が依然として損なわれていないことを日本側に訴えること、これはわが国にとっての重要課題であり、日本を喜んで支援するイギリスの姿勢を示すことはとても重要です。(44)」とやはり、日本への使節団派遣を全面的に支持していた。本国海軍省の反対によって民間人の非公式な使節団の派遣となった経緯への配慮は、なぜかまったくない。それは、かつて一九一九年八月に航空使節団の派遣を日本側に打診した海軍武官リーとまったく同じ肯定的な論調であった。以下に述べる経済効果への期待とともに、こうした日英関係のあり方を最優先した論調が根強く存在していたからこそ、外務省、航空省と海軍省との間で「妥協」が成立しえたと見るべきなのであろう。

b　経済効果

海軍武官エリオットは、続けて次のようにも言う。「フランスの影響下にあると思われる陸軍航空隊ですら、講習者をセンピルのもとに送ってきており、センピル自身、その影響力によってイギリス［航空機産業―引用者］への発注が増大すると信じて疑いません。センピルは、彼の助言に基づいて日本政府が原材料購入のために（一〇〇万ポンド以上に相当する）大量の支出をすると主張しております」。日本からの発注は、戦後不況期のイギリス航空機産業の維持に大きく貢献するというのである。このセンピル航空使節団の経済効果（具体的には、アヴロ、ヴィッカーズ、ショート、ソッピーズなどイギリス各社の最新機への大量発注）については、当時イギリス国内でも期待されていたが、(45)この点に関しては日本側でも小林躋造の次のような指摘がある。「英国は第一次大戦中作戦上の必要から大に其空軍を拡張したが、平時に之を維持する必要もなく、戦後の財政は之を許しもしない。ソコへ我海軍からの申し入れが来た。過剰人員及び機材の始末に助け舟であるのみならず永く日本海軍と因縁が出来て航空産業の維持にも好都合である」(46)。センピル航空使節団は「航空軍事システムのイギリス化」によってイギリスの航空機・エンジンとその付属品に対する大規模な注文を生み、航空機産業を救済するという指摘であるが、はたしてこの関係は本当に現実性を持ったのであろうか。

ここで留意すべき論点は、いわゆる「軍器独立」[47]の問題であろう。当時、外務省のマレイは海軍省に対して「使節団の経済効果は期待薄であり、日本はすでに独自設計の水上飛行機や飛行艇を製造しつつある」[48]と報告している。たとえ旧式兵器でもそれを輸入する国は、兵器生産能力を持たない限り、その後も引き続き輸出国側の「兵器システム」に依存せざるをえず、その限りでは輸出国の兵器企業には一定の海外需要が期待できる。[49]この点は、イギリス政府も歴代の海軍武官たちも一様に認識していた。しかし、当時の日本ではすでに航空機の生産能力が整いつつあったのである。一九三〇年にヴィッカーズ（エヴィエーション）社の日本代理人に指名された油谷堅蔵は、その時点で日本市場には進出の見込みなどないと明言していたが[50]、日本航空機産業が「模倣時代」から「自立時代」に移行しようとする当時にあっては当然の判断と言えた。

従来、使用機を海外購入に全面依存していた日本海軍も一九一九年には、生産は民間企業で、修理・補給は海軍自体で行う方針を定め、翌二〇年以降には中島飛行機、愛知時計、三菱内燃機製造株式会社の三社が海軍機の製作に着手していた。[51]かくして、センピル航空使節団が来日した頃には、すでに外国製航空機の機体（イギリスのアヴロ、ソッピーズ、ショート、ドイツのロールバッハ等）やエンジン（フランスのイスパノスイザ、ローレン、後にはイギリスのブリストル、アームストロング・シドレー等）の製造権の購入が盛んに行われるようになっていた。[52]「模倣時代」に導入された欧米の航空機は、海軍機の国産化には大きな影響を与えたが、海外航空機の輸入を増大させるものではなかったのである。その直後に提出された駐日イギリス海軍武官コルビンの報告書でも「日本は海外からの航空機輸入に関心はあるが、それは将来の独自設計を見据えたライセンス生産のためのサンプルとして、ごく少数の輸入に限ってのことである。これは日本にとっては最善の策であるが、イギリス企業にとっては好ましくない」と評価していた。[53]

c 機密漏洩問題

さて、日本海軍初の航空母艦鳳翔についてはすでに言及したが、イギリス海軍省は同艦の構造（飛行甲板の全通式形態）には明らかにセンピルの指示が反映されていたと指摘し、イギリス海軍航空の思想と技術が日本に対してさらにそれ以上公開されるのを阻止する努力を外務省に求めている。(54) その開発に多大な努力を払ってきた甲板飛行（母艦離着艦）の情報については極秘扱いにしてきたにもかかわらず、本格的な航空母艦の世界第一号はイギリスではなく日本で竣工した。イギリス海軍初の航空母艦ハーミーズがアームストロング・ウィットワース造船所に発注されたのは一九一七年（起工は翌年）で、鳳翔が浅野造船所（横浜造船所）に発注されたのは一九一八年（起工は一九二〇年）であった。しかし、鳳翔の竣工が一九二二年一二月であったのに対して、ハーミーズの竣工は一九二四年二月にずれ込んでいる。

センピルが将来の良好な日英貿易関係を築いたと自負しているのに対して、海軍省は彼の日本への軍事機密漏洩を糾弾しているのであるが、(55) その原因の一半は海軍省の反対によって非公式な民間使節団が編成され、使節団そのものが海軍省の統制不能な存在となってしまった点にあったのである。

なお、エリオットはセンピル帰国後の日本独自の戦力維持には懐疑的で、外務省に対して「センピルは漏洩するような軍事機密は何も持っていなかったし、また、日本側にもそこから利益を引き出す能力は備わっていない」という感想を漏らしている。(56) やはり、駐日海軍武官は航空使節団の日本での活動にはあくまでも楽観的であった。この背景には、日本海軍航空に対する低い評価が根強くあったのであろう。だが、日本海軍航空への評価がどうであろうと、次節で見るように、日本海軍はセンピル帰国後も、引き続きイギリスから航空軍事情報を入手しうる極秘ルートを確保していた。

4　センピル帰国後の対日関係

一九三〇年までに日本の海軍航空戦力はイギリスに比肩し、海軍航空産業に至ってはイギリスを上回るまでになっていた。最近の研究ではこのように指摘されている[57]。イギリス航空省が一九二五年に作成した「日本の航空に関する報告書」では、なおもセンピル航空使節団帰国後の海軍航空隊の技術・戦略両面での停滞が指摘されていたが[58]、その二年後の海軍武官報告は、次のとおりまったく違った評価を下していた。「海外教官団［この場合、センピル航空使節団を指す―引用者］の帰国と共に、日本の海軍航空隊が大きく後退したという見方には、修正が必要である。入手可能なあらゆる資料から判断して、海軍航空は進歩的かつ効率的であると判断せざるをえない[59]」。

日本の航空機産業も軍需に先導されて急速に成長していた。ただし、そこにはライセンス生産にとどまっているという「模倣時代」固有の限界があったことも事実である。この点は海軍武官の報告でも再三指摘されている。たとえば一九二七年の年次報告は次のように言う。「現在のところ、設計はほぼ全面的に海外に依存しており、今後も暫くはそうした状態が続くであろう。日本人は設計の模倣に多大の熱意を示しているが、完成品を仕上げて量産が可能となる頃には、その設計自体が時代遅れとなってしまっている[60]」。

センピル航空使節団が帰国した直後の一九二四年に、エリオットも外相チェンバレンに宛てた年次報告書の中で、ほぼ同様の視点より「日本海軍航空が直面するであろう、急速に進展しつつある航空機開発をめぐる諸課題」について示唆しているが[61]、では、センピル航空使節団の帰国後、日本海軍はどのようにして最新の海外航空軍事技術情報を入手したのであろうか。以下では、この点を帰国後のセンピルの動きに注目して検討してみたい。

日本滞在中よりすでにセンピルはイギリス企業やその日本代理人との接触をはかっていたが、帰国後も日本との関係は終わらなかった。旧友ピゴットがセンピルに宛てた書簡（一九二七年一〇月二六日付）の次の一節は、帰国後の彼の行動の問題点を端的に指摘している。「［センピルが―引用者］日英両国に一様に大きな貢献をなしたことは誰もが認めていますが、日本から帰国した後（とくに一九二二～二五年）に、今度はイギリス国内で特定の日本人と緊密な関係を持ってきました。そこで法［国家機密保護法―引用者］を犯していたことは明白であり、それでもその地位と名声のゆえに起訴されないと考えたのはあまりに軽卒であったのではないでしょうか」[62]。なお、ここで言う「特定の日本人」とは、海軍武官豊田貞次郎のことである。豊田は巡洋戦艦金剛の副長の任を解かれて、一九二三年一一月から二六年一二月までの三年間、大使館付の駐英海軍武官の地位にあった[63]。このピゴットの書簡はイギリスのMI5[64]の検閲の対象となったのであるが、そこで言及されていた事の真相は、次のようなかたちで明らかになっていったのであった。

一九二四年二月一日、センピルがロンドンの日本大使館付の海軍武官補佐に宛てた書簡は二重に厳封され、内封筒には「厳秘」（strictly secret）と刻印されていた。書簡の内容は、五〇キロ相当の新種爆弾に関する日本海軍への情報提供であることが書簡の検閲によって判明した。これを機に、MI5による徹底的な調査が始まる。もっとも、その背後にかつて在日中のセンピルによる機密漏洩を極度に懸念していた海軍省の存在があったことは想像に難くない。以下では、センピルが受発信した書簡の検閲や電話の傍受、さらにはイギリス空軍副参謀長室での検察官とMI5によるセンピルの査問[65]（一九二六年五月四日実施）、以上から判明した事実を、次の三点にわたって紹介しておこう。

(1)　帰国後のセンピルは、イギリス国内ではヴィッカーズ、アームストロング・シドレー、アヴロ、ブラックバーン、スーパーマリーン、ネピア等の主要な国内航空機製造企業と頻繁に連絡を取っていたが、同時にその一方ではイギリス航空省の内部機密にも近づくことの可能な同省職員フェアーリイとも親交があった。MI5

が傍受したセンピルとフェアーリイとの通話記録は一九二四年二月一八日に始まり、同年八月にはフェアーリイが航空省を解雇されているが、それはフェアーリイが大型飛行艇の事故に関する極秘報告の内容をセンピルに漏らした事実が判明したからであった。

(2) 帰国後のセンピルはロンドンを拠点としつつも、一九二四年を通じてロシア、アフガニスタン、ギリシア、スウェーデン、フィンランド、チリの各国政府に対して、空軍の組織・管理・技術顧問の職を求めていた。その後、実際に一九二六年にはギリシア政府の航空使節としてセンピルを任命する問題が浮上したが、その際には外務省、航空省、海軍省、海外貿易局ならびにMI5の代表によって慎重に検討が加えられた。その結果、航空省としてはセンピルの嫌疑内容からして任命には責任が持てず、またイギリス政府としてもセンピルをギリシアへの航空使節団の一員に推薦する考えはないこと、以上がアテネのイギリス大使に伝えられている。センピルの外国政府の航空顧問としての就職はほぼ絶望的であった。

(3) 一九二五年一二月にセンピルは日本政府から航空機情報の提供に対する謝礼として一〇〇ポンドを受理しているが、センピルが機密情報を提供した直接の相手は、既述のとおり大使館付海軍武官の豊田貞次郎であった。MI5がセンピルと豊田との間で交わされた書簡を調べ始めたのは一九二四年五月八日のことで、その過程で同年七月二八日には護憲三派内閣の首相に就任したばかりの加藤高明がセンピルに送った書簡も発覚している。その書簡で首相加藤がセンピルに日本の海軍武官への「支援」を求めたのに対して、一二月二〇日付の返信でセンピルは加藤の要請に応じると同時に、日本海軍に対してそれに要した経費の支払を願い出ている。イギリス空軍の機密情報は、センピルによって一種の取引関係の中で扱われていたように思われる。

さて、一九二五年九月一一日付で豊田がセンピルへ宛てた書簡（表8-3参照）には次のようにあった。「イギリ

表8-3　センピルと豊田貞次郎の間で交わされた書簡の摘要

日付	発信者	摘　要
1924年5月15日	豊田	ブラックバーン会社製飛行艇アイリスに関する情報提供への礼状
7月15日	豊田	パラシュートの新規改良並びにハンドレイ・ペイジ社等の新型飛行機に関するセンピルの情報提供への礼状
7月31日	センピル	空母アーガスでのプローバー（ジャガー・エンジン搭載）離着艦に関する実験情報を豊田へ提供
10月16日	センピル	水陸両用艦載戦闘機に関する豊田からの照会への回答
1925年1月23日	豊田	日本海軍航空の発達に関するセンピルへの報告
4月17日	センピル	航空機の無線装置についての最新情報提供
6月30日	豊田	フロスト大佐の無線信号装置、ライドの適正飛行点検装置、ホルトの新式「オートシュート」パラシュートに関する照会
7月29日	センピル	イギリス航空省のアーヴィング・パラシュート採用への変更
9月11日	豊田	イギリス海軍の制式航空機に関する詳細情報の照会
10月30日	（ブラックバーン社からセンピルへの 飛行艇アイリスに関する報告）	

出典：Correspondence passing between Colonel The Master of SEMPILL and Teijiro TOYODA D. S. O., Japanese Naval Attache, Broadway Court, Westminster [NRO KV2/871] pp. 1-4; Note. For Further Information regarding the Suggested Prosecution of Colonel Sempill and the Blackburn Aeroplane Co. [PRO KV2/871].

ス航空省の指令に従って、詳細に関しては言及を差し控えねばならない種類の航空機が存在することは勿論承知しております。ですが、貴殿の力の及ぶ範囲で、イギリス海軍の制式航空機等の詳細情報（details regarding standard aeroplanes etc.）に関して、ご支援賜り得れば幸甚に存じます」。これは全般的かつ高度な軍事機密に関する照会であり、このような照会が日本政府高官からイギリスの一民間人に対してなされていたこと自体、驚きを禁じえないが、実際にはそれ以前よりセンピルは日本へ多岐にわたる情報を流していた。そのうち明らかに違法な機密漏洩に属すると思われる事例を表8-3から二件選んで紹介してみよう。

センピルは、五カ月程の短期間ではあったが、ブラックバーン航空機会社の顧問という立場にあった。そのような関係もあってか、同社は製造中の大型飛行艇アイリス（ロールズ・ロイス社製エンジン六五〇馬力を三基搭載、初飛行は一九二六年六月一九日）に関する情報を、一九二四年五月の段階からセンピルに流していた。これはイギリス航空省から同社が獲得した飛行艇製造の最初の注文であり、しかも航空省の機密リストの記載機に属していた。にもかかわらず、この軍事機密はブラックバーン航空機会社からセンピルへ、そしてさらにセンピルから日本海軍へと流されたのである。前記の査問でセンピルはその事実を否定しているが、五月一五日付の豊田からの礼状（表８‐３参照）がすべてを物語っていた。

飛行艇に関しては、すでにセンピル航空使節団がショート社製の大型飛行艇Ｆ・５を一五機日本に持ち込んでおり、その操作訓練が霞ヶ浦で行われていた。しかも、本章の冒頭でも言及したように、使節団来日と同じ一九二一年にはショート社からも技術団が来日して、横須賀海軍工廠造兵部で九カ月間にわたって飛行艇の製作指導を行っていた。その後一九二三年に日本海軍はドイツのロールバッハ社に視察団を派遣し、二五年には同社から全金属製飛行艇（ロールバッハＲ‐１飛行艇）を購入して国産化に向かいつつあったが[66]、たとえこのような事実があったとしても、センピル航空使節団帰国後の日本海軍にとって、引き続きイギリス空軍の最新情報を入手することは戦略上絶対に必要であり、その意味でセンピル・豊田ルートの非公式チャネルも重要な意味を持っていたのであろう。

さらにいま一つ、客船からの改装空母アーガス（一万五七五〇トン、一九一八年竣工）の件を紹介しておこう（表８‐３参照）。一九二四年に同艦でジャガーⅣ星型エンジン（三八五馬力）を搭載した単座の艦載戦闘機プローバー（ジョージ・パーナル社製）[67]の離着艦実験が実施され、その好結果が同年八月七日にはイギリスの海軍省と航空省に報告された。ところが、その情報が七月三一日にはすでにセンピルから豊田に流されていたのである。センピルはこの情報をイギリス空軍クラブか、あるいはジャガー・エンジンの製造業者（アームストロング・シドレー社）との会談の席で入手したのであろう。センピル航空使節団の日本招聘に際して、イギリス海軍省が最も懸念していたのは航空母艦に関する機密情報が日本に漏れることであった。確かに日本では一九二二年末に鳳翔が竣工していたが、センピル帰国後の一九二四年段階においてもまだ空母の運用実績は乏しく、上記の離着艦実験の最新情報が日本海軍にとっても大きな価値を有していたことは間違いなかろう[68]。

5　むすびにかえて

戦間期における航空分野での日英間の武器移転は、イギリスのセンピル航空使節団以外にも多様なかたちで展開していた。陸海軍の指導を背景とした日本企業によるイギリス技術団の招聘や日本からイギリス企業への視察団の派遣、あるいは日英間での技術提携などが多様なかたちで展開された。それらの実態についてはいまだに解明されていない部分が多いが、本章で扱ったセンピル航空使節団に関しても、資料的な制約などもあって先行研究はきわめて少ない。

第一次大戦直後のイギリスでは、とくにイギリス航空機製造協会や航空省にとっては、戦後不況下の航空機産業の再編が重要課題であったが、その時代、日本にとっては陸海軍航空隊とそれを支える航空機産業の整備・確立が焦眉の課題となっていた。ここに日英間における武器移転の可能性は大きく拡大したのである。だが、イギリス海軍省の反対にあってセンピル航空使節団は非公式の民間団体として来日した。日本における海軍航空隊の整備と航空機産業の基礎確立の過程で使節団が果たした役割の大きさについては衆目の一致するところであるが、それに比較して使節団を契機としたイギリス航空機産業の対日輸出の拡大は、当初の期待を裏切るかたちに終わっている。「模倣時代」における日本航空機産業の発展が、外国企業からの製造権の購入や提携先のイギリスからドイツへのシフトをともなうものであった以上、それは当然の結果であったと言えよう。

にもかかわらず、日本政府・海軍は帰国後のセンピルを介して、なおもイギリスからの航空軍事技術情報の入手に努めたのであるが、それはかつて海軍武官リーが言った「同盟国海軍が同一システムの航空隊を有する」ことを日英同盟廃棄後も重視し続けた結果ではなかった。それはワシントン軍縮会議以降の欧米列強の最新軍事技術情報に関する広範な海軍諜報活動の一環として取り組まれたものであった。日本海軍がイギリスからドイツへ提携先を移したのも、ドイツ一国との技術提携を強化しようとするものではなく、常に諸外国の中で最も優れた兵器を導入しようとする姿勢からであった。(69)

注

（1）この点については差し当たり、奈倉［一九九八］、奈倉・横井・小野塚［二〇〇三］を参照。

（2）日本航空協会編［一九七五］八六三〜八六四頁、東洋経済新報社編［一九五〇］五九六〜六〇二頁。わが国航空機産業の初期の時代には、陸軍の方が早く且つ目立って活動していたが、「自立時代」の初めからは、海軍の方が技術上の指導的役割を演じるようになった。なお、日本海軍航空四〇年史に関しては、次のような六期に及ぶ時代区分がなされている。(1)草創時代（一九〇九年海軍航空術研究委員会の設立〜一九一六年横須賀航空隊開隊）、(2)基礎確立準備時代（〜一九二一年ワシントン軍縮会議）、(3)基礎確立時代（〜一九三〇年ロンドン軍縮会議）、(4)充実拡張時代（〜一九三七年日中戦争勃発）、(5)躍進活動時代（〜一九三九年第二次大戦開戦）、(6)大活躍時代（一九三九〜四五年第二次大戦期）。以上の詳細に関しては、日本海軍航空史編纂委員会編［一九六九ａ］三〜一四頁、同［一九六九ｃ］三八三〜三九九頁を参照。

（3）陸軍が招聘したフォール大佐（Colonel J. P. Faure）率いるフランス航空使節団（在日期間：一九一九年一月〜二〇年四月）については、村岡［二〇〇一ａ］を参照。

（4）日本海軍航空史編纂委員会編［一九六九ｃ］三九一〜三九四頁。

（5）History of the Royal Indian Air Force (1947)（イギリス公文書館〔National Archives〈Public Record Office〉, Kew〕所蔵資料、以下、PROと略記）［PRO AIR 23/5426］pp. 1-2; Gupta [1961] pp. 1-2; Tanham & Agmon [1995] p. 13.

（6）Colonial and Foreign: Aviation in China: proposals for promoting the interests of the British Aircraft Industry, 1929-1931 [PRO AVIA 2/1866]. 四ツ橋［一九三九］。なお、航空機・部分品の海外輸出総額では、イギリスが一九三一年までは首位にあったが、翌年にはアメリカに凌駕されている（タイムス出版社編輯部［一九三九］四三頁）。アメリカの航空機輸出に関しては、西川［一九九三］一四〜一五頁も参照。

（7）麻田［一九七二］一〇一〜一〇二頁。

（8）岡村［一九五三］二七、三〇頁、前田［二〇〇二］五二頁。

（9）センピル使節団に関する研究としては、Ferris [1982] がある。また、村岡［二〇〇一ｂ］も参照。

(10) イギリス公文書館が七五年ぶりに解禁した極秘ファイルや機密文書等の概要は、*Daily Telegraph*, 3rd Jan., 2002に'British aviation pioneer was a spy for Japan'という見出しの記事で紹介された。なお、本章で参照した該当資料は次の二点に収録されたものである。William Francis FORBES-SEMPILL, alias Lord SEMPILL, Master of SEMPILL: British. SEMPILL, an aeronautical engineer, served with distinction in the First World War in the Royal Flying Corps, Royal Naval Air Service and fledgling RAF, from which he retired in 1918. 1921 Mar 01–1926 May 12 [PRO KV 2/871]; William Francis FORBES-SEMPILL, alias Lord SEMPILL, Master of SEMPILL: British. SEMPILL, an aeronautical engineer, served with distinction in the First World War in the Royal Flying Corps, Royal Naval Air Service and fledgling RAF, from which he retired in 1918. 1926 Oct 17–1941 Oct 17 [PRO KV 2/872].

(11) Report of American Aviation Mission, Presented to Parliament by Command of His Majesty, British Parliamentary Paper, 1919, Vol. X, [Cmd. 384], pp. 3, 12.

(12) 日本海軍航空史編纂委員会編［一九六九b］七〇八～七〇九頁。

(13) Edgerton [1991] p. 14. アメリカにおいても一九一四年の航空機の年間生産量は四九機であったが、一九一八年にはそれが一万四〇〇〇機へと拡大していた（Simonson [1968] p. 23：シモンソン［一九八七］二四～二五頁）。

(14) Higham [1962] pp. 201–203; Hayward [1989] pp. 10–11.

(15) Hayward [1989] pp. 12–13.

(16) Committee on National Expenditure, British Parliamentary Paper, 1931, XVI, Cmd. 3920, pp. 88–89; Fearon [1974] pp. 243–244; do. [1979] pp. 222–224. もっとも、政府レベルでの航空機の研究開発は、その限りではなかった。たとえば、一九二一年に開催された政府の航空研究委員会では、航空省の研究主任の発案（「一九三〇年の飛行機」）に即して、高速機の開発や安全性確保のための安定性と操縦性の研究開発が軍産学の専門家を交えて議論されていた（橋本［一九九八］参照）。

(17) Edgerton [1991] pp. 23–24.

(18) そのなかでも財政基盤の強化や航空機設計の独自性を追求して、企業合併は確実に進展していた。たとえば、Supermarine と A. V. Roe & Co. は独自の設計チームを抱えて、経営的独立を保持してきたが、一九二八年には Vickers が前者を吸収し、Armstrong Siddely Motors Ltd. が後者を獲得するに至っている。しかし、一般的にイギリスの航空機製造企業は、伝統的な兵器製造企業からは独立した地位を確保していた。Fearon [1979] pp. 217, 232; Edgerton [1995] p. 170.

(19) Minutes of Evidence taken before the Royal Commission on the Private Manufacture of and Trading in Arms, Seven-

teenth Day, Friday, 7th February, 1936, pp. 507–508. なお、航空機製造協会（BSAC）の正規会員は、第一次大戦直後には三五社を数えたが、一九二〇年頃には早くも半減していた（Ibid., p. 508）。

(20) *All the World's aircraft* (London, 1922), p. 31a：中山［一九八一］三四頁。

(21) From O. Murray, the Under Secretary of State, Foreign Office to the Admiralty, 1922 May 19 [PRO F0 371/8050] p. 9.

(22) Chinese Government 8% Sterling Treasury Notes, the Royal Commission on the Private Manufacture of and Trading in Arms, 26th June, 1936 (Vickers Archives, ケンブリッジ大学所蔵、以下、VA と略記) [VA 58]; Pugach [1978] pp. 354–355, 359; Chan [1982] pp. 79–80.

(23) Pugach [1978] pp. 360–361, 366–367.

(24) Ibid., p. 371. アメリアとイギリス以外の一九一九年協定調印国は、ポルトガル、スペイン、ロシア、ブラジル、フランス、日本であったが、その後にはオランダ、デンマーク、ベルギー、イタリアが協定への支持を表明している。

(25) Ibid., pp. 356, 369–370; Atwater [1939] p. 299; do. [1941] pp. 132–134; Valone [1991] p. 82.

(26) ライセンス制の詳細については、Committee of Imperial Defence, Principal Supply Officers Committee, Sub-Committee on System of Licensing Exports of Arms and Ammunition. Report [PRO CAB 60/26] および拙稿「戦間期の武器輸出と日英関係」（奈倉・横井・小野塚［二〇〇三］所収）一三一〜一四二頁を参照。

(27) Committee of Imperial Defence, Principal Supply Officers Committee, Sub-Committee on System of Licensing Exports of Arms and Ammunition. Report [PRO CAB 60/26] p. 4. その後、一九三六年に「民間兵器製造および取引に関する王立調査委員会」が報告書のなかで、民間航空機が軍用機に転用される可能性を指摘して、すべての航空機輸出を特別輸出ライセンスの対象にすべきであると勧告したが、翌年、これに応えて政府は軍用機をその他の民間航空機・航空機エンジンと区別して、前者のみを特別輸出ライセンスの対象とすると繰り返し確認するにとどまった。Cf. Royal Commission on the Private Manufacture of and Trading in Arms (1935–36) Report, October, 1936, Cmd. 5292, pp. 49–50, 54; Statement Relating to Report of the Royal Commission on the Private Manufacture of and Trading in Arms (1935–36), May, 1937, Cmd. 5451, p. 19.

(28) 軍用機の輸出は一九三一年以降禁止的な特別ライセンスの対象とされてきた。ただし、政府は一九三三年に代表的な航空機製造企業一八社を選定して、それら特定企業に限っては軍用機も含めて、すべての武器輸出に対して一般ライセンスの発給（自由輸出）を認めていた。その場合の特定企業一八社には、一九二四年以降のリンク所属企業一二社はすべて名を連ねている。

(29) Letter: Secret and Urgent from J. A. Webster Air Ministry to the Secretary, the Admiralty, 1920 October 4th: Confidential. Memorandum [PRO FO 371/5358] pp. 10–11.

(30) Ferris [1982] pp. 420–421.

(31) Secret and Immediate: Letter from W. H. Hancock Admiralty to the Secretary, Air Ministry, 1920 Oct., 7 [PRO FO 371/5358], p. 12; Letter from Air Ministry to O'Malley, 1920 Oct., 16th [PRO FO 371/5358] pp. 25–26.

(32) Ferris [1982] pp. 420–421.

(33) 『小林躋造回想録』第1巻（防衛研究所図書館所蔵）。

(34) Ferris [1982] p.420.

(35) British civilian air mission to Japan, 1922 May 20 [PRO FO 371/8050] p.7. 正確に言えば、この使節団は民間使節（civilian aviation mission）というよりも「非公式」航空使節（'unofficial' aviation mission）と言うべきであろう（Ferris [1982] p. 422）。

(36) 『小林躋造回想録』第1巻。

(37) William Francis Forbes, Lord Sempill R. F. C., B. I. F., 11 April 1942 [PRO KV 2/872]. 日本海軍航空史編纂委員会編［1九六九b］七1〇～七11頁。

(38) From O. Murray, the Under Secretary of State, Foreign Office to the Admiralty, 1922 May 19 [PRO FO 371/8050] pp. 9–10.

(39) 日本海軍航空史編纂委員会編［1九六九b］七1三～七1四頁、日本航空協会編［1九五六］五五三頁。

(40) 日本海軍航空史編纂委員会編［1九六九b］七1四頁。

(41) 野沢［1九七二］六1、六六、七三、八〇頁。

(42) 日本海軍航空史編纂委員会編［1九六九c］八1〇頁。

(43) Secret. Letter from W. Marriot, Naval Attache British Embassy, Tokyo. 1920 September 19 to the British Ambassador, Japan [PRO FO 371/5358] p. 35.

(44) From Sir C. Eliot, the Naval Attache to Sir William Tyrell, Foreign Office, 1922 July 21 [PRO FO 371/8050] pp. 19–20.

(45) *All the World's aircraft* (London, 1922), p. 46a.

(46)『小林躋造回想録』第一巻参照。
(47)「軍器独立」の概念に関しては、本書の「序章」を参照。
(48) From O. Murray, the Under Secretary of State, Foreign Office to the Admiralty, 1922 May 19 [PRO FO 371/8050] p. 10.
(49) Letter from J. S. Barnes (Admiralty, Contract Department) to Sir M. P. A. Hankey (Committee of Imperial Defence), 18th May 1936 [PRO ADM 116/3339].
(50) Vickers (Aviation) Limited Minutes Book, 1933-35 [VA 318], p. 138.
(51) 岡村［一九五三］一六三頁、日本海軍航空史編纂委員会編［一九六九 c］三八九〜三九〇頁。
(52) 東洋経済新報社編［一九五〇］六〇〇頁、三菱重工業株式会社編［一九五六］六五〇、六五三頁、中川・水谷［一九八五］二七〜二八、三五頁、高橋［一九八八］四〇〜四二頁、大河内［一九九三］二六〇〜二六一頁。
(53) Ferris [1982] p. 432.
(54) From O. Murray, the Under Secretary of State, Foreign Office to the Admiralty, 1922 May 19 [PRO FO 371/8050] pp. 9-10.
(55) British civilian air mission to Japan, 1922 May 20 [PRO FO 371/8050] p. 7.
(56) Ferris [1982] p. 428.
(57) フェリス、ジョン［二〇〇一］一三四頁。
(58) Air Intelligence Report No. 12: Notes on Aviation in Japan, 1925, 1926 [PRO AIR 10/1326] p. 38.
(59) An interim report on the Japanese Naval Air Service, 12th Dec., 1927 [PRO AIR 5/754] p. 1.
(60) Annual Report on the Imperial Japanese Navy, 1927 [PRO FO 371/12523] p. 30.
(61) Japan: Annual Report 1924: Sir C. Eliot to Mr. Austin Chamberlain [PRO FO 371/10965] p. 46.
(62) Draft Letter to Colonel the Master of Sempill (submitted by Col. Piggott), Private, 26th Oct., 1927 [PRO KV 2/872].
(63) 豊田は帰国後、一九三八年に航空本部長に就任すると同時に、三九年には艦政本部長も兼務している。
(64) 皮肉にもＭＩ５誕生の起源は初代駐日海軍武官オットレイ (Charles Ottley) にあった。オットレイは日米両国で海軍武官を務めた後、海軍情部局長（一九〇五年就任）、帝国防衛委員会事務局長（一九〇七年就任）などを歴任しているが、一九〇九年には帝国防衛委員会の支持を得て、諜報局 (Secret Service Bureau) の創設を提言した。この諜報部が内閣の承認を得て、海外部 (Foreign Section) と国内部 (Home Section) の二部門に分割され、後者がＭＯ５ (Military Operations)

へと発展した。その後、一九一六年に軍事情報部（Military Intelligence）が形成されるとともに、ＭＯ５はＭＩ５と改称されている。ＭＩ５はいぜんとして陸軍省の一部局ではあったが、この時点で独立性を持つ首相の直属機関となった。以上の詳細については、West [1983] Part One: MI5 を参照。

(65) Minutes of a meeting held in D. C. A. S.'s Room at 12.0 Noon 4th, May, 1926 [PRO KV 2/871].

(66) 岡村［一九五三］三二頁、野沢［一九七二］九六頁。なお、一九二五年には三菱航空機もロールバッハ社から技術団を招聘して同社の飛行艇の設計製作に着手しているが、その後一九二八年に、三菱はブラックバーン社からも技術団を招聘して、一九三〇年には新式の艦上攻撃機を完成させている（岡村［一九五三］七六、八七頁）。

(67) Thetford [1971] p. 270.

(68) もっとも、改装空母アーガスでの離着艦実験が日本に届いた段階では、日本の空母はまだ鳳翔のみであったが、同艦（排水量九五〇〇トン）はワシントン条約で規定された航空母艦（排水量一万トン以上）の範疇に入らず、赤城（三万トン、一九二七年三月二五日竣工）と加賀（二万七〇〇〇トン、一九二八年三月三一日竣工）の両航空母艦も一九二七年以前の竣工はほとんど不可能であろう。イギリス航空省の側も、このように日本海軍の建艦状況を的確に把握していた（cf. Air Intelligence Report No. 12: Notes on Aviation in Japan, 1925, 1926 [PRO AIR 10/1326] pp. 29, 82）。

(69) 横山［二〇〇〇］五八頁。

終章　武器移転の日英関係史

横井勝彦

1　研究史における本書の位置

軍事システムや兵器企業を包括的に扱った経済史研究は、わが国においてはもとより海外においてもきわめて少ない。経済史研究の長い伝統を誇るイギリスでは、わずかにWinter [1975] とRanft [1977] が、対象領域の広さと実証度の高さのいずれの点でも優れた共同研究として高く評価できるが、残念ながらその後今日に至るまで四半世紀以上にわたって、それらを凌駕するような研究は現れていない。

なお、上記の研究の中でも日英関係に関しては、Ranft [1977] に「日露海戦のイギリス建艦政策への影響」を扱った論文が一編収められているだけにすぎないが、(1) 経済史の領域から離れて、日英関係史研究の領域に目を転じれば、軍事史的側面への論及は比較的多く見受けられる。なかでも、最近刊行された平間・ガウ・波多野 [二〇〇一] は、日英両国の第一線で活躍する研究者を動員して、幕末維新期から第二次大戦後までの四〇〇年に及ぶ日英間の軍事関係史をさまざまな角度から論じた好著である。同書が日英関係史研究の発展に大きく寄与することは間違いなかろう。だが、われわれが注目した「武器移転」は、日英関係史においてもきわめて大きな意味を持っていたにもかかわらず、同書ではその点に関する論及はほとんどない(2)。

本書の課題は、日英関係史におけるこうした未開拓領域を、軍事システムや兵器企業に関する経済史的実証研究によって解明することにある。前述のとおり、日英関係史のなかでイギリス兵器企業の果たした役割は、その重要性にもかかわらず、これまでほとんど解明されてこなかったが、それは兵器産業史研究の特殊性や資料的な制約に加えて、日英間の研究交流や学際研究が十分に展開されてこなかったことにも起因しているのであろう。本書はこうした制約条件を可能な限り克服することを目指して、過去六年間にわたって続けられてきた科学研究費補助金による共同研究の成果である（その具体的な経緯については本書「あとがき」を参照）。

上記共同研究の成果の一端として一昨年刊行された奈倉・横井・小野塚［二〇〇三］では、「日英間の武器移転・技術移転の実態を分析するためには、海外戦略（武器輸出・直接投資）を展開するイギリス兵器産業とそれを容認するイギリス政府を中心としたイギリス側の事情と、『軍器独立』をめざしつつも海外への兵器技術依存から脱しきれないでいた日本側の事情について、日英双方からの構造的な分析が要求される(3)」という問題提起を行ったが、本書は全体として、こうした問題提起を継承するかたちで構成された「構造的な分析」となっている。本書では、共同研究のメンバーの論文が時系列的に八章に編集されているが、各章が対象とした時期だけではなくテーマもまた多岐にわたっており、章によっては日英関係史の視点が明確には打ち出されていない。また、それ以外の章も日英のいずれかに重心を置いて日英関係を論じている。しかし、たとえそうであっても執筆者全員が「日英関係史における兵器企業と武器移転の役割」については問題関心を共有している。

なお、歴史研究全般を通しても「武器移転」という用語が使われることは、若干の例外を除いて(4)、これまであまりなかった。だが、「序章」で指摘したように、本書では「武器移転」を武器輸出のみならず軍事システムの移転や技術移転をも含んだ概念として用い(5)、日英関係史におけるその具体的な諸相を多様な一次史料を駆使して追究している。

その点を中心に各章の内容を要約すれば、以下のとおりである。

2　各章の課題と特徴

第1章（千田）は、一八七〇年代以降一九〇〇年代までを対象として、呉海軍工廠における軍艦国内建造計画の実現と技術移転の役割を論じる。とくに、国産主力艦（「筑波」と「生駒」）を最初に建造した呉海軍工廠造船部の形成史に着目して、明治中期に官営軍事工場がどのようにして技術移転を実現したかを考察する。横須賀海軍工廠に約二〇年おくれて出発した呉海軍工廠の建艦技術が日露戦争直後には日本最高水準に到達しえたのは、海軍が呉海軍工廠を軍艦国内建造計画の中核的な兵器製造工場として位置づけ、それに見合う投資を行ったからであった。しかし、それにもまして重要な要因は、イギリス人が設立・経営していた神戸鉄工所を引き継いだ小野浜造船所や横須賀海軍工廠から呉海軍工廠への技術移転がスムーズに進められたことにあった。千田は長年にわたって呉市史編纂に携わってきたが、今回はこのような国内建艦拠点間の従業員移動とそれに伴う技術移転の実態を、防衛研究所図書館や国立国会図書館の所蔵する各種関係一次史料、さらにはオーストラリア国立図書館所蔵のウイリアムズ・コレクションなどに依拠して具体的に解明している。

第2章（鈴木）は、一九〇〇年代前半の武器移転におけるマーチャント・バンクの役割に検討を加えている。具体的には、日露戦争勃発直前にアルゼンティン政府発注の装甲巡洋艦二隻が日本海軍によって購入されるまでの外交交渉の過程を克明にたどり、国際武器市場におけるマーチャント・バンクの活動を軍艦転売過程に即して解明している。この試み自体、きわめて先駆的な取り組みであるが、本章の特徴はそれだけではない。イギリス金融史の本格的な実証研究に携わってきた鈴木は、今回もギブス商会文書、バルフォア文書、セルボン文書、イギリス外務省史料、同海軍省史料、さらには合衆国ナショナル・アーカイヴ所蔵史料や日本政府外務省の外交文書など広範な一次史料を駆使して軍艦売却問題を丹念に分析し、次のような議論を展開する。すなわち、一九〇三年に日本政府が購入を断念したチリ戦艦をイギリス政府が購入したのは、ロシアへの先端兵器の移転を阻止するためであって、日本を支援するためではなかった。そもそも日英同盟下におけるイギリス政府の対日外交は「非公式政策」を基調とするものであった。以上のように論じて、これまでほとんど触れられてこなかった政府の武器移転に対する軍事戦略上の判断がどのようなものであったかを明らかにしている。

第3章（小野塚）は、一九一〇年代前半にみられた日本人技術者・職工の滞英研修という「技術的影響の人的回路」を考察している。とくに、三菱長崎造船所からの技術者・職工の海外研修に注目して、日本の艦艇建造業へのイギリスからの技術的影響に検討を加える。長崎造船所は一八九〇年代後半に自立の第一段階を終了し、一九〇〇年代には研修・視察目的の海外出張も大きく減少するが、「金剛(Ⅱ)」建造期（一九一一～一三年）には再び急増に転じている。イギリス労働史・社会史の領域での豊富な研究業績と艦艇建造史に関する詳細な知識を併せ持つ小野塚は、以上の点に注目して、三菱重工業㈱長崎造船所史料館や東京大学史史料室平賀文書等に所蔵・収録されている当時の各種出張・研修記録を丹念に分析した。それを踏まえて、一九一〇年代前半の滞英研修の内容が金剛以後の独自開発能力の習得を目指した多分に迂遠的なものであった事実を指摘する。だが、それとは対照的に、金剛の輸入に際して獲得された電気技術は、世界最高水準のものであったにもかかわらず、労せずして得られた副産物であったがゆえに、日本海軍によって顧みられることもなく、第一次大戦以降も電気・電子関係の技術開発は等閑視される傾向にあった。小野塚はこのような事実を日本海軍の大艦巨砲主義の弱点として捉え、一九一〇年代後半に完了した艦艇・主要兵器国産化の限界点にも注意を喚起している。

第4章（奈倉）は、一九〇〇年代から第一次大戦までを対象として、日本製鋼所が「海軍兵器工場」として「軍器独立」に果たした役割に注目する。奈倉は過去一〇年以上にわたってヴィッカーズ社やアームストロング社の一次史料を詳細に分析して日本製鋼所のイギリス側企業との関係を研究してきたが、今回は主として日本製鋼所本社および室蘭製作所所蔵資料や国会図書館の斉藤実関係文書等に依拠して、次の四点にわたって検討を加えている。一点目は呉工廠（装甲鈑・艦載砲製造等）と日本製鋼所（艦載砲製造等）との補完関係、二点目は海軍（呉工廠）と日本製鋼所との人的関係（前者から後者への幹部、技術者、監督官の派遣）、三点目は大口径（一四インチ）砲製造拠点の呉工廠から日本製鋼所へのシフト、四点目は日本製鋼所による輪西製鉄所合併が「軍器独立」（技術的・資本的独立）との関係で有した意味、以上の四点である。日本製鋼所に対するイギリス兵器会社からの技術移転と経営関与に注目したこれまでの奈倉自身の分析を前提として、本章では新たに日本製鋼所の設立発展過程で見られた「海軍兵器工場」としての特徴を四点にわたって指摘しているが、このうち一点目と二点目は第1章（千田）での議論を引き継ぎ、三点目と四点目は第5章（トレビルコック）の内容を補完する関係にある。

第5章（トレビルコック）は、一九〇〇年以降ほぼ一世紀間を対象として、大砲製造技術の日英間技術移転と民需転換の実態を明らかにしている。この課題を追究するにあたって、本章は兵器産業の日英関係一〇〇年史を三つの観点より論じている。第一点目は、イギリス兵器産業史研究の第一人者であるトレビルコックのこれまでの業績と最近の共同研究での議論を踏まえた、兵器企業と政府との特殊イギリス的な疎遠な関係についての指摘である。(6) 二点目は、政府の干渉が一切ないなかでイギリス兵器企業が展開した日本への最先端海軍技術の移転に関しての議論である。この第二の点は、日本製鋼所室蘭製作所所蔵の日英間で交わされた多くの書簡類の検討を踏まえたものであり、大砲用高品質鋼材製造で日英間の技術移転が直面した問題をきわめて詳細に紹介している。そして第三点目は、日本製鋼所に移転された大砲製造技術が第二次大戦以降どのように民需に転用されていったのかという問題である。トレビルコックは、室蘭の現地調査によって原子力発電所のローター（軸車）の研削がほぼ一世紀前にマンチェスターで製造された大砲用旋盤を用いて行われている事実を発見しており、第三点目の議論はそうした現地体験に根ざしたものとなっている。

第6章（山下）は、一九〇〇〜二〇年代におけるイギリス光学機器製造企業にとっての国内軍需と武器輸出の意味を問う。まずは、イギリス光学産業の生成・発展過程がいかに軍需主導型であったかが強調されるが、イギリス光学産業史そのものの紹介自体、わが国ではこれまで皆無であった。こうした状況の下で、山下は過去五年間にわたってグラスゴウ大学経営史料センター所蔵のバー＆ストラウド社の経営史料を分析し、同社とイギリス海軍との間の関係を明らかにしている。光学機器製造企業バー＆ストラウド社は、日本をも含む広範な市場に武器輸出を展開したが、戦間期には諸外国の光学機器国産化と民生市場開拓の失敗によって、ますます海軍省への依存体質を強め、再軍備期以前よりあたかも海軍省の光学・精密機器研究開発部門のごとき役割を担っていた。その限りでは、光学機器製造分野での政府と兵器製造業者との関係は「イギリス的」ではなかったと言えよう。光学機器の輸出に伴う最新技術情報の海外流出をどのように規制するか、これは一九二〇年代の海軍省にとって重要課題であった。

第7章（安部）は、一九二〇年代の軍縮期における兵器企業の経営多角化戦略と民需転換の実態に考察を加えている。具体的には、イギリス兵器産業の二大中核企業ヴィッカーズ社とアームストロング社の戦間期における経営戦略に注目して、その実証分析を行っている。ケンブリッジ大学図書館所蔵のヴィッカーズ本社文書やタイン・ウィア文書館所蔵のアームストロング社文書、さらにはイングランド銀行所蔵の両社関連史料の綿密な調査を踏まえた本章の経営分析は、先行研究のレベルを凌駕するものである。イギリス兵器産業をリードしてきたヴィッカーズ社とアームストロング社も、一九二〇年代には軍縮不況のなかで多角化戦略を展開して民需部門を拡大するが、二七年には前者が後者を吸収合併するに至っている。安部は経営史家としての分析手法を用いて、ヴィッカーズ社経営陣の厚さ・優秀さ・革新性とアームストロング社の独裁的経営体制下での人材欠如を指摘しているが、ヴィッカーズ社にとっても軍縮期における民需転換と経営多角化は困難かつリスクを伴う試みであった。

第8章（横井）は、一九二〇年代を中心に航空機分野における日英間の武器移転を扱う。本章では、二〇年代初頭のセンピル航空使節団の日本招聘を航空部門における日英間武器移転の一形態として位置づけ、戦後不況の活路を極東市場に求めるイギリス航空機産業と、日本への海軍航空技術の移転に否定的なイギリス海軍と、海軍航空隊の創設を焦眉の課題としていた日本海軍、以上の三者三様の動きを、イギリス公文書館の外務省日本関係文書に依拠して跡づけている。航空使節団は日本海軍航空の形成に大きく貢献したが、すでに航空機産業自体が「模倣時代」にあった日本では、新規市場の開拓は望めなかった。のみならず、日本企業は提携先をイギリスからドイツへと移しつつあった。だが、日本政府・海軍は航空使節団の帰国後も、イギリスからの最新軍事技術情報の極秘入手チャネルを確保していた。第8章では最近公開されたＭＩ５の機密資料に依拠してその実態にも論及している。

3　小括と展望

副題にも明記したように、本書はあくまでも経済史の領域における研究成果である。そうである以上、本書で展開された日英兵器産業史の分析は経済史研究としての評価に耐えうるものでなければならない。また、本書では武器移転を日英関係史における中心概念として位置づけているのであるが、はたしてその重要性に関する指摘は十分に説得力を持ちえたであろうか。「武器移転の経済史的研究」によって、日英関係史における新たな側面が解明しえたであろうか。

以上の点については、もちろん読者諸賢の判断に委ねる以外にないが、ここでは再度次の点を強調しておきたい。すなわち、本書を構成する八章は、いずれも独自の一次史料を駆使して、これまでほとんど未開拓であった日英兵器産業史という領域を切り拓こうとする試みである、という点である。この取り組みには多大な時間と労力が費やされたが、日英間で展開された武器移転の構造を「送り手」であるイギリス側（政府・海軍、アームストロング社、ヴィッカーズ社、アントニィ・ギブス商会、バー＆ストラウド社など）と「受け手」である日本側（政府・海軍、神戸鉄工所、呉海軍工廠、日本製鋼所、三菱長崎造船所など）の双方の事情に即して解明するためには、共同研究の長期化は避けられなかった。しかし、長期の調整を経ることで問題意識は明確に共有され、本書はたんなる論文集に終わることなく、体系的に編集された研究書の体裁をある程度は備えることができたのではなかろうか。

前述のとおり、本書では日英間の武器移転の様々な側面に焦点をあてた。具体的には、イギリス建艦技術の日本国内での地域間技術移転、武器移転におけるマーチャント・バンクの役割、海外研修・視察を介した武器移転・技術移転、軍器独立に対する武器移転の役割と限界、武器移転と民需転換との関係、武器移転に対する政府規制の実態、軍縮期軍民転換の可能性、軍事技術情報ルートの実態などである。なお、日英間の武器移転を問題にする際には、従来、イギリス政府（海軍）と武器輸出の直接の担い手である民間兵器企業との関係はきわめて希薄なものとして扱われてきており、本書の第5章でもトレビルコックはそうした指摘を繰り返している。事実、イギリス帝国防衛における日本海軍の重要性にもかかわらず、日本製鋼所へのヴィッカーズ社やアームストロング社の関与について、イギリス政府（海軍）はなんの指導も評価も与えていない。しかし、武器移転に対するイギリス政府（海軍）の姿勢については、今回、本書の第2章、第6章、第8章がそれぞれの視点より政府（海軍）の消極的ないしは批判的な姿勢を検証しており、これまでの公式的な解釈にも再検討が求められている。

もちろん、今後の研究に待たなければならない問題は、それだけではない。武器移転に関する経済史研究をより豊かなものにしていくためには、今後もさまざまな側面からの実証研究が必要であろう。最後に、その点に関して二点指摘しておこう。武器移転とは武器輸出や直接投資以外にもライセンス供与、海外技術者の招聘、日本人技術者・職人の海外研修・視察なども含んだ概念であり、本書でもそうした諸側面を第3章、第5章、第6章、第8章などで詳しく論じているが、はたしてイギリスからの武器移転は日本の軍器独立にどの程度貢献したのであろうか。武器移転と軍器独立との関係におけるイギリスの役割を明確にするためには、これまで以上に長いスパンで、しかもドイツやアメリカからの武器移転をも視野に入れた個別事例研究の蓄積が必要であろう。

さらに、次の点にも注意を喚起しておきたい。たしかに、兵器鉄鋼製造の技術移転は第一次大戦直前に完了し、主力艦の国産化も一九一〇年代には達成された。だが、それは日英間の武器移転の終了を意味してはいなかった。日英間の武器移転は、第3章で指摘したような大艦巨砲主義の陥穽（電気・電子関係技術開発の遅滞）を脱することなく、さらに潜水艦・航空機・機銃などを対象として戦間期ないしは第二次大戦直前まで持ち越された。しかも、工具・工作機械に至っては大戦勃発後も輸入（とくに同盟国ドイツ）に依存し続けた。兵器は製造できても、工業全般は遅れた状態にあったために、工具・工作機械は国内製造できなかった。すなわち、武器移転は兵器とその素材の製造能力の移転・形成は実現しても、それらのすそ野にある広範な一般的工業基盤の形成をも保証したわけではなかった[7]。この「軍事的転倒性」に関しても、具体的な個別事例研究の進展が望まれる。

注

（1）　P. Towle, 'The evaluation of the experience of the Russo-Japanese War,' in Ranft [1977].

（2）　ただし、平間・ガウ・波多野［二〇〇一］に収録されているジョン・フェリス「英国陸・空軍から見た日本軍――一九〇〇－一九三九」では、Ferris [1982] での議論を踏まえて、戦間期の日英間における航空機産業の技術移転にも論及している。また、奈倉［二〇〇二］は、日英交流シリーズの経済編（第四巻）に属しながらも、日本における兵器鉄鋼会社を拠点とした日英間の武器移転・技術移転を扱っている。

（3）　奈倉・横井・小野塚［二〇〇三］二七八頁。

（4）Krause [1992] は、もっぱら二次文献に依拠した研究ではあるが、武器移転（arms transfer）の歴史理論を本格的に論じた好著である。

（5）「軍事技術移転」という表現も度々用いられている。たとえば最近では、先端的な軍事技術移転でのアメリカの消極的な対応に対して、欧州の同盟国が反発を強めている事実が紹介された（『朝日新聞』二〇〇四年八月二六日、朝刊）。

（6）トレビルコック（Clive Trebilcock）のイギリス兵器産業史に関するすべての研究業績は巻末の文献リストに掲載してある。

（7）奈倉・横井・小野塚［二〇〇三］七頁および一五一頁。

あとがき

本書は二期にわたる科学研究補助金による共同研究の成果の一つである。

一期目は、一九九九～二〇〇一年度科学研究補助金・基盤研究（A）(2)（研究代表者：奈倉文二）、研究課題名「第二次大戦前の英国兵器鉄鋼産業の対日投資に関する研究――ヴィッカーズ社・アームストロング社と日本製鋼所：一九〇七～四一――」であり、二期目は二〇〇二～二〇〇五年度科学研究補助金・基盤研究（A）(1)（研究代表者：横井勝彦）、研究課題名「イギリス帝国政策の展開と武器移転・技術移転に関する研究――第二次大戦前の日英関係を中心として――」である。

共同研究は、一九九六年頃から、かねてより研究交流のあった奈倉文二（当時茨城大学、現獨協大学）、安部悦生（明治大学）、クライヴ・トレビルコック（ケンブリッジ大学）の三名で企画されていたが、九九年度に横井勝彦（明治大学）、鈴木俊夫（当時中京大学、現東北大学）、小野塚知二（東京大学）の参加を得、前記補助金を受けて正式にスタートした（翌年千田武志［広島国際大学］が加わる）。なお、当初から「研究協力者」として山下雄司（明治大学大学院生）の参加を得ている。

一期目は、その発足の経緯から、研究目的として「第二次大戦前の英国兵器鉄鋼産業の対日投資の特徴と意義を、とくに英国兵器産業史・大企業の経営戦略・対外投資・日本海軍及び同兵器鉄鋼産業などとの関係に考慮を払いつつ、解明すること」を掲げており、イギリス兵器鉄鋼産業の海外直接投資と日本製鋼所との関係を中心として調査・研究を行うこととしていた。

共同研究一期目三年目（二〇〇一年）の秋、三日間にわたる合宿（於茨城県大洗町）での各自の研究報告と議論にもとづき、二つの決定をした。第一は中間報告として社会経済史学会全国大会のパネル・ディスカッションに応募すること、第二は新たな研究テーマにもとづく共同研究を開始するための補助金申請を行うことであった。

第一の点は、社会経済史学会第七一回全国大会（和歌山大学、二〇〇二年五月）パネル報告として実現した（論題「イギリス兵器産業と日英関係――一九〇〇～三〇年代――」、報告者：奈倉・小野塚・横井）。そして、同パネル報告をベースとして、翌年には奈倉・横井・小野塚［二〇〇三］を刊行することができた。その経過については同書「あとがき」で詳しく述べたとおりである。

第二の点は、共同研究の過程で明確に意識されてきた「日英間の武器移転・技術移転の問題」をテーマに掲げた新たな共同研究を発足させ、代表者も横井に変更して科学研究補助金を申請することであった。この共同研究でも幸い二〇〇二年度以降四年間にわたる科学研究補助金を得ることができた。

しかし、この二期目の研究課題「イギリス帝国政策の展開と武器移転・技術移転に関する研究――第二次大戦前の日英関係を中心として――」については、武器移転・技術移転は重要な研究課題であるにもかかわらず、実証的な歴史研究がほとんどない分野である。本書序章でも指摘したように、経済史研究においては武器移転（arms transfer）という用語そのものが、これまで用いられてこなかった。日英関係史においても、武器移転の視点からの研究は希薄である。

二期目の共同研究が扱うテーマは、国際関係史・帝国史・経済史・経営史・金融史・軍事史などの領域に広く関連するものであるが、いずれの領域においても武器移転・技術移転の歴史を真正面から扱った先行研究は見当たらないと言ってよく、したがってまた、こうしたテーマをどのような理論的枠組みで捉えるべきかについて、既存の研究に依拠することはできにくかった。

他方、われわれの共同研究の特色は、当初文部省「国際学術研究」としてスタートしたこともあって、日英研究者の共同作業による日英両国の一次史料の発掘・調査を重点としたことにある。この特色は、二期目の共同研究にも引き継がれた。一次史料にもとづく徹底した実証研究により、二期目の新たな理論的枠組みの構築も模索されてきた。

海外における史料調査先としては、オーストラリア国立図書館はじめ、イギリスではケンブリッジ大学図書館、タイン・ウィア文書館、イギリス公文書館、ロンドン・ギルドホール図書館、英国図書館手稿部、オックスフォード大学ボードリアン図書館、イングランド銀行、ロイアル・バンク・オブ・スコットランド、国立海事博物館図書室（グリニッジ）および図面写真分室（ウリッジ）、シェフィールド市立史料館、カンブリア文書館（バロウ・イン・ファーネス）、グラスゴウ大学経営史料センターなどに出向き、関係史料の収集・調査を行った。ヴィッカーズ社・アームストロング社の多国籍的経営戦略や財務・資金関係のみならず、対日投資をめぐる諸条件や日本海軍および同兵器産業との関係、さらに日本への技術移転などに関する史料を幅広く収集するためには、各地史料館での多角的な調査が是非とも必要と判断した結果である。史料収集は、トレビルコックの支援と昨今の研究環境の情報化の進展にも助けられて、思いのほか順調に進んだ。

日本国内においても、㈱日本製鋼所本社、同室蘭製作所はじめ、新日本製鉄㈱室蘭製鉄所、北海道開拓記念館、防衛庁防衛研究所、三菱重工業㈱長崎造船所史料館、千葉工業大学図書館、㈱日立製作所素形材本部、昭和館図書室、国立国会図書館憲政資料室、国立公文書館、外務省外交史料館、平塚市中央図書館、東京大学史料室、神戸市文書館、横浜開港資料館、呉市史編纂室、呉市入船山記念館、呉市海事博物館推進室、佐世保市史編纂室、佐世保市立図書館、海上自衛隊佐世保史料館などで史料調査を行い、兵器鉄鋼産業をはじめとする日英関係史を多角的に追究することができた。

史料収集にあたって便宜を図っていただいた関係方面の方々には、この場をかりて心より御礼申し上げたい。とくに共同研究一期目三年目の二〇〇一年五・六月には、トレビルコック来日に合わせて、東京・水戸・仙台・北海道室蘭等の大調査旅行を敢行したが、室蘭では新日本製鉄㈱室蘭製鉄所および㈱日本製鋼所室蘭製作所を訪れ、日英間の技術移転問題に関する史料調査を実施し、後者では英文史料も含めた貴重な史料収集を行った。本調査に際して賜った新日本製鉄（市瀬圭次室蘭製鉄所長、越野信昭総務部総務グループ・マネジャー等）および日本製鋼所（野村英雄室蘭製作所長、奥秋高治同総務部総務グループ係長等）関係者の御厚意に対して、あらためて深謝申し上げる。また、㈱日本製鋼所本社特機本部の国本康文氏には艦載砲はじめとする兵器技術の知識につき御教示を得たことにも記して謝意を表する次第である。

共同研究二期目二年目の二〇〇三年四月、トレビルコックの来日に合わせて明治大学で開催した研究会では、奈倉・横井・小野塚［二〇〇三］に続く共同研究の成果として、研究メンバー全員による出版計画を具体的に検討した。それにもとづき、同年一〇月には本書刊行助成の申請を行ったが、出版準備のための研究会合宿（九月末、於箱根）には、唯一トレビルコックの英文原稿だけが届いていた（本書第5章の元原稿）。その直前の八月には奈倉・安部らはケンブリッジで元気なトレビルコックと交流を深めていた。彼の自宅には、室蘭で収集した英文史料が積み上げられていた。その彼がまさか翌〇四年七月に急逝するとはにわかには信じられなかった。後から知ったことだが、彼は〇三年一一月頃から異変を感じて精密検査を受け、翌〇四年二月には脳腫瘍のX線治療を開始していた。治療後も必死に病と闘っていたとのことであったが、われわれは詳しい病状を知ることなく、同年夏にもケンブリッジで再会できると思っていた矢先の訃報であった。

トレビルコックは、ここ十数年、日本大学、成蹊大学、九州大学等の日本の大学との交流に力を注ぐなど、ケンブリッジ大学およびペンブロク・カレジの公務多忙な中、われわれとの共同研究に熱意をもち、ヴィッカーズ史料はじめイギリス国内の史料調査に便宜をはかってくれただけでなく、室蘭調査にも大いに感動して率先して本書の原稿を書き上げてくれた。彼の情熱と友情に対してあらためて敬意を表するとともに、今思えば、激務の中の本書原稿執筆が彼の死期を早める一因にもなってしまったかと思うと悔いが残る。今はただ冥福を祈るばかりである。

われわれの共同研究自体が、前記経過で述べたごとく、彼の年来の研究および彼との研究交流を前提として始められたものであったし、とくに編者の一人である奈倉は、一九九〇年の文部省「在外研究」以来、彼のアドヴァイスも受けながら「日本製鋼所とイギリス側株主との関係に関する研究」を続けてきただけに、彼の訃報はショックであった。

トレビルコックは、今さら言うまでもなく、イギリス兵器産業史で優れた業績を多数残しているその分野の第一人者であり、われわれの研究は、トレビルコックの業績を批判的に検討することからスタートしている、と言っても過言ではない。それだけに、今回の日英兵器産業史に関する共同研究では、当初から無意識のうちにトレビルコックの研究を座標軸としていたのかもしれない。

彼の遺稿となってしまった本書第5章の英文原稿の翻訳作業は、最初に共同研究メンバー全員が分担して粗訳を行い、その後に小野塚と山下によって詳細かつ正確な訳出作業が進められた。彼らもそれぞれに担当章の原稿をかかえていて、多大な負担をかけたが、二人の尽力によって翻訳はきわめて精度の高いものに仕上がっている。なお、訳者後記にも記されているように、本来、訳者が執筆者と連絡をとって確かめるべき事項がいくつかあったものの、照会を行うこともかなわない事情のもとで訳者の一存で手を加えざるを得なかったことを読者にはお断りし、御寛容の程お願いする次第である。

ところで、欧米におけるイギリス兵器産業史研究は、トレビルコックの研究をはじめとして、最近に至るまで経営史的視点からの実証が着実に進められてきているが、当該産業と政府との関係についても第一次大戦後の軍縮期・再軍備期を中心として貴重な研究が残されている。さらに最近では、一九三〇年代の国際政治に対して英仏独三国の武器輸出が及ぼした影響をテーマとした共同研究も進められている。しかし、それらは経営史・企業史研究、産業政策史研究および国際政治史研究の各々に「独立」した研究潮流にとどまっており、いずれにおいても武器移転・技術移転の体系的な歴史研究は行われてこなかった。

本書は、前記の三つの研究潮流の成果と問題関心を踏まえつつ、多様な一次史料調査を前提として、第二次大戦前における日英間の武器移転・技術移転を実証的に解明するものである。われわれは、その成果がわが国においてはもとより、海外においても関連研究の交流とその進展に貢献するものであることを切望している。そして、われわれ自らも武器移転・技術移転というきわめて今日的なテーマにもとづいて、国際的な研究交流をさらに広げていかねばならないと考えている。本書は、そのための中間総括である。

なお、本書原稿執筆後に広島県呉市で開催されたシンポジウム「呉海軍工廠の技術的成果と課題」（二〇〇四年一一月二七日、社会経済史学会中国四国部会および「大和」を語る会主催、呉市共催）には、オーガナイザーである千田をはじめ、報告者（千田・小野塚・奈倉・山下）、問題提起者（横井）、コメンテイター（安部）、司会者（鈴木）という形で、本書執筆者全員が参加する機会を得た。もう一方のコメンテイターである高橋衛広島大学名誉教授、そしてもう一人の司会者松本純松山大学助教授をはじめ、大会を準備してくださった社会経済史学会中国四国部会の皆さん、呉市史編纂室の皆さんなど、関係者に厚く御礼申し上げたい。シンポジウムで得た知見をもとに、われわれ共同研究メンバーは、呉等の海軍工廠を含む日英兵器産業史研究の深化に向けて一層精進する所存である。

ここに名前をあげた方々以外にも多くの方にお世話になっている。共同研究一期目には、文献検索ソフトの開発利用などにつき宮田貞夫氏（元日興証券勤務、現中小企業診断士・ITコーディネータ）、二〇〇一年六月室蘭調査の際には史料撮影等につき岩本圭介氏（写真家）の手助けをそれぞれ得たことを記して謝意を表したい。また、共同研究二期目の二〇〇四年からは、研究会に飯窪秀樹（東京大学社会科学研究所・研究支援推進員）も参加していることを付記しておく。
最後に、厳しい出版事情の折、本書刊行を御快諾いただいた日本経済評論社の栗原哲也社長、刊行助成申請の際に労を煩わせた谷口京延氏ならびに面倒な編集業務を担当いただいた新井由紀子さんには心よりお礼申し上げる。執筆者側の遅延にもかかわらず、なんとか予定通り出版にこぎ着けることができたのは、ひとえに新井さんのおかげである。

二〇〇五年一月

奈倉　文二
横井　勝彦

本書は、独立行政法人日本学術振興会平成一六年度科学研究費補助金（研究成果公開促進費）の交付を受けております。

Wilkins, M. [1988], "The free-standing company, 1870-1914: An important type of British foreign direct investment", *Economic History Review,* 2nd ser., 61-2.

Williams, M. [1988], "Technical Innovation: examples from the scientific instrument industry", in J. Liebenau ed., *The Challenge of New Technology: Innovation in British Business since 1850,* Aldershot.

Williams, M. [1993], "Training for Specialists: the precision instruments industry in Britain and France, 1890-1925", in R. Fox & A. Guagnini eds., *Education, Technology and Industrial Performance in Europe, 1850-1939,* Cambridge.

Williams, M. [1994], *The Precision Makers: A History of the instruments industry in Britain and France, 1870-1939,* London（マリ・ウィリアムズ／永平幸雄・川合葉子・小林正人訳『科学機器製造業者から精密機器メーカーへ――1870-1939年における英仏両国の機器産業史――』大阪経済法科大学出版部，1998年）.

Winter, J. W. ed. [1975], *War and economic development: Essay in memory of David Joslin,* Cambridge.

Woodman, T. & J. Kinnear [1982], "One hundred and eighty years of instrument making: some historical aspects of Elliott Brothers (London) Ltd. and Fisher Control Ltd.", *The Radio and Electronic Engineer,* 1-2.

Yamamura K. [1977], "Success Ill-Gotten? The Role of Meiji Militarism in Japan's Technological Progress", *Journal of Economic History,* 37-4.

Yuzawa, T. & M. Udagawa eds. [1990], *Foreign Business in Japan before World War II,* Tokyo.

vision", *Journal of Contemporary History,* 5-4.[

Trebilcock, C. [1971], "Spin-off and the Armaments Industry: A Rejoinder", *Economic History Review,* 2nd Ser., 24-3.

Trebilcock, C. [1973], "British Armaments and European Industrialization, 1880-1914", *Economic History Review,* 2nd Ser., 26-2.

Trebilcock, C. [1974a], "British Armament and European Industrialization 1800-1914: the Spanish Case reaffirmed", *Economic History Review,* 2nd Ser., 27-4.

Trebilcock, C. [1974b], "Radicalism and the Armament Trust", in A. J. A. Morris ed., *Edwardian Radicalism,* 1900-1914, London.

Trebilcock, C. [1975], "War and the failure of industrial mobilisation: 1889 and 1914", in J. M. Winter ed., *War and Economic Development: Essays in memory of David Joslin,* Cambridge.

Trebilcock, C. [1976], "The British Armaments Industry 1890-1914: False Legend and True Utility", in G. Best and A. Wheatcroff eds., *War, Economy and the Military Mind,* London.

Trebilcock, C. [1977], *The Vickers Brothers, Armament and Enterprise 1854-1914,* London.

Trebilcock, C. & G. Jones [1982], "Russian industry and British business 1910-1930: oil and armaments", *Journal of European History,* 11.

Trebilcock, C. [1990], "British Multinationals in Japan, 1900-41: Vickers, Armstrong, Nobel, and the Defence Sector", in T. Yuzawa & M. Udagawa eds., *Foreign Business in Japan before World War II,* Tokyo.

Trebilcock, C. [1993], "Science Technology and the Armaments Industry in the UK and Europe, 1880-1914", *Journal of European Economic History,* 22-3.

Tweedale, G. [1986], "Transatlantic Specialty Steels: Sheffield High Grade Steel Firms and the USA, 1860-1940", in G. Jones ed., *British Multinationals: Origins, Management and Performance,* Cambridge.

Valone, S. J. [1991], *A Policy Calculated to Benefit China: The United States and the China Arms Enbargo, 1919-1929,* London.

Warren, K. [1989], *Armstrongs of Elswick: Growth in Engineering and Armaments to the Merger with Vickers,* London.

Warren, K. [1995], *John Meade Falkner, 1858-1932: A Paradoxical Life,* Lampeter, Dyfed, Wales.

Warren, K. [1998], *Steel, Ships and Men: Cammell Laird, 1824-1993,* Liverpool.

Webster, R. A. [1975], *Industrial Imperialism in Italy, 1908-15,* Berkeley.

West, N. [1983], *MI 5: British Security Service Operations 1909-1945,* London.

Segreto, L. [1985], "More Trouble than Profit: Vickers' Investments in Italy 1906-39", *Business History*, 27-3.

Simonson, G. R. [1968], *The history of the American aircraft industry*, Cambridge, Mass. (シモンソン／前谷清・振津純雄訳『アメリカ航空機産業発達史』盛書房, 1987年).

Singleton, J. [1993], "Full steam ahead? The British arms industry and the market for warships, 1850-1914", in J. Brown & M. B. Rose eds., *Entrepreneurship, networks and modern business*, Manchester.

Slaven, A. & S. Checkland eds. [1986], *Dictionary of Scottish Business Biography 1860-1960*, vol. 1 the staple industries, Aberdeen.

Stigler, G. J. [1968], *The Organization of Industry*, Chicago (G. J. スティグラー／神谷伝造・余語将尊訳『産業組織論』東洋経済新報社, 1975年).

Stopford, J. M. [1974], "The Origins of British-Based Multinational Manufacturing Enterprises", *Business History Review*, 48-3.

Sumida, J. T. [1979], "British Capital Ship Design and Fire Control in the Dreadnought Era: Sir John Fisher, Arthur Hungerford Pollen, and the Battle Cruiser", *Journal of Modern History*, 51-1.

Sumida, J. T. [1984], *The Pollen Papers: the privately circulated printed works of Arthur Hungerford Pollen, 1901-1916*, Navy Records Society.

Sumida, J. T. [1989], *In Defence of Naval Supremacy: Finance, Technology and British naval Policy*, 1889-1914, London.

Suzuki, T. [1994], *Japanese Government Loan Issues on the London Capital Market 1870-1913*, London.

Tanham, G. K. & M. Agmon [1995], *The Indian Air Force: Trends and Prospects*, Santa Monica.

Taylor, E. W. & J. S. Wilson [1919], *At the Sign of the Orrery: the origins of the firm of Cooke*, York.

Thetford, O. [1971], *British Naval Aircraft since 1912*, London.

Towle, P. [1977], "The evaluation of the experience of the Russo-Japanese War", in B. Ranft ed., *Technical change and British naval Policy, 1860-1939*, London.

Towle, P. [1980], "British Assistance to the Japanese Navy during the Russo-Japanese War of 1904-5", *The Great Circle*, 2-1.

Trebilcock, C. [1966], "A Special Relationship: Government, Rearmament and the Cordite Firms 1885-1914", *Economic History Review*, 2nd Ser., 19-2.

Trebilcock, C. [1969], "Spin-Off' in British Economic History: Armaments and Industry 1760-1914", *Economic History Review*, 2nd Ser., 22-3.

Trebilcock, C. [1970b], "Legends of the British Armaments Industry, 1890-1914: A Re-

umenta Nipponica: Studies on Japanese culture past and present, 21-3・4, Sophia University, Tokyo.

Pine, L. G. [1956], *Burke's Genealogical and Heraldic History of the Peerage,* 101st ed., London.

Pollard, S. [1979], *The British Shipbuilding Industry, 1870-1914,* London .

Pugach, N. H. [1978], "Anglo-American Aircraft Competition and the China Arms Embargo, 1919-1921", *Diplomatic History,* 2-4.

Ranft, B. ed. [1977], *Technical Change and British Naval Policy, 1860-1939,* London.

Reader, W. J. [1970], *Imperial Chemical Industries: A History,* Vol. I, *The Forerunners 1870-1926,* Oxford.

Reader, W. J. [1971], *The Weir Group: A Centenary History,* London.

Reader, W. J. [1981], *Bowater: A History,* Cambridge.

Reid, W. [2001], *We' re certainly not afraid of Zeiss: Barr & Stroud binoculars and the Royal Navy,* Edinburgh.

Russell, I. [1990], "Technical Transfer in the British Optical Industry 1884-1914: The Case of Barr & Stroud", Tenth International Economic History Congress, Leuven, Belgium, 20th August.

SIPRI (Stockholm International Peace Research Institute) [1971], *The arms trade with the Third World,* Stockholm.

SIPRI [1975], *Arms trade registers: the arms trade with the Third World,* Stockholm.

SIPRI [1978], *Arms transfers to the third world: the military buildup in less industrial countries,* edited by Uri Ra'anan, Robert L. Pfaltzgraff, Jr. and Geoffrey Kemp, Boulder, Colo.

SIPRI [1986], *Arms production in the Third World,* edited by M. Brzoska & T. Ohlson, London.

Sampson, A. [1977], *The Arms Bazaar, The Companies, The Dealers, The Bribes: From Vickers to Lockheed,* London (アンソニー・サンプソン／大前正臣訳『兵器市場(上・下)』TBSブリタニカ, 1977年), new edition [1991], *The Arms Bazaar in the Nineties: From Krupp to Saddam, London* (アンソニー・サンプソン／大前正臣・長谷川成海訳『新版兵器市場』TBSブリタニカ, 1993年).

Samuels, R. J. [1994], *Rich Nation, Strong Army: National Security and the Technological Transformation of Japan,* London (リチャード・J・サミュエルズ／奥田章順訳『富国強兵の遺産――技術戦略に見る日本の総合安全保障――』三田出版会, 1997年).

Saul, S. B. [1962], "The Motor Industry in Britain to 1914", *Business History,* 5-1.

Sayers, R. S. [1976], *The Bank of England, 1891-1944,* 3, Cambridge.

Scott, J. D. [1962], *Vickers: A History,* London.

ィクション全集6』筑摩書房，1967年）．

McNeill, W. H. [1982], *The Pursuit of Power: technology armed force, and society since A. D. 1000,* Chicago（ウィリアム・H・マクニール／高橋均訳『戦争の世界史――技術と軍隊と社会――』刀水書房，2002年）．

Millward, R. & J. Singleton eds. [1995], *The political economy of nationalisation in Britain 1920-1950,* Cambridge.

Moss, M. & I. Russell [1988], *Range and Vision: The First Hundred Years of Barr and Stroud,* Edinburgh.

Nagura, B. [2002], "A Munition-Steel Company and Anglo-Japanese Relations before and after the First World War: Corporate Governance of the Japan Steel Works and its British Shareholders", in J. Hunter & S. Sugiyama eds., *The History of Anglo-Japanese Relations 1600-2000,* vol. 4: Economic and Business Relations, London.

Navy Records Society [1960], *The Fisher Papers,* Vol. 1.

Neuman, S. G. & R. E. Harkavy eds. [1979], *Arms Transfers in the Modern World,* New York.

Neumann, R. [1938], *Zaharoff: the Armaments King,* (translated from the German by R. T. Clark in 1935), London.

Nicholas, S. [1984], "The Overseas Marketing Performance of British Industry, 1870-1914", *Economic History Review,* 2nd ser., 37-4.

Nicholas, S. [1991], "The expansion of British multinational companies: testing for managerial failure", in J. Foreman-Peck ed., *New Perspectives on the late Victorian economy: Essays in Quantative Economic History 1860-1914,* Cambridge.

Nish, I. [1966], *The Anglo-Japanese Alliance: The Diplomacy of Two Island Empires, 1894-1907,* London.

Nish, I. [1972], *Alliance in Decline: A Study in Anglo-Japanese Relations, 1908-23,* London.

Noel-Baker, P. [1936], *The Private Manufacture of Armaments,* Vol. I, London.

O'Brien, P. K. [1988], "The Costs and Benefits of British Imperialism 1846-1914", *Past and Present,* 120.

Offer, A. [1991], *The First World War: An Agrarian Interpretation,* Oxford.

Otsuka, K., G. Ranis & G. Saxonhouse [1988], *Comparative Technology Choice in Development,* London.

Padfield, P. [1966], *Aim Straight: A biography of Sir Percy Scott, the father of modern naval gunnery,* London.

Padfield, P. [1974], *Guns at Sea,* New York.

Perry, J. C. [1966], "Great Britain and the Emergence of Japan as a Naval Power", *Mon-*

Hume, J. R. & M. Moss [1979], *Beardmore: The History of a Scottish Industrial Giant,* London.

Irving, R. J. [1975], "New Industries for Old? Some Investment Decisions of Sir W. G. Armstrong, Whitworth & Company Limited, 1900-1914", *Business History,* 17-2.

Jeremy, D. & G. Tweedale [1994], *Dictionary of Twentieth Century British Business Leaders,* London.

Jeremy, D. ed. [1984-86], *Dictionary of Business Biography,* 5, London.

Jones, G. [1986], "The performance of British Multinational Enterprise, 1890-1945", in P. Hertner & G. Jones eds., *Multinationals: Theory and History,* Shaftesbury.

Jones, G. [1994], "British Multinationals and British business since 1850", in M. W. Kirby & M. B. Rose eds., *Business enterprise in Modern Britain: From the eighteenth to the twentieth century,* London.

Jones, L. [1957], *Shipbuilding in Britain, Mainly between the Two World Wars,* Cardiff.

Kaldor, M. [1981], *The Baroque Arsenal,* New York (メアリー・カルドー／芝生瑞和・柴田郁子訳『兵器と文明――そのバロック的現在の退廃――』技術と人間, 1986年).

Kemp, T [1983], *Industrialization in Non-Western World,* London (トム・ケンプ／佐藤明監修, 寺地孝之訳『非ヨーロッパ世界工業化論』ありえす, 1986年).

Krause, K. [1992], *Arms and the State: Patterns of Military Production and Trade,* Cambridge.

Lewinsohn, R. [1929], *The Man behind the Scenes: The Career of Sir Basil Zaharoff,* London.

Lieberson S. [1971], "An Empirical Study of Military-Industrial Linkages", *American Journal of Sociology,* 76.

Lipscomb, F. W. [1975], *The British Submarine,* London.

Lyon, H. [1977], "The Admiralty and Private Industry", in B. Ranft ed., *Technical change and British Naval Policy 1860-1939,* London.

Mackay, R. F. [1973], *Fisher of Kilverstone,* Oxford.

Macleod, M. & K. Andrews [1971], "Scientific advice in the War at Sea 1915-1917: the Board of Invention and Research", *Journal of Contemporary History,* 6-2.

Macleod R. & K. Macleod [1975], "War and Economic Development: Government and the optical industry in Britain, 1914-1918", in J. M. Winter ed., *War and Economic Development,* London.

Marder, A. J. [1965], *From the Dreadnought to Scapa Flow: The Royal Navy in the Fisher Era, 1904-1919,* vol. ii, Oxford.

McCormick, D. [1965], *Peddler of Death: The Life and Times of Sir Basil Zaharoff,* New York (ドナルド・マコーミック／阿部知二訳「死の商人ザハロフ」『現代世界ノンフ

Edgerton, D. [1995], "Public ownership and the British arms industry 1920-50", in R. Millward & J. Singleton eds., *The political economy of nationalisation in Britain 1920-1950,* Cambridge.

Engelbrecht, H. C. & F. C. Hanighen [1934], *Merchants of Death: A Study of the International Armament Industry,* New York.

Fearon, P. [1974], "The British Airframe Industry and the State, 1918-35", *Economic History Review,* 2nd Ser., 27-2.

Fearon, P. [1978], "The Vicissitudes of a British Aircraft Company: Handley Page Ltd. between the Wars", *Business History,* 20-1.

Fearon, P. [1979], "Aircraft Manufacturing", in N. K. Buxton & D. H. Aldcroft eds., *British Industry between the wars: Instability and industrial development, 1919-1939,* London.

Ferguson, N. [1998], *The World's Banker: the History of the House of Rothschild,* London.

Ferris, J. [1982], "A British Unofficial Aviation Mission and Japanese Naval Developments, 1919-1929", *Journal of Strategic Studies,* 5-2.

Flint, C. R. [1923], *Memories of an Active Life: Men, and Ships, and Sealing Wax,* New York.

Fukasaku, Y. [1992], *Technology and Industrial Development in Pre-War Japan,* London.

Georgano, G. N., N. Baldwin, A. Clausager & J. Wood [1995], *Britain's Motor Industry: The First 100 Years,* Sparkford.

Goldstein E. R. [1980], "Vickers Limited and the Tsarist Regime", *Slavic and East European Review,* 58-4.

Gupta, S. C. [1961], *History of the Indian Air Force 1933-45,* New Delhi.

Hackmann, W. [1984], *Seek & Strike: Sonar, anti-submarine warfare and the Royal Navy, 1914-54,* London.

Hayward, K. [1989], *The British Aircraft Industry,* Manchester.

Headrick, D. R. [1988], *The Tentacles of Progress: Technology Transfer in the Age of Imperialism, 1850-1940,* Oxford（ヘッドリク／原田勝正・多田博一・老川慶喜・濱文章訳『進歩の触手――帝国主義時代の技術移転――』日本経済評論社，2005年）.

Higham, R. [1962], *Armed Forces in Peacetime: Britain, 1918-1940, a case study,* Connecticut.

Higham, R. [1965], "Government, Companies, and National Defense: British Aeronautical Experience, 1918-1945 as the Basis for a Broad Hypothesis", *Business History Review,* 39-3.

Hodges, P. [1981], *The Big Gun: Battleship Main Armament 1860-1945,* Annapolis.

Church, R. [1994], *The Rise and Decline of the British Motor Industry,* Basingstoke.

Collier, B. [1980], *Arms and the Men: The Arms Trade and Governments,* London.

Conte-Helm, M. [1989], *Japan and the North East of England: From 1862 to the Present Day,* London (マリー・コンティヘルム/岩瀬孝雄訳『イギリスと日本』サイマル出版会, 1990年).

Conte-Helm, M. [1994], "Armstrong's, Vickers and Japan", in I. Nish ed., *Britain and Japan: Biographical Portraits,* Kent (イアン・ニッシュ編/日英文化交流研究会訳『英国と日本——日英交流人物列伝——』博文館新社, 2002年).

Conway [1979], *Conway's All the World's Fighting Ships 1860-1905,* London.

Conway [1980], *Conway's All the World's Fighting Ships 1922-1946,* London.

Conway [1985], *Conway's All the World's Fighting Ships 1906-1921,* London.

Corley, T. A. B. [1994a], "Britain's Overseas Investments in 1914 Revisited", *Business History,* 36-1.

Corley, T. A. B. [1994b], "Free-Standing Companies, their Financing, and Internalisation Theory", *Business History,* 36-4.

Cottrell, P. L. [1975], *British Overseas Investment in the Nineteenth Century,* London.

Davenport, G. [1934], *Zaharoff: High Priest of War,* Boston (ダベンポート/大江専一訳『世界軍需王ザハロフ秘録』サイレン社, 1935年).

Davenport-Hines, R. P. T. [1979], "The British Armaments Industry during Disarmament 1918-36", Cambridge U. Ph. D.

Davenport-Hines, R. P. T. [1984], *Dudley Docker: The Life and Times of a Trade Warrior,* Cambridge.

Davenport-Hines, R. P. T. [1986a], "The British marketing of armaments 1885-1935", in R. Davenport-Hines ed., *Markets and Bagmen: Studies in the History of Marketing and British Industrial Performance 1830-1939,* Cambridge.

Davenport-Hines, R. P. T. [1986b], "Vickers as a multinational before 1945, in G. Jones ed., British *Multinationals: Origins, Management and Performance,* Cambridge.

Davenport-Hines, R. P. T. & G. Jones eds. [1989], *British Business in Asia since 1860,* Cambridge.

Dougan, D. [1970], *The Great Gun-Maker: The Life* [*Story*] *of Lord Armstrong,* Newcastle upon Tyne.

Dunning, J. H. [1983], "Changes in the Level and Structure of International Production: The Last One Hundred Years", in Casson, M. ed., *The Growth of International Business,* London.

Edgerton, D. [1991], *England and the Aeroplane: An Essay on a Militant and Technological Nation,* London.

横井勝彦［2002］,「1930年代イギリス再軍備期における武器輸出問題——ヴィッカーズ＝アームストロング社を中心として——」『明治大学社会科学研究所紀要』41-1.

横井勝彦［2004］,「イギリス海軍と帝国防衛体制の変遷」秋田茂編『パクス・ブリタニカとイギリス帝国』ミネルヴァ書房.

横須賀海軍工廠［1937］,『技術官及職工教育沿革誌』（復刻版1984年, 芳文閣）.

横山久幸［2000］,「陸海軍の遣独視察団に見る技術交流の実態——日本における初期のレーダー開発との関係において——」『戦史研究年報』3.

吉岡昭彦［1981］,『近代イギリス経済史』岩波書店.

吉岡昭彦［1989］,「イギリス帝国主義における海軍費の膨張——1889～1914年——」『土地制度史学』124.

四ツ橋実［1939］,「支那航空事業の現状」『科学主義工業』7月号.

Allfrey, A. [1989], *Man of Arms: The Life and Legend of Sir Basil Zaharoff*, London.

Antony Gibbs & Sons Limited [1958], *Merchants and Bankers 1808-1958*, London.

Atwater, E. [1939], "British Control over the Export of War Material", *American Journal of International Law*, 33.

Atwater, E. [1941], *American Regulation of Arms Exports*, Washington.

Bacon, R. H. [1929], *The Life of Lord Fisher of Kilverstone*, Vol. 1, London.

Baldwin, N. [1995], *The Wolseley*, Princes Risborough.

Barker, T. C. [1960], *Pilkington Brothers and the Glass Industry*, London.

Barr & Stroud Ltd. [1961], *Barr and Stroud Limited*, Glasgow.

Bastable, M. J. [2004], *Arms and the State: Sir William Armstrong and the Remaking of British Naval Power, 1854-1914*, Aldershot.

Brown, D. K. [1983], *A Century of Naval Construction*, London.

Chan, A. B. [1982], *Arming the Chinese: The Western Armaments Trade in Warlord China, 1920-1928*, Vancouver.

Chance, J. F. [1919], *A History of the Firm of Chance Brothers & Co. Glass and Alkali Manufacturers*, London.

Chapman, S. D. [1977], "The Foundation of the English Rothschilds: N. M. Rothschild as a Textile Merchant 1799-1811" in *N. M. Rothschild 1777-1836*, London.

Checkland, O. [1986], "Towards the Establishment of a Japanese Shipbuilding and Armament Industry, the Role of the British Promoters", *The Annual Bulletin of The Institute of Business Research Chuo University*（中央大学『企業研究所年報』）7, Tokyo.

Checkland, O. [1989], *Britain's Encounter with Meiji Japan 1868-1912*, London（オリーブ・チェックランド／杉山忠平・玉置紀夫訳『明治日本とイギリス』法政大学出版会, 1996年）.

部）第 1 巻三菱造船所』.
三菱重工業株式会社社史編纂室編［1956］,『三菱重工業株式会社史』三菱重工業株式会社.
三菱造船株式会社［1957］,『創業百年の長崎造船所』.
三菱造船株式会社長崎造船所職工課［1928］,『三菱長崎造船所史(1)』.
三菱長崎造船所職工課［1916］,『長崎造船所労務史』第二編（自明治三十一年至大正五年）.
宮下弘美［1994］,「日露戦後北海道炭礦汽船株式会社の経営危機」北海道大学『経済学研究』43-4.
宮脇岑生［1974］,「現代インドにおける軍産関係――中印紛争をめぐる諸問題――」佐藤栄一編『現代国家における軍産関係』日本国際問題研究所.
村岡正明［2001a］,「フォール大佐と井上幾太郎」『航空と文化』春季号.
村岡正明［2001b］,「センピル大佐と海軍」『航空と文化』夏季号.
室山義正［1984］,『近代日本の軍事と財政』東京大学出版会.
メイドリー, クリストファー［2001］,「日本自動車産業の発展と英国――日英企業の技術提携 1918-1964年」杉山伸也, ジャネット・ハンター編『日英交流史　1600-2000』（第 4 巻経済）東京大学出版会.
守屋典郎［1953］,『恐慌と軍事経済』青木書店.
八木彬男［1957］,『明治の呉及呉海軍』株式会社呉造船所.
八木彬男［1958］,『明治の呉及呉海軍　続篇』株式会社呉造船所.
安室憲一［1991］,「英国企業のアジア進出――その盛衰の歴史と日本企業への教訓――」『世界経済評論』34-7.
山田朗［1997］,『軍備拡張の近代史――日本軍の膨張と崩壊――』吉川弘文館.
山田朗［2001］,「国家総力戦と軍備拡張競争」『歴史評論』610.
山田太郎［1974］,「（資料）軍艦金剛の主砲の決定経緯」『銃砲史研究』60.
山田太郎［1979］,「造兵事業での製鋼業――呉海軍工廠製鋼部の沿革――（1-4）」『銃砲史研究』110-113.
山田太郎・石井寛一・坪田孟［2000-01］,『呉海軍工廠造兵部史料集成（上・中・下）』同編纂委員会.
山田太郎・堀川一男・冨屋康昭［1996］,『呉海軍工廠製鋼部史料集成』同編纂委員会.
山田盛太郎［1934］,『日本資本主義分析』岩波書店（文庫版, 1977年）.
山内万寿治［1914］,『回顧録』［1914年 3 月稿, 私家版］.
山内万寿治［1919］,『かきのぞ記』［1919年孟夏稿, 21年 5 月山内志郎発行, 私家版］.
山本有造［2003］,『帝国の研究――原理・類型・関係――』名古屋大学出版会.
横井勝彦［1997］,『大英帝国の<死の商人>』講談社選書メチエ.
横井勝彦［2000］,「世紀転換期イギリス帝国防衛体制における日本の位置」『明大商学論叢』82-3.

日本鉄鋼史編纂会（小島精一）［1984］,『日本鉄鋼史　大正前期編』［復刻版］文生書院.
野沢正編［1972］,『日本航空機総集　第6巻　輸入機編』出版協同社.
橋本毅彦［1998］,「10年後の飛行機を求めて：戦間期英国における航空機の研究開発」『技術と文明』20.
長谷部宏一［1983］,「明治期陸海軍工廠における特殊鋼生産体制の確立」北海道大学『経済学研究』33-3.
長谷部宏一［1985］,「明治期陸海軍工廠研究とその問題点」北海道大学『経済学研究』35-1.
長谷部宏一［1988］,「1910年代の株式会社日本製鋼所」『経営史学』22-4.
原剛［2002］,『明治期国土防衛史』錦正社.
原信芳［2004］,「書評：奈倉文二・横井勝彦・小野塚知二著『日英兵器産業とジーメンス事件——武器移転の国際経済史——』日本経済評論社」『軍事史学』40-1.
坂野潤治・広瀬順晧・増田知子・渡辺恭夫編［1983a, b］『財部彪日記（海軍次官時代上・下）』山川出版社.
広島県［1980］,『広島県史　近代1　通史Ⅴ』同県.
フェリス，ジョン［2001］,「英国陸・空軍から見た日本軍——1900-1939年——」平間洋一，イアン・ガウ，波多野澄雄編『日英交流史　1600-2000』（第3巻軍事）東京大学出版会.
福川秀樹編著［1999］,『日本陸海軍人名辞典』芙蓉書房出版.
富士製鉄㈱［1958］,『室蘭製鉄所五十年史』同社.
藤村欣市朗［1992］,『高橋是清と国際金融（上）』福武書店.
細谷千博編［1982］,『日英関係史』東京大学出版会.
細谷千博，イアン・ニッシュ監修［2000-2001］,『日英交流史 1600-2000』全5巻，東京大学出版会.
堀川一男・小野寺真作［1992］,「旧陸海軍鉄鋼技術史の覚書（Ⅰ～Ⅳ）」日本防衛装備工業界『兵器と技術』543-547.
堀川一男［2000］,『海軍製鋼技術物語——大型高級特殊鋼製造技術の発展——』アグネ技術センター.
堀川一男［2003］,『続・海軍製鋼技術物語——米海軍「日本技術調査報告書」を読む——』アグネ技術センター.
前田裕子［2001］,『戦時期航空機工業と生産技術形成——三菱航空エンジンと深尾淳二——』東京大学出版会.
松本三和夫［1995］,『船の科学技術革命と産業社会——イギリスと日本の比較社会学——』同文舘.
黛治夫［1977］,『艦砲射撃の歴史』原書房.
［三菱鑛業株式會社］庶務部調査課編［1914］,『労働者取扱方ニ関スル調査報告書（第1

永石正孝［1961］,『海軍航空隊年誌』出版協同社.
中川良一・水谷総太郎［1985］,『中島飛行機エンジン史――若い技術者集団の活躍――』酣燈社.
長島要一［1995］,『明治の外国武器商人――帝国海軍を増強したミュンター――』中公新書.
中西洋［2003］,『日本近代化の基礎過程――長崎造船所とその労資関係：1855～1903年――（下）』東京大学出版会.
長野暹編［2003］,『八幡製鉄所史の研究』日本経済評論社.
永村清［1981］,「『筑波』『生駒』『伊吹』の新造艦」史料調査会海軍文庫（土肥一夫）監修『海軍Ⅶ 戦艦・巡洋戦艦』誠文堂.
中山雅洋［1981］,『中国的天空――沈黙の航空戦史――』サンケイ出版.
奈倉文二［1984］,『日本鉄鋼業史の研究――1910年代から30年代前半の構造的特徴――』近藤出版社.
奈倉文二［1998］,『兵器鉄鋼会社の日英関係史――日本製鋼所と英国側株主：1907～52――』日本経済評論社.
奈倉文二［2001］,「日本製鋼所のコーポレート・ガヴァナンスと日英関係」杉山伸也，ジャネット・ハンター編『日英交流史　1600-2000』（第4巻経済）東京大学出版会.
奈倉文二［2002］,「第1次大戦前後の日本製鋼所と日英関係――拙著『兵器鉄鋼会社の日英関係史』書評に答えつつ――」『茨城大学政経学会雑誌』72.
奈倉文二・横井勝彦・小野塚知二［2003］,『日英兵器産業とジーメンス事件――武器移転の国際経済史――』日本経済評論社.
奈倉文二［2004］,「書評：長野暹編著『八幡製鉄所史の研究』日本経済評論社」『社会経済史学』70-3.
西川純子［1993］,「アメリカ航空機産業の初期段階　1903-1939年」『土地制度史学』138.
日本海軍航空史編纂委員会編［1969a］,『日本海軍航空史(1)用兵篇』時事通信社.
日本海軍航空史編纂委員会編［1969b］,『日本海軍航空史(2)軍備篇』時事通信社.
日本海軍航空史編纂委員会編［1969c］,『日本海軍航空史(3)制度・技術編』時事通信社.
日本工学会［1925］,『明治工業史　造船篇』同会.
日本工学会［1929］,『明治工業史　火兵篇・鉄鋼篇』同会.
日本航空協会編［1956］,『日本航空史　明治・大正篇』日本航空協会.
日本航空協会編［1975］,『日本航空史　昭和前期編』日本航空協会.
日本製鋼所［1933］,『㈱日本製鋼所沿革史』同社.
日本製鋼所［1968a, b］,『日本製鋼所社史資料（上・下）』同社.
日本鉄鋼協会［1990］,『戦前軍用特殊鋼技術の導入と開発（旧陸海軍鉄鋼技術調査委員会報告書）』同会.
日本鉄鋼史編纂会（小島精一）［1945］,『日本鉄鋼史　明治編』千倉書房.

清水憲一［2002-03］,「創業期八幡製鉄所と兵器用鋼材生産（上・中・下）」『九州国際大学経営経済論集』9-2・3, 10-2.
清水憲一ほか［2004］,「官営八幡製鉄所創立期像の再構成」『九州国際大学経営経済論集』10-3.
水路部［1916 a］,『水路部沿革史』.
水路部［1916 b］,『水路部沿革史附録（下）』.
鈴木淳［1996］,『明治の機械工業――その生成と展開――』ミネルヴァ書房.
鈴木淳［2001］,「旧造船学科卒業論文・実習報告書目録」『東京大学日本史学研究室紀要』5.
鈴木俊夫［1991］,「香港上海銀行と日清戦争賠償公債発行（1895-1898年）」中京大学『中京経営研究』経営学部創立記念号.
鈴木俊夫［1998］,『金融恐慌とイギリス銀行業』日本経済評論社.
鈴木俊夫［1999］,「第一次世界大戦前イギリスの海外投資とシティ金融機関」『社会経済史学』65-4.
鈴木俊夫［2001］,「ベアリング商会の対日鉄道投資と信託法の制定」『信託研究奨励金論集』22.
洲脇一郎［1993］,（財）神戸都市問題研究所「神戸における外資系製造業の起源」『都市政策』73, 勁草書房.
造船協会編［1911］,『日本近世造船史』弘道館.
タイムス出版社編輯部［1939］,『世界の航空機工業』タイムス出版社.
高橋哲雄［1964］,「ヴィッカーズ・コンツェルンの史的分析」甲南大学『甲南経済学論集』5-1.
高橋泰隆［1988］,『中島飛行機の研究』日本経済評論社.
高村直助［1971］,『日本紡績業史序説（上・下）』塙書房
田中宏巳［1990］,「室蘭鎮守府の顛末について」『海軍史研究』創刊号.
田村栄太郎［1944］,『川村純義・中牟田倉之助伝』日本軍事図書.
千田武志［2002a］,「明治前期の軍艦整備計画と鎮守府設立――呉鎮守府の設立を中心として――」『軍事史学』38-3.
千田武志［2002b］,「呉鎮守府の建設と開庁」『政治経済史学』426-427.
千田武志［2004］,「官営軍需工場の技術移転に果たした外国人経営企業の役割――神戸鉄工所、小野浜造船所を例として――」『政治経済史学』458.
寺西英之［1999］,「砲熕技術国産化と純銑鉄製造」『銃砲史研究』309.
東洋経済新報社編［1950］,『昭和産業史』第1巻, 東洋経済新報社.
徳江和雄［1974］,「第一次大戦前のイギリス軍需産業における独占資本四社の行動」『茨城大学人文学部紀要』7.
床井雅美［1983］,『恐るべき武器と死の商人』青年書館.

小谷賢［2004］,『イギリスの情報外交――インテリジェンスとは何か――』PHP 新書.
故団男爵伝記編纂会［1938a, b］,『男爵団琢磨伝』（上・下）同会.
小林啓治［1987］,「日露戦後の日英同盟の軍事的位置」『日本史研究』293.
小林啓治［1988］,「日英関係における日露戦争の軍事的位置」『日本史研究』305.
小林啓治［1994］,「日英同盟論」井口和起編『日清・日露戦争』吉川弘文館.
小山弘健［1943］,「日本軍事工業発達史」小山弘健・上林貞治郎・北原道貫『日本産業機構研究』伊藤書店.
小山弘健［1972］,『日本軍事工業の史的分析』御茶の水書房.
小山弘健［1975］,「日本資本主義史における軍事工業」『長野大学紀要』3・4.
斎藤子爵記念会編［1941］,『子爵斎藤実伝』第1・2巻, 同会（復刻版1991年, 鳳文書館).
三枝博音・飯田賢一編［1957］,『日本近代製鉄技術発達史』東洋経済新報社.
佐木隆三［1980］,『波に夕陽の影もなく――海軍少佐竹内十次郎の生涯――』中央公論社（文庫版は1983年).
佐々木進（遺稿）［1937］,『呉港衛生記談』.
佐藤栄一編［1974］,『現代国家における軍産関係』日本国際問題研究所.
佐藤栄一編［1978a］,『政治と軍事――その比較史的研究――』日本国際問題研究所.
佐藤栄一［1978b］,「兵器貿易の政治経済学――『第三世界』への武器輸出との関連で――」日本国際政治学会編『国際政治』60.
佐藤栄一編［1982］,『安全保障と国際政治』日本国際問題研究所.
佐藤昌一郎［1975］,「国家資本」大石嘉一郎編『日本産業革命の研究（上)』東京大学出版会.
佐藤昌一郎［1999］,『陸軍工廠の研究』八朔社.
佐藤昌一郎［2003］,『官営八幡製鉄所の研究』八朔社.
佐藤元彦［1994］,「アジア NIEs における自立的兵器生産の展開と軍事主導産業高度化の胎動」平川均・朴一編『アジア NIEs ――転換期の韓国・台湾・香港・シンガポール――』世界思想社.
実成憲二［1998］,「明治一六年二月の肝付少佐一行の西海鎮守府地調査について」(『呉レンガ建造物研究会会報』72.
志鳥学修［1980］,「軍事技術の国際移転――第三世界への移転の要因と過程――」日本国際政治学会編『国際政治』64.
志鳥学修［1982］,「兵器・軍事技術の移転と国際政治――非核レベルの軍縮をめぐる国際環境――」佐藤栄一編『安全保障と国際政治』日本国際問題研究所.
志鳥学修［1995］,「武器移転の研究」『武器移転の研究』(日本国際政治学会編『国際政治』108).
篠原宏［1986］,『海軍創設史――イギリス軍事顧問団の影――』リブロポート.
渋沢青淵記念財団竜門社［1956］,『渋沢栄一伝記資料』第10巻, 渋沢栄一伝記資料刊行会.

の国際経済史――』日本経済評論社.
海軍技手養成所［1919］,『海軍技手養成所沿革誌』(復刻版1975年, 技養同窓会).
海軍大臣官房［1921］,『海軍軍備沿革』海軍大臣官房（復刻版1970年, 巌南堂).
海軍大臣官房［1939］,『海軍制度沿革』第3巻, 海軍大臣官房.
海軍砲術史刊行会［1975］,『海軍砲術史』同会.
海軍歴史保存会［1995］,『日本海軍史』全11巻, 第一法規出版.
外務省調査部編纂［1937］,『日英外交史』上（未定稿).
外務省編纂［1966］,『小村外交史』原書房.
春日日進回航員歓迎会編［1904］,『春日日進回航員歓迎会誌』民友社.
川崎重工業株式会社［1959］,『川崎重工業株式会社社史』本史, 別冊年表・諸表.
川田侃・大畠英樹編［1993］,『国際政治経済辞典』東京書籍（改訂版2003年).
川畑弥一郎・粥川豊吉［1913］,『軍艦金剛廻航記』画報社.
上林貞治郎［1967］,「カール・ツァイス・イェナ工場史」大阪市立大学『経営研究』91.
北政巳［1985］,「日蘇交流史の一考察――バァ＆ストラウド社の『訪問者録』(1898～1930）に表れる日本人達――」『大阪大学経済学』35－1.
北沢満［2003］,「北海道炭礦汽船株式会社の三井財閥傘下への編入」名古屋大学『経済科学』50－4.
木村修三［1974］,「戦後アメリカの兵器輸出――とくに第三世界への輸出をめぐって――」佐藤栄一編『現代国家における軍産関係』日本国際問題研究所.
国本康文［1999］,「写真に見る14インチ砲砲身の製造過程」『金剛型戦艦』(『歴史群像』太平洋戦争シリーズ, Vol. 21）学習研究社.
国本康文［2000a］,「45口径36センチ“14インチ”砲の歴史」『伊勢型軍艦』(『歴史群像』太平洋戦争シリーズ, Vol. 26）学習研究社.
国本康文［2000b］,「四十五口径四三式十二吋砲」『伊勢型軍艦』.
国本康文［2001］,「雑学『14インチ砲』」『扶桑型戦艦』(『歴史群像』太平洋戦争シリーズ, Vol. 30）学習研究社.
久米邦武編［1978］,『米欧回覧実記』岩波文庫.
車田千春［1934］,『軍需工業論』日本評論社.
呉海軍工廠［1925］,『呉海軍工廠造船部沿革誌』(あき書房復刻版［1981］『呉海軍工廠造船部沿革誌』には, 呉海軍造船廠［1898］『呉海軍造船廠沿革録』とともに収録).
呉海軍造船廠［1898］,『呉海軍造船廠沿革録』.
呉市［1924］,『呉市史』第1輯.
呉市史編纂室［1964］,『呉市史』第3巻, 呉市役所.
呉鎮守府副官部［1923］,『呉鎮守府沿革誌』(復刻版1980年, あき書房).
呉レンガ建造物研究会［1993］,『街のいろはレンガ色――呉レンガ考――』.
光学工業史編集会編［1955］,『兵器を中心とした日本の光学工業史』同編集会.

荒井政治［1981］,「イギリスにおける兵器産業の発展——第１次大戦前のヴィッカース社を中心に——」関西大学『経済論集』31-4.
池田憲隆［1984］,「日露戦争後における海軍兵器生産の構造」『社会経済史学』50-2.
池田憲隆［1987］,「日露戦後における陸軍と兵器生産」『土地制度史学』114.
池田憲隆［1996］,「戦前期日本軍事工業史研究の再検討」『弘前大学経済研究』19.
池田憲隆［2001］,「松方財政前半期における海軍軍備拡張の展開——1881〜83年——」弘前大学文学部『人文社会論叢（社会科学篇）』6.
池田憲隆［2002］,「1883年海軍軍拡前後期の艦船整備と横須賀造船所」弘前大学人文学部『人文社会論叢（社会科学編）』7.
石井寛治［1991］,『日本経済史［第２版］』東京大学出版会.
石井寛治［1994］,『情報・通信の社会史——近代日本の情報化と市場化——』有斐閣.
石井寛治［2001］,「書評：奈倉文二著『兵器鉄鋼会社の日英関係史——日本製鋼所と英国側株主：1907〜52——』日本経済評論社」一橋大学『経済研究』52-3.
板橋守邦［1992］,『屈折した北海道の工業開発——戦前の三井物産と北炭・日鋼——』北海道新聞社.
市原博［1983］,「第一次大戦に至る北炭経営」『一橋論叢』90-3.
井上角五郎［1933］,「北海道炭礦汽船株式会社の十七年間」(1933年10月，井上角五郎手記，井上没後の1940年刊，私家版)，野田正穂・原田勝正・青木栄一編『明治期鉄道史資料』第２集(8)（日本経済評論社，1981年）にも所収.
大江志乃夫［1976］,『日露戦争の軍事史的研究』岩波書店.
大江志乃夫［1999］,『バルチック艦隊』中公新書.
大倉財閥研究会［1982］,『大倉財閥の研究』近藤出版社.
大河内暁男［1993］,「中島飛行機とロールス・ロイス」大河内暁男・武田晴人編『企業者活動と企業システム——大企業体制の日英比較史———』東京大学出版会.
大沢博明［2001］,『近代日本の東アジア政策と軍事——内閣制と軍備路線の確立——』成文堂.
大塚久雄［1964］,「予見のための世界史」『展望』1964年12月号（『大塚久雄著作集』第９巻，岩波書店，1969年にも収録).
岡倉古志郎［1951］,『死の商人』岩波新書（改訂版1962年，同復刻1999年新日本出版社).
岡村純［1953］,『航空技術の全貌（上)』日本出版協同株式会社.
小倉磐夫［1994］,『カメラと戦争』朝日新聞社.
小野塚知二［1998］,「イギリス民間造船企業にとっての日本海軍」『横浜市立大学論叢（社会科学系列)』46-2・3.
小野塚知二［2001］,『クラフト的規制の起源——19世紀イギリス機械産業史——』有斐閣.
小野塚知二［2003］,「イギリス民間企業の艦艇輸出と日本——1870〜1910年代——」奈倉文二・横井勝彦・小野塚知二［2003］『日英兵器産業とジーメンス事件——武器移転

文献リスト

以下の文献リストでは、本書で引用ないしは参照した新聞・雑誌・年鑑および二次文献だけを紹介している。その他、本書の各章で使用した一次史料に関しては、すべて各章の章末注の初出箇所で名称・略称・所蔵場所などを表記するにとどめ、以下の文献リストでは紹介していない。

新聞・雑誌・年鑑

『芸備日報』［呉市史編纂室所蔵］.

All the World's aircraft.

Asahi Shimbun, Japan Almanac 1993.

Asahi Shimbun, Japan Almanac 2002.

Daily Telegraph.

Dictionary of National Biography.

The Hiogo News［神戸市文書館所蔵］.

The Japan Gazette［横浜開港資料館所蔵］.

The Times.

Who Was Who.

二次文献

秋田茂［2003］,『イギリス帝国とアジア国際秩序』名古屋大学出版会.

秋田茂編［2004］,『パクス・ブリタニカとイギリス帝国』ミネルヴァ書房.

芥川哲士［1985-88］,「武器輸出の系譜」『軍事史学』21-2, 21-4, 22-4, 23-1, 23-4.

麻田貞雄［1972］,「ワシントン海軍軍縮——ふたりの加藤をめぐって——」『同志社法学』49-3.

安部悦生［1979］,「20世紀初頭のイギリスにおける鉄鋼企業の資本構造と取締役の株式所有」明治大学『経営論集』27-1.

安部悦生［1989］,「イギリス海外投資と投資信託会社の役割」明治大学『経営論集』37-1.

安部悦生［1990］,「イギリスにおける持株会社と管理」明治大学『経営論集』37-2.

安部悦生［1993］,『大英帝国の産業覇権——イギリス鉄鋼企業興亡史——』有斐閣.

安部悦生［1997］,「イギリス企業の戦略と組織」安部悦生・岡山礼子・岩内亮一・湯沢威『イギリス企業経営の歴史的展開』勁草書房.

安部悦生・壽永欣三郎・山口一臣［2002］,『ケースブック　アメリカ経営史』有斐閣.

米村敏郎　170

[ラ行]
ランズダウン（5th Marquess of Lansdowne）　75, 78, 80-81, 89-92, 96, 99-100
ランレット（Charles Ranlett）　76
リー（J. F. Lea）　95, 110
リー（Lee）　378, 392, 400
リード（E. J. Reed）　82
リヒテル、カール（Karl Richiter）　194
レヴェルストウク（Revelstoke）　352, 355, 357, 359
レオポルディナ（Count Leopoldina）　75
レンウィック（R. D. Renwick）　224
レンドル、ジョージ（George Rendel）　330, 332
レンドル、ステュアート（Stewart Rendel）　330, 332-333
レンドル、ハミルトン（Hamilton Rendel）　330, 332
ロウ、ジークムント（Siegmunt Loewe）　320, 364-365
ローレンス、ハーバート（Herbert Lawrence）　350, 358-359, 365
ロバートスン（E. L. Robertson）　182, 197, 226, 231-241, 254

[ワ行]
ワッツ（Sir Philip Watts）　268
ワトスン＝アームストロング（Watson-Armstrong）　332

353-355, 357-360

[ハ行]

バー（Archibald Barr） 271, 274, 299
バーカー、ヴェール（Vere Barker） 318
バーカー、フランシス（Francis Barker） 318, 325, 364-365
ハーガン（R. Huggan） 35
ハーディング（Charles Hardinge） 92
長谷部小三郎 163, 165-169, 171, 190, 192-193
バッテンバーグ（Prince Louis Alexander of Battenberg, のちの Louis Alexander, Mountbattenn） 82-83, 90
ハドコック（A. George Hadcock） 356
ハミルトン（E. W. Hamilton） 91
林董 79, 85-86, 89, 91-94, 100
林一男 165-166, 168-169, 192
バルファ（Arthur James Balfour） 70, 87, 90, 99
坂東喜八 165-169, 171, 190-191
ピーコック（Peacock） 352-359
ピゴット（Col. F. G. Piggott） 396
フィッシャー（D. D. Fisher） 287
フィッシャー、ジョン（Sir John Arbuthnot Fisher） 268
プーレイ（Andrew M. Pooley） 194
フェアーリイ（Fairlie） 396
フォークナー（John Meade Falkner） 330, 333, 337, 355
フォール（Colonel J. P. Faure） 378, 388
福沢大四郎 168
プラット（Captain Prat） 75, 79
フリント（Charles Ranlett Flint） 74-76, 86, 104
フルード（R. E. Froude） 268
プレンダー、ウィリアム（William Plender） 348, 359
フレンチ（James French） 283
ペインター（H. H. Paynter） 95, 110
ベルタン、ルイ・エミール（Louis Emile Bertin） 25, 34, 44, 60
ベルナルド（James W. Bernard） 78
ヘルマン、ヴィクトル（Victor Herrmann） 194
ベンケンドルフ（Count Benckendorff） 96
ヘンソン（H. V. Henson） 171
ボイル（E. L. D. Boyle） 97, 110, 158, 192
ボウルズ（Gibson Bowles） 81
ホースン（Hawson） 356
ホルト（F. V. Holt） 382
ポレン（Arthur Hungerford Pollen） 269
ホワイト〔原語不明〕 80

[マ行]

真木長義 31
マクドナルド（C. M. MacDonald） 78, 86, 89, 91, 100
松方五郎 169, 171
松方正義 22
マッケクニー（James McKechnie） 318
マッケナ（Reginald McKenna） 348
松本和 178, 225
松本孝次 128-129
マリオット（W. Marriot） 385, 391
マレイ（George H. Murray） 333, 355
マレイ（O. Murray） 393
水谷叔彦 165-166, 170- 172, 182, 184, 187, 193, 197, 225, 228-231, 233, 235-244, 246, 261
ミックレム、ロバート（Robert Micklem） 318
ミュンター（Balthasar Münter） 77
メイ（W. H. May） 90
明治天皇 110

[ヤ行]

八木彬男 128-129
山内万寿治 15, 156, 158-160, 163-172, 178, 188, 190-192, 194-195, 220, 246, 260
山川勇木 108
山本権兵衛 15, 77, 83-85, 95, 110
山本久顕 108
油谷堅蔵 187, 200, 393
横山孝三 134-138
吉田太郎 224

[サ行]
西郷従道　47
斎藤鋼太郎　168-169, 171
斎藤実　108, 167, 170, 194
サイバート（Captain Seibert）　277
サウスバラ（Lord Southborough）　355-356, 359
佐藤鎮雄　27
ザハーロフ[ザハロフ]（Sir Basil Zaharoff）　77, 273, 318, 364-365
三条実美　22-23, 25, 37, 40
サンダーソン（T. H. Sanderson）　79, 86
ジェリコ［ジェリコウ］（Sir John Jellicoe）　268-269
ジェンキンスン（Mark Webster Jenkinson）　358-359, 365
シドナム（Sydenham）　333, 355
シドレー（John Davenport Siddeley）　339, 356
芝野政一　130-131
ジャクソン（Harold Drinkwater Jackson）　274, 283-284, 287-288, 292-295, 298-300
ジルアード（Edouard Percy Girouard）　333
スウォン（Henry Swan）　332
スコット（Sir Percy Scott）　268
鈴木貫太郎　110
スターン（Winfield S. Stern）　76
スタッドラー（J. Stadler）　338
ストラウド（William Stroud）　271, 274
ストラング（Martin Strang）　283
スミス（F. E. Smith）　293
瀬戸菊次郎　167
セルボン（2nd Earl of Selborne）　70, 75, 80, 82, 84, 87-88, 91, 94
センピル（Sir W. F. Forbes-Sempill）　376, 378, 387-388, 392, 394, 397-400
副島道正　169, 171
曾根達蔵　27

[タ行]
高崎親章　164, 233, 237, 260
高橋是清　108
高平小五郎　78, 80
竹内十次郎　94, 108-109
玉利親賢　83, 85, 91, 94-95
団琢磨　188
チェンバレン（J. Austin Chamberlain）　87, 90-91, 99, 395
チャーチル、ウィンストン（Winston Churchill）　357, 360
塚山惣三郎　168
ディヴィスン（Davison）　356
テイラー（J. Taylor）　35
テイラー、フレイター（Frater Taylor）　353-354, 357-359
デインコート（Eustace Tennyson D' Eyncourt）　356
土井順之介　165
東郷平八郎　214, 224
ドースン、アーサー（Arthur Dawson）　318, 325, 350, 364
ドースン、ヒュー（Hugh Dawson）　318
ドッカー、ダドリー（Dudley Docker）　324-325, 348
ドッカー、バーナード（Bernard Docker）　317
豊田貞次郎　396-399
トラヴァーズ（Travers）　354-355, 357
鳥谷部末治　171
トレヴェリヤン（F. B. [T.] Trevelyan）　171, 181-182, 192, 225-226, 231-232, 237-238, 244, 261

[ナ行]
中島正賢　165-167, 169, 193
中牟田倉之助　47
仁礼景範　24
ノウブル［ノーブル］、アンドルー（Sir Andrew Noble）　78, 88, 223, 330, 332-333, 337, 340, 346, 364
ノウブル［ノーブル］、サクストン（Saxton Noble）　8, 330, 332, 356
ノウブル［ノーブル］、ジョン（John H. B. Noble）　8, 170-171, 193-194, 234, 330, 332, 355
ノーマン、モンタギュー（Montague Norman）

●人名（研究者・著述家は除く）

［ア行］

アームストロング、ウィリアム（William Armstrong）　328, 364

赤松則良　21, 36, 38

朝倉耕一郎　171

アダモリ（Adamoli）　94

アッシュダウン（H. H. Ashdown）　182, 197, 226, 231-232, 234, 238-241, 243-245, 247

アトキンスン（G. A. Atkinson）　228

有坂鉊蔵　224

有栖川宮威仁親王　24

アルビーニ（Count Albini）　332

伊藤博文　33

井上角五郎　158-160, 163-164, 166-169, 188, 191-192, 220

岩本耕作　165-169, 191

ヴァヴァサー（Josiah Vavaseur）　332

ウィアー（Lord Weir）　355

ヴィッカーズ、アルバート（Albert Vickers）　91, 223, 318

ヴィッカーズ、オリヴァー（Oliver Vickers）　350

ヴィッカーズ、ダグラス（Douglas Vickers）　190, 194, 319, 347-348

ヴィッカーズ、トム（Tom Vickers）　318-319

ウィッガム（Whigham）　354

ウィリアムズ（Mari E. Williams）　265

ウイルソン（Huntington Wilson）　78

ウェスト、グリン（Glynn West）　336-338, 342, 346, 353-355

江藤捨三　163, 190

エリオット（Sir C. Eliot）　391-392, 394-395

エングルバック（C. R. Engelbach）　334

オースティン、ハーバート（Herbert Austin）　322-323

大関鷹麿　379

岡村博　130-132

オトリー（Charles Ottley）　333, 355

［カ行］

カー（Walter Talbot Kerr）　94, 101

カイアー、ヴィンセント（Vincent Caillard）　318, 323, 325, 350, 364-365

カイアー、エズモンド（Esmond Caillard）　318

カイアー、バーナード（Bernard Caillard）　318, 323

カイアー、モーリス（Morris Caillard）　318

梶原國太郎　131, 133

加藤高明　397

加藤友三郎　385

樺山資紀　24-25

ガリバルディ（Giuseppe Garibaldi）　93

川村純義　21-25, 36-37, 39-40

北川茂春　289

ギブズ、アルバン（Alban G. H. Gibbs）　75, 80, 84, 87-88

ギブズ、ヴィカリィ（Vicary Gibbs）　88

肝付兼行　23

キャンベル（F. Campbell）　83, 85

キルビー（Edward. Charles. Kirby）　35, 37-38, 41-42

キルビー、アルフレッド（Alfred Kirby）　35, 38, 40

工藤幸吉　125-128, 130

クラーク（Clark）　318

クラッダス（Cruddas）　332

グラッドストーン（Henry Gladstone）　332

グラント、パーシー（Percy Grant）　318

栗野慎一郎　80

クレイヴン（Charles Craven）　351

グレイシ（A. Gracie）　268

ケインズ（John Maynard Keynes）　9

ゲルシュン（A. Gerschun）　277

コクレイン（Alfred Cochrane）　330, 356

小林躋造　385, 387

小村寿太郎　86, 89

コルビン（Captain Colvin）　393

近藤（輔宗）　164, 167-169, 171, 191

索　引

●事項

〔執筆者略歴〕（五〇音順）

安部悦生（あべ・えつお）

1949年　生まれ
1978年　一橋大学大学院経済学研究科博士課程退学
現　在　明治大学経営学部教授
主　著　『大英帝国の産業覇権——イギリス鉄鋼企業興亡史——』（有斐閣，1993年），『経営史』（日経文庫，2002年）

小野塚知二（おのづか・ともじ）

1957年　生まれ
1987年　東京大学大学院経済学研究科第二種博士課程単位取得，博士（経済学）
現　在　東京大学大学院経済学研究科教授
主　著　『クラフト的規制の起源——19世紀イギリス機械産業——』（有斐閣，2001年），『西洋経済史学』（東京大学出版会，2001年，馬場哲と共編）

鈴木俊夫（すずき・としお）

1948年　生まれ
1976年　慶応義塾大学大学院商学研究科博士課程単位取得
1991年　ロンドン大学大学院（LSE 校）博士課程修了（Ph. D. [Economics]）
現　在　東北大学大学院経済学研究科教授
主　著　*Japanese Government Loan Issues on the London Capital Market 1870-1913* (London: The Athlone Press, 1994)，『金融恐慌とイギリス銀行業——ガーニィ商会の経営破綻——』（日本経済評論社，1998年）

千田武志（ちだ・たけし）

1946年　生まれ
1971年　広島大学大学院経済学研究科修士課程修了
現　在　広島国際大学医療福祉学部教授
主　著　『英連邦軍の日本進駐と展開』（御茶の水書房，1997年）

Clive Trebilcock（クライヴ・トレビルコック）

1942年　生まれ
1964年　Gonville and Caius College（ケンブリッジ大学）卒業
ケンブリッジ大学歴史学部リーダー（Reader），ペンブルック・カレッジ，フェロウ（Fellow）。2004年7月没。
主　著　*The Vickers Brothers: armaments and enterprise, 1854-1914* (London: Europa Pub., 1977), *The industrializatin of the continental powers, 1780-1914* (London: Longman, 1981)

山下雄司（やました・ゆうじ）

1975年　生まれ
現　在　明治大学大学院商学研究科博士後期課程在籍
主要論文　「軍拡競争下におけるイギリス光学産業の展開—— Barr & Stroud Ltd. の事例：1888-1941——」（『商学研究論集（明治大学）』第14号，2001年），「イギリス光学産業と第一次世界大戦——軍需に牽引された産業の限界——」（『商学研究論集（明治大学）』第16号，2002年）

〔編著者略歴〕

奈倉文二（なぐら・ぶんじ）

1942年　生まれ
1974年　東京大学大学院経済学研究科博士課程単位取得
1985年　経済学博士（東京大学）
現　在　独協大学経済学部教授，茨城大学名誉教授
主　著　『日本鉄鋼業史の研究——1910年代から30年代前半の構造的特徴——』（近藤出版社，1984年），『兵器鉄鋼会社の日英関係史——日本製鋼所と英国側株主 1907～52年——』（日本経済評論社，1998年），『日英兵器産業とジーメンス事件——武器移転の国際経済史——』（日本経済評論社，2003年，横井勝彦・小野塚知二との共著）

横井勝彦（よこい・かつひこ）

1954年　生まれ
1982年　明治大学大学院商学研究科博士課程単位取得
現　在　明治大学商学部教授
主　著　『大英帝国の〈死の商人〉』（講談社選書メチエ，1997年），『アジアの海の大英帝国——19世紀海洋支配の構図——』（講談社学術文庫，2004年）

日英兵器産業史——武器移転の経済史的研究——
Economic History of the Anglo-Japanese Armaments Industry: The Arms Transfer since the End of the Nineteenth Century

2005年2月25日　第1刷発行

編著者　奈　倉　文　二
　　　　横　井　勝　彦
発行者　栗　原　哲　也

発行所　株式会社 日本経済評論社
〒101-0051　東京都千代田区神田神保町3-2
電話 03-3230-1661　FAX03-3265-2993
nikkeihy@js7.so-net.ne.jp
URL：http://www.nikkeihyo.co.jp
印刷＊文昇堂　製本＊美行製本
装幀＊渡辺美知子

乱丁本落丁本はお取替えいたします．

日英兵器産業史 —武器移転の経済史的研究—
(オンデマンド版)

Digital Publishing

2007年4月17日 発行

編 者 奈倉 文二
横井 勝彦

発行者 栗原 哲也

発行所 株式会社 日本経済評論社
〒101-0051 東京都千代田区神田神保町3-2
電話 03-3230-1661 FAX 03-3265-2993
E-mail: nikkeihy@js7.so-net.ne.jp
URL: http://www.nikkeihyo.co.jp/

印刷・製本 株式会社 デジタルパブリッシングサービス
URL: http://www.d-pub.co.jp/

AD898

乱丁落丁はお取替えいたします。

Printed in Japan
ISBN978-4-8188-1649-7